# EINFÜHRUNG IN DIE MATHEMATISCHE STATISTIK

VON

## PROF. OSKAR N. ANDERSON

DIREKTOR DES STATISTISCHEN INSTITUTES FÜR WIRTSCHAFTS-
FORSCHUNG AN DER STAATLICHEN UNIVERSITÄT IN SOFIA,
FELLOW OF THE ECONOMETRIC SOCIETY

MIT 9 TEXTABBILDUNGEN

WIEN

VERLAG VON JULIUS SPRINGER

1935

ISBN 978-3-7091-5873-9      ISBN 978-3-7091-5923-1  (eBook)
DOI 10.1007/978-3-7091-5923-1

# Vorwort.

Das vorliegende Buch ist das Ergebnis langjähriger und zum größeren Teil selbständiger Forschungsarbeit des Verfassers. Der Verfasser hat sich durchwegs bemüht, die Quellen seiner Ausführungen, soweit sie ihm selbst zum Bewußtsein gekommen sind, und überhaupt die Werke seiner Vorgänger voll anzugeben. Dennoch fürchtet er, diesen oder jenen Autor unverdient ohne Erwähnung gelassen zu haben: einerseits ist die mathematisch-statistische Literatur jetzt bereits so umfangreich und unübersichtlich, daß es — ganz abgesehen von der Sprachenfrage — für den einzelnen Forscher überaus schwierig und jedenfalls überaus zeitraubend geworden ist, genügende Einsicht in die entsprechenden Veröffentlichungen aller Kulturländer zu bekommen; und dann liegen gewisse Ideen so auf der Hand, lassen sich gewisse Verfahren so zwanglos durch relativ einfache mathematische Transformationen aus bekannten Theoremen ableiten, daß es vollkommen in der Natur der Dinge liegt, wenn sie von verschiedenen Forschern gleichzeitig und ohne gegenseitige Kenntnisnahme ausgearbeitet und, leider, auch veröffentlicht werden. Die selbständige wissenschaftliche Tätigkeit des Verfassers begann ja vor 23 Jahren gerade damit, daß er, noch als Student einer Hochschule, die sogenannte „Variate-Difference"-Methode ganz unabhängig vom „Biometrika-Student" ausbaute.

Die Herausgabe des vorliegenden Buches wurde von verschiedenen Seiten her gefördert. Die Rockefeller-Stiftung ermöglichte es dem Verfasser, längere Zeit in den reichhaltigen Spezialbibliotheken Londons zu arbeiten; Herr Professor R. A. Fisher erteilte liebenswürdig die Erlaubnis, einige Tabellen aus seinem Werke „Statistical Methods for Research Workers" abzudrucken; Herr Dr. Franz Alt, Wien, übernahm bereitwilligst die kritische Durchsicht des Manuskriptes und erteilte manche wertvolle Ratschläge; Herr Raschco Zaycoff, Sofia, war unermüdlich im Lesen der Korrekturen und Revidieren der Formeln; und der Verlag Julius Springer zeigte große Geduld und Entgegenkommen gegenüber den verschiedensten Wünschen des Verfassers. Allen ihnen sei an dieser Stelle nochmals der verbindlichste Dank ausgesprochen.

Sofia, im Juni 1935.

O. Anderson.

# Inhaltsverzeichnis.

*„Die mathematische Statistik ist kein Automat, in den man nur das statistische Material hineinzustecken hat, um nach einigen mechanischen Manipulationen das Resultat wie an einer Rechenmaschine abzulesen. Es ist nicht immer sicher, daß man in dieser Weise die richtige Antwort auf die gestellte Frage erhält." C. V. L. Charlier, Vorlesungen über die Grundzüge der mathematischen Statistik. (Verl. Scientia, Lund.) Hamburg 1920, S. 3.*

*„Little experience is sufficient to show that the traditional machinery of statistical process is wholly unsuited to the needs of practical researches. Not only does it take a cannon to shoot a sparrow, but it misses the sparrow!" R. A. Fisher, Statistical Methods for Research Workers. 4th edition revised and enlarged, Edinburgh — London 1932, S. VII.*

*„Statistik spielende Mathematiker können nur durch mathematisch ausgerüstete Statistiker überwunden werden." Al. A. Tschuprow, Lehrbücher der Statistik: Nordisk Statistisk Tidskrift Bd. I, H. 1, S. 143, 1922.*

# Einleitung.

## 1. Über den Begriff der mathematischen Statistik.

Das Ziel der statistischen Aufarbeitung ist, das gesammelte Beobachtungsmaterial in Zahlen und Zahlenreihen zu verwandeln, und eine der wichtigsten Aufgaben der statistischen Methodenlehre besteht ferner darin, aufzuzeigen, wie man diese Zahlen weiterhin durch Summieren, Abstrahieren, Dividieren usw. zu bearbeiten hat, um zu gewissen Schlüssen über die beobachteten Massenerscheinungen zu gelangen. Da nun die vier Spezies der Arithmetik unzweifelhaft ebenfalls in den Bereich der Mathematik gehören, so ist es eigentlich, vom rein logischen Standpunkt aus gesehen, kaum möglich, einen klaren und unanfechtbaren Trennungsstrich zwischen der allgemeinen und der sogenannten mathematischen Statistik zu ziehen. Man versteht gewöhnlich unter der letzteren jene Abschnitte der statistischen Methodenlehre, zu deren Darstellung man die Infinitesimalrechnung, höhere Algebra und analytische Geometrie hinzuzuziehen pflegt und die daher dem durchschnittlichen Volkswirtschaftler oder Statistiker, dessen mathematische Ausbildung mit der Reifeprüfung der Mittelschule abschließt, unverständlich bleiben. Von diesem Standpunkt aus gesehen — und die üblichen Darstellungsformen der Theorie vorausgesetzt —, müßte man zur mathematischen Statistik eine Reihe recht heterogener Abschnitte rechnen, und zwar in erster Linie etwa die folgenden: die meisten Anwendungsformen der Wahrscheinlichkeitsrechnung, Dispersionstheorie, Theorie der Reihendurchschnitte und Streuungsanalyse, Pearsonsche und andere Häufigkeitskurven, Stichprobenerhebung, Korrelationstheorie, Reihenzerlegung, harmonische (oder Periodogramm-) Analyse, Interpolations- und Ausgleichungstheorie, Theorie der Indexzahlen, formale Bevölkerungstheorie, Versicherungsmathematik u. dgl. m. Doch besitzt diese Auffassung den nicht unbeträchtlichen Nachteil, daß der wesentliche Inhalt einer wissenschaftlichen Disziplin davon abhängen soll, wie gerade die Mittelschulprogramme in der Mathematik beschaffen sind, die ja doch von Land zu Land und von Jahr zu Jahr wechseln können. Abgesehen davon, gehört es gerade zu den Aufgaben des vorliegenden Buches, aufzuzeigen, daß eine Reihe von anerkannt mathematisch-statistischen Theoremen unschwer allein mit den Mitteln der elementaren Schulmathematik abgeleitet oder wenigstens verständlich gemacht zu werden vermag.

Viel eher könnte man sich darauf einigen, mit der Benennung „mathematische Statistik" jene Teile der statistischen Theorie zu bezeichnen, die im engen Zusammenhange mit der Wahrscheinlichkeitsrechnung stehen und beinahe als angewandte Wahrscheinlichkeitsrechnung angesehen werden können. Das ist auch ungefähr der Standpunkt, den das vorliegende Buch einnimmt. Wir glauben aber, daß es keinen Sinn hätte, die sogenannte formale Bevölkerungstheorie und die mit ihr eng zusammenhängende Versicherungsmathematik in diese Darstellung mit einzubeziehen, auch dann nicht, wenn sie (was nicht immer der Fall ist) mit der Wahrscheinlichkeitsrechnung nahe assoziiert sind: der Beruf der Aktuare hat sich in bezug auf Forschungsgegenstand und Ausbildungsgang seines Nachwuchses bereits derart von dem der übrigen mathematischen Statistiker abgesondert, daß es praktisch nutzlos wäre, auf erstere in einem Buche, welches hauptsächlich für Volkswirtschaftler und Statistiker bestimmt ist, besonders Rücksicht zu nehmen.

Der so umrissene Komplex der mathematisch statistischen Methodenlehre nimmt in der statistischen Wissenschaft der einzelnen Länder eine sehr verschiedene Stellung ein. Während er in der englisch sprechenden Welt unter dem Einfluß der Pearsonschen Schule jetzt geradezu als die statistische Theorie angesehen wird, scheint man z. B. in Sowjetrußland trotz der anfänglichen Erfolge der Tschuprowschen Schule sich immer mehr von dieser Disziplin abzuwenden;[1] und was die deutschsprachigen Länder anbetrifft, so hat hier die mathematische Statistik heutzutage einen im allgemeinen recht schweren Stand.

Charakteristisch für die neueste Entwicklung der mathematisch-statistischen Theorie ist ferner jene Reaktion, die seitens der wirklichen Statistiker gegen „Statistik spielende Mathematiker" ausgeübt wird und die in den von uns zum Motto gewählten Aussprüchen dreier hervorragendster mathematischer Statistiker zum Ausdruck kommt.

---

[1] Vgl. z. B. das Vorwort zum neuesten russischen kollektiven Lehrbuch von A. Bojarskij, W. Stawrowskij, W. Chotimskij und B. Jastremskij: Theorie der mathematischen Statistik, 2. Aufl. Moskau — Leningrad 1931.

## 2. Aufgabe, Zweck und Beschaffenheit des Buches.

Gewisse Eigentümlichkeiten in der Organisation des deutschen Hochschulwesens sowie der Einfluß überragender Persönlichkeiten wie G. v. Mayr haben es bewirkt, daß die statistische Theorie in Deutschland noch bis jetzt von sehr vielen als eine Staatswissenschaft angesehen wird, die sich vorwiegend mit Massenerscheinungen in der menschlichen Gesellschaft zu befassen hat. Infolgedessen ist sie auch — von wenigen Ausnahmen abgesehen — in den Wirkungskreis von Gelehrten gekommen, die nicht nur keine genügende mathematische Vorbildung besitzen, sondern nicht selten von vornherein der Mathematik gegenüber feindlich eingestellt sind. An vielen Universitäten entwickelte sich ferner der Brauch, die Statistik als eine Art „Fegefeuer" zu betrachten (wir benutzen einen Ausdruck Othmar Spanns[1]), welches alle jungen Dozenten passieren müssen, ehe sie ihr ersehntes Ziel — eine nationalökonomische Professur — erlangen können. Dieser Entwicklungsgang hat es wohl auch bewirkt, daß die deutsche theoretische Statistik sowohl in bezug auf ihr Forschungsobjekt als auch auf die hierbei befolgten Methoden sich allmählich ganz davon loslöste, was man heutzutage in England, Amerika, Italien und einer Reihe anderer Kulturstaaten unter theoretischer Statistik versteht. Es ist so weit gekommen, daß der deutsche Spezialist z. B. den englischen Theoretiker und seine Fachzeitschriften überhaupt nicht mehr verstehen kann, während letzterer wiederum den „elementaren" und „mathematisch naiven" Behelfen des ersteren kein Interesse abzugewinnen vermag. Wir wollen an dieser Stelle kein Urteil darüber fällen, welche Richtung im Laufe der Zeit sich als die richtigere erweist, doch glauben wir, daß es für den deutschen Fachmann jedenfalls von Nutzen wäre, in die Arbeit seiner auswärtigen Kollegen eine gewisse Einsicht zu bekommen. Freilich, infolge seiner ungenügenden mathematischen Vorbildung stößt er sofort auf ein schwer überwindliches Hindernis: die meisten ausländischen und insbesondere englischen Monographien sind für ihn mathematisch viel zu hoch, und die allgemeinen Lehrbücher der Statistik, deren es in England und Amerika so viele gibt, sind ihm mathematisch wohl zugänglich, aber in bezug auf die theoretische Begründung der angewandten Methoden doch etwas zu elementar und daher seinen Anforderungen nicht voll entsprechend. Außerdem hat sich jetzt besonders in Amerika die Unsitte ausgebildet (der leider auch einer der Führer der neueren englischen Schule, Prof. R. A. Fisher, gefolgt ist), die Lehrbücher der Statistik als eine Art Pharmakopöen anzusehen, welche bloß Sammlungen von Rezepten für verschiedene mathematisch-statistische Verfahren zu enthalten brauchen, deren theoretische Begründung jedoch ganz im Dunkeln lassen können. Ein solches Buch besitzt selbstverständlich für denjenigen keine Überzeugungskraft, der zuallererst sich ein selbständiges Urteil über die Grundlagen der Methode bilden möchte.

---

[1] Othmar Spann: Haupttheorien der Volkswirtschaftslehre, 20. Jubiläumsausgabe, S. VI. 1930.

Die erste Aufgabe des vorliegenden Werkes ist, als Einleitung zum Studium der modernen mathematisch-statistischen Forschungsmethoden zu dienen und hierbei sich möglichst einfacher mathematischer Verfahren zu bedienen. Es wird durchwegs versucht, allein mit den Mitteln der elementaren Algebra auszukommen, und wo dies ganz unmöglich ist, wird wenigstens der Stand des rein mathematischen Problems genau präzisiert: so, wie es in die Werkstatt der höheren Analyse eintritt, und so, wie es wieder aus dieser entlassen wird. Es darf nämlich nicht vergessen werden, daß die Infinitesimalrechnung im Bereiche der mathematischen Statistik häufig nur dazu gebraucht wird, durch Annahme eines sogenannten „stetigen Verlaufes der Variablen" handlichere Annäherungsformeln an Stelle der genauen, aber zu unbeholfenen elementaralgebraischen zu setzen, oder auch dazu, den Beweisgang kürzer und daher „mathematisch-eleganter" zu machen.[1] Aber abgesehen von einer solchen etwas spezifischen Eleganz, gibt es auch eine andere, ebenfalls mathematische Eleganz, die darin besteht, mit möglichst einfachen Mitteln auszukommen. Ihr Vorbild findet sie im Kreise jener geometrischen Aufgaben, die allein mit Hilfe von Zirkel und Lineal gelöst werden sollen (ohne diese Einschränkungen würde es z. B. überhaupt kein „Problem der Dreiteilung des Winkels" geben!). Es ist selbstverständlich, daß jener Forscher, der das Instrument der höheren Mathematik überhaupt nicht beherrscht, sehr wenig Aussicht hat, am weiteren Ausbau der mathematisch-statistischen Theorie nutzbringend teilzunehmen, da ihm vor allen Dingen fast die ganze Fachliteratur verschlossen bleiben wird. Wir stecken uns daher ein viel bescheideneres Ziel: wir möchten ihm bloß die Einsicht vermitteln, um was es sich eigentlich handelt und was der Sinn der betreffenden mathematischen „Geheimschriften" eigentlich ist. Hierzu kommt noch eine zweite Aufgabe, die wir unserem Buche stellen: die korrekte und sachgemäße Anwendung einiger wichtigerer — und einfacherer — mathematisch-statistischer Verfahren aufzuzeigen. Ein Kompendium aller zur Zeit eingeführten und angewandten Methoden zu geben, was sicherlich eine große Lücke im modernen statistischen Schrifttum ausfüllen würde und daher an und für sich sehr wünschenswert wäre, dürfte bereits den Umfang von mehreren dicken Bänden erfordern: allein die statistischen Tabellenwerke dazu, die K. Pearson veröffentlicht hat, umfassen zwei starke Bände.[2]

---

[1] So lauten die gewöhnlichen Argumente, insbesondere der Anhänger der Pearsonschen biometrischen Schule. Doch die im bezeichneten Sinne noch viel eleganteren Gedankengänge eines R. A. Fisher scheinen sogar ihnen bereits etwas „zu hoch" vorzukommen. Sie werden daher jetzt gewöhnlich sehr bald in mathematisch einfachere „Tonlagen" transponiert.

[2] Vgl. Tables for statisticians and biometricians edited by Karl Pearson. Part I. Third edition. Part II. First edition. London 1931. Hierzu kommen dann noch mindestens sieben verschiedene „Tracts for Computers", ferner sehr umfangreiche „Tables of the Incomplete $\Gamma$-Function", „Tables of the Incomplete $B$-Function" u. dgl. m.

Ferner wird auch der Versuch gemacht, dem Leser klarzumachen, daß die mathematische Statistik — bei richtiger Handhabung — es nicht nur ermöglicht, aus dem gegebenen Zahlenmaterial reichhaltigere und zuverlässigere Informationen herauszuholen, als es mit den Mitteln der sog. elementaren Methoden allein möglich wäre, sondern daß sie beinahe ebenso häufig auch die entgegengesetzte Funktion zu erfüllen hat: ein Warnungssignal zu geben und aufzuzeigen, daß das vorhandene Tatsachenmaterial nach seinem Umfange oder seiner Beschaffenheit noch nicht genügt, um irgendwelche weittragende Schlüsse daraus zu ziehen. Diese zweite, sozusagen „Hemmschuh"-Funktion der mathematischen Statistik wird gewöhnlich von ihren Gegnern ganz außer acht gelassen.

Es dürfte ohne weiteres klar sein, daß jener, der sich in den Problemkreis der mathematischen Statistik vertiefen will, bereits eine gewisse Schulung in der allgemeinen Statistik besitzen muß. Es wird daher angenommen, daß der Leser zumindest ein größeres Lehrbuch derselben durchstudiert hat, etwa Žižeks Grundriß oder, noch besser, das treffliche neue Werk von Winkler.[1] Was rein mathematische Kenntnisse anbetrifft, so ist es, wie bereits angedeutet, im allgemeinen genügend, wenn der Leser seinen Mittelschulkursus noch mehr oder weniger im Kopfe hat. Wir denken hierbei etwa an den Umfang des in Österreich angenommenen „Močniks Lehrbuch der Arithmetik und Algebra" für die V. bis VIII. Klasse der Gymnasien und Realgymnasien. Wer jedoch überhaupt an einem unüberwindlichen Widerwillen gegen mathematisches Denken und mathematische Symbolik leidet oder seine mathematische Ignoranz zu einem höheren wissenschaftlichen Prinzip erhoben hat, der lege lieber dieses Buch sofort aus den Händen, denn auf die Interessen der mathematisch Minderwertigen, deren Stimme leider noch immer häufig genug in der deutschen statistischen Literatur zu hören ist, kann hier nicht eingegangen werden.

Die statistische Methode ist längst kein ausschließliches Attribut der Sozialwissenschaften mehr: abgesehen von der Logik und der Mathematik, die eigentlich auch nur Logik ist, dürfte es zur Zeit schwer sein, eine Wissenschaft anzugeben, die ganz ohne Massenbeobachtungen über ihr Objekt und ganz ohne „statistische" Ideengänge auskäme; die moderne Physik ist z. B. bereits gründlich statistisch infiziert, und die Vorstellung vom Massencharakter der zu untersuchenden Erscheinungen gewinnt in ihr immer mehr die Oberhand. Deshalb wäre es eigentlich angebracht, die statistische Methode in zwei Teile zu zerlegen: einen allgemeinen, der alle Wissenschaften gleichzeitig bedient, und einen besonderen, der die Anwendung der allgemeinen Prinzipien auf die einzelnen Forschungsgebiete darstellt: medizinische, biologische, physikalische, sozialwissen-

---

[1] Franz Žižek: Grundriß der Statistik, 2. Aufl. München u. Leipzig 1923. — Wilhelm Winkler: Grundriß der Statistik: I. Theoretische Statistik, II. Gesellschaftsstatistik. Berlin 1931—1933. [Enzyklopädie d. Rechts- u. Staatswiss. Hgg. von A. Spiethof. XLVI u. XLVIa.]

schaftliche oder, noch enger, ökonomische statistische Methodik usw. Das vorliegende Buch hat es vorwiegend mit der letzteren, d. h. mit der sozialwissenschaftlichen Methodik zu tun.

Zum Schlusse sei es noch erlaubt, eine Bemerkung sozusagen „pro domo sua" zu machen. Der Verfasser, der ein Schüler des verstorbenen A. A. Tschuprow ist und dessen wissenschaftliche Genealogie infolgedessen auch auf Bortkiewicz und Lexis zurückzuführen ist, hat sich bemüht, das Buch im Geiste seiner Schule, d. h. mit tieferem Eindringen in die logische Seite der betreffenden Probleme zu schreiben. Es ist durchaus keine mechanische Aneinanderreihung heterogener Resultate fremder Gedankenarbeit, sondern ein einheitliches und in seinen Einzelheiten durchdachtes System, welches auch viele Ergebnisse eigener Forschungsarbeit des Verfassers enthält. Manches, wozu er sich jetzt bekennt, würde in den Augen Tschuprows und besonders Bortkiewiczs bereits als „Ketzerei" gelten. Und obgleich der Verfasser nicht glaubt, irgendwo ernstlich gegen den kritischen und philosophisch nüchternen Geist seiner Lehrer gesündigt zu haben, besteht er doch darauf, allein die Verantwortung für den Inhalt seines Systems zu übernehmen.

### 3. Grundsätzliches zur statistischen Methode.[1]

Die Gesamtheit unserer wissenschaftlichen Kenntnisse kann in zwei Hauptgruppen zerlegt werden, die Prof. A. A. Tschuprow als die nomographische und die idiographische bezeichnet.[2] Die einzelnen „Wissenschaften", so wie sie sich im Laufe der Zeit allmählich ausgebildet haben, gehören gewöhnlich ihrem Inhalte nach mehr zu der einen oder zu der anderen Gruppe, doch kommt es relativ selten vor, daß sie restlos in einer aufgehen. Beim nomographischen Typus der wissenschaftlichen Forschung sucht man durch sukzessives Zerlegen jener verwickelten Komplexe gegenseitig bedingter Erscheinungen, die wir unmittelbar erleben, bis zur Festlegung von „Naturgesetzen" vorzudringen, d. h. bis

---

[1] Der vorliegende Paragraph gibt — in erweiterter Fassung — den wesentlichen Inhalt eines Artikels über „Statistische Methode" wieder, den der Verfasser für die große amerikanische „Encyclopaedia of the Social Sciences" von E. R. A. Seligman (Vol. 14. S. 366—371. New York 1934) geschrieben hat.

[2] Vgl. A. A. Tschuprow: Abhandlungen zur Theorie der Statistik, 2. Aufl., S. 45ff. St. Petersburg 1910 (russisch). Die Bezeichnung „nomographische Wissenschaften" geht auf L. Couturat zurück, der sie in seinem Bericht über den Vortrag Windelbands auf dem II. Internationalen Kongreß für Philosophie in Genf angewandt hat. Windelband selbst sprach von „nomotetischen" oder „Gesetzeswissenschaften". Bei Kries findet sich der Ausdruck „nomologische" oder „ontologische" Wissenschaften. Die Bezeichnung „idiographische Wissenschaften" geht auf Windelband zurück, der übrigens auch den Ausdruck „Ereigniswissenschaften" anwandte. Rickert und A. Cournot gebrauchen hierfür den Ausdruck „historische Wissenschaften". Stan. Kohn kehrt zu den Bezeichnungen Windelbands „nomotetische" und „idiographische" Wissenschaften zurück.

zur Formulierung jener Kausalbindungen, die, wie wir annehmen, zwischen den möglichst einfachen Erscheinungen der Umwelt herrschen, oder weniger präzise ausgedrückt: bis zu den Wirkungen der „Elementarursachen" auf die „Elementarfolgen". Beim idiographischen Typus hingegen besteht die Aufgabe des wissenschaftlichen Forschers darin, die tatsächliche Verteilung jener Elemente in Raum und Zeit zu beschreiben. Es unterliegt kaum mehr einem Zweifel, daß sowohl die nomographische als auch die idiographische Gruppe im Gesamtbau der Wissenschaft im gleichen Maße unentbehrlich und daher auch offenbar „gleichberechtigt" sind. Sogar die allervollkommenste Kenntnis der Gesetze der Himmelsmechanik würde z. B. dem Astronomen bei seinen Sonnenfinsternis-Berechnungen nichts helfen, wenn er nicht zu gleicher Zeit über gewisse „idiographische" Daten, betreffend die gegenseitige Lage, die Massen, die Geschwindigkeiten der entsprechenden Himmelskörper, wenigstens für einen bestimmten Zeitmoment verfügen würde.

Die Ideale eines vollkommen nomographischen und eines vollkommen idiographischen Wissens sind in gleichem Maße unerreichbar. Deshalb sieht sich die wissenschaftliche Praxis auch gezwungen, nur jene Erscheinungen zu untersuchen oder zu beschreiben, die für die Menschheit oder wenigstens für die gelehrte Welt von Interesse sind. (Nebenbei bemerkt, kommt hierdurch in den wissenschaftlichen Betrieb auch ein gewisses wirtschaftsrechnerisches Moment hinein: die Überlegung nämlich, ob es sich zur Zeit auch verlohnt, Arbeit und Mittel auf die Verfolgung eines bestimmten wissenschaftlichen Zieles zu verwenden.)

Es kommen, nach Tschuprow, hauptsächlich drei verschiedene Typen idiographischen Wissens in Betracht. Zunächst kann sich unser Interesse auf das konkrete Bild des zu beschreibenden Objekts konzentrieren: auf die ganze Mannigfaltigkeit seiner persönlichen Eigenschaften und seiner „persönlichen Geschichte" — historisches oder biographisches Interesse. Dann gibt es Fälle, wo wir nur gewisse, begrenzte Eigenschaften der Objekte ins Auge fassen, die ihnen mit einer Menge anderer gemeinsam sind, uns aber gleichzeitig für die Bestimmung von deren genauer Lage im Raume (manchmal auch in der Zeit) einsetzen — geographisches oder topographisches Interesse. Und schließlich existiert eine sehr große Klasse von idiographischen Kenntnissen, wo nicht nur bloß gewisse, begrenzte Eigenschaften der Objekte registriert, sondern für diese auch nur relativ breite Grenzen in Raum und Zeit festgesetzt werden — das eigentliche statistische Interesse.

Diese Gedankengänge, welche hier nur kurz angedeutet werden können, sind jedem Statistiker wohlbekannt, der die Möglichkeit hatte, in das russische Grundwerk Tschuprows Einsicht zu bekommen.[1]

---

[1] Einiges zu diesem Thema kann der Leser immerhin in einem deutschen Artikel Tschuprows „Statistik als Wissenschaft" im Archiv für Sozialwissenschaft und Sozialpolitik (23. Bd., S. 647—711. 1906) nachlesen; gewisse Hinweise finden sich ferner in seinen „Aufgaben der Theorie der

Unsere weiteren Ausführungen hängen jedoch nicht unbedingt mit ihnen zusammen und können auch mit anderen Ansichten verbunden werden. Das, worauf es uns hier einzig ankommt, ist, festzustellen, daß für jene Gruppe der idiographischen Darstellungsmethoden, die wir die statistische nennen, in allen Fällen das folgende Verfahren charakteristisch ist:

a) Es werden die Merkmale der betreffenden Beobachtungseinheiten genau definiert;

b) es werden — mehr oder weniger willkürlich — gewisse breite Grenzen in Raum (Stadt, Bezirk, Gemeinde) und Zeit (Jahr, Monat, Tag) festgelegt, und

c) es werden hierauf alle Einheiten, die jene Merkmale besitzen und die in die gegebenen Raum-Zeit-Grenzen fallen, ausgezählt.

Die „Massen" oder, wie wir uns fernerhin ausdrücken werden, die Gesamtheiten,[1] die auf diese Weise gebildet werden, können bekanntlich entweder Bestandesmassen (Streckenmassen nach Winkler) oder Ereignismassen (Bewegungsmassen nach Mayr, Punktmassen nach Winkler[2]) sein. In beiden Fällen unterlassen wir es vollkommen, die Bewegungen jeder einzelnen Beobachtungseinheit innerhalb der festgesetzten Grenzen zu verfolgen — z. B. etwa bei einer Volkszählung die genaue „geographische" Position jedes einzelnen Menschen im Bereiche der Gemeinde im kritischen Augenblick der Zählung anzugeben. Die Auszählung selbst geschieht entweder für die Gesamtheit als Ganzes genommen oder auch gesondert: für jede einzelne Gruppe, in die wir diese zerlegen. In letzterem Falle müssen zuvor die äußeren Merkmale der Gruppenbildung und die diese charakterisierenden Aussagen fixiert werden.[3]

---

Statistik" in Schmollers Jahrbuch für Gesetzgebung, Verwaltung und Volkswirtschaft im Deutschen Reich (29. Jg., S. 421—480. 1905). — Vgl. auch das bekannte Lehrbuch von Al. Kaufmann: Theorie und Methoden der Statistik, Ein Lehr- und Lesebuch für Studierende und Praktiker, Tübingen 1913, das in gewisser Hinsicht ziemlich streng den Tschuprowschen Ausführungen folgt. Jenem Leser, der des Tschechischen mächtig ist, wäre das monumentale Werk von Stan. Kohn: Základy teorie statistické metody, Praha 1929, sehr zu empfehlen. Kohn gehörte zu den Schülern Tschuprows.

[1] Diese Bezeichnung geht noch auf G. F. Knapp zurück: vgl. „Über die Ermittelung der Sterblichkeit aus den Aufzeichnungen der Bevölkerungsstatistik", S. 6. Leipzig 1868. Bortkiewicz (vgl. „Die Iterationen, Ein Beitrag zur Wahrscheinlichkeitstheorie", S. 1. Berlin 1917) gebraucht den Ausdruck „empirische Vielheiten". Man könnte ferner auch das Wort „Mengen" vorschlagen, wenn es nicht bereits — in einem anderen Sinne — von der mathematischen „Mengenlehre" beschlagnahmt wäre. Die Engländer sprechen in der Regel von „universe" oder „populations". Letztere Bezeichnung kommt zuweilen auch im deutschen Schrifttum vor.

[2] W. Winkler, l. c., I, S. 17.

[3] Vgl. hierzu die ausgezeichnete Darstellung von Fr. Žižek: Fünf Hauptprobleme der statistischen Methodenlehre. München u. Leipzig 1922.

Die Auszählung der Gesamtheit (bzw. der einzelnen Teilgruppen) besteht entweder darin, daß einfach die Zahl der Einheiten, die ein gewisses Merkmal oder eine gewisse Kombination von Merkmalen besitzen, bestimmt wird; oder aber darin, daß gewisse zahlenmäßige Aussagen über die Einheiten addiert werden. So kann man z. B. bei einer landwirtschaftlichen Erhebung entweder einfach die Zahl jener Betriebe angeben, die von 0 bis 10 Dekaren bebauter Fläche besitzen, oder aber die Gesamtzahl der Dekare, die sie alle besitzen, anführen. Die Urtabellen, in die das unmittelbare Resultat der Aufarbeitung primärstatistischer Erhebungen eingetragen wird, enthalten jedenfalls nur Zahlen der ersten oder der zweiten Art. Alle Verhältniszahlen, Mittelwerte u. dgl., die wir in den endgültigen Tabellenwerken antreffen, sind aus den Daten der Urtabellen rechnerisch abgeleitet.

Die Zusammenfassung der Beobachtungseinheiten zu einer Gesamtheit ist ein Vorgang, der nicht nur durch die Eigenschaften des Materials, sondern auch — teilweise wenigstens — durch die Forschungsziele des Statistikers bestimmt wird, sowie durch den wissenschaftlichen Standpunkt, von dem aus man das Material untersuchen will. Er ist also bis zu einem gewissen Grade willkürlich. Dasselbe gilt auch von der Zerlegung der Gesamtheit in einzelne „homogenere" Teile.[1] Infolge dieses Umstandes können statistische Gesamtheiten sowohl künstlich als auch real sein.[2] Zu den ersteren gehört z. B. die Gesamtheit aller Einwohner Europas, die sich, sagen wir: zwischen dem 25. Februar und 17. Juli 1934 scheiden ließen, zu den letzteren etwa die Mitglieder einer Familie, einer Gemeinde u. dgl. m.

Aber immer und in allen Fällen wird die statistische Arbeitsweise dadurch charakterisiert, daß der Statistiker von vornherein sich von einem beträchtlichen Teile jener Kenntnisse lossagt, über die er für jede einzelne Beobachtungseinheit verfügt oder wenigstens verfügen könnte, und daß er sich nur mit jenen Angaben über die Einheit begnügt, die über diese bei der Erhebung registriert werden. Nach Beendigung derselben tritt an Stelle der ursprünglichen Erhebungseinheit nur ihre Zählkarte. Was in die Zählkarte aufgenommen ist, wird verarbeitet und dient zur weiteren Beschreibung der beobachteten Masse, was hingegen nicht in die Zählkarte hineinkam, ist für den Statistiker als solchen tot. Die bulgarische Volkszählung vom 1. Januar 1927 umfaßte z. B. im ganzen 5 478 741 Personen beiderlei Geschlechts, wobei in der individuellen Zählkarte über eine jede Person nur 16 Fragen über 16 verschiedene

---

[1] Vgl. hierüber den instruktiven Artikel von Fr. Žižek „Gleichartigkeit, Homogenität und Gleichwertigkeit in der Statistik" (Allgem. Statist. Arch., 18. Bd., S. 393—420, insb. aber S. 396, 398. 1928). Etwas anders bei Flaskämper „Beitrag zu einer Theorie der statistischen Massen" (ibidem, 17. Bd., S. 538ff.1928). Vgl. auch L. v. Bortkiewicz: Homogenität und Stabilität in der Statistik. (Skandinavisk Aktuarietidskrift, H. 1/2. Uppsala 1918.)

[2] Th. Kistiakowsky, Gesellschaft und Einzelwesen, Berlin 1899, schlägt für diese die Bezeichnungen „Kollektivbegriff" und „Kollektivding" vor. Vgl. Tschuprow: l. c., S. 111.

Merkmalsgruppen gestellt wurden: Name, Geschlecht, Familienstand, Alter, Geburtsort, Staatsbürgerschaft, Muttersprache usw. Alle übrigen Merkmale und Eigenschaften: ob klug oder dumm, ob fleißig oder faul, ob blond oder brünett, ob groß oder klein, ob schwer oder leicht usw., wurden nicht aufgenommen, nicht registriert und existieren für die weitere Aufarbeitung einfach nicht. Jeder einzelne Mensch mit der einzigartigen, ungeheuer komplizierten, nie mehr genau wiederkehrenden Kombination aller seiner körperlichen und geistigen Eigenschaften ist für die Statistik durch seine Zählkarte mit bloß 16 verschiedenen Elementen dargestellt und ersetzt. Daß er, ganz abgesehen von diesen, durch viele Milliarden anderer charakterisiert werden könnte, dessen ist sich der Statistiker natürlich wohl bewußt, der Gelehrte, der die Ergebnisse des Statistikers wissenschaftlich ausbeutet, wird das auch im Auge behalten müssen, aber im Anwendungsbereiche der statistischen Forschungsmethode, die ausschließlich mit statistischen Zahlen zu tun hat, gilt, wie gesagt, eben nur der Umfang der Zählkarte.

Diese außerordentlich simplifizierende Eigenschaft der statistischen Methode kann nicht genug unterstrichen werden, denn auf ihr beruht, wie wir bald sehen werden, die gesamte „mathematische Statistik“.

Die einzelnen Objekte, z. B. die einzelnen Menschen, sind einander durchaus nicht gleich, ihre einzelnen Merkmale, die in die Zählkarte aufgenommen werden, sind es aber, vorausgesetzt, daß sie dort dieselbe Spezifikation erhalten, und die Zählkarten selbst sind es gleichfalls: daher können sie eben auch gezählt werden, wie etwa die verschieden gefärbten Elfenbeinkugeln in den bekannten Urnenschemen der Wahrscheinlichkeitsrechnung gezählt werden. Auch diese Kugeln sind ja einander nicht in allem gleich: sie stammen z. B. höchstwahrscheinlich nicht einmal von einem und demselben Elefantenzahn ab, und sind darunter etliche, die aus sibirischen Mammutzähnen gedrechselt wurden, so unterscheiden sie sich voneinander nach ihrem „Alter“ vielleicht um einige 10.000 Jahre, also um unvergleichlich mehr, als auch der älteste Greis sich von einem neugeborenen Säugling unterscheidet, mit dem zusammen er als zwei ganz „gleichberechtigte“ Einheiten in die Bevölkerungszahl seines Landes einbezogen wird.

Unser statistisches Wissen ist niemals ein Wissen über einzelne Beobachtungseinheiten, sondern immer nur über gewisse Gesamtheiten derselben, welche einige gemeinsame Merkmale besitzen (das Argument für die Bildung der Gesamtheit), und wieder andere Merkmale, die sich in ihrem Bereiche beliebig voneinander unterscheiden können. Wenn wir z. B. feststellen, daß die durchschnittliche Geburtenhäufigkeit in einem Lande etwa 20 pro Tausend ausmacht, so bedeutet das noch gar nicht, daß eine Person männlichen Geschlechts auch die geringste Chance hat, ein Kind zu gebären.

Wäre die statistische Methode ein rein idiographisches Verfahren, so würde ihre Darstellung vor allem in der Lehre von der Gruppen- (oder Gesamtheiten-) Bildung, von der Auszählung der in ihnen enthaltenen

Einheiten und von der Technik der statistischen Tabellenwerke bestehen. Ferner würde, als zweite Aufgabe, zu ihr auch die Lehre von der Verdichtung (Bruns) der Beobachtungsreihen und Tabellen gehören, d. h. die Lehre von der endgültigen (oder auch „wissenschaftlichen") Aufarbeitung des Zahlenmaterials, die darin besteht, daß ein System von summarischen, durchschnittlichen Charakteristiken der gebildeten Gruppen aufgestellt wird, wie etwa die folgenden: Verhältniszahlen, verschiedene Durchschnitte (arithmetischer, geometrischer, harmonischer usw.), quadratische Abweichungen, Momente verschiedener Ordnungen, Korrelationskoeffizienten u. dgl. m. Solche Charakteristiken, für die der russischpolnische Gelehrte R. Orschentskij (Orzęcki) die Bezeichnung „zusammengefaßte Merkmale" (Сводные признаки) vorgeschlagen hat,[1] sind für die Ökonomie des wissenschaftlichen Denkens ganz unentbehrlich. Man könnte sie auch „statistische Parameter" nennen. Wenn die statistische Erhebung zunächst an Stelle der ursprünglich beobachteten Einheiten, die zu einer Gesamtheit zusammengefaßt werden, einen Haufen Zählkarten setzt, so wird auf der zweiten Stufe, bei der Auszählung, dieser Haufen in einige Bände statistischer Tabellen verwandelt, und auf der dritten Stufe, bei der endgültigen Aufarbeitung, werden diese Tabellenwerke wiederum zu einer geringen Anzahl von Ziffern oder graphischen Darstellungen verdichtet. Ein konkretes Beispiel: die Gesamtheit der damals etwa $5^1/_2$ Millionen Einwohner Bulgariens wog am 1. Januar 1927 sicher nicht weniger als 200 bis 250 Millionen Kilogramm; die Gesamtheit der Zählkarten, die für diese bei der Erhebung ausgefüllt wurden, besaß ein Gewicht von zirka 60.000 kg; die mehr als 20 Bände der tabellarischen Ergebnisse der Zählung machen etwa 15 kg aus, und die wichtigsten absoluten und Verhältniszahlen, die die bulgarische Bevölkerung charakterisieren, können auf 1—2 gewöhnlichen Druckseiten placiert werden; somit besitzen sie ein Gewicht von kaum mehr als 10 Gramm.

Aber abgesehen von ihren rein idiographischen Funktionen, ist die statistische Methode dazu berufen, auch einige nomographische Zielsetzungen zu übernehmen. Man kann sogar feststellen, daß im Laufe der Zeit gerade die letzteren immer mehr in den Vordergrund treten. Vom Standpunkte der reinen Idiographie mutet diese Erscheinung geradezu wie eine historische Zufälligkeit an!

---

[1] Vgl. sein Buch: Zusammengefaßte Merkmale, Jaroslawl 1910 (russisch). — R. A. Fisher bezeichnet diese Aufgabe der statistischen Methodik als Reduktion der Daten: „In Order to arrive at a distinct formulation of statistical problems, it is necessary to define the task which the statistician sets himself: briefly, and in its most concrete form, the object of statistical methods is the reduction of data. A quantity of data, which usually by its mere bulk is incapable of entering the mind, is to be replaced by relatively few quantities which shall adequately represent the whole, or which, in other words, shall contain as much as possible, ideally the whole, of the relevant information contained in the original data." (R. A. Fisher: „On the Mathematical Foundations of Theoretical Statistics", Philosophical Transactions of the Royal Society of London, Ser. A, Vol. 222, S. 311. 1922.)

Gewisse nomographische Elemente dringen zunächst dadurch in die statistische Methode ein, daß unsere statistischen Beobachtungen relativ selten wirklich erschöpfender Natur sind. Die sogenannten „politischen Arithmetiker" des XVII. und XVIII. Jahrhunderts waren gezwungen, mangels fast jeglicher Daten, auch „elementare" statistische Aufgaben, wie die Feststellung der Bevölkerungszahl ihres Landes, durch komplizierte Berechnungen hauptsächlich auf dem Umwege über die Ausbeutung verschiedener Register der Einwohnerschaft einiger Städte zu lösen. Das Fehlen passender statistischer Unterlagen dürfte bis zu einem gewissen Grade auch die Schuld am abstrakt-deduktiven Charakter der klassischen Richtung in der politischen Ökonomie tragen. Die außerordentliche Vermehrung und Vervollkommnung des statistischen Beobachtungsmaterials, welche im Laufe des XIX. Jahrhunderts stattgefunden haben, machten diese Umwege zum größten Teil überflüssig. Eine Zeitlang hatte es sogar den Anschein, als ob überhaupt alle statistischen Beobachtungen als „erschöpfende" organisiert werden könnten. Ein Georg von Mayr hatte noch den Mut, das Postulat des erschöpfenden Charakters der Beobachtung in die Definition der Statistik einzufügen und dadurch jede Teil- oder Stichprobenerhebung zu einem eigentlich kaum zulässigen Surrogat derselben zu degradieren.[1] Ohne Zweifel wurde dadurch die empirische antimathematische Richtung, die seit Mayr in Deutschland endgültig die Oberhand gewann, sehr gekräftigt, doch leider schlug die weitere Entwicklung der Statistik einen anderen Weg ein als den, den ihr Mayr vorschreiben wollte. Seit dem Aufschwung der statistischen Theorie im Laufe der letzten Dezennien und insbesondere seit dem Übergreifen der statistischen Methoden auch auf die Naturwissenschaften und die Technik dürfte sich wohl schwerlich außerhalb der Grenzen Deutschlands ein Statistiker von Rang finden, der die Mayrsche Forderung noch aufrecht erhielte. Zunächst gibt es sehr weite Gebiete, wo eine erschöpfende Beobachtung überhaupt nicht möglich ist: es ist sinnlos, die mittlere Brenndauer einer Serie elektrischer Glühlampen vor dem Verkauf dadurch zu erproben, daß man sie alle bis zum Ende brennen läßt;[2] es ist undenkbar, für die Zwecke der Planktonforschung den Meeresboden auszuschöpfen; es ist nicht möglich, alle Heringe der Welt an einem Tage zu fangen, um das wahre Zahlenverhältnis der einzelnen Heringsrassen[3] festzustellen; es ist undenkbar, zur genaueren Bestimmung des Prozentsatzes der pathologischen Leukozytenformen das ganze Blut des Patienten abzu-

---

[1] G. v. Mayr: Statistik und Gesellschaftslehre. I. Bd.: Theoretische Statistik, 1. Aufl., S. 22, Freiburg i. B. u. Leipzig 1895; 2. Aufl., S. 32, Tübingen 1914.

[2] Vgl. R. Becker, H. Plaut u. J. Runge: Anwendungen der mathematischen Statistik auf Probleme der Massenfabrikation, S. 6—7. Berlin 1930.

[3] Vgl. F. Heincke: Die Naturgeschichte des Herings. Teil I: Die Lokalformen und die Wanderungen des Herings in den europäischen Meeren. Berlin 1898. — W. Johannsen: Elemente der exakten Erblichkeitslehre mit Grundzügen der biologischen Variationsstatistik. 3. deutsche Auflage S. 315—316. Jena 1926.

zapfen usw. Ebenso technisch unmöglich ist es z. B., die Haushalts-
rechnungen aller Angehörigen eines Staates zu erfassen, zur Feststellung
des genauen Ernteertrages das von jeder Scholle Erde tatsächlich erbrachte
Korn abzuwiegen, oder bei der Berechnung eines Preisindexes alle Preise
für alle Waren, die überhaupt verkauft worden sind, in Betracht zu ziehen.
In anderen Fällen ist eine erschöpfende Beobachtung wohl möglich, aber
entweder ist sie zu teuer oder man empfindet kein Bedürfnis nach ganz
genauen Resultaten und begnügt sich vollkommen mit den freilich angenäherten, aber dafür beträchtlich billigeren Ergebnissen der „Surrogate"
der erschöpfenden Erhebung, wie etwa Enquete, Stichprobenerhebung
usw. es sind. Die Vorbedingung hierfür ist selbstverständlich die, daß das
Fehlerrisiko sich in raisonnablen Grenzen befindet. Eine chemische
Präzisionswaage, die auch auf einen Unterschied von $^1/_{10\,000}$ Gramm
reagiert, ist sicher ein viel genaueres Instrument als eine grobe Dezimale.
Aber welcher vernünftige Mensch würde ein Fuder Heu mit der ersteren
abwiegen lassen ? Mit einem Worte, es gibt sehr weite Gebiete in der
modernen statistischen Forschung, wo erschöpfende Beobachtung überhaupt nicht geübt wird und nur ihr Surrogat — die repräsentative oder
Stichprobenerhebung — Alleinherrscherin ist. Hierzu gehört in erster
Linie fast das gesamte Gebiet der Statistik der nicht sozialen Erscheinungen (insbesondere das weite Feld der biologischen Statistik), und auch
unter den Massenerscheinungen der menschlichen Gesellschaft greift die
repräsentative Methode immer mehr um sich. Wir wollen überhaupt
nicht von anthropologischer, medizinischer oder psychologischer Statistik
reden, aber auch die weitesten Gebiete der Wirtschaftsstatistik sind
„repräsentativ" geworden. Nehmen wir z. B. die beiden bekannten
Konjunkturbücher Wagemanns[1] zu Hand: wir ersehen aus ihnen leicht,
daß zur Zeit in Deutschland nicht nur Ernte- und Preisstatistik, sondern
fast alle Beobachtungen der Konjunktursymptome einen nicht erschöpfenden Charakter tragen: Beschäftigungsgrad und Arbeitslosigkeit, landwirtschaftliche und industrielle Produktion, Volkseinkommen, Außen-
handel, Lagerhaltung usw. Man könnte beinahe behaupten, daß im
Verzeichnis der verschiedenen Statistiken, die heutzutage von statistischen öffentlichen oder privaten Stellen geführt werden, die überwiegende
Mehrzahl „repräsentativ" oder zumindest nicht erschöpfend ist. Beim
Umfang des gesammelten Materials wäre das Verhältnis freilich anders,
denn die erschöpfenden Bevölkerungs- und Moralstatistiken sind noch
bis jetzt die umfangreichsten Publikationen. (Ob immer mit Recht, möge
dahingestellt bleiben.) Außerdem dürfen wir nicht vergessen, daß sogar
im Falle einer erschöpfenden statistischen Aufnahme gewisse Elemente
sich dieser entziehen, wie z. B. bei den Volkszählungen die vom Gesetze
Verfolgten, die Vertreter entehrender Berufe usw., und daß ferner die
hierbei gewonnenen Ziffern im besten Falle nur für den Augenblick der

---

[1] E. Wagemann: Konjunkturlehre, Eine Grundlegung zur Lehre vom
Rhythmus der Wirtschaft. Berlin 1928. — Derselbe: Einführung in die
Konjunkturlehre. Leipzig 1929 [Wissenschaft und Bildung, Einzeldar-
stellungen aus allen Gebieten des Wissens, H. 259].

Aufnahme wirklich genau sein können. Beim weiteren Gebrauch werden sie schon bloß zu einer **Extrapolations-Unterlage** und umfassen häufig — im Falle einer stetig zunehmenden Zahl der Beobachtungseinheiten — nur einen Teil des wirklichen Umfanges der betreffenden Gesamtheit.[1]

Aus dem Gesagten geht hervor, daß eine wichtige Aufgabe der statistischen Theorie darin besteht, Mittel anzugeben, wie man von den Charakteristiken („zusammengefaßten Merkmalen") der tatsächlich gegebenen begrenzten Gesamtheiten, die in Wirklichkeit nur aus Teilen gewisser Gesamtheiten höherer Ordnung bestehen, bis zu den Charakteristiken der letzteren vordringen kann. Diese Gesamtheiten höherer Ordnungen können entweder eine unendliche (besser ausgedrückt: eine unbegrenzte) Zahl von Einheiten umfassen — offene Gesamtheiten — oder eine endliche, aber sehr große Anzahl, oder schließlich eine ganz begrenzte Anzahl derselben. Wenn die Zahl der Einheiten, die in die „Stichprobe", d. h. in die Gesamtheit niederer Ordnung, gelangen, im Verhältnis zur Zahl der Einheiten, aus denen die Gesamtheit höherer Ordnung besteht, hinlänglich groß ist, so vermögen wir für eine beliebige Technik der Auswahl der „Stichprobe" gewisse maximale Grenzen anzugeben, die die Abweichung einer Charakteristik der Gesamtheit niederer Ordnung von derjenigen höherer Ordnung nicht übersteigen kann.[2] Andernfalls kann nur die Befolgung bestimmter Auswahlregeln ein befriedigendes Resultat verbürgen. Wie die Praxis lehrt, liegt der Fall am günstigsten, wenn zuvor eine gründliche **Mischung** der Einheiten höherer Ordnung stattgefunden hat — etwa von derselben Art, wie sie in der Technik auf Schritt und Tritt vorkommt. Man denke z. B. an die fabrikmäßigen Chemikalien- oder Farbenmischungen, an die Mischung von Zement, Sand und Kies bei der Bereitung von Beton u. dgl. m.[3] Dann ergibt es sich von selbst oder kann

---

[1] Ein lehrreiches Beispiel dafür, wie unter Umständen die Präzision der erschöpfenden Erhebung geradezu irreführend sein kann, finden wir in der bulgarischen Schweinestatistik, über die ganz genaue Daten vorliegen. Nach der Zählung vom 1. Januar 1910 besaß Bulgarien insgesamt 527 311 Schweine; 10 Jahre später, nach der Zählung vom 1. Januar 1920, betrug deren Zahl bereits 1 089 699, also mehr als das Doppelte. Wer aber hieraus auf die rapide Entwicklung der Schweinezucht in Bulgarien schließen wollte (wie dies auch tatsächlich geschehen ist), würde sich gründlich irren. Die Sache ist nämlich ganz einfach die, daß in Bulgarien beinahe die Hälfte des gesamten Schweinebestandes kurz vor Weihnachten geschlachtet wird und daß dieses Land nach dem Kriege vom „alten" Julianischen zum „neuen" Gregorianischen Kalender übergegangen ist, wobei jedoch die Kirchenfeiertage noch immer „nach altem Stil", also mit 13 Tagen Verspätung gefeiert werden. Deshalb fiel der 1. Januar 1910 auf die Zeit nach Weihnachten, wo die Schweine schon geschlachtet waren, und der 1. Januar 1920 auf die Zeit vor Weihnachten, wo die bereits zum Tode verurteilten Tiere sich noch am Leben befanden und mitgezählt wurden. Ein Unterschied von 13 Tagen genügt, um die gewonnenen erschöpfenden Ziffern ganz umzustoßen.

[2] Vgl. hierzu das Beispiel unten im § 3, Kap. I, S. 34—35.

[3] Noch besser ist es natürlich, wenn die Gesamtheit höherer Ordnung zuvor in homogenere Teilgesamtheiten zerlegt wird und die Mischung und

wenigstens leicht bewerkstelligt werden, daß die Aussonderung der Einheiten für die Gesamtheit niederer Ordnung ganz auf dieselbe Weise geschieht wie die aus der Wahrscheinlichkeitsrechnung bekannte Ziehung von Kugeln oder Zetteln aus einer geschlossenen Urne. Wenn eine derartige gründliche Mischung der Einheiten der Gesamtheit höherer Ordnung nicht bei ihrem Entstehungsprozesse von selbst geschieht und auch nicht künstlich hervorgerufen werden kann, so wird es häufig möglich sein, wenigstens die Auswahl der Einheiten in die „Stichprobe" so zu organisieren, daß ihr Ergebnis — die Gesamtheit niederer Ordnung — ganz einer solchen Gesamtheit ähnelt, die sich im ersteren Fall ergeben hätte.

Es ist sehr wichtig festzustellen, daß unter dieses Schema auch jene Fälle gebracht werden können, zu deren Betrachtung man gewöhnlich die sogenannte Fehlertheorie heranzieht. Die gesamte Weizenernte Deutschlands betrage im Jahre 1934 z. B. $N$ Zentner. Wir werfen nun die Frage auf, wie diese Ernte ausgefallen wäre, wenn auf sie die „zufälligen" Abweichungen der klimatischen Erscheinungen des Jahres 1934 von ihrer „Norm" nicht gewirkt hätten. Zur Lösung dieser Frage können wir von folgender rein gedanklichen Konstruktion ausgehen. Wir stellen uns vor, daß die mit Weizen bebaute Fläche, die landwirtschaftliche Technik und überhaupt alle anderen Elemente, die den Ernteertrag beeinflussen können, ausgenommen diejenigen des Klimas, im Verlaufe der ganzen Zeit vollkommen unverändert bleiben. In diesem Falle würden die Ernteerträge von Jahr zu Jahr offenbar nur infolge der Klimaschwankungen Veränderungen erleiden; und wenn wir ferner annehmen würden, daß das Klima keiner säkularen Evolution unterworfen ist und daß unsere Beobachtungen unter strenger Einhaltung obiger Bedingungen unbegrenzt lange fortgesetzt werden können, so wären wir berechtigt, den arithmetischen Durchschnitt dieser Zahlenreihe als die einzige korrekte Antwort auf die eingangs gestellte Frage zu betrachten. Die ganze Konstruktion ist, wie gesagt, rein gedanklich, doch ist es leicht einzusehen, daß von einem gewissen Standpunkte aus betrachtet der arithmetische Durchschnitt aus den Weizenernteerträgen um das Jahr 1934 herum eine empirische Annäherung an den gesuchten Durchschnitt darstellen könnte und daß obige Ernteerträge sozusagen als Stichproben aus der unbegrenzt langen Zahlenreihe unseres Gedankenexperiments gedacht werden können. Es muß übrigens besonders darauf hingewiesen werden, daß im Zusammenhange damit, was eben in jedem Einzelfalle als konstante Elemente („Matrix") der gedachten Beobachtungsreihe angenommen wird und was es tatsächlich in der Reihe der „Stichproben" ist, die Ergebnisse der Rechnung auch ganz verschieden gedeutet werden können.

Derartige Problemstellungen und überhaupt das Schließen an Hand gegebener Gesamtheiten über gewisse Eigenschaften irgendwelcher Gesamtheiten höherer Ordnung ist für die mathematische Statistik

_______________

Stichprobenentnahme erst an diesen erfolgt, doch muß hierbei der wahre Umfang jeder Teilgesamtheit genau bekannt sein, was lange nicht immer zu erreichen ist.

besonders typisch, und zwar liegt gerade hier die Brücke, die sie mit der Wahrscheinlichkeitsrechnung verbindet. Dieselben Gedankengänge bilden auch den Kern des sogenannten „stochastischen Standpunktes" von A. A. Tschuprow.[1]

Ein anderer Fragenkomplex, der nomographische Elemente enthält und ebenfalls zur Wahrscheinlichkeitsrechnung hinüberleitet, ist der folgende. Die Gesamtheiten höherer Ordnungen, deren Charakteristiken uns interessieren, können ihrerseits

a) immer oder wenigstens längere Zeit ganz beständig bleiben, wie etwa die Gesamtheit der Fixsterne am Himmel oder die Gesamtheit der Gasmolekel in einem geschlossenen Gefäß;

b) unbeständig, aber doch sich in Raum und Zeit andauernd mit denselben Durchschnittscharakteristiken wiederholend, wie etwa die Gesamtheit der roten und weißen Blutkörperchen eines gesunden Menschen;

c) unbeständig, aber gewöhnlich sich bloß allmählich erneuernd und die Durchschnittscharakteristiken nur relativ langsam verändernd, wie etwa die Mehrzahl der Massenerscheinungen der menschlichen Gesellschaft in ruhigen Zeiten, von der Gesamtheit der Bevölkerung eines Landes angefangen;

d) stark bis ganz unbeständig und sich in Raum und Zeit selten oder niemals genau wiederholend.

Der erste und letzte Fall gehören zum Problemkreis der Idiographie; in der Behandlung der übrigen zwei sind jedoch nomographische Elemente unverkennbar.[2] Im Falle b kann zunächst, für jedes Wissensgebiet gesondert, die Frage aufgeworfen werden, ob nicht die hierher gehörenden Gesamtheiten höherer Ordnungen in gewisse Gruppen (man möchte beinahe sagen: Rassen) eingeteilt werden könnten, die gemeinsame Eigenschaften und Charakteristiken besitzen, z. B. dieselben „Verteilungsgesetze" aufweisen. Ferner kann nach einem Kriterium gefragt werden, welches es erlaubt, die Zeit-Raum-Beständigkeit einer Gesamtheit nachzuweisen, und dann zu prüfen, ob sie nicht bereits zur Gruppe c zu rechnen ist. In letzterem Falle könnte man noch versuchen, eine vielleicht vorhandene Gesetzmäßigkeit in der Veränderung der Gesamtheit festzustellen und sie ferner in homogenere Teile mit eigenen, einfachen Entwicklungs-Gesetzmäßigkeiten zu zerlegen.

Der Statistiker stellt jedoch nur fest, zu welcher Gruppe eine gegebene Gesamtheit gehört und wie ihre Durchschnittscharakteristiken ausfallen. Eine ganz andere Frage ist es, wie man sich eigentlich den Mechanismus

---

[1] Vgl. z. B. A. A. Tschuprow: Das Gesetz der großen Zahlen und der stochastisch-statistische Standpunkt in der modernen Wissenschaft. Nordisk Statistisk Tidskrift, Bd. I, H. 1, S. 39—67. 1922.

[2] Der Fall a kann übrigens, wie gerade das Beispiel der Gasmolekel zeigt, ebenfalls „nomographisch" behandelt werden, wenn wir die Beschreibung des Verhaltens eines gewissen Volumens Gas bei gegebener Temperatur und Druck auf alle ebensolchen Gasvolumina ausdehnen, was schließlich zur „nomographischen" kinetischen Theorie des Gases hinüberleiten würde.

des beständigen „Sich-selbst-Erneuerns" oder der allmählichen Evolution der betreffenden Gesamtheit zu denken hat. Diese Frage sollte prinzipiell nur den Fachleuten des betreffenden Wissensgebietes überlassen werden. Was bei der radioaktiven Strahlung eigentlich vorgeht, hat der Physiker zu untersuchen; wodurch die Konstanz des Verhältnisses der Knaben- und Mädchengeburten hervorgerufen wird, hat der Mediziner bzw. der Erblichkeitsforscher zu entscheiden, und bei der Beurteilung z. B. der Genen- und Chromosomentheorie bleibt der Statistiker als solcher bloß ein Laie. Dasselbe gilt auch für die Darstellung des Mechanismus der Gleichgewichts- und Evolutionserscheinungen im Wirtschaftsleben. Der Statistiker und insbesondere der mathematische Statistiker hat genug in jenem Arbeitsfelde zu tun, für welches er allein zuständig ist, und sollte sich von unberufener Einmischung in fremde Arbeitsgebiete tunlichst zurückhalten. Hierdurch wird selbstverständlich keineswegs in Abrede gestellt, daß ein ständiger Kontakt zwischen dem Theoretiker der statistischen Methode und dem auf diese Methode sich stützenden Erforscher konkreter Massenerscheinungen bestehen muß, damit beide nicht aneinander vorbeiarbeiten, wie das jetzt leider häufig genug vorkommt.

Ein sehr wichtiger Problemkreis, mit dem der Statistiker fortwährend in Berührung kommt, ist die Anwendung der Methoden der statistischen Massenbeobachtung auf die Feststellung kausaler Zusammenhänge. Lange Zeit erblickte man darin überhaupt kein besonderes Problem und war geneigt, die hier angewandten statistischen Methoden mit den klassischen Induktionsmethoden der Logik zu identifizieren. Allmählich rang sich aber die Erkenntnis durch, daß „die statistische Methode nun für die empirischen Wissenschaften eben da eintritt, wo die Induktion, der Schluß von dem typischen Einzelfall auf andere Fälle, die Dienste versagt".[1]

Eine erschöpfende und klare Darstellung dieses nomographischen Problems findet sich in den bereits zitierten Arbeiten von A. A. T s c h u p r o w.

Das Charakteristikum aller statistischen Verfahren, die zur Auffindung und Feststellung kausaler Zusammenhänge dienen, besteht darin, daß hier nur G e s a m t h e i t e n, welche die „Ursachen" umfassen, anderen G e s a m t h e i t e n — denjenigen der „Wirkungen" — gegenübergestellt werden, wobei sowohl in die einen als auch in die anderen mitunter solche Elemente hineingenommen werden, die zum Kerne des Kausalnexus in keinerlei Beziehung stehen (statistische „Pluralität der Ursachen und Wirkungen"). Entsprechend dem Grundprinzip der statistischen Methode entsagen wir hierbei der Verfolgung der Bewegungen und der Wechselwirkungen der einzelnen Elemente beider Gesamtheiten und begnügen uns allein mit der Feststellung der d u r c h s c h n i t t l i c h e n Beziehungen zwischen ihnen. Um klarer zu erfassen, um was es sich eigentlich handelt, denken wir an einen Parallelfall aus dem weiten Gebiete der Technik,

---

[1] G. R ü m e l i n: Zur Theorie der Statistik, Reden und Aufsätze, S. 267. Tübingen 1875.

die ja gewöhnlich in ihren Arbeitsmethoden, ohne sich dessen bewußt zu werden, ganz „statistisch" vorgeht. Ein bei der Goldgewinnung häufig angewandtes Verfahren besteht darin, daß man eine gewisse Menge entsprechend vorbereiteten goldhaltigen Quarzes in einer besonderen Apparatur der Wirkung eines starken Wasserstrahles unterwirft. Das alles, Quarz, Apparatur, Wasser usw., zusammen wäre in unserem Sinne die Gesamtheit der „Ursachen". Den Techniker interessiert es gar nicht, welche Bahnen die einzelnen Quarz- und Goldpartikel beschreiben: er weiß, daß er nach Ablauf einer bestimmten Zeit als „Folgen" zwei Gesamtheiten erhalten wird: diejenige, die vorwiegend Quarzpartikel, und diejenige, die vorwiegend Goldpartikel enthält. Aber einzelne Goldkörner können sich sehr wohl „zufällig" in die Quarzgesamtheit verirren und umgekehrt.

Die Tatsache, daß bei der Anwendung statistischer Methoden auf die Untersuchung von Kausalzusammenhängen der Forscher die ganze Zeit mit Gesamtheiten zu tun hat, und zwar fast immer mit Gesamtheiten verschiedener Ordnungen, erklärt es vollkommen, weshalb auch hier die Forschungsergebnisse gewöhnlich einen Charakter erhalten, der den klassischen Formeln der logischen Induktionsmethoden ganz fremd ist und wiederum zum Problemkreise der Wahrscheinlichkeitsrechnung hinüberleitet. In den Naturwissenschaften und insbesondere in der Physik werden statistische Kausalforschungsmethoden immer mehr vorherrschend. Zur Zeit wird sogar am „Kausalgesetz" selbst gerüttelt, und viele physikalische Naturgesetze baut man jetzt nach dem Vorbilde der „statistischen" (kinetischen) Gastheorie um.

Jenes stolze Ideal des menschlichen Wissens, welches einst vor etwa 120 Jahren Laplace formuliert hat[1] und welches Du Bois-Reymond das astronomische Ideal nannte,[2] scheint immer mehr zu verblassen und durch ein „statistisches" ersetzt zu werden. Um ein Beispiel anzuführen, welches man oft in statistischen Lehrbüchern antrifft: Statt bei einer heranziehenden Regenwolke die Lage und die voraussichtliche Bahn eines jeden Wassermolekels zu bestimmen, begnügen wir uns mit der Feststellung, daß die Gesamtheit der Ursachen (Regenwolke usw.) derart ist, daß man als Folge höchstwahrscheinlich einen starken Regenguß zu erwarten hat. Auch haben wir gelernt einzusehen, daß viele von jenen physikalischen Gesetzen, denen unsere Väter noch absolute Gültigkeit beimaßen, nur relativer Natur sind, und daß z. B. das Weltbild einer Fliege und noch mehr eines Bazillus, wenn man bei ihnen das Vorhandensein menschlicher Vernunft voraussetzt, ganz anders aussehen würde als

---

[1] „Essai philosophique sur les Probabilités" (1814): „Une intelligence qui pour un instant donné connaîtrait toutes les forces dont la nature est animée et la situation respective des êtres qui la composent, si d'ailleurs elle était assez vaste pour soumettre ces données à l'analyse, embrasserait dans la même formule les mouvements des plus grands corps de l'univers et ceux du plus léger atome: rien ne serait incertain pour elle, et l'avenir comme le passé serait présent à ses yeux" etc.

[2] Vgl. A. A. Tschuprow: Abhandlungen zur Theorie usw., 2. Aufl., S. 65.

das unsere. Man denke etwa an die Gesetze der Kapillarität, denen zufolge die Fliege von großen zähen Wasserkugeln zu sprechen hätte, und daran, daß für einen Bazillus die meisten Wirkungen der Schwerkraft nur Massenerscheinungen sind, die im Bereiche seiner Erfahrung sich relativ selten bemerkbar machen. Der Sozialwissenschaftler, der sich für die neue physikalische Problematik interessiert, kann sich relativ am leichtesten eine Vorstellung darüber bilden, wenn er die Arbeiten von Frank und anderen Forschern derselben Richtung zu Rate zieht.[1]

## 4. Grundsätzliches zur Wahrscheinlichkeitsrechnung.

Wir haben im vorhergehenden Paragraphen eine Reihe von typischen Fragestellungen betrachtet, die in der wissenschaftlichen Methodik zur sog. mathematischen Statistik hinüberleiten, d. h., wie wir eingangs erwähnten, die Anwendung der Theoreme der Wahrscheinlichkeitsrechnung ermöglichen oder sogar erfordern. Wir müssen uns jetzt der letzteren zuwenden.

Der Geburtsort der Wahrscheinlichkeitsrechnung ist bekanntlich der Spieltisch. Aber seit dem Jahre 1654, in welchem Chevalier de Méré dem hochgelehrten B. Pascal seine berühmten Fragen aus dem Gebiete der Hasardspiele vorlegte, bis auf unsere Zeit hat die Wahrscheinlichkeitsrechnung einen weiten Weg zurückgelegt. Aus einer Lehre, die sich hauptsächlich mit Würfeln, Münzenwerfen, Kartenziehen, Lotterielosen u. dgl. beschäftigte und sich nur zuweilen (und zwar ohne sichtbaren Erfolg) in das Gebiet der Wertung von Zeugenaussagen verirrte, ist sie allmählich zum Grundpfeiler der Statistik, des Versicherungswesens, der Physik und einer großen Anzahl anderer Wissenschaften geworden. Die Traditionen ihrer Kinderjahre lasten aber bis jetzt noch ziemlich schwer auf der modernen Wahrscheinlichkeitsrechnung, und obgleich in ihr den Interessen des Spieltisches eigentlich herzlich wenig Bedeutung zukommt — kaum mehr als z. B. dem Küchentische in der Chemie — kann man im Streite der Theoretiker, der noch immer um den Wahrscheinlichkeitsbegriff geführt wird, den Einfluß der einstigen hasardspielerischen Einstellung leicht erkennen.

---

[1] Vgl. z. B. Ph. Frank: Das Kausalgesetz und seine Grenzen. Wien 1932 (Schriften zur wissenschaftlichen Weltauffassung, Bd. 6); ferner: Krise und Neuaufbau in den exakten Wissenschaften. Fünf Wiener Vorträge [Mark: Die Erschütterung der klassischen Physik durch das Experiment; Thirring: Die Wandlung des Begriffssystems der Physik; Hahn: Die Krise der Anschauung; Nöbeling: Die vierte Dimension und der krumme Raum; Menger: Die neue Logik]. Leipzig u. Wien 1933. — Interessantes Material enthält der „Bericht über die 1. Tagung für Erkenntnislehre der exakten Wissenschaften, Prag 1929" [Erkenntnis, 1. Bd., H. 2—4 (Ann. d. Philosophie, Bd. IX, H. 2—4), herausg. von Rudolf Carnap u. Hans Reichenbach]. Leipzig 1930. — Höhere Anforderungen an die mathematische Vorbildung seiner Leser stellt R. v. Mises: Wahrscheinlichkeitsrechnung und ihre Anwendungen in der Statistik und theoretischen Physik [Vorlesungen aus dem Gebiete der angewandten Mathematik, I. Bd.]. Leipzig u. Wien 1931: IV. Abschnitt, Grundzüge der Physikalischen Statistik, S. 409ff.

Die klassische Definition, die von Laplace herrührt, lautet: „Unter der Wahrscheinlichkeit eines Ereignisses wird der Quotient aus der Anzahl der ihm günstigen Fälle durch die Anzahl aller gleichmöglichen Fälle verstanden.“[1] Gegeben sei z. B. ein gut gemischtes volles Spiel Karten, und es sei gefragt, wie groß die Wahrscheinlichkeit dafür ist, eine Karte von der Farbe Pique zu ziehen. Es ist leicht ersichtlich: wenn, wie vorausgesetzt wird, wir nur die Rückseiten der Karten sehen können, dann hat jede Karte ganz die gleiche Chance, gezogen zu werden. Wir haben folglich 52 gleichmögliche Fälle vor uns. Von diesen sind bloß 13 der Erscheinung einer Pique-Karte „günstig“, denn das Spiel besitzt nur 13 Karten von dieser Farbe. Die gesuchte Wahrscheinlichkeit ist somit gleich $\frac{13}{52} = \frac{1}{4}$. Wenn wir uns aber von den einfachen und durchsichtigen Verhältnissen der Glücksspiele entfernen, so fängt der Begriff „Gleichmöglichkeit“ an, die größten logischen Schwierigkeiten zu bereiten. Sogar bei einem Würfel brauchen die 6 möglichen Resultate nicht gleichmöglich zu sein, denn es gibt ja eben auch falsche Würfel.

Um diese logischen Schwierigkeiten zu meistern, sind verschiedene Lösungen vorgeschlagen worden. Die einen — die Subjektivisten — bekennen sich mit Laplace zum „Prinzip des mangelnden Grundes“ und erklären zwei Fälle als gleichmöglich, wenn man „keinen Grund habe zu glauben, einer der Fälle werde eher eintreten als der andere“. Die anderen — die Objektivisten, an deren Spitze A. Cournot und v. Kries stehen —, fordern, „die Aufstellung der gleichmöglichen Fälle müsse eine in zwingender Weise und ohne jede Willkür sich ergebende sein“ („Prinzip des zwingenden Grundes“). Zu diesem letzteren Standpunkte bekannte sich die sog. kontinentale mathematisch-statistische Richtung von Lexis-Bortkiewicz-Tschuprow, obgleich letzterer, wie ich Ursache habe zu glauben, sich doch nicht ganz von ihr befriedigt fühlte. Einen anderen Weg schlägt Keynes ein, der von einer alten Idee Jakob Bernoullis ausgeht. Letzterer bezeichnete seinerzeit die Wahrscheinlichkeit als Maß der Stärke unserer Erwartung eines zukünftigen Ereignisses. Keynes behauptet nun, daß die Wahrscheinlichkeit überhaupt nicht Ereignisse (events), sondern Urteile und Sätze (propositions) betrifft oder wenigstens betreffen sollte.[2] Ähnliche Gedanken, wenn auch in einem anderen Gewande, finden wir bei Hans Peter.[3] Noch viel tiefer gehen die von Lukasiewicz und Post stammenden sog. mehrwertigen Logiken, die das „Prinzip des ausgeschlossenen Dritten“ durch das Prinzip des

---

[1] Vgl. Emanuel Czuber: Wahrscheinlichkeitsrechnung und ihre Anwendung auf Fehlerausgleichung, Statistik und Lebensversicherung. 1. Band: Wahrscheinlichkeitstheorie, Fehlerausgleichung, Kollektivmaßlehre, 3. Aufl., S. 16. Leipzig u. Berlin 1914. Die weiteren Anführungszeichen beziehen sich ebenfalls auf dieses Buch.

[2] Vgl. John Maynard Keynes: A Treatise on Probability, S. 5. London 1921.

[3] Vgl. Hans Peter: Über die Grundlagen statistischer Forschungsmethoden. Jahrbücher f. Nationalökonomie u. Statistik, 136. Bd., 1932.

„ausgeschlossenen Vierten", „ausgeschlossenen Fünften" usw. ersetzen und direkt in einen Zusammenhang mit der Wahrscheinlichkeitsrechnung gebracht werden können. Ansätze hierzu finden sich vor allem bei Reichenbach.[1] Auf einen vierten Standpunkt stellt sich Ellis und sein Nachfolger Venn, dessen Logic of Chance (1866—1888)[2] noch bis heute für die englische mathematisch-statistische Schule maßgebend ist. Diese bekennt sich zur „Häufigkeitstheorie der Wahrscheinlichkeit" („Frequency Theory of Probability"; vgl. Keynes, l. c., S. 92), d. h. man identifiziert ganz einfach die Wahrscheinlichkeit eines Ereignisses mit der Häufigkeit seines Vorkommens in der Gesamtmasse der Ereignisse. Diese Theorie erschien anfänglich in einer Gestalt, die dem Empirismus der Vennschen Logik voll entsprach, wurde aber später in den Arbeiten der englischen Schule weiterentwickelt und vertieft. Wohl nicht ganz ohne Einfluß der Kritik der kontinentalen Theoretiker fing man an, neben statistisch feststellbaren Häufigkeiten auch andere Häufigkeiten einzuführen, die sich ergeben hätten, falls die Zahl der Versuche unter gleichbleibenden Verhältnissen ins unendliche wachsen würde. So behauptet z. B. R. A. Fisher in seiner bereits zitierten Monographie „On the mathematical Foundations of Theoretical Statistics" (S. 311), daß das Ziel des Statistikers die „Reduktion der Daten" ist: „Dieses Ziel wird erreicht durch Konstruktion einer hypothetischen unendlichen Population, von welcher angenommen wird, daß die tatsächlichen Daten nur zufällige Stichproben aus ihr darstellen." Und weiter (S. 312): „Unter den statistischen Konzeptionen ist jene der Wahrscheinlichkeit die elementarste. Letztere ist nur ein Parameter, der eine einfache Dichotomie in einer unendlichen hypothetischen Population spezifiziert, und sie bedeutet nicht mehr und nicht weniger als das Häufigkeitsverhältnis, welches, wie wir uns vorstellen, eine solche Population aufweist." Eine Fortbildung und zum Teil mathematische Zuspitzung derselben Ideen stellt die neueste Misessche Konzeption dar, zu welcher wir weiter unten noch zurückkehren werden.

Die oben angedeuteten Definitionen des Wahrscheinlichkeitsbegriffes erschöpfen bei weitem nicht die Zahl der vorgeschlagenen Varianten und

---

[1] Sitzungsber. d. Preuß. Akad. d. Wiss., 39, S. 476, 1932. Zitiert nach Menger: Die neue Logik, in „Krise und Neuaufbau in den exakten Wissenschaften", S. 108 u. 109. Das neueste Werk von H. Reichenbach: Wahrscheinlichkeitslehre, Eine Untersuchung über die logischen und mathematischen Grundlagen der Wahrscheinlichkeitsrechnung, Leiden 1934, konnte leider im Text nicht mehr berücksichtigt werden. Dasselbe gilt auch von der bemerkenswerten Arbeit: Karl Popper, Logik der Forschung, Zur Erkenntnistheorie der modernen Naturwissenschaft, Wien 1935 (Schriften zur wissenschaftlichen Weltauffassung, Band 9.). Das gleiche Thema wird auch in einer Monographie von Dr. Wald berührt, die demnächst in Wien in „Ergebnisse eines mathematischen Kolloquiums" erscheinen soll.

[2] John Venn: The Logic of Chance, An essay on the foundations and province of the theory of probability, with special reference to its logical bearings and its application to moral and social science, and to statistics. Third edition. London 1888.

noch weniger jene der möglichen Lösungen des Problems. Von größter Wichtigkeit ist jedoch folgende Feststellung: welche Definition des Wahrscheinlichkeitsbegriffes man auch wählt, der bei weitem größere Teil des rein mathematischen Inhaltes der Wahrscheinlichkeitsrechnung — von einigen ziemlich unwesentlichen Ausnahmen abgesehen — bleibt hiervon beinahe ganz unberührt. Es ändert sich wohl der Sinn, das Anwendungsgebiet und manchmal sogar der Zweck der einzelnen Formeln, aber ihr mathematischer Aufbau und überhaupt fast der ganze Formelschatz des mathematischen Teiles werden nicht berührt. Hieraus folgt unseres Erachtens, daß wenigstens in der Laplaceschen und in der v. Kriesschen Theorie der Wahrscheinlichkeitsrechnung ein gewisses Mißverhältnis besteht zwischen dem mathematisch zu engen Fundament der Grundbegriffe und dem stolzen mathematischen Bau, der auf ihm ausgeführt ist.

Um dieses Mißverhältnis zu überwinden, kann man zwei verschiedene Wege einschlagen. Entweder man stellt sich, wie es bisher von berufener Seite auch meist getan wurde, auf einen philosophisch-metaphysischen Standpunkt, welchem gegenüber der statistische Fachmann nur als bescheidener Laie dastehen kann; oder aber man trachtet, das Problem auf dem Wege der mathematischen Axiomatik zu meistern, d. h. man sucht ein System von Definitionen und Axiomen aufzustellen, aus welchem alle Lehrsätze der betreffenden Wissenschaft möglichst leicht und bequem durch sog. tautologische Umformungen abgeleitet werden können. Hierbei wird darauf geachtet, daß das gewählte System von Definitionen und Axiomen nicht nur hinreichend, sondern auch notwendig ist, d. h. daß es keine Elemente enthält, die man entbehren könnte. Vom Standpunkte einer so verstandenen Axiomatik der Wahrscheinlichkeitsrechnung dürfte der Vorschlag des russischen Gelehrten E. Slutsky eine ganz besondere Beachtung verdienen. Slutsky regt nämlich an, man solle die mathematische Theorie der Wahrscheinlichkeit einfach durch eine „disjunktive Rechnung" ersetzen, wobei an Stelle des Begriffes der „Wahrscheinlichkeit" ein viel allgemeinerer Begriff der „Valenz" zu treten habe, die jeder Größe zuzuordnen sei und einige sehr einfache mathematisch genau definierbare Eigenschaften besitzen müsse, wie etwa die, daß die Valenz der Summe gleich der Summe der Valenzen der Summanden sei u. dgl. m. (Man denke etwa an den Begriff der „Masse", die jedem materiellen Punkt in der Mechanik zugeordnet wird.) Die „disjunktive Rechnung" wäre dann eine rein mathematische Wissenschaft, aus der durch zusätzliche genauere Spezifikationen der „Valenz" die verschiedenen „Wahrscheinlichkeitsrechnungen" sofort abgeleitet werden könnten.[1] Es würde sich in diesem Falle also wieder einmal die

---

[1] Vgl. Eugen Slutsky: Zur Frage der logischen Grundlagen der Wahrscheinlichkeitsrechnung. „Statistischer Bote", Heft XII, S. 13—21, 1922 (russisch). Derselbe Artikel wurde später in einer revidierten Fassung wiederholt. — Ferner derselbe: „Zur Frage des Gesetzes der großen Zahlen", ibidem Heft XXII, 1925 (russisch). Slutsky beruft sich auf noch allgemeinere Ideen S. N. Bernsteins, des bekannten Mathematikprofessors an der Universität Charkow (Südrußland).

pessimistische Definition eines „ausgezeichneten Philosophen der neuesten Zeit" bewähren, den Coolidge[1] erwähnt: die Mathematik sei eine Wissenschaft, „in der man nie weiß, wovon gesprochen wird oder was das erhaltene Resultat bedeutet".

Wie verlockend und stilvoll uns der Vorschlag Slutskys auch erscheint — für den mathematischen Statistiker bedeutet er an und für sich keinen Gewinn, da er ihn viel zu sehr von seiner typischen Einstellung gegenüber statistischen Gesamtheiten verschiedener Ordnungen entfernt. Die breitesten Anwendungsmöglichkeiten und die beste Anlehnung an diese typische Einstellung ergibt die Konstruktion von Venn, die, wie oben bemerkt, in der englischen Pearsonschen Schule angenommen ist und die neulich durch Mises eine andere mathematische Gestalt erhalten hat. Nicht ganz im Einklange mit den Definitionen der soeben genannten Forscher, doch vom Geiste derselben nicht weit entfernt, würden wir uns folgendermaßen ausdrücken: **Wahrscheinlichkeit eines Merkmales im Bereiche einer statistischen Gesamtheit ist seine Häufigkeit in einer anderen Gesamtheit höherer Ordnung, aus der die gegebene entstanden ist. Ihr Entstehungsweg ist für die praktischen Anwendungen der Wahrscheinlichkeitstheorie genauer zu präzisieren.**[2]

Ehe wir jedoch versuchen, den Nachweis zu erbringen, daß auf der Grundlage eines solchen „statistischen" Wahrscheinlichkeitsbegriffes alle für die mathematische Statistik relevanten Theoreme der Wahrscheinlichkeitsrechnung widerspruchslos aufgebaut werden können (vgl. unten insbesondere Kap. I), müssen wir noch zwei wichtige Feststellungen machen:

1. Die Axiomatisierung der Wahrscheinlichkeitsrechnung kann sogar in Anwendung auf die Statistik durchaus nicht als abgeschlossen gelten; so ist z. B. bisher in der einschlägigen Literatur der Fall der sehr begrenzten, also keineswegs als unendlich anzusehenden Gesamtheiten höherer Ordnung lange nicht genügend berücksichtigt worden; und

2. es muß darauf besonders hingewiesen werden, daß das von uns angewandte System der Axiomatik keineswegs die philosophische Seite des Problems berührt und daß hierbei insbesondere keine Stellungnahme zur allgemeinen Frage versucht wird, ob nicht eine andere, tiefere Auffassung des Wahrscheinlichkeitsbegriffes denkbar wäre, die etwa im Zusammenhange mit gewissen Problemen der Erkenntnistheorie stünde.

---

[1] Vgl. J. L. Coolidge: Einführung in die Wahrscheinlichkeitsrechnung, S. 5. Deutsche Ausgabe von Dr. Friedrich M. Urban. Leipzig-Berlin 1927 [Sammlung mathematisch-physikalischer Lehrbücher, herausg. von E. Trefftz, 24].

[2] Diese Auffassung harmoniert am besten mit jener, die in Frankreich durch L. March vertreten wird. Vgl. insbesondere seinen Aufsatz „L'analyse de la variabilité", Metron, Vol. VI, Nr. 2, S. 3—64, 1926, und außerdem selbstverständlich „Les Principes de la Méthode statistique avec quelques applications aux sciences naturelles et à la science des affaires". Paris 1930, passim.

Hinweise auf eine solche findet man z. B. bei Tschuprow und jetzt bei Reichenbach.

Desgleichen lassen wir auch die Frage ganz unberührt, welche Wahrscheinlichkeitsdefinition im Bereiche anderer Wissenschaften bequemer ist, insbesondere aber im Bereiche jener, deren Arbeitsgebiet mehr außerhalb des Problemkreises der mathematischen Statistik liegt. Um jeglichem Mißverständnisse vorzubeugen, wäre es daher vielleicht angemessener, in bezug auf die Theoreme der mathematischen Statistik, wie sie hier im weiteren dargelegt werden, überhaupt nicht von Wahrscheinlichkeitsrechnung zu sprechen, sondern für diese eine andere Bezeichnung zu wählen: es kämen da in erster Linie etwa folgende Benennungen in Betracht: Statistische Gesamtheitenrechnung, statistische Mengenrechnung oder statistische Kollektivrechnung. Berücksichtigt man, daß der bereits von J. Bernoulli geprägte, aber erst durch Bortkiewicz[1] und Tschuprow ins Leben gerufene Ausdruck „stochastisch" einen noch nicht ganz feststehenden, aber jedenfalls ähnlichen Sinn hat, so könnte man hierfür auch das Wort „Stochastik" vorschlagen. Um uns jedoch nicht zu sehr von der sonst üblichen Sprechweise zu entfernen, wollen wir im weiteren die auf die Bedürfnisse der mathematischen Statistik zugestutzte Wahrscheinlichkeitsrechnung einfach als die statistische Wahrscheinlichkeitsrechnung bezeichnen.

## 5. Hauptsächlicher Inhalt des Buches.

Das Objekt der statistischen Forschung bilden, wie wir bereits wiederholt bemerkt haben, statistische Gesamtheiten verschiedener Ordnungen. Eine jede Gesamtheit besteht aus Einheiten oder Elementen, die ein oder mehrere allen gemeinsame Merkmale besitzen. Diese gemeinsamen Merkmale, auf gewisse Zeit-Raum-Grenzen bezogen, ergeben eben die Definition der Beobachtungseinheit und ermöglichen sowohl die Gesamtheitsbildung im allgemeinen als auch ihre Auszählung im besonderen. Aber abgesehen von den gemeinsamen Merkmalen — und dieses ist gerade das Charakteristische für die statistische Methode —, besitzen die Einheiten auch eine größere Anzahl von nicht gemeinsamen Merkmalen. Letztere können entweder in qualitativen Unterschieden bestehen, wie etwa die Merkmale „männlich" und „weiblich", oder in nur quantitativen Unterschieden, wie z. B. das Alter des betreffenden Objekts. Wir haben ferner bereits festgestellt (vgl. oben S. 9), daß die statistische Auszählung ihrerseits zwei verschiedene Grundformen zuläßt: entweder man zählt die Einheiten, die ein gewisses gemeinsames Merkmal oder eine besondere Kombination derselben besitzen, oder aber man summiert die Merkmale einer Gesamtheit (bzw. eines Teiles derselben) — vorausgesetzt natürlich, daß diese quantitativen Charakter haben und überhaupt addiert werden können. Jede Grundform läßt ihrerseits verschiedene Varianten zu. Statt nur die Zahl der Einheiten, die in eine besondere

---

[1] Vgl. L. v. Bortkiewicz: Die Iterationen, Ein Beitrag zur Wahrscheinlichkeitstheorie, S. 3. Berlin 1917.

Gruppe fallen, anzugeben, berechnet man gewöhnlich ihre **relative Häufigkeit** in der Gesamtheit, d. h. man dividiert jene Zahl durch die Zahl der Einheiten in der Gesamtheit. Dieser Quotient kann auch in Prozenten oder Promillen dargestellt werden, indem man ihn mit 100 bzw. mit 1000 multipliziert. Zuweilen bezieht man die Zahl der Einheiten der Sondergruppe nicht auf die Zahl aller Einheiten in der Gesamtheit, sondern auf diejenige einer anderen Sondergruppe, wie etwa die Zahl der Knabengeburten auf 1000 Mädchengeburten. Es leuchtet ohne weiteres ein, daß letzterer Quotient als das mit 1000 multiplizierte Ergebnis einer Division der relativen Häufigkeit der Knabengeburten durch diejenige der Mädchengeburten dargestellt werden kann. Ist nämlich $m$ die Zahl der Knabengeburten und $w$ diejenige der Mädchengeburten, so ist augenscheinlich

$$1000 \cdot \frac{m}{w} = 1000 \cdot \frac{m}{m+w} \cdot \frac{m+w}{w} = 1000 \left( \frac{m}{m+w} : \frac{w}{m+w} \right).$$

Auch die Summierung der zahlenmäßigen Merkmale der Einheiten läßt ihrerseits die verschiedensten Varianten zu: statt der absoluten Zahlen kann man nämlich ihre Teilsummen, Differenzen, Produkte, Quotienten, Potenzen, Wurzeln, Logarithmen, trigonometrischen Funktionen usw. addieren, die Summen durch die Zahl der Einheiten oder durch andere Summen dividieren usw.

Entsprechend den beiden Grundformen der statistischen Auszählung zerfällt auch der Inhalt der statistischen Methodenlehre zwanglos in zwei Hauptabschnitte: in die Theorie der Behandlung von Gesamtheiten, bei welchen man nur qualitative Unterschiede registriert, und in die Theorie der Behandlung von solchen, wo auch quantitative Merkmale beobachtet und addiert werden. Nach dem Vorschlage von Charlier wollen wir erstere als „Theorie der homograden Gesamtheiten" oder schlechtweg als **homograde Theorie** bezeichnen, für letztere aber die Benennung „Theorie der heterograden Gesamtheiten" oder einfach **heterograde Theorie** einführen.[1] Für erstere ist der Begriff der statistischen Wahrscheinlichkeit jener Grundpfeiler, auf welchem die gesamte Theorie aufgebaut werden kann, für letztere spielt dieselbe Rolle der Begriff der sog. „mathematischen Erwartung" oder „mathematischen Hoffnung", der, wie wir später sehen werden, trotz seines etwas „romantischen" Namens einen sehr einfachen und leicht verständlichen Sinn hat.

---

[1] Vgl. C. V. L. Charlier: Vorlesungen über die Grundzüge der mathematischen Statistik, S. 9. Verlag Scientia, Lund. Hamburg 1920. Hinweise auf einige andere Bezeichnungen für dieselben Begriffe findet man z. B. bei Arne Fisher „The mathematical theory of probabilities and its application to frequency curves and statistical methods", Vol. 1, second edition, S. 128. New York 1930. — Selbstverständlich hängt es zu gutem Teil vom Ermessen des Statistikers ab, ob eine Gesamtheit als homograd oder heterograd auftritt. Die Bevölkerung nach Altersjahren geordnet, ist heterograd, dieselbe Bevölkerung, in die Teilgesamtheiten „Kinder", „Erwachsene", „Greise" eingeteilt, ist homograd; die qualitativen Farbenunterschiede lassen sich als Wirkungen quantitativer Unterschiede in den betreffenden Lichtwellenlängen darstellen usw.

Es sei gleich im voraus darauf hingewiesen, daß die Summierung der zahlenmäßigen Merkmale einen viel allgemeineren Fall darstellt als deren einfache Zählung: letztere kann sofort auf erstere zurückgeführt werden, sobald man nur berücksichtigt, daß sie mathematisch einer Addierung gleichzusetzen ist, bei welcher das Vorhandensein eines qualitativen Merkmals durch eine 1, sein Fehlen durch eine 0 bezeichnet wird. So erhält man z. B. die Zahl der „männlichen‘‘ Einheiten in einer Gesamtheit durch Summierung über die ganze Gesamtheit, wenn man das Merkmal „Männlich‘‘ auf der Zählkarte durch eine 1, das Merkmal „Weiblich‘‘ aber durch eine 0 darstellt. Somit ist es durchaus nicht verwunderlich, daß fast alle Formeln der homograden Theorie als Sonderfälle der entsprechenden (komplizierteren) Formeln der heterograden Theorie angesehen und aus diesen sofort abgeleitet werden können. Wenn wir trotzdem unsere Darstellung mit der homograden Theorie beginnen, so geschieht das hauptsächlich aus dem Grunde, weil letztere infolge ihrer größeren Einfachheit zur Einführung in die Gedankengänge der mathematischen Statistik besonders geeignet erscheint und weil ferner gewisse Formeln, die für die homograde Theorie von praktischer Bedeutung sind, für die heterograde infolge von rein rechnerischen Schwierigkeiten bisher nicht abgeleitet wurden.

Von einem anderen Standpunkte aus gesehen, kann der Inhalt der mathematisch-statistischen Methodenlehre (in unserem Sinne) in folgende sechs Hauptabteilungen eingeteilt werden:

1. **Die Lehre von jenen Durchschnittscharakteristiken oder „statistischen Parametern‘‘, die zur Beschreibung des Hauptinhaltes einer statistischen Gesamtheit gebraucht werden** (vgl. oben S. 11). Wie bei allen wissenschaftlichen Maßzahlen überhaupt, so ist auch hier die Wahl der mathematischen Formel für diese Charakteristiken bis zu einem gewissen Grade willkürlich, doch sind gerade in den letzten Jahren durch R. A. Fisher und seine Schüler gewisse Verfahren eingeführt worden, die es häufig erlauben, auf Grund objektiver Kriterien den relativen Wert der einzelnen konkurrierenden Maßzahlen einzuschätzen (vgl. unten Kap. III § 8). Die statistischen Parameter zerfallen ihrerseits in einige Gruppen, von denen die wichtigsten die folgenden drei sind: a) Parameter zur Charakteristik eines einzelnen variablen Merkmals (Durchschnitte, Streuungsmaße, Momente u. dgl.); b) Parameter zur Charakteristik des gleichzeitigen kombinierten Auftretens zweier oder überhaupt mehrerer Merkmale (Kontingenz und Korrelationsverhältnis; einfache, partielle und multiple, lineare und nicht lineare Korrelationskoeffizienten usw.); und c) Parameter vom Typus der Indexzahlen. Alle diese Parameter können für statistische Gesamtheiten beliebiger Ordnungen errechnet werden, und daher wird ihre Theorie teilweise auch in den Inhalt der „elementaren‘‘ statistischen Methodenlehre einbezogen.

2. **Die Lehre vom direkten Schluß auf die durchschnittlichen Eigenschaften einer Gesamtheit niederer Ordnung aus einer genauen Kenntnis der „statistischen Parameter‘‘ in der betreffenden Gesamtheit höherer Ordnung.**

3. Die Lehre vom Rückschluß auf die unbekannten Werte der Parameter einer Gesamtheit höherer Ordnung aus dem Studium des Inhaltes einer gegebenen Gesamtheit niederer Ordnung. Im engsten Zusammenhange mit diesem höchst bedeutsamen Fragenkomplex steht das sogenannte Bayessche Problem, das Pearsonsche Kriterium $\chi^2$ („Goodness of Fit"), die praktisch so wichtige Theorie der Stichprobenerhebung usw.

4. Die Lehre von der Untersuchung der zeitlichen und räumlichen Stabilität der Gesamtheiten höherer Ordnungen und ihrer statistischen Parameter. Infolge des Umstandes, daß der Biologe es gewöhnlich mit viel zahlreicheren und viel stabileren Gesamtheiten höherer Ordnung zu tun bekommt, als sie in der Sozial- und insbesondere in der Wirtschaftsstatistik vorkommen, ergeben sich hier auch große Unterschiede in der angewandten Methodik, und vieles, was für den Biologen von großer Wichtigkeit ist, wie etwa die verschiedenen Darstellungssysteme für die „Verteilungsgesetze der Variablen" (Pearsons Typen, Thieles Semi-Invarianten, Brunssche Reihe u. dgl.), bleibt für den Sozialstatistiker ziemlich irrelevant. Anderseits aber gewinnt für ihn der folgende fünfte Abschnitt eine viel größere Bedeutung.

5. Die Lehre von der Behandlung räumlich und insbesondere zeitlich unbeständiger Gesamtheiten höherer Ordnungen. Dem Forscher kommt hierbei der Umstand zu Hilfe, daß diese, wenigstens im Bereiche der sozialen Massenerscheinungen, ihren Inhalt gewöhnlich nicht plötzlich, sondern bloß relativ langsam, durch sukzessives Ausscheiden gewisser Elemente und ein ebensolches Eintreten anderer wechseln. Man denke z. B. an die beständige Erneuerung der Bevölkerung durch Geburten und Todesfälle. Infolgedessen kann man in der Mehrzahl der Fälle auch erwarten, daß die Veränderungen in den statistischen Parametern dieser Gesamtheiten einen mehr oder weniger stetigen Verlauf aufweisen werden, und daß plötzliche, sprunghafte Veränderungen in ihnen, z. B. infolge von Kriegsereignissen, Wirtschaftskrisen u. dgl., wohl vorkommen können, aber doch eher die Ausnahmen als die Regel bilden. Diese Feststellung bezieht sich sowohl auf Zählungen, die in gewissen Zwischenräumen den Bestand der Gesamtheit mehr oder weniger erschöpfend aufnehmen, als auch auf die fortlaufenden Aufzeichnungen, die in der Regel nur die Zugänge und die Abgänge bei den betreffenden Gesamtheiten ununterbrochen in Evidenz halten. In bezug auf zeitlich unbeständige Gesamtheiten entsteht ferner die Frage, ob nicht in ihnen einzelne stabilere Komponenten entdeckt werden können und ob man nicht wenigstens für die Beziehungen zwischen den letzteren gewisse zeitlich beständigere statistische Parameter aufzuzeigen vermag. Alle diese Fragen bilden den Gegenstand der Theorie der Zeitreihen (time-series). Teilweise zum selben Problemkreis gehören die Lehren von der Ausgleichung, der Extrapolation und der Interpolation statistischer Reihen, die übrigens auch für den folgenden, sechsten Abschnitt der mathematischen Statistik Bedeutung haben.

6. **Die Lehre von den statistischen Verfahren, die zur Feststellung von Kausalbindungen zwischen den Elementen verschiedener Gesamtheiten dienen können.** Das Forschungsinstrument, welches zur Zeit am häufigsten hier angewandt wird, dürften dieselben Formeln für den Korrelationskoeffizienten sein, die wir bereits oben unter 1 erwähnt haben. Ihre Anwendung außerhalb jenes Problemkreises, für welchen sie ursprünglich ersonnen und eingeführt wurden, birgt offenbar Gefahren in sich, von denen man sich genaue Rechenschaft ablegen muß. Leider ist in dieser Hinsicht viel gesündigt worden, und die Theorie des Verfahrens ist in ihren Einzelheiten noch lange nicht bis zu Ende durchgearbeitet.

Da das vorliegende Buch, wie bereits oben mehrmals bemerkt wurde, in der Hauptsache bloß eine elementare **Einführung** in die mathematische Statistik sein will, so greifen wir aus dem reichen Inhalt obiger sechs Hauptabteilungen nur jene Abschnitte heraus, die nach unserer Ansicht besonders dazu geeignet sind, dem Leser eine engere Bekanntschaft mit dem Geiste und dem Ideenkreise unserer Disziplin zu vermitteln. Bei der Wahl der zu behandelnden Probleme gelten für uns in ersten Linie „wissenschaftlich-pädagogische“ Überlegungen, und wir lassen daher im allgemeinen solche Theoreme, die lediglich mathematisch komplizierte Weiterführungen bereits untersuchter Gedankengänge darstellen, ganz beiseite. So werden im I. Kapitel die Grundelemente der homograden Theorie ziemlich vollständig dargestellt, und die Kapitel II und III enthalten eine ebenfalls recht ausführliche Darstellung des Inhalts der oben aufgezählten Hauptabteilungen 1 bis 3, aber nur in bezug auf ein einzelnes variables Merkmal. Die Theorie des gleichzeitigen kombinierten Auftretens mehrerer Merkmale, sowie die Hauptabteilungen 4 bis 6, deren ausführlichere Darstellung allein den Inhalt unserer Arbeit mindestens verdoppeln, wenn nicht verdreifachen könnte, werden hingegen im Kapitel IV nur so weit behandelt, als es notwendig erscheint, um den Leser zum Studium der betreffenden Spezialuntersuchungen hinüberzuleiten, von denen es zurzeit auch in deutscher Sprache mehrere gibt.

Erstes Kapitel.

# Elemente der statistischen Wahrscheinlichkeitsrechnung und homograde Theorie.

## 1. Definition der statistischen Wahrscheinlichkeit.

Wir haben bereits in der Einleitung festgestellt, daß die Grundform, in welcher man gewöhnlich die Resultate der Auszählung homograder Gesamtheiten darstellt, die **relative Häufigkeit** (bzw. das 100fache oder 1000fache von ihr) der verschiedenen Merkmale und Merkmalsgruppen in ihr ist. So berechnen wir z. B. die relative Häufigkeit der Personen, die im arbeitsfähigen Alter stehen (ein Merkmal), der arbeitsfähigen Männer (Kombination zweier Merkmale), der arbeitsfähigen deutschen Männer (Kombination dreier Merkmale) usw. Unser letztes Ziel besteht hierbei entweder darin, nur die Gliederung eben der gegebenen konkreten Gesamtheit zu erfassen, oder aber (und dieses dürfte der häufigere Fall sein) darin, auf Grund der relativen Häufigkeiten, die eine gewisse Gesamtheit aufweist, zu den uns unmittelbar nicht gegebenen und daher gewöhnlich ganz unbekannten relativen Häufigkeiten in einer verwandten Gesamtheit höherer Ordnung vorzudringen. Gegeben sei z. B. die relative Häufigkeit der Knabengeburten unter allen Geburten, die eine Gruppe „nordischer" Ehepaare im Laufe eines Jahres aufzuweisen hat. Gefragt wird nach der relativen Häufigkeit aller „nordischen" Knabengeburten desselben Jahres (Gesamtheit höherer Ordnung) oder solcher Geburten in einer längeren Reihe von Jahren (Gesamtheit nächsthöherer Ordnung). Ein anderes Beispiel: gegeben sei die relative Häufigkeit der lebenden Knabengeburten aller weißen Rassen für eine Reihe von Jahren. Diese Geburten sind das Resultat einer etwa 9monatigen Entwicklung nur eines Teiles der „Zigoten" (mit diesem Namen bezeichnet man bekanntlich das Vereinigungsprodukt der bei der Befruchtung beteiligten männlichen und weiblichen „Gameten".[1]) Die übrigen „Zigoten" sind noch vor der Geburt durch Abortus u. dgl. zugrunde gegangen. Nimmt man an, daß das Geschlecht bereits bei der Entstehung der „Zigote" bestimmt wird, so kann die Frage aufgeworfen werden nach der relativen Häufigkeit der männlichen „Zigoten" unter allen „Zigoten" der weißen Rassen (verwandte Gesamtheit höherer Ordnung). Die Beantwortung dieser Frage könnte eventuell auch praktisches Interesse für den Bevölkerungspolitiker und Hygieniker beanspruchen, denn es ist ziemlich wahrscheinlich, daß zur Zeit die Sterblichkeit der männlichen Zigoten größer als diejenige der weiblichen ist. Sollten schon die „Gameten" des Mannes das Geschlecht des Kindes bestimmen, so könnte man ferner nach der relativen Häufigkeit der männlichen „Gameten" fragen, von denen nur ein verschwindend kleiner Teil wirklich zur Befruchtung kommt (verwandte Gesamtheit nächsthöherer Ordnung). Da ferner jede menschliche „Gamete" ihrerseits 48 (oder 47) „Chromosomen" enthält, die bei den Erblichkeitsvorgängen eine große Rolle spielen, so wäre es im Prinzip denkbar, auch nach der relativen Häufigkeit derselben im Zusammenhange mit der Geschlechtsbestimmung zu fragen usw.

An Stelle des ungeschickten Ausdruckes „relative Häufigkeit eines Merkmals in einer Gesamtheit höherer Ordnung als die gegebene" setzen wir nun den Ausdruck: „statistische Wahrscheinlichkeit des Merkmals". Wir werden uns im Laufe der weiteren Ausführungen überzeugen können, daß diese Definition bereits ausreichend ist, um alle formal mathematischen Theoreme der Wahrscheinlichkeitsrechnung auf ihr aufzubauen. Wir schreiben „formal mathematische", um anzudeuten, daß es von diesen Theoremen einen unmittelbaren Übergang zur konkreten Tatsachenwelt noch nicht gibt,

---

[1] Vgl. W. Johannsen: Elemente der exakten Erblichkeitslehre etc., S. 163, 414.

denn nach unserem Dafürhalten kann das sogenannte „Gesetz der großen Zahlen" allein mit Hilfe mathematischer „tautologischer Umformungen" nicht bewiesen werden. Um diesen Übergang zur Tatsachenwelt zu schaffen, müssen gewisse zusätzliche Annahmen eingeführt werden, die nicht mathematischer, sondern empirischer Natur sind und darin bestehen können, daß man sich die betreffende Gesamtheit höherer Ordnung als ein „statistisches Kollektiv" denkt. Unter einem „statistischen Kollektiv" verstehe ich — in gewisser Anlehnung an Mises — eine solche „gut durchmischte" Gesamtheit, aus welcher die gegebene Gesamtheit auf dem Wege einer „blinden Auswahl" etwa nach dem Muster von Kugelziehungen aus einer geschlossenen Urne entstanden sein könnte. Unsere „statistischen Kollektive" bilden also nur einen Sonderfall unter den statistischen Gesamtheiten, und sie können, wie diese, ein objektives Dasein führen, durch bloße Willkür des Forschers gebildet werden, oder sogar rein gedankliche Konstruktionen darstellen; ferner können sie, ebenfalls wie die Gesamtheiten überhaupt, entweder Bestandmassen sein, die zu einem gewissen Zeitpunkte wirklich in ihrem ganzen Umfange existieren, oder aber Ereignismassen, deren Elemente nur allmählich im Laufe der Beobachtung entstehen und nicht alle gleichzeitig in Erscheinung treten. Der Begriff des statistischen Kollektivs wird weiter unten im § 8 dieses Kapitels ausführlich behandelt.

Der Umfang einer Gesamtheit, bzw. eines statistischen Kollektivs, wird durch die Zahl der in ihm enthaltenen Elemente (Einheiten) gemessen. Ist dieser Umfang $N$ und $M$ die Zahl der ein bestimmtes Merkmal besitzenden Elemente in der Gesamtheit, so bedeutet derselbe Quotient $\dfrac{M}{N}$ entweder die relative Häufigkeit oder die statistische Wahrscheinlichkeit des Merkmals — je nachdem, ob wir den Quotienten auf die unmittelbar gegebene Gesamtheit beziehen oder auf eine Gesamtheit niederer Ordnung. In letzterem Falle bezeichnet man $\dfrac{M}{N}$ gewöhnlich durch den Buchstaben $p$.

Es leuchtet ohne weiteres ein, daß $\dfrac{M}{N}$ nicht kleiner als 0 und nicht größer als 1 sein kann, denn $M$ ist immer kleiner als oder höchstens gleich $N$. Mathematisch wird das folgendermaßen ausgedrückt:

$$0 \leqq \frac{M}{N} \leqq 1.$$

Die mathematische Handhabung des Quotienten $\dfrac{M}{N}$ wird durch den „Additionssatz" und den „Multiplikationssatz" bedeutend erleichtert.

## 2. Zwei Hilfssätze über die Addition und die Multiplikation der Häufigkeiten (bzw. statistischen Wahrscheinlichkeiten).

*Satz I.* (Additionssatz.) Die relative Häufigkeit einer Gruppe von Elementen in einer Gesamtheit, die eines von zwei oder mehreren einander ausschließenden Merkmalen besitzen, ist gleich der Summe der relativen Häufigkeiten dieser Merkmale.

So formuliert, bedarf der Satz kaum eines Beweises. Die statistische Gesamtheit bestehe z. B. aus $N$ Elementen, von denen $M_1$ das Merkmal $A$, $M_2$ das Merkmal $B$, $M_3$ das Merkmal $C$, $M_4$ das Merkmal $D$ usw. aufweisen. Die Merkmale schließen einander aus, so daß ein Element zu gleicher Zeit nicht zwei oder drei solcher Merkmale besitzen kann. Die relative Häufigkeit jener Gruppe der Elemente, die entweder das Merkmal $A$, oder das Merkmal $B$, oder das Merkmal $C$ besitzen, ist dann offenbar gleich

$$\frac{M_1 + M_2 + M_3}{N} = \frac{M_1}{N} + \frac{M_2}{N} + \frac{M_3}{N},$$

wobei die einzelnen Brüche der rechten Seite eben die relativen Häufigkeiten der Merkmale $A$, $B$ und $C$ darstellen. Der Satz läßt sich offenbar auf eine beliebige Anzahl von Merkmalen verallgemeinern.

*Satz II.* (Multiplikationssatz.) Die relative Häufigkeit des gleichzeitigen Auftretens zweier oder mehrerer Merkmale an einem Element in einer statistischen Gesamtheit ist gleich dem Produkte der relativen Häufigkeit eines von diesen Merkmalen mit den bedingten relativen Häufigkeiten, die dann den übrigen Merkmalen zukommen.

Die statistische Gesamtheit bestehe wiederum aus $N$ Elementen, von denen nur $M_1$ Elemente das Merkmal $A$ aufweisen. Unter diesen $M_1$ Elementen besitzen nur $m_2$ das Merkmal $B$, und unter den letzteren wiederum nur $m_3$ das Merkmal $C$. Gefragt wird nach der relativen Häufigkeit jener Elemente, die gleichzeitig die Merkmale $A$, $B$ und $C$ aufweisen. Diese Häufigkeit ist offenbar gleich $\frac{m_3}{N}$. Letzterer Quotient kann jedoch wie folgt transformiert werden:

$$\frac{m_3}{N} = \frac{M_1}{N} \cdot \frac{m_2}{M_1} \cdot \frac{m_3}{m_2}.$$

Die linke Seite der Gleichung ergibt sich unmittelbar aus der rechten durch Wegkürzen der Faktoren $M_1$ und $m_2$. Nun bedeutet der Quotient $\frac{M_1}{N}$ die relative Häufigkeit des Merkmals $A$ in der Gesamtheit, und der Quotient $\frac{m_2}{M_1}$ ebenfalls eine relative Häufigkeit — diejenige des Merkmals $B$, aber nur in jenem Teile der Gesamtheit, welcher solche Elemente enthält, die gleichzeitig auch das Merkmal $A$ besitzen. Dieser Teil würde sich offenbar dadurch ergeben, daß man aus der Gesamtheit alle Elemente ohne $A$, d. h. alle „Nicht-$A$", entfernt. Es ist ferner klar, daß der Quotient $\frac{m_3}{m_2}$ die relative Häufigkeit des Merkmals $C$ in jenem noch kleineren Umkreise der Elemente darstellt, die gleichzeitig die Merkmale $A$ und $B$ aufweisen und die den Umfang der Gesamtheit nach der Entfernung aller Elemente ohne $A$ und ohne $B$ bilden. Die relativen Häufigkeiten $\frac{m_2}{M_1}$ und $\frac{m_3}{m_2}$ nennt man deshalb bedingte relative Häufigkeiten, und in bezug auf eine Gesamtheit niederer Ordnung heißen sie bedingte statistische Wahrscheinlichkeiten. Bezeichnet man jetzt $\dfrac{M_1}{N}$ durch $p'_A$, so kann $\dfrac{m_2}{M_1}$, d. h. die bedingte relative Häufigkeit von $B$ unter der Voraussetzung, daß alle „Nicht-$A$" entfernt worden sind, durch $p'_{B(A)}$ dargestellt werden. Desgleichen bedeutet dann $p'_{C(AB)}$ den Quotienten $\dfrac{m_3}{m_2}$, d. h. die bedingte relative Häufigkeit von $C$ unter der Voraussetzung, daß alle „Nicht-$A$" und „Nicht-$B$" beseitigt worden sind; schließlich schreiben wir noch $p'_{ABC}$ für $\dfrac{m_3}{N}$, und der Inhalt des Satzes II erhält dann folgenden mathematischen Ausdruck:

$$p'_{ABC} = p'_A \cdot p'_{B(A)} \cdot p'_{C(AB)}.$$

Da man die Merkmale $A$, $B$ und $C$ beliebig anordnen kann, so ist es ohne weiteres klar, daß auch die folgenden Beziehungen zu Recht bestehen:

$$p'_{ABC} = p'_A \cdot p'_{C(A)} \cdot p'_{B(AC)};$$

$$p'_{ABC} = p'_B \cdot p'_{A(B)} \cdot p'_{C(AB)} = p'_B \cdot p'_{C(B)} \cdot p'_{A(BC)};$$

$$p'_{ABC} = p'_C \cdot p'_{A(C)} \cdot p'_{B(AC)} = p'_C \cdot p'_{B(C)} \cdot p'_{A(BC)}.$$

Selbstverständlich werden in jeder von diesen Formeln andere Werte für $M_1$, $m_2$ und $m_3$ auftreten.

Es ist ferner auch leicht ersichtlich, daß Satz II auf eine beliebige Anzahl von Merkmalen erweitert werden kann.

Der höchst elementare Sinn dieser mathematischen Symbole wird vielleicht verständlicher werden, wenn man folgendes kleine Beispiel betrachtet. Gegeben sei eine Gesamtheit vom Umfange 100, die die Bevölkerung einer Gemeinde darstellt. Die Gliederung derselben sei aus folgender Tabelle ersichtlich.

|  | Deutsche | | | Nichtdeutsche | | | Insgesamt | | |
|---|---|---|---|---|---|---|---|---|---|
|  | Volljährig | Nicht volljährig | Zusammen | Volljährig | Nicht volljährig | Zusammen | Volljährig | Nicht volljährig | Zusammen |
| Männlich .... | 15 | 13 | 28 | 14 | 2 | 16 | 29 | 15 | 44 |
| Weiblich ..... | 10 | 17 | 27 | 9 | 20 | 29 | 19 | 37 | 56 |
| Zusammen ... | 25 | 30 | 55 | 23 | 22 | 45 | 48 | 52 | 100 |

Es bedeute nun $A$ das Merkmal „deutsch", $B$ das Merkmal „volljährig" und $C$ das Merkmal „männlich". Dann erhalten unsere Symbole folgende Zahlenwerte:

$$p'_{ABC} = \frac{15}{100};\ \text{(15 ist die Zahl der deutschen volljährigen Männer)};$$

$$p'_A = \frac{55}{100};\qquad p'_B = \frac{48}{100};\qquad p'_C = \frac{44}{100};$$

$$p'_{A(B)} = \frac{25}{48}; \quad p'_{A(C)} = \frac{28}{44}; \quad p'_{B(A)} = \frac{25}{55}; \quad p'_{B(C)} = \frac{29}{44};$$

$$p'_{C(A)} = \frac{28}{55}; \quad p'_{C(B)} = \frac{29}{48};$$

$$p'_{A(BC)} = \frac{15}{29}; \quad p'_{B(AC)} = \frac{15}{28}; \quad p'_{C(AB)} = \frac{15}{25}.$$

Und für $p'_{ABC}$ ergeben sich folgende 6 Gleichungen, die alle zum selben Resultat: $p'_{ABC} = \frac{15}{100}$ führen.

$$p'_{ABC} = p'_A\, p'_{B(A)}\, p'_{C(AB)} = \frac{55}{100}\cdot\frac{25}{55}\cdot\frac{15}{25} = \frac{15}{100};$$

$$= p'_A\, p'_{C(A)}\, p'_{B(AC)} = \frac{55}{100}\cdot\frac{28}{55}\cdot\frac{15}{28} = \frac{15}{100};$$

$$= p'_B\, p'_{A(B)}\, p'_{C(AB)} = \frac{48}{100}\cdot\frac{25}{48}\cdot\frac{15}{25} = \frac{15}{100};$$

$$= p'_B\, p'_{C(B)}\, p'_{A(BC)} = \frac{48}{100}\cdot\frac{29}{48}\cdot\frac{15}{29} = \frac{15}{100};$$

$$= p'_C\, p'_{A(C)}\, p'_{B(AC)} = \frac{44}{100}\cdot\frac{28}{44}\cdot\frac{15}{28} = \frac{15}{100};$$

$$= p'_C\, p'_{B(C)}\, p'_{A(BC)} = \frac{44}{100}\cdot\frac{29}{44}\cdot\frac{15}{29} = \frac{15}{100}.$$

Ein interessanter Sonderfall entsteht, wenn der Quotient $\frac{m_2}{M_1}$ gleich $\frac{M_2}{N}$ wird, d. h. der relativen Häufigkeit des Merkmals $B$ in der ganzen Gesamtheit vom Umfange $N$, und ebenso der Quotient $\frac{m_3}{m_2}$ gleich $\frac{M_3}{N}$, d. h. der relativen Häufigkeit des Merkmals $C$ in derselben Gesamtheit. Das bedeutet, daß in diesem Falle die relative Häufigkeit von $B$ ganz dieselbe bleibt, ob nun das Merkmal $A$ im Elemente vorhanden ist oder nicht, und desgleichen auch die relative Häufigkeit von $C$ in bezug auf das Vorhandensein von $A$ und $B$; wir erhalten dann einfach:

$$\frac{m_3}{N} = \frac{M_1}{N}\cdot\frac{M_2}{N}\cdot\frac{M_3}{N} = p'_A \cdot p'_B \cdot p'_C.$$

Denkt man sich die Gesamtheit als eine Gesamtheit höherer Ordnung und stellt sich vor, daß überhaupt alle bedingten Wahrscheinlichkeiten gleich den einfachen statistischen Wahrscheinlichkeiten der Merkmale sind, und durch das Vorhanden- oder Nichtvorhandensein der übrigen Merkmale nicht beeinflußt werden, so kann man bei den Quotienten $p'$ die Akzente weglassen und erhält die folgenden Beziehungen:

$$p_{A(B)} = p_{A(C)} = p_{A(BC)} = p_A,$$

$$p_{B(A)} = p_{B(C)} = p_{B(AC)} = p_B,$$

$$p_{C(A)} = p_{C(B)} = p_{C(AB)} = p_C,$$

$$p_{ABC} = p_A\, p_B\, p_C;$$

und ferner, wenn man die statistischen Wahrscheinlichkeiten des gemeinsamen Auftretens der Merkmale $A$ und $B$, $A$ und $C$, $B$ und $C$ bzw. mit $p_{AB}$, $p_{AC}$, $p_{BC}$ bezeichnet:

$$p_{AB} = p_A\, p_B, \quad p_{AC} = p_A\, p_C, \quad p_{BC} = p_B\, p_C.$$

In diesem Falle nennt man die Merkmale $A$, $B$ und $C$ „voneinander stochastisch unabhängig". Dieser Begriff spielt eine große Rolle in der Korrelationstheorie. Er kann ebenfalls, wie leicht ersichtlich, auf eine beliebige Anzahl von Merkmalen übertragen werden.

## 3. Der Binomialsatz.

Gegeben sei wiederum eine Gesamtheit von $N$ Elementen, von denen nur $M$ ein bestimmtes Merkmal $A$ besitzen. Betrachten wir die relative Häufigkeit dieses Merkmals in einer „Stichprobe" von $n$ Elementen, die gleichzeitig oder eines nach dem anderen aus der Gesamtheit auf beliebige Art entnommen werden. Diese Stichprobe bildet eine neue Gesamtheit, gegenüber welcher die frühere offenbar zu einer Gesamtheit höherer Ordnung vorrückt, so daß der Quotient $\dfrac{M}{N}$ bereits den Charakter einer statistischen Wahrscheinlichkeit erhält und mit $p$ bezeichnet werden kann. Nehmen wir an, daß in unserer Stichprobe $m$ Elemente das Merkmal $A$ aufweisen, so daß der Quotient $\dfrac{m}{n}$ die relative Häufigkeit des Merkmals $A$ ergibt. Gefragt wird zunächst nach dem maximalen Betrage des Fehlers, den wir begehen könnten, wenn wir $\dfrac{m}{n}$ einfach gleich $\dfrac{M}{N}$ annehmen wollten, d. h. nach der maximalen absoluten Größe $d$ der Differenz

$$\frac{m}{n} - \frac{M}{N}.$$

Wir setzen: $N - n = b$ und $M - m = a$. Da $b$ die Anzahl der in der Gesamtheit noch verbliebenen Elemente bedeutet, so ist offensichtlich, daß $a$, die Anzahl derjenigen Elemente unter den letzteren, die das Merkmal $A$ besitzen, nicht größer als $b$ sein kann:

$$a \leqq b.$$

Es ist nun

$$\frac{m}{n} - \frac{M}{N} = \frac{M-a}{N-b} - \frac{M}{N} = \frac{bM - aN}{(N-b)N} = \frac{b}{N-b}\left(\frac{M}{N} - \frac{a}{b}\right) \cdot \cdot \cdot \cdot \quad (1)$$

Da sowohl $\dfrac{M}{N}$ als auch $\dfrac{a}{b}$ positiv und echte Brüche sind, so ist ihre Differenz, absolut genommen, jedenfalls kleiner als 1 (es ist, da $n < N$, unmöglich, daß gleichzeitig $M = N$ und $a = 0$, oder $M = 0$ und $a = b$); folglich ist:

$$d < \frac{b}{N-b}.$$

Solange $b$ im Verhältnis zu $N$ klein ist, also $n$ nahe an $N$ herankommt, d. h. solange die Stichprobe die große Mehrzahl aller Elemente der Gesamtheit enthält, ergeben sich aus dieser Ungleichung sehr enge Grenzen für den maximalen absoluten Betrag des Fehlers, den wir bei Gleichsetzung von $\frac{m}{n}$ mit $\frac{M}{N}$ begehen können. Aber bei großem $b$ und, folglich, bei kleinem $n$ im Verhältnis zu $N$ verliert die Formel jeglichen Wert. Ist z. B. $n$ kleiner als $M$ und als $N - M$, so kann man, je nach der Anordnung der Stichprobenentnahme, für $\frac{m}{n}$ alle Werte von 1 bis 0 erhalten, und zwar ganz unabhängig davon, welchen Wert $\frac{M}{N}$ tatsächlich aufweist. Nur wenn man die Stichprobenentnahme so organisieren kann, daß $\frac{a}{b}$ nahe bei $\frac{M}{N}$ liegt, wird Formel (1) enge Fehlergrenzen ergeben, denn aus $\frac{M}{N} = \frac{a}{b}$ folgt auch $\frac{m}{n} = \frac{M}{N}$. Dies wird z. B. dann der Fall sein, wenn die Gesamtheit höherer Ordnung gut durchmischt ist, so daß in allen ihren Teilen die Häufigkeit des Vorkommens des Merkmals $A$ ungefähr die gleiche ist, d. h. mit anderen Worten: wenn die Gesamtheit als statistisches Kollektiv angesehen werden darf. Das Vorhandensein eines derartigen Kollektivs oder die Möglichkeit, sich ein solches zu konstruieren, ist eine quaestio facti, die durch keine Transformation von noch so komplizierten mathematischen Formeln herbeigeführt werden kann. Die Hilfe der Mathematik ist aber bereits beim nächsten Schritte des Forschers wieder möglich. Es wird vorausgesetzt, die Gesamtheit vom Umfange $N$ sei ein Kollektiv, aus welchem sachgemäß $n$ Elemente entnommen worden seien, und es wird gefragt: Wie weit kann sich nun $\frac{m}{n}$ von $\frac{M}{N}$ entfernen, und was noch wichtiger ist, bei einer wie großen Differenz zwischen $\frac{m}{n}$ und $\frac{M}{N}$ ist man gezwungen, die Hypothese, die Gesamtheit sei ein statistisches Kollektiv, als nicht plausibel zu verwerfen? Diese Fragen führen uns zum Binomialsatz und über diesen hinweg zum berühmten Exponentialsatz, der mit den Namen Bernoulli, De Moivre und Laplace verbunden ist.

Es ist immer vorteilhaft, bei längerem mathematischen Berechnungen, denen der Laie nur mit ziemlicher Anstrengung folgen kann, gleich von vornherein anzugeben, was das Ziel ist, zu welchem man den Leser durch den mathematischen Formelwald führen will. Unser nächster Weg führt nun über die folgenden Etappen. Zunächst wollen wir feststellen, wie in jener neuen Gesamtheit, die alle überhaupt möglichen Resultate der Ziehung von $n$ Elementen aus einer gegebenen Gesamtheit vom Umfange $N$ enthält, die relativen Häufigkeiten der Resultate: $n$ mal $A$, $(n-1)$ mal $A$, $(n-2)$ mal $A$ usw. sich ergeben. Gegenüber den Resultaten der tatsächlich vorgenommenen Ziehungen erhalten die letzteren ja den Charakter von statistischen Wahrscheinlichkeiten. Ferner werden wir untersuchen, ob man hier nicht solche Grenzen für die Abweichung $\frac{m}{n} - \frac{M}{N}$ angeben kann, innerhalb welcher sich die größte Mehrzahl aller möglichen Ergebnisse befinden wird, so daß die totale relative Häufigkeit einer noch größeren Abweichung sehr gering wird. Bis zu dieser Stelle ist es möglich, allein mit den Begriffen „statistische Gesamtheit" und „relative Häufigkeit" auszukommen, d. h. auf dem Boden rein mathematischer „tautologischer Umformungen" zu bleiben. Der nächste Schritt wird uns jedoch wieder in den Bereich der Empirie zurückbringen. Wir werden nämlich das sogenannte Cournotsche Lemma einführen und uns auf die Erfahrungstatsache berufen, daß bei Gesamtheiten, die den Charakter von statistischen Kollektiven besitzen, Elemente, die geringe relative Häufigkeiten aufweisen, nur sehr selten beobachtet werden. Und hieraus werden wir den Schluß ziehen, daß, folglich, große Abweichungen $\frac{m}{n} - \frac{M}{N}$ bei statistischen Kollektiven ebenfalls bloß selten anzutreffen sein werden. Das wäre der wesentliche Inhalt der Cournotschen Formulierung des sogenannten „Gesetzes der großen Zahlen".

Die jetzt folgenden mathematischen Ausführungen sind recht kompliziert und ermüdend; da sie aber für das Verständnis der weiteren Kapitel dieses Buches notwendig sind, bitten wir den Leser, sie nicht ganz zu überschlagen, sondern wenigstens aufmerksam durchzusehen. Um ihnen genau folgen zu können, ist übrigens die Kenntnis der höheren Mathematik nicht erforderlich.

Gegeben sei eine Gesamtheit vom Umfange $N$, bei welcher $M$ Elemente das Merkmal $A$ und die übrigen $N - M$ Elemente das Merkmal $B$ besitzen. $A$ und $B$ schließen sich gegenseitig aus, etwa wie „männlich" und „weiblich" oder „schwarz" und „weiß". Wir entnehmen jetzt — auf beliebige Art — zwei Elemente aus dieser Gesamtheit. Das Resultat kann offenbar nur die folgenden 4 Kombinationen[1] ergeben: 1. zuerst Merkmal $A$ und darauf nochmals Merkmal $A$, 2. zuerst Merkmal $A$ und darauf Merkmal $B$, 3. zuerst Merkmal $B$ und darauf Merkmal $A$, und schließlich 4. zuerst Merkmal $B$ und dann nochmals Merkmal $B$. Symbolisch können wir diese 4 Kombinationen wie folgt hinschreiben:

$$AA, \quad AB, \quad BA, \quad BB.$$

Falls aber für uns die Reihenfolge der entnommenen Elemente irrelevant ist, so brauchen wir nur 3 Fälle zu unterscheiden:

$$2\text{mal } A, \quad 1\text{mal } A \text{ und } 1\text{mal } B, \quad 2\text{mal } B.$$

Wenn wir uns nun vorstellen, daß die Ziehung zu je 2 Elementen so lange fortgesetzt wird, als es überhaupt möglich ist, d. h. bis zur völligen Ausschöpfung der Gesamtheit, so kann auch die folgende Frage aufgeworfen werden: Wie stellt sich die relative Häufigkeit der Ergebnisse $AA$, $AB$ und $BB$ in der Gesamtheit aller gezogenen Paare? (Die letzteren

---

[1] Mathematisch korrekt wäre hier „Komplexionen" zu sagen, doch gehört die Kombinationslehre zu den am wenigsten beliebten Abschnitten der Schulalgebra, und wir gebrauchen daher durchwegs den weniger „schrecklichen" Ausdruck „Kombination", der aber nicht mit dem gleichnamigen technischen Ausdruck, welcher in jener Lehre gebräuchlich ist, verwechselt werden darf.

bilden nämlich eine neue Gesamtheit vom Umfange $\frac{N}{2}$, wenn $N$ gerade ist, und vom Umfange $\frac{N-1}{2}$ bei ungeradem $N$.) Wir können aber auch noch einen Schritt weitergehen und darnach fragen, welche Werte diese relativen Häufigkeiten für die Gesamtheit aller überhaupt möglichen Paarungen der Elemente annehmen würden, einen Teil von welchen die tatsächlich vorgekommenen Paare ausmachen. In diesem Falle ist der Umfang der neuen Gesamtheit ein viel größerer, denn jedes der $N$ Elemente kann zum ersten Male gezogen werden und jedes der übrigen $N-1$ Elemente kann ihm als zweites folgen. Die Gesamtheit der möglichen Paarungen ergibt sich also gleich $N(N-1)$. Nur diese zweite Fragestellung wird uns hier im weiteren interessieren, da sie offenbar von den Zufälligkeiten der tatsächlich erfolgten $\frac{N}{2}$ bzw. $\frac{N-1}{2}$ Ziehungen nicht abhängt und daher eine objektivere Antwort auf die gestellte Frage zuläßt. Außerdem nimmt letztere Gesamtheit gegenüber der vorgenannten die Stellung einer Gesamtheit noch höherer Ordnung ein, deren Häufigkeiten für diese bereits zu statistischen Wahrscheinlichkeiten vorrücken.

Unsere erste Frage ist: Wie viele unter den möglichen $N(N-1)$ Paarungen werden nun die Kombination $AA$ ergeben? Da $M$ die Anzahl der Elemente mit dem Merkmal $A$ ist und jedes von diesen $M$ sich mit den übrigen $M-1$ kombinieren kann, so ist die Anzahl der Paare vom Typus $AA$ offenbar gleich $M(M-1)$; ihre relative Häufigkeit ist also durch den Quotienten

$$\frac{M(M-1)}{N(N-1)}$$

gegeben. Es ist zu beachten, daß der Quotient $\frac{M}{N}$ die relative Häufigkeit des Merkmals $A$ darstellt, während $\frac{M-1}{N-1}$ seine relative Häufigkeit in der Voraussetzung bedeutet, daß dieses Merkmal bereits zum ersten Male erschienen und ausgesondert ist, d. h. seine bedingte relative Häufigkeit. Wir ersehen hieraus, daß der Multiplikationssatz des vorhergehenden Paragraphen auf den vorliegenden Fall ebenfalls angewandt werden kann. Da man aber hier auch ohne ihn auskommen kann und da anderseits seine Einführung gewisse zusätzliche Komplikationen bedingt, so lassen wir ihn vorläufig beiseite.

Die Kombination $A$ mit $B$ kann, wie wir bereits bemerkt haben, auf zweierlei Weise entstehen: entweder man entnimmt der Gesamtheit zuerst $A$ und darauf $B$, was $M(N-M)$ verschiedene Paare ergeben kann, oder man zieht zuerst $B$ und darauf $A$, was wiederum $(N-M)M$ verschiedene Paarungen bewirkt. Somit ist, nach dem Additionssatz des vorhergehenden Paragraphen, die relative Häufigkeit des Falles „1 mal $A$ und 1 mal $B$" gleich dem Quotienten

$$\frac{M(N-M)+(N-M)M}{N(N-1)}=\frac{2M(N-M)}{N(N-1)}.$$

Die relative Häufigkeit des Resultates „keinmal $A$ und $2$ mal $B$" ist offenbar gleich

$$\frac{(N-M)\,(N-M-1)}{N\,(N-1)}.$$

Die Summe der 3 relativen Häufigkeiten:

$$\frac{M\,(M-1)}{N\,(N-1)} + \frac{2\,M\,(N-M)}{N\,(N-1)} + \frac{(N-M)\,(N-M-1)}{N\,(N-1)}$$

ergibt, wie es auch sein muß,

$$\frac{N\,(N-1)}{N\,(N-1)} = 1.$$

Somit ist keine mögliche Kombination übersehen und auch keine doppelt gezählt worden.

Betrachten wir jetzt den Fall von 3 gleichzeitigen Ziehungen aus der Gesamtheit. Jedes der $N$ Elemente, die als erste entnommen werden können, kann sich mit jedem der übrigen $N-1$, als zweitem, kombinieren, und jedem der so erhaltenen $N\,(N-1)$ Paare kann wiederum jedes der noch übrigen $(N-2)$ Elemente folgen. Somit ist die Anzahl der möglichen Gruppen zu 3 Elementen gleich

$$N\,(N-1)\,(N-2).$$

Die Anzahl der möglichen Gruppen vom Typus $AAA$ ist, wie leicht ersichtlich, gleich $M\,(M-1)\,(M-2)$; ihre relative Häufigkeit beträgt also

$$\frac{M\,(M-1)\,(M-2)}{N\,(N-1)\,(N-2)}.$$

Die Gruppierung „$2$ mal $A$ und $1$ mal $B$" kann bereits auf drei verschiedene Arten entstehen, die man symbolisch so darstellen kann:

$$AAB,\ ABA,\ BAA.$$

Die Anzahl der möglichen Gruppen der ersten Art ist $M\,(M-1)\,(N-M)$, die der zweiten: $M\,(N-M)\,(M-1)$, und die der dritten: $(N-M)\,M\,(M-1)$. Die totale relative Häufigkeit der betrachteten Gruppierung ergibt sich also, nach dem Additionssatz, aus dem folgenden Ausdruck:

$$\frac{M\,(M-1)\,(N-M) + M\,(N-M)\,(M-1) + (N-M)\,M\,(M-1)}{N\,(N-1)\,(N-2)} =$$

$$= 3\,\frac{M\,(M-1)\,(N-M)}{N\,(N-1)\,(N-2)}.$$

Desgleichen erhalten wir für die relative Häufigkeit der Gruppierung „$1$ mal $A$ und $2$ mal $B$" den Wert

$$3\,\frac{M\,(N-M)\,(N-M-1)}{N\,(N-1)\,(N-2)},$$

und für „keinmal $A$ und $3$ mal $B$" den Wert:

$$\frac{(N-M)\,(N-M-1)\,(N-M-2)}{N\,(N-1)\,(N-2)}.$$

Auch hier ergibt die Summe der relativen Häufigkeiten der 4 möglichen Gruppierungen genau den Wert 1.

Desgleichen erhalten wir für den Fall von 4 Ziehungen die folgenden Resultate:

Für die Gruppierung „4 mal $A$ und keinmal $B$" die relative Häufigkeit

$$\frac{M(M-1)(M-2)(M-3)}{N(N-1)(N-2)(N-3)};$$

Für die Gruppierung „3 mal $A$ und 1 mal $B$", die sich aus den 4 Kombinationen

$$AAAB,\ AABA,\ ABAA,\ BAAA$$

ergeben kann, die relative Häufigkeit:

$$4\,\frac{M(M-1)(M-2)(N-M)}{N(N-1)(N-2)(N-3)};$$

Für die Gruppierung „2 mal $A$ und 2 mal $B$", die sich aus 6 verschiedenen Kombinationen ergibt,

$$AABB,\ ABAB,\ ABBA,\ BBAA,\ BABA,\ BAAB,$$

die relative Häufigkeit:

$$6\,\frac{M(M-1)(N-M)(N-M-1)}{N(N-1)(N-2)(N-3)};$$

Für die Gruppierung „1 mal $A$ und 3 mal $B$", wiederum mit den 4 Kombinationen

$$BBBA,\ BBAB,\ BABB,\ ABBB,$$

die relative Häufigkeit:

$$4\,\frac{M(N-M)(N-M-1)(N-M-2)}{N(N-1)(N-2)(N-3)};$$

und schließlich für „keinmal $A$ und 4 mal $B$" die relative Häufigkeit:

$$\frac{(N-M)(N-M-1)(N-M-2)(N-M-3)}{N(N-1)(N-2)(N-3)}.$$

Die Summe aller 5 relativen Häufigkeiten ergibt wiederum genau 1.

Im allgemeinen Falle, bei $n$ Elementen, die der Gesamtheit entnommen werden, würden sich folgende relative Häufigkeiten ergeben:

für „$n$ mal $A$ und keinmal $B$": $\dfrac{M(M-1)(M-2)\ldots(M-n+1)}{N(N-1)(N-2)\ldots(N-n+1)};$

für „$(n-1)$ mal $A$ und 1 mal $B$":

$$\frac{n}{1}\cdot\frac{M(M-1)(M-2)\ldots(M-n+2)(N-M)}{N(N-1)(N-2)\ldots(N-n+1)};$$

für „$(n-2)$ mal $A$ und 2 mal $B$":

$$\frac{n(n-1)}{1\cdot2}\cdot\frac{M(M-1)(M-2)\ldots(M-n+3)(N-M)(N-M-1)}{N(N-1)(N-2)\ldots(N-n+1)};$$

usw.

Es läßt sich unschwer nachrechnen, daß die Gruppierung „$m$ mal $A$ und $(n-m)$ mal $B$" folgende relative Häufigkeit besitzen muß:

$$\frac{n\,(n-1)\,(n-2)\,\ldots\,(m+2)\,(m+1)}{1 \cdot 2 \cdot 3 \,\ldots\,(n-m-1)\,(n-m)} \times$$

$$\times\,\frac{M\,(M-1)\,(M-2)\,\ldots\,(M-m+1)\,(N-M)\,(N-M-1)\,\times\,\times\,(N-M-2)\,\ldots\,(N-M-n+m+1)}{N\,(N-1)\,(N-2)\,\ldots\,(N-n+1)}.$$

Diese schwerfälligen Formeln können durch eine angemessene Symbolik bedeutend vereinfacht werden. Zunächst ersehen wir, daß die Koeffizienten

$$1,\ \frac{n}{1},\ \frac{n\,(n-1)}{1 \cdot 2},\ \ldots,\ \frac{n\,(n-1)\,(n-2)\,\ldots\,(m+2)\,(m+1)}{1 \cdot 2 \cdot 3\,\ldots\,(n-m-1)\,(n-m)}$$

(ebenso wie früher die Koeffizienten 1, 2, 1; 1, 3, 3, 1; 1, 4, 6, 4, 1; usw.), welche die Anzahl von Arten angeben, auf die $n$ „Ziehungen" in $m$ maliges Eintreffen von $A$ und $(n-m)$ maliges Ausbleiben von $A$ (und Eintreffen von $B$) eingeteilt werden können, eigentlich die Koeffizienten des Newtonschen Binomialsatzes darstellen und folglich auf die übliche Art durch die Symbole

$$\binom{n}{0},\ \binom{n}{1},\ \binom{n}{2},\ \ldots,\ \binom{n}{n-m}$$

ersetzt werden können. Die Produkte $M\,(M-1)\,(M-2)\,\ldots\,(M-m+1)$, $(N-M)\,(N-M-1)\,(N-M-2)\,\ldots\,(N-M-n+m+1)$ und $N\,(N-1)\,(N-2)\,\ldots\,(N-n+1)$ sind, wie sich aus dem Vergleich mit den Formeln der Kombinatorik sofort ergibt, eigentlich Zahlen der „Variationen ohne Wiederholung" und werden gewöhnlich durch die Symbole

$$V_M^m,\ V_{N-M}^{n-m}\ \text{und}\ V_N^n$$

wiedergegeben. Somit ergeben sich im allgemeinen Fall von $n$ Einheiten in der Stichprobe folgende relative Häufigkeiten für die Resultate „$n$ mal $A$ und keinmal $B$", „$(n-1)$ mal $A$ und 1 mal $B$", „$(n-2)$ mal $A$ und 2 mal $B$", $\ldots$ „$m$ mal $A$ und $(n-m)$ mal $B$", $\ldots$ „keinmal $A$ und $n$ mal $B$":

$$\binom{n}{0}\frac{V_M^n}{V_N^n},\ \binom{n}{1}\frac{V_M^{n-1}\cdot V_{N-M}^1}{V_N^n},\ \binom{n}{2}\frac{V_M^{n-2}\cdot V_{N-M}^2}{V_N^n},\ \ldots$$

$$\ldots,\ \binom{n}{n-m}\frac{V_M^m\cdot V_{N-M}^{n-m}}{V_N^n},\ \ldots,\ \binom{n}{n}\frac{V_{N-M}^n}{V_N^n}\ \cdots\quad(2)$$

Diese Reihe gehört zur Klasse der sog. „hypergeometrischen Reihen" — ein Ausdruck, der jetzt besonders häufig in der englischen statistischen Fachliteratur vorkommt und den man sich deshalb merken sollte.

Denkt man wiederum an den binomischen Lehrsatz, so kann man die Reihe (2) symbolisch, wie es auch sonst in der Mathematik üblich ist, als eine Reihe darstellen, die aus der Entwicklung des Binoms

$$\frac{1}{V_N^n}\left(V_M + V_{N-M}\right)^n \quad \ldots \ldots \ldots \ldots \quad (3)$$

entsteht. Diese ergibt ja in der Tat sofort die Reihe (2), wenn man nur verabredet, statt $(V_M)^i$ einfach $V_M^i$ und statt $(V_{N-M})^j$ einfach $V_{N-M}^j$ zu schreiben. Man darf aber hierbei niemals außer acht lassen, daß Formel (3) nur einen symbolischen Charakter besitzt und dazu dient, einen kürzeren und übersichtlicheren Ausdruck für (2) zu erhalten. Aus ihr kann z. B. keinesfalls gefolgert werden, daß etwa

$$(V_M^1)^1 \text{ gleich } V_M^2 \text{ oder } (V_M^3)^3 \text{ gleich } V_M^9$$

sein werde.

Bedeutend leichtere und durchsichtigere Formeln erhalten wir, wenn wir den Ausgangspunkt unserer Betrachtungen modifizieren und annehmen, daß bei der Aussonderung der Stichprobe jedes Element nach Kenntnisnahme seines Merkmals, ob $A$ oder $B$, wieder in die ursprüngliche Gesamtheit zurückkehrt. Man denkt hierbei an Ziehungen von verschiedenfarbenen Kugeln aus einer Urne und nimmt etwa an, daß jede Kugel nach der Ziehung sofort zurückgelegt und die Urne hierauf gründlich durchgeschüttelt wird. In der Praxis des Statistikers kommt selbstverständlich derartiges nie vor, doch treffen wir auch hier nicht selten auf solche Vorgänge, die an obiges Urnenexperiment erinnern. Denken wir zunächst an den Fall, wo die „gezogenen“ Elemente durch einen gewissen Mechanismus ungefähr in derselben Proportion wieder ersetzt werden, wie etwa die roten und weißen Blutkörperchen in jedem lebensfähigen Organismus; denken wir ferner an die allmähliche Erneuerung der menschlichen Gesellschaft, bei welcher an Stelle der Gestorbenen beiderlei Geschlechts Neugeborene etwa in derselben Geschlechtsprorortion treten; denken wir schließlich an jene Gesamtheiten, wo die Anzahl der Elemente im Vergleich zu der Zahl der bei der Stichprobe erschienenen so groß ist, daß sogar der Unterschied zwischen $\frac{M}{N}$ und $\frac{M-n}{N-n}$ gar nicht ins Gewicht fällt und ruhig vernachlässigt werden kann. Es ist nämlich

$$d = \frac{M}{N} - \frac{M-n}{N-n} = \frac{Nn-Mn}{N(N-n)} = \frac{N-M}{N} \cdot \frac{n}{N-n}.$$

Da $\dfrac{N-M}{N}$ ein echter Bruch ist, so wird man auch immer

$$d < \frac{n}{N-n}$$

haben. Ist z. B. $n = 100$ und $N = 10\,000\,000$, so beträgt der Fehler $d$ bereits weniger als 0,00001. Wie dem auch sei, das Schema „mit Zurücklegen der Kugel“ gestattet eine beträchtliche Vereinfachung obiger Binomialformel (3) und hat daher, trotz seiner begrenzteren Anwendungsmöglichkeiten in der praktischen Statistik, das hauptsächliche Interesse der Theoretiker auf sich gezogen.

Wenn der Gesamtheit vom Umfange $N$ 2 Elemente „mit Zurücklegen“ entnommen werden, so sind im ganzen $N \cdot N = N^2$ verschiedene

Paarungen denkbar, unter denen die Kombination $AA$ offenbar $M^2$mal, die Kombination $AB$ oder $BA$ offenbar $2M(N-M)$mal und schließlich die Kombination $BB$ $(N-M)^2$mal vorkommen wird. Die relativen Häufigkeiten dieser 3 Fälle sind also beziehungsweise $\frac{M^2}{N^2}$, $2\frac{M(N-M)}{N^2}$ und $\frac{(N-M)^2}{N^2}$. Ihre Summe ergibt, wie es auch sein muß, $\frac{N^2}{N^2}=1$.

Bezeichnet man die relative Häufigkeit $\frac{M}{N}$ mit $p'$ und die relative Häufigkeit $\frac{N-M}{N}$ mit $q'$, wobei, wie leicht ersichtlich ist, die Beziehungen bestehen:

$$p' + q' = 1 \quad \text{und} \quad q' = 1 - p', \qquad \dots \dots \dots \quad (4)$$

so lassen sich obige relative Häufigkeiten auch in folgender einfacher Gestalt schreiben:

$$p'^2, \; 2p'q', \; q'^2.$$

Für den Fall einer gleichzeitigen Entnahme von 3 Elementen erhalten wir auf dieselbe Weise die relativen Häufigkeiten

$$p'^3, \; 3p'^2q', \; 3p'q'^2, \; q'^3;$$

und für den Fall der Ziehung von $n$ Elementen „mit Zurücklegen" desgleichen die folgenden relativen Häufigkeiten:

für „$n$ mal $A$ und keinmal $B$": $p'^n$,

für „$(n-1)$ mal $A$ und 1 mal $B$": $\frac{n}{1}p'^{n-1}q'$,

für „$(n-2)$ mal $A$ und 2 mal $B$": $\frac{n(n-1)}{1.2}p'^{n-2}q'^2$

usw.

für „$m$ mal $A$ und $(n-m)$ mal $B$:

$$\frac{n(n-1)(n-2)\dots(m+2)(m+1)}{1.2.3\dots(n-m-1)(n-m)}p'^m q'^{n-m}.$$

Wie leicht ersichtlich, ergeben sich alle diese Häufigkeiten in derselben Reihenfolge aus der Entwicklung des Binoms

$$(p' + q')^n, \qquad \dots \dots \dots \dots \dots \quad (5)$$

und zwar nicht nur symbolisch, wie bei Formel (3). Es ist hierbei zu beachten, daß vermöge (4) auch (5) immer gleich 1 ist und daß in der Tat die Summe jener relativen Häufigkeiten alle Möglichkeiten erschöpft.

Wenn wir die Quotienten $\frac{M}{N}$ und $\frac{N-M}{N}$ als statistische Wahrscheinlichkeiten ansehen, so können wir sie mit $p$ und $q$ (ohne Akzente) bezeichnen, und (5) verwandelt sich einfach in $(p + q)^n$.

Fragt man also nach der relativen Häufigkeit des Ergebnisses „$m$ mal $A$ und $(n-m)$ mal $B$" unter allen möglichen Kombinationen von $n$ Elementen, die aus einer Gesamtheit vom Umfange $N$ entnommen sind, so erhält man für den Fall „ohne Zurücklegen" die relative Häufigkeit $P'_m$:

$$P'_m = \frac{n(n-1)(n-2)\ldots(m+1)}{1.2.3\ldots(n-m)} \times$$

$$\times \frac{M(M-1)(M-2)\ldots(M-m+1)(N-M)(N-M-1)\ldots(N-M-n+m+1)}{N(N-1)(N-2)\ldots(N-n+1)} \quad (6)$$

und für den Fall „mit Zurücklegen" die relative Häufigkeit $p'_m$:

$$p'_m = \frac{n(n-1)(n-2)\ldots(m+1)}{1.2.3\ldots(n-m)} \, p'^m \, q'^{n-m} \quad \ldots \quad (7)$$

Um die innere Verwandtschaft der Formeln (6) und (7) mehr hervortreten zu lassen, können wir in (6) die Größen $M$, $(N-M)$ und $N$ überall vor die Klammern nehmen; wir erhalten dann nach einigen einfachen Umformungen:

$$P'_m = \frac{n(n-1)(n-2)\ldots(m+1)}{1.2.3\ldots(n-m)} \, p'^m \, q'^{n-m} \times$$

$$\times \left[ \frac{1.\left(1-\frac{1}{M}\right)\left(1-\frac{2}{M}\right)\ldots\left(1-\frac{m-1}{M}\right).1\left(1-\frac{1}{N-M}\right)\left(1-\frac{2}{N-M}\right)\ldots\left(1-\frac{n-m-1}{N-M}\right)}{1.\left(1-\frac{1}{N}\right)\left(1-\frac{2}{N}\right)\ldots\left(1-\frac{n-1}{N}\right)} \right]. \quad (8)$$

Nur der Ausdruck in den eckigen Klammern [ ] unterscheidet also $P'_m$ von $p'_m$.

Sowohl $P'_m$ als auch $p'_m$ spielen gegenüber den relativen Häufigkeiten der Kombinationen „$m$ mal $A$ und $(n-m)$ mal $B$", die tatsächlich bei einigen wiederholten Stichproben aus der Gesamtheit vom Umfange $N$ vorkommen können, die Rolle von statistischen Wahrscheinlichkeiten, weshalb wir eigentlich bei ihnen die Akzente auch weglassen könnten.

Wenn man jetzt das Zeichen [!], d. h. das bekannte „Symbol der Fakultät", einführt und also für ein beliebiges ganzes positives $k$ setzt:

$$k! = 1.2.3.4\ldots(k-1).k, \quad \ldots\ldots\ldots \quad (9)$$

so können Formeln (6) und (7) auch in folgender Gestalt geschrieben werden:

$$P'_m = \frac{n!}{m!\,(n-m)!} \cdot \frac{M!}{(M-m)!} \cdot \frac{(N-M)!}{[(N-M)-(n-m)]!} \cdot \frac{(N-n)!}{N!} \quad . \quad (10)$$

und

$$p'_m = \frac{n!}{m!\,(n-m)!} \, p'^m \, q'^{n-m} \quad \ldots\ldots\ldots \quad (11)$$

Es existieren verschiedene Tabellenwerke, die die Logarithmen der „Fakultäten" (9) für nicht allzu große $k$ enthalten. So finden wir z. B. bei Duarte[1] die Werte bis $k = 3000$ auf 33 Dezimalstellen genau und in den bereits zitierten „Tables for Statisticians and Biometricians" von Karl Pearson sind im 1. Teil die Logarithmen der Fakultäten bis $k = 1000$ auf 7 Dezimalstellen genau angegeben. Doch wenn $n$ oder $N$ in (10) und (11) die Zahl 3000 übersteigt, wird die Aufgabe der Er-

---

[1] F.-J. Duarte, Nouvelles Tables de Log n! Genève et Paris 1927.

rechnung der Werte von $p'_n$ und insbesondere von $P'_n$ für die Kräfte des einzelnen bereits unlösbar. Aber auch bei viel kleineren $n$ und $N$ empfindet man schon das dringende Bedürfnis nach Annäherungsformeln, die ihre Errechnung erleichtern könnten. Diesem Bedürfnis ist der berühmte Exponentialsatz entsprungen, den man gewöhnlich (aber nicht ganz mit Recht) dem französischen Mathematiker Laplace zuschreibt.[1] Gewöhnlich leitet man ihn aus Formel (11) für $p'_m$ ab, doch halten wir es für richtiger, hier gleich von der wohl komplizierteren, aber theoretisch allgemeineren Formel (10) für $P'_m$ auszugehen, um so mehr als die Annäherungsformel für (11) sich aus dieser, als ein Spezialfall, sofort ergibt.

## 4. Der Exponentialsatz.

Entwickelt man Ausdruck (3) des § 3 nach der Formel des binomischen Lehrsatzes, so erhält man, unter Berücksichtigung von Formel (10) desselben Paragraphen, folgende Reihe:

$$P'_n, P'_{n-1}, P'_{n-2}, \ldots, P'_{m+1}, P'_m, P'_{m-1}, \ldots, P'_2, P'_1, P'_0 \ldots \quad (1)$$

Der Index bei $P'$ bedeutet die Zahl der Elemente, die in der Stichprobe vom Umfange $n$ das Merkmal $A$ besitzen. Für das Verhältnis von $P'_{m+1}$ zu $P'_m$ ergibt sich dann

$$\frac{P'_{m+1}}{P'_m} = \left[\frac{n!}{(m+1)!\,(n-m-1)!} \cdot \frac{M!}{(M-m-1)!} \cdot \frac{(N-M)!}{[(N-M)-(n-m-1)]!} \times\right.$$

$$\left.\times \frac{(N-n)!}{N!}\right] : \left[\frac{n!}{m!\,(n-m)!} \cdot \frac{M!}{(M-m)!} \cdot \frac{(N-M)!}{[(N-M)-(n-m)]!} \cdot \frac{(N-n)!}{N!}\right].$$

Zieht man noch in Betracht, daß ganz allgemein, wie aus (9) des § 3 ersichtlich,

$$\frac{k!}{(k-1)!} = k,$$

für ein beliebiges $k$, so erhält man hieraus, nach den entsprechenden Kürzungen, folgenden Wert:

$$\frac{P'_{m+1}}{P'_m} = \frac{n-m}{1+m} \cdot \frac{M-m}{(N-M-n+1)+m} \; ; \quad \ldots \ldots \quad (2)$$

und ferner desgleichen:

$$\frac{P'_m}{P'_{m-1}} = \frac{(n+1)-m}{m} \cdot \frac{(M+1)-m}{(N-M-n)+m} \quad \ldots \ldots \quad (3)$$

---

[1] Wie die Untersuchungen von Karl Pearson ergeben haben, findet sich die Formel des Exponentialsatzes bereits im zweiten „Supplementum" zu De Moivres „Miscellannea Analytica" (1733); sie wird später in seiner „The Doctrine of Chance" wiederholt (1756). Laplace veröffentlichte seine Formel erst in den Jahren 1774 und 1778. Vgl. Karl Pearson: Historical Note on the Origin of the Normal Curve of Errors: Biometrika, Bd. XVI, S. 402—404 (1924). Übrigens findet sich ein Hinweis auf diese Tatsache bereits bei A. Markoff. Vgl. z. B. S. 53 der 4. (russischen) Auflage seiner Wahrscheinlichkeitsrechnung, Moskau 1924.

Betrachtet man die rechten Seiten von (2) und (3), so überzeugt man sich leicht, daß $m$ in ihren Zählern nur mit negativem Vorzeichen und in ihren Nennern nur mit positivem Vorzeichen auftritt. Hieraus folgt, daß beide Quotienten um so kleinere Werte erhalten, je größer $m$ genommen wird, und umgekehrt. Da aber die Reihe (1) nach abnehmendem $m$ (der Zahl der Elemente mit dem Merkmal $A$) geordnet ist, so ist es klar, daß die Reihe der Quotienten:

$$\frac{P'_n}{P'_{n-1}}, \quad \frac{P'_{n-1}}{P'_{n-2}}, \quad \frac{P'_{n-2}}{P'_{n-3}}, \cdots, \frac{P'_{m+1}}{P'_m}, \quad \frac{P'_m}{P'_{m-1}}, \cdots, \frac{P'_2}{P'_1}, \quad \frac{P'_1}{P'_0} \quad . \quad (4)$$

eine zunehmende Zahlenfolge bildet. Schließt diese Zahlenfolge mit 1 oder mit einer Zahl $< 1$ ab, so liegen alle ihre Glieder unter 1, mithin ist dann

$$P'_n < P'_{n-1} < P'_{n-2} < \cdots . < P'_1 \leqq P'_0. \quad . \quad . \quad . \quad (5)$$

Aus der Beziehung

$$\frac{P'_1}{P'_0} = \frac{n}{1} \cdot \frac{M}{N-M-n+1},$$

die aus (2), bei Substitution von $m = 0$, unmittelbar abgeleitet werden kann, folgt dann mit Rücksicht auf 5:

$$\frac{n}{1} \cdot \frac{M}{N-M-n+1} \leqq 1,$$

oder

$$nM \leqq N - M - n + 1,$$

woraus man nach einigen leichten Umformungen das Resultat

$$\frac{M}{N} \leqq \frac{N-n+1}{N(n+1)}, \text{ oder } \frac{M}{N} \leqq \frac{1}{n+1} - \frac{n-1}{N(n+1)}, \text{ oder auch}$$

$$\frac{M}{N} \leqq \frac{1}{n+1} - \frac{1}{N} + \frac{2}{(n+1)N} \quad . \quad . \quad . \quad . \quad . \quad . \quad . \quad (6)$$

erhält. Es ist also klar, daß der Bruch $\frac{M}{N}$ in diesem Falle einen sehr kleinen Wert besitzt.

Beginnt hingegen die Zahlenfolge (4) mit 1 oder mit einer über 1 liegenden Zahl, so liegen alle ihre Glieder über 1, und es ist

$$P'_n \geqq P'_{n-1} > P'_{n-2} > \cdots . > P'_1 > P'_0. \quad . \quad . \quad . \quad . \quad (7)$$

Die hierbei geltende Beziehung

$$P'_n \geqq P'_{n-1}$$

führt mit Rücksicht auf (3), nach der Substitution $m = n$, zu

$$\frac{M-n+1}{n(N-M)} \geqq 1,$$

ferner zu

$$\frac{M}{N} \geqq \frac{nN+n-1}{N(n+1)}$$

und hieraus endgültig zu

$$\frac{M}{N} \geqq \frac{n}{n+1} + \frac{n-1}{N(n+1)}, \quad \text{oder} \quad \frac{M}{N} \geqq 1 - \left[\frac{1}{n+1} - \frac{1}{N} + \frac{2}{(n+1)N}\right]. \quad (8)$$

Betrachtet man diese Ungleichung und vergleicht sie mit (6), so sieht man sofort ein, daß im gegebenen Falle $\frac{M}{N}$ sehr nahe an 1 sein muß.

Unser Ergebnis ist somit das folgende: Besteht die Ungleichung (6), so ist $P'_0$ das größte Glied in der Reihe (1); hingegen gibt es deren zwei, $P'_0$ und $P'_1$, wenn in (6) das Gleichheitszeichen gilt. Und besteht die Ungleichung (8), so ist $P'_n$ das größte Glied in der Reihe (1); hingegen gibt es deren zwei, $P'_n$ und $P'_{n-1}$, wenn (8) zu einer Gleichung wird. Nur wenn gleichzeitig

$$1 - \left[\frac{1}{n+1} - \frac{1}{N} + \frac{2}{(n+1)N}\right] > \frac{M}{N} \quad \text{und} \quad \frac{M}{N} > \left[\frac{1}{n+1} - \frac{1}{N} + \frac{2}{(n+1)N}\right],$$

fängt die zunehmende Quotientenreihe (4) mit einer unter 1 liegenden Zahl an und hört mit einer über 1 liegenden auf. Folglich muß es dann ein gewisses $m$ geben derart, daß noch

$$\frac{P'_{m+1}}{P'_m} < 1, \quad \text{während bereits} \quad \frac{P'_m}{P'_{m-1}} \geqq 1.$$

Mit Rücksicht auf (2) und (3) erhält man hieraus die folgenden zwei Ungleichungen:

$$\frac{n-m}{m+1} \cdot \frac{M-m}{N-M-n+m+1} < 1, \quad \text{und}$$

$$\frac{n-m+1}{m} \cdot \frac{M-m+1}{N-M-n+m} \geqq 1; \quad \cdots \quad (9)$$

aus der ersten resultiert bei weiterer Umformung die Ungleichung

$$(n-m)(M-m) < (m+1)(N-M-n+m+1),$$

oder

$$nM < mN + N - M - n + 2m + 1,$$

ferner

$$(n+1)(M+1) - (N+2) < m(N+2)$$

und endgültig

$$m > (n+1) \cdot \frac{M+1}{N+2} - 1.$$

Anderseits erhält man aus der zweiten der Ungleichungen (9):

$$nM + M + n - 2m + 1 \geqq mN$$

und hieraus nach einigen Umformungen:

$$m \leqq (n+1) \frac{M+1}{N+2},$$

wodurch $m$ folgendermaßen eingegrenzt wird:

$$(n+1)\frac{M+1}{N+2} - 1 < m \leqq (n+1)\frac{M+1}{N+2}. \quad \cdots \quad (10)$$

Die Differenz zwischen den beiden Grenzen für $m$ beträgt offensichtlich genau 1. Das heißt mit anderen Worten: ist $(n+1)\dfrac{M+1}{N+2}$ eine ganze Zahl, so ist auch $(n+1)\dfrac{M+1}{N+2}-1$ eine ganze Zahl, und zwischen ihnen gibt es keine andere ganze Zahl; ist hingegen die obere Grenze für $m$ keine ganze Zahl, so kann auch die untere Grenze keine solche sein; aber da der Unterschied zwischen ihnen genau 1 beträgt, so muß dann zwischen ihnen eine und nur eine ganze Zahl liegen, die offenbar den Wert $m$ besitzen wird, da ja $m$ die Anzahl jener Elemente bedeutet, die in der Stichprobe das Merkmal $A$ besitzen, und daher eine ganze Zahl ist. Aus dieser Überlegung ist ersichtlich, daß, wenn der Ausdruck $(n+1)\dfrac{M+1}{N+2}$ eine ganze Zahl ist, die Reihe (1) zwei gleiche maximale Häufigkeiten, $P'_m$ und $P'_{m-1}$, aufweisen wird; in allen übrigen Fällen besitzt sie aber nur ein einziges Maximum $P'_m$, dessen Position in (1) mit Hilfe der Ungleichungen (10) leicht bestimmt werden kann. Wir können nämlich statt

$$(n+1)\frac{M+1}{N+2} \quad \text{auch} \quad (n+1)\frac{M+2-1}{N+2}$$

schreiben. Führt man nun die bereits aus § 3, Form (4), bekannten Bezeichnungen ein:

$$\frac{M}{N}=p', \quad \frac{N-M}{N}=q'=1-p', \quad \ldots \ldots \quad (11)$$

so ergibt sich aus ihnen:

$$M = Np',\; 1 = p'+q',\; 2 = 2p'+2q',$$

und wir erhalten:

$$(n+1)\frac{M+2-1}{N+2} = (n+1)\cdot\frac{Np'+2p'+2q'-p'-q'}{N+2} =$$

$$= (n+1)\left(p'+\frac{q'-p'}{N+2}\right).$$

Wenn wir diesen Ausdruck in (10) einsetzen, so kommen wir zu folgendem System von Ungleichungen:

$$np'-q'+\frac{(q'-p')(n+1)}{N+2} < m \leq np'+p'+\frac{(q'-p')(n+1)}{N+2}. \quad (12)$$

Aus ihm geht hervor, daß unter den $(n+1)$ verschiedenen Werten, die die Anzahl der mit dem Merkmal $A$ versehenen Elemente in einer Stichprobe vom Umfange $n$ annehmen kann, jener Wert die größte relative Häufigkeit besitzt, der dem Produkte $np'=n\dfrac{M}{N}$ am nächsten kommt. Der Umstand, daß $np'$ sich jedenfalls um weniger als 1 vom $m$ des maximalen $P'_m$ unterscheidet, erhellt auch aus folgender einfacher Überlegung: vergleicht man $(np'-1)$ mit der unteren (linken) Grenze in (12), so ersieht man sofort, daß $(np'-1)$ immer kleiner als diese ist; und ebenso ist $(np'+1)$

immer größer als die obere Grenze. Dividiert man wiederum die Ungleichungen (12) durch $n$, so erhält man aus ihnen sofort:

$$p' - \frac{q'}{n} + \frac{(q'-p')(n+1)}{(N+2)n} < \frac{m}{n} \leqq p' + \frac{p'}{n} + \frac{(q'-p')(n+1)}{(N+2)n}.$$

Läßt man jetzt $n$ unbegrenzt zunehmen (was zur Folge haben muß, daß auch $N$ unbegrenzt zunimmt), so gehen, bei Festhaltung eines endlichen $p'$, beide Grenzen gegen $p'$, woraus hervorgeht, daß in diesem Falle $p'$ den Limes von $\frac{m}{n}$ darstellt.

Unsere nächste Aufgabe besteht nun darin, die Näherungsformel für jenes $P'_m$ zu finden, welches in der Reihe der $P'$ in (1) den relativ größten Wert aufweist. Eine solche Näherungsformel wird nur dann sinngemäß angewandt, wenn die Berechnung der genauen Ausdrücke vom Typus (10) in § 3 zu beschwerlich wird. Bei einem nicht zu kleinen $n$ können wir die Zahl $m$ ohne große Bedenken durch ihren Näherungswert $np'$ ersetzen. Diese Substitution erleichtert nur die Berechnungen und verursacht einen sehr geringen Endfehler. Unumgänglich notwendig ist sie jedoch nicht.

Setzt man

$$m = np',$$

so folgt daraus:

$$\left. \frac{m}{n} = p' \text{ und } n - m = n - np' = n(1-p') = nq'. \right\} \quad \ldots (13)$$

Beachtet man, daß aus (11) noch die Beziehungen  abgeleitet werden können:

$$M = Np', \quad N - M = Nq', \quad \ldots \ldots \ldots (14)$$

so ergibt sich aus der Kombinierung von (13) mit (14) sofort:

$$M - m = (N - n)p'; \quad [(N - M) - (n - m)] = (N - n)q'. \ldots (15)$$

Setzt man die Werte von (13), (14), (15) in die Formel (10) des § 3 ein, so erhält sie folgende Gestalt:

$$T'_m = \frac{n!}{(np')! \, (nq')!} \cdot \frac{(Np')!}{[(N-n)p']!} \cdot \frac{(Nq')!}{[(N-n)q']!} \cdot \frac{(N-n)!}{N!}. \quad (16)$$

Es darf jedoch nicht vergessen werden, daß infolge des Umstandes, daß (13) und (15) nur Näherungsformeln sind, auch (16) nur als eine Näherungsformel für den genauen Ausdruck von (10) in § 3 angesehen werden kann. Dieses ist der Grund, weshalb wir hier das alte Symbol $P'_m$ durch ein neues, $T'_m$, ersetzt haben.

Die Mathematiker De Moivre und J. Stirling[1] haben bereits vor mehr als 200 Jahren einen bequemen Ausdruck gefunden, der die angenäherte Berechnung der Fakultäten sehr erleichtert. Ihre Formel, die gewöhnlich einfach Stirlingsche Formel genannt wird und deren Ab-

---

[1] Vgl. den schon zitierten Aufsatz von Karl Pearson „Historical Note on the Origin of the Normal Curve of Errors" und A. Markoff, l. c., S. 55, Anm.

leitung in jedem größeren Werke über Wahrscheinlichkeitsrechnung zu finden ist, lautet für ein beliebiges ganzzahliges $n$:

$$1.2.3.4\ldots n = n! = n^n e^{-n}\sqrt{2\pi n}\left(1 + \frac{1}{12\,n} + \frac{1}{288\,n^2} + \ldots\right) \qquad (17)$$

oder, bis zur Ordnung $\frac{1}{n}$ abgerundet:

$$n! \sim n^n e^{-n}\sqrt{2\pi n}\ \ldots\ldots\ldots\ldots \qquad (18)$$

Der mathematisch ungeübte Leser möge sich das Zeichen $\sim$ wohl merken, da wir es im weiteren häufig gebrauchen werden. Es bedeutet einfach: „ungefähr gleich". So ist z. B. auch in Formel (16) $T'_m \sim P'_m$. Die beiden Konstanten, die in der Stirlingschen Formel auftreten, haben folgende Bedeutungen: $e$ ist die Basis der Napierschen oder, wie sie auch genannt werden, „natürlichen" Logarithmen und besitzt den Wert:

$$e = 2,718\ 281\ 828\ 459\ldots, \ldots\ldots\ldots \qquad (18\,a)$$

und $\pi$ ist die aus der Geometrie bekannte Ludolphsche Zahl:

$$\pi = 3,\ 141\ 592\ 653\ 589\ldots\ldots\ldots\ldots \qquad (18\,b)$$

Wie gut die Übereinstimmung bereits bei kleineren $n$ ist, ersieht man aus folgenden Beispielen, die wir dem Lehrbuch von Czuber entnehmen:[1]

$$10! \ = 3\ 628\ 800$$
$$10^{10}\, e^{-10}\ \sqrt{20\pi} \ = 3\ 598\ 699$$

Differenz $\quad = \quad 30\ 101 = 0,008$ des richtigen Wertes. Bei 20! beträgt die Differenz nur 0,004 des richtigen Wertes und bei 30! bereits bloß 0,0028 desselben. Hierbei wird nur die bis zur Ordnung $\frac{1}{n}$ abgekürzte Formel (18) angewandt. Bei der Annahme

$$n! \sim n^n e^{-n}\sqrt{2\pi n}\left(1 + \frac{1}{12\,n}\right)\ \ldots\ldots\ldots \qquad (19)$$

wäre der Betrag des Fehlers selbstverständlich noch viel kleiner.

Wendet man jetzt die Formel (18) auf (16) an, so erhält man für $T'_m$ den folgenden angenäherten Ausdruck:

$$T'_m \sim \frac{\begin{aligned}&n^n e^{-n}\sqrt{2\pi n}\,(Np')^{Np'} e^{-Np'}\sqrt{2\pi Np'}\,(Nq')^{Nq'} e^{-Nq'}\times\\ &\qquad\times\sqrt{2\pi Nq'}\,(N-n)^{N-n} e^{-N+n}\sqrt{2\pi(N-n)}\end{aligned}}{\begin{aligned}&(np')^{np'} e^{-np'}\sqrt{2\pi np'}\,(nq')^{nq'} e^{-nq'}\sqrt{2\pi nq'}\,[(N-n)p']^{(N-n)p'} e^{-(N-n)p'}\times\\ &\times\sqrt{2\pi(N-n)p'}\,[(N-n)q']^{(N-n)q'} e^{-(N-n)q'}\sqrt{2\pi(N-n)q'}\cdot N^N e^{-N}\sqrt{2\pi N}\end{aligned}}.$$

Und dieser verwandelt sich nach allen Wegkürzungen ganz einfach in

$$T'_m \sim \sqrt{\frac{N}{2\pi n\,(N-n)\,p'q'}},\ \text{ oder }\ T'_m \sim \frac{1}{\sqrt{2\pi n\,p'q'\left(1 - \dfrac{n}{N}\right)}}. \qquad (20)$$

Man ersieht hieraus, eine wie große Erleichterung der Rechenarbeit die Einführung der Stirlingschen Näherungsformel (18) bewirkt! Wären

---

[1] Vgl. Em. Czuber: Wahrscheinlichkeitsrechnung, Bd. I, S. 27.

wir von der genaueren Formel (19) ausgegangen, so hätte der Ausdruck (20) für $T'_m$ rechter Hand noch einen zusätzlichen Multiplikator erhalten, dessen Wert unschwer abgeleitet werden kann, sich aber (bei nicht zu kleinen $p'$ oder $q'$ und bei einem $n$, das nicht sehr nahe an $N$ ist) sehr wenig von 1 unterscheidet. Wir begnügen uns daher mit der Formel (20).

Wir sind jetzt genügend ausgerüstet, um zur Betrachtung des allgemeinen Falles überzugehen, d. h. zur Bestimmung des Näherungswertes für $P_i$, wobei $i$ beliebig und nur an die Grenzen

$$n \geq i \geq 0$$

gebunden ist. Wenn man in Formel (10) des § 3 $m$ durch $i$ ersetzt, so verwandelt sie sich in

$$P'_i = \frac{n!}{i!\,(n-i)!} \cdot \frac{M!}{(M-i)!} \cdot \frac{(N-M)!}{[(N-M)-(n-i)]!} \cdot \frac{(N-n)!}{N!}. \tag{21}$$

Da nun $np'$, wie wir eben gesehen haben, jenem $i$ am nächsten kommt, für welches $P_i$ seinen maximalen Wert erhält, so liegt der Gedanke nahe, $i$ als Funktion seiner Abweichung von $np'$ darzustellen und also zu setzen:

$$i = np' + x, \text{ oder } x = i - np', \dots\dots\dots \tag{22}$$

wobei $x$ sowohl positiv als auch negativ sein kann.

Um jedoch auch hier den annäherungsmäßigen Charakter der Gleichsetzung von $m$ und $np'$ anzudeuten, ersetzen wir wiederum das Symbol $P'$ durch $T'$; statt aber $P'_i \sim T'_{np'+x}$ zu schreiben, wählen wir für letzteres das weniger komplizierte Symbol $T'_x$.

Es ist nun, mit Rücksicht auf (22):

$$n - i = n - np' - x = nq' - x; \quad \dots\dots \tag{23}$$

Kombiniert man (22) mit (14), so erhält man ferner sofort:

$$\left.\begin{aligned} M - i &= (N-n)\,p' - x, \\ (N-M) - (n-i) &= (N-n)\,q' + x, \end{aligned}\right\} \dots\dots \tag{24}$$

und nach Einsetzung der betreffenden Werte aus (14), (22), (23) und (24) in (21) ergibt sich für $T'_x$ der folgende Ausdruck:

$$T'_x = \frac{n!\,(Np')!\,(Nq')!\,(N-n)!}{(n\,p'+x)!\,(n\,q'-x)!\,[(N-n)\,p'-x]!\,[(N-n)\,q'+x]!\,N!}. \tag{25}$$

Setzt man hier zur Kontrolle $x = 0$, so erhält man sofort, wie es auch sein muß, Formel (16) wieder. Wir möchten den Leser besonders darauf aufmerksam machen, daß bei uns $x$ keine im Sinne der höheren Mathematik stetige Variable ist, da es an die Gleichung (22) gebunden ist, in welcher die verschiedenen $i$ nur ganze Zahlen sein können. Hieraus folgt, daß auch alle Differenzen zwischen den verschiedenen $x$ ganzzahlig sind, ganz gleich, ob jedes einzelne $x$ einen positiven oder negativen, ganzzahligen oder nicht ganzzahligen Wert annimmt.

Zur weiteren — näherungsweisen — Bearbeitung von Formel (25) können verschiedene Wege eingeschlagen werden, die auch zu verschiedenen Endformeln führen können. Die verhältnismäßig genauesten Ergebnisse erhält man, wenn man direkt von der Theorie der sog. „hypergeometrischen Reihen" ausgeht, zu deren Klasse, wie wir bereits erwähnt haben, auch die Reihe (1) gehört.[1] Doch erstens ist dieser Weg allein mit dem Rüstzeug elementar-mathematischer Mittel kaum gangbar, und zweitens führt er in eine Richtung, die uns zu sehr vom „klassischen" Resultat von De Moivre und Laplace entfernt. Daher entscheiden wir uns dafür, auf unseren Fall wieder die Stirlingsche Formel (18) anzuwenden. Hierdurch wird freilich eine zusätzliche (und eigentlich durchaus nicht unumgänglich notwendige) Unsicherheit in die sich ergebenden Näherungsformeln hineingebracht, doch bleibt der Beweisgang durchwegs „elementar" (wenn auch kompliziert!), und als Endergebnis erhält man eine Formel, die sowohl dem Theoretiker als auch dem Praktiker wenigstens dem Namen nach wohlbekannt ist.

Wir nehmen zunächst eine Umordnung der einzelnen Glieder in (25) vor:

$$T'_x = \frac{n!}{(np'+x)!\,(nq'-x)!} \cdot \frac{(Np')!\,(Nq')!}{N!} \times$$
$$\times \frac{(N-n)!}{[(N-n)\,p'-x]!\,[(N-n)\,q'+x]!}, \quad \dots \quad (25\,\mathrm{a})$$

und berechnen jetzt den angenäherten Stirlingschen Wert für jeden der 3 Quotienten gesondert.

$$\frac{n!}{(np'+x)!\,(nq'-x)!} \sim$$
$$\sim \frac{n^n\,e^{-n}\sqrt{2\,\pi\,n}}{(np'+x)^{np'+x}\,e^{-np'-x}\sqrt{2\,\pi\,(np'+x)} \cdot (nq'-x)^{nq'-x}\,e^{-nq'+x}\sqrt{2\,\pi\,(nq'-x)}};$$

nach einigen Kürzungen ergibt sich hieraus:

$$\frac{n^{n+\frac{1}{2}}}{\sqrt{2\,\pi}\cdot(np'+x)^{np'+x+\frac{1}{2}}\,(nq'-x)^{nq'-x+\frac{1}{2}}};$$

setzt man noch im Nenner $np'$ und $nq'$ vor die Klammern und überträgt die in den Klammern verbleibenden Ausdrücke in den Zähler, so erhält man endgültig:

---

[1] Vgl. hierüber z. B.: Karl Pearson: „The Fundamental Problem of Practical Statistics", Biometrika, Vol. XIII, S. 1—16 (1920/21). — Derselbe: „On the Moments of the Hypergeometrical Series", ibidem Vol. XVI, S. 157—162 (1924). — Burton H. Camp: „Probability Integrals for the Point Binomial", ibidem Vol. XVI, S. 163—171 (1924). — Derselbe: „Probability Integrals for a Hypergeometric Series", ibidem Vol. XVII, S. 61—67 (1925). — V. Romanovsky: „On the Moments of the Hypergeometrical Series", ibidem Vol. XVII, S. 57—60 (1925). — Die vorerwähnten Monographien sind nur eine kleine Auswahl aus dem vorhandenen Schrifttum, bei welcher wir uns durch die Namen der Autoren und durch die Bedeutung der Pearsonschen Zeitschrift „Biometrika" für die Entwicklung der englischen statistischen Schule leiten ließen.

$$\frac{n!}{(np'+x)!\,(nq'-x)!} \sim \frac{\left(1+\dfrac{x}{np'}\right)^{-np'-x-\frac{1}{2}}\left(1-\dfrac{x}{nq'}\right)^{-nq'+x-\frac{1}{2}}}{p'^{\,np'+x+\frac{1}{2}}\,q'^{\,nq'-x+\frac{1}{2}}\,\sqrt{2\pi n}} \quad . \ . \ (26\,\text{a})$$

Nach demselben Rechenschema ergibt sich ferner:

$$\frac{(Np')!\,(Nq')!}{N!} \sim p'^{\,Np'+\frac{1}{2}}\,q'^{\,Nq'+\frac{1}{2}}\,\sqrt{2\pi N}. \quad . \ . \ . \ (26\,\text{b})$$

und

$$\frac{(N-n)!}{[(N-n)\,p'-x]!\,[(N-n)\,q'+x]!} \sim$$

$$\sim \frac{\left(1-\dfrac{x}{(N-n)\,p'}\right)^{-(N-n)\,p'+x-\frac{1}{2}}\left(1+\dfrac{x}{(N-n)\,q'}\right)^{-(N-n)\,q'-x-\frac{1}{2}}}{p'^{\,(N-n)\,p'-x+\frac{1}{2}}\,q'^{\,(N-n)\,q'+x+\frac{1}{2}}\,.\,\sqrt{2\pi(N-n)}}. \quad (26\,\text{c})$$

Setzt man nun (26 a), (26 b) und (26 c) in (25 a) ein, so erhält man nach einigen weiteren Kürzungen:

$$T'_x \sim \frac{1}{\sqrt{2\pi n\,p'q'\left(1-\dfrac{n}{N}\right)}} \cdot \left(1+\frac{x}{np'}\right)^{-np'-x-\frac{1}{2}}\left(1-\frac{x}{nq'}\right)^{-nq'+x-\frac{1}{2}} \times$$

$$\times \left(1-\frac{x}{(N-n)\,p'}\right)^{-(N-n)\,p'+x-\frac{1}{2}}\left(1+\frac{x}{(N-n)\,q'}\right)^{-(N-n)\,q'-x-\frac{1}{2}}. \quad (27)$$

Führen wir jetzt zur Vereinfachung die Bezeichnung ein:

$$\Pi = \left(1+\frac{x}{np'}\right)^{-np'-x-\frac{1}{2}}\left(1-\frac{x}{nq'}\right)^{-nq'+x-\frac{1}{2}} \times$$

$$\times \left(1+\frac{x}{(N-n)\,q'}\right)^{-(N-n)\,q'-x-\frac{1}{2}}\left(1-\frac{x}{(N-n)\,p'}\right)^{-(N-n)\,p'+x-\frac{1}{2}}, \quad (28)$$

die sich von $T'_x$ nur durch die Umstellung der beiden letzten Faktoren in (27) und durch den konstanten Koeffizienten

$$\frac{1}{\sqrt{2\pi n\,p'q'\left(1-\dfrac{n}{N}\right)}}$$

unterscheidet. Im letzteren erkennen wir übrigens, wie aus (20) ersichtlich ist, den uns bereits bekannten angenäherten Ausdruck für das maximale Glied der Reihe (1).

Berechnen wir den „natürlichen (Napierschen) Logarithmus" von $\Pi$, d. h. jenen Logarithmus, dessen Basis nicht 10, sondern die Zahl $e$ aus (18a) ist:

$$\text{Log}\,\Pi = \left(-np'-x-\frac{1}{2}\right)\text{Log}\left(1+\frac{x}{np'}\right) + \left(-nq'+x-\frac{1}{2}\right) \times$$

$$\times \text{Log}\left(1-\frac{x}{nq'}\right) + \left[-(N-n)\,q'-x-\frac{1}{2}\right]\text{Log}\left[1+\frac{x}{(N-n)\,q'}\right] +$$

$$+ \left[-(N-n)\,p'+x-\frac{1}{2}\right]\text{Log}\left[1-\frac{x}{(N-n)\,p'}\right]. \quad . \ . \ . \ (29)$$

Aus der Differentialrechnung ist bekannt (der Beweis findet sich übrigens auch in einigen Mittelschul-Lehrbüchern der Algebra, wie etwa bei Močnik, nach dem in Österreich unterrichtet wird), daß für den natürlichen Logarithmus folgende 2 Beziehungen bestehen:

$$\left.\begin{array}{l} \text{Log } (1+y) = \dfrac{y}{1} - \dfrac{y^2}{2} + \dfrac{y^3}{3} - \dfrac{y^4}{4} + \cdots \\[3mm] \text{Log } (1-y) = -\dfrac{y}{1} - \dfrac{y^2}{2} - \dfrac{y^3}{3} - \dfrac{y^4}{4} - \cdots \end{array}\right\} \cdots (30)$$

Die erste, bzw. die zweite Reihe ist nur dann konvergent, d. h. die Summe ihrer ersten $n$ Glieder nähert sich nur dann mit unbegrenzt zunehmendem $n$ einer bestimmten endlichen Grenze, wenn der absolute Wert von $y$ die Größe 1 nicht übersteigt, also die Beziehungen bestehen

$$|y| \leq 1, \quad y \neq -1, \text{ bzw. } y \neq 1.$$

[Der mathematisch weniger geübte Leser möge sich die Einsetzung der beiden senkrechten Striche zur Bezeichnung einer „absolut", d. h. immer positiv genommenen Größe wohl merken. Auch wir werden im Laufe unserer weiteren Ausführungen zuweilen dieses einfache Symbol anwenden.] Es ist ferner bekannt, daß beide Reihen um so rascher konvergieren, je kleiner $|y|$ ist; und eine desto kleinere Anzahl von Anfangsgliedern wird dann zur Bestimmung von Log $(1+y)$, bzw. Log $(1-y)$ gebraucht, um relativ genaue Resultate zu erzielen.

Wenn wir also annehmen, es sei

$$\left| \frac{x}{n\,p'} \right| < 1,$$

so können wir mit Rücksicht auf (30) auch schreiben:

$$\left(-n\,p' - x - \frac{1}{2}\right) \text{Log}\left(1 + \frac{x}{n\,p'}\right) =$$
$$= \left(-n\,p' - x - \frac{1}{2}\right)\left(\frac{x}{n\,p'} - \frac{x^2}{2\,n^2\,p'^2} + \frac{x^3}{3\,n^3\,p'^3} - \cdots\right) =$$
$$= -x - \frac{x}{2\,n\,p'} - \frac{x^2}{2\,n\,p'} + \frac{x^2}{4\,n^2\,p'^2} + \frac{x^3}{6\,n^2\,p'^2} - \frac{x^3}{6\,n^3\,p'^3} - \frac{x^4}{3\,n^3\,p'^3} \pm$$

weitere Glieder von der Größenordnung nicht über $\dfrac{x^4}{n^3\,p'^3}$. Nehmen wir jedoch an, daß der Bruch $\dfrac{x}{n\,p'}$ bereits einen so kleinen absoluten Wert besitzt, daß die Größenordnung $x \cdot \dfrac{x^2}{n^2\,p'^2}$ vielleicht bei größeren $x$ noch berücksichtigt werden könnte, aber die Quotienten von der Ordnung

$$\frac{x^2}{n^2\,p'^2}, \quad x \cdot \frac{x^3}{n^3\,p'^3}, \quad \frac{x^3}{n^3\,p'^3} \text{ usw.} \quad \cdots \cdots (31)$$

jedenfalls nicht mehr, so können wir mit guter Annäherung auch einfach schreiben:

$$\left(-n\,p' - x - \frac{1}{2}\right)\text{Log}\left(1 + \frac{x}{n\,p'}\right) \sim -x - \frac{x}{2\,n\,p'} - \frac{x^2}{2\,n\,p'} + \frac{x^3}{6\,n^2\,p'^2}. \quad (32)$$

Unter der Annahme, daß alle Quotienten von der Größenordnung

$$\frac{x^2}{n^2 q'^2}, \quad x \cdot \frac{x^3}{n^3 q'^3}, \quad \frac{x^3}{n^3 q'^3} \text{ usw.} \quad\quad\quad (33)$$

ebenfalls vernachlässigt werden können, ergibt sich desgleichen

$$\left(-nq' + x - \frac{1}{2}\right) \mathrm{Log}\left(1 - \frac{x}{nq'}\right) \sim + x + \frac{x}{2nq'} - \frac{x^2}{2nq'} - \frac{x^3}{6n^2 q'^2}. \quad (34)$$

Und wenn wir voraussetzen, daß auch die Größenordnungen

$$\frac{x^2}{(N-n)^2 p'^2}, \quad x \cdot \frac{x^3}{(N-n)^3 p'^3}, \quad \frac{x^3}{(N-n)^3 p'^3} \text{ usw.,}$$

$$\frac{x^2}{(N-n)^2 q'^2}, \quad x \cdot \frac{x^3}{(N-n)^3 q'^3}, \quad \frac{x^3}{(N-n)^3 q'^3} \text{ usw.} \quad\quad (35)$$

unterdrückt werden können, so erhalten wir ebenso

$$\left.\begin{array}{l}
\left[-(N-n)\,q' - x - \dfrac{1}{2}\right] \mathrm{Log}\left[1 + \dfrac{x}{(N-n)\,q'}\right] \sim - x - \\[2ex]
\quad - \dfrac{x}{2\,(N-n)\,q'} - \dfrac{x^2}{2\,(N-n)\,q'} + \dfrac{x^3}{6\,(N-n)^2 q'^2} \text{ und} \\[2ex]
\left[-(N-n)\,p' + x - \dfrac{1}{2}\right] \mathrm{Log}\left[1 - \dfrac{x}{(N-n)\,p'}\right] \sim + x + \\[2ex]
\quad + \dfrac{x}{2\,(N-n)\,p'} - \dfrac{x^2}{2\,(N-n)\,p'} - \dfrac{x^3}{6\,(N-n)^2 p'^2}.
\end{array}\right\} \quad\quad (36)$$

Es ist zu beachten, daß aus der Annahme, die Koeffizienten (35) seien bereits sehr klein, eine wichtige Eingrenzung für die Gültigkeit von (36) hervorgeht: letztere Annäherungen können nämlich nur dann angewandt werden, wenn die Differenz $N - n$ um vieles größer als $|x|$ ist; bei einem $n$, das nahe an $N$ herankommt, werden sie zu ungenau, und man muß zu Formel (10) des § 3 zurückgreifen. Übrigens kann dann auf $(N - n)$ auch nicht die Stirlingsche Formel angewandt werden.

Setzt man die Ausdrücke (32), (34) und (36) in (29) ein, so erhält man nach einigen leichten Umformungen:

$$\mathrm{Log}\,\varPi \sim + \frac{x\,(p' - q')}{2\,p'\,q'}\left(\frac{1}{n} - \frac{1}{N-n}\right) -$$
$$- \frac{x^2\,(p' + q')}{2\,p'\,q'}\left(\frac{1}{n} + \frac{1}{N-n}\right) - \frac{x^3\,(p'^2 - q'^2)}{6\,p'^2 q'^2}\left(\frac{1}{n^2} - \frac{1}{(N-n)^2}\right).$$

Berücksichtigt man noch, daß

$$p' + q' = 1, \quad p'^2 - q'^2 = (p' + q')\,(p' - q') = p' - q',$$

und ferner, daß

$$\left(\frac{1}{n} - \frac{1}{N-n}\right) = \frac{N - 2n}{n\,(N-n)} = \frac{\left(1 - \dfrac{2n}{N}\right)}{n\left(1 - \dfrac{n}{N}\right)},$$

$$\left(\frac{1}{n} + \frac{1}{N-n}\right) = \frac{1}{n\left(1 - \dfrac{n}{N}\right)},$$

$$\left(\frac{1}{n^2} - \frac{1}{(N-n)^2}\right) = \left(\frac{1}{n} + \frac{1}{N-n}\right)\left(\frac{1}{n} - \frac{1}{N-n}\right) = \frac{\left(1 - \dfrac{2n}{N}\right)}{n^2\left(1 - \dfrac{n}{N}\right)^2},$$

so ergibt sich hieraus nach Umstellung der beiden ersten Glieder in $\operatorname{Log}\Pi$:

$$\operatorname{Log}\Pi \sim -\frac{x^2}{2np'q'\left(1 - \dfrac{n}{N}\right)} + \frac{(p'-q')\left(1 - \dfrac{2n}{N}\right)x}{2np'q'\left(1 - \dfrac{n}{N}\right)} - \frac{(p'-q')\left(1 - \dfrac{2n}{N}\right)x^3}{6n^2p'^2q'^2\left(1 - \dfrac{n}{N}\right)^2}.$$

Bedenkt man noch, daß $\operatorname{Log}\Pi$ ein **natürlicher Logarithmus** zur Basis $e$ ist, so erhält man sofort

$$\Pi \sim e^{-\dfrac{x^2}{2np'q'\left(1-\frac{n}{N}\right)} + \dfrac{(p'-q')\left(1-\frac{2n}{N}\right)x}{2np'q'\left(1-\frac{n}{N}\right)} - \dfrac{(p'-q')\left(1-\frac{2n}{N}\right)x^3}{6n^2p'^2q'^2\left(1-\frac{n}{N}\right)^2}},$$

und auf (27) zurückgreifend:

$$T'_x \sim \frac{1}{\sqrt{2\pi n\, p'\, q'\left(1 - \dfrac{n}{N}\right)}} \times$$

$$\times e^{-\dfrac{x^2}{2np'q'\left(1-\frac{n}{N}\right)} + \dfrac{(p'-q')\left(1-\frac{2n}{N}\right)x}{2np'q'\left(1-\frac{n}{N}\right)} - \dfrac{(p'-q')\left(1-\frac{2n}{N}\right)x^3}{6n^2p'^2q'^2\left(1-\frac{n}{N}\right)^2}} \quad \ldots \ldots \quad (37)$$

Das ist die erste Form des sog. „**Exponentialgesetzes**", auf welches wir $T'_x$ gebracht haben.[1] Der Leser wird nochmals daran erinnert, daß die Näherungsformel (37) unter der Annahme abgeleitet worden ist, daß alle Ausdrücke, die in (25) eingehen, d. h. $N$, $n$, $N-n$, $np' + x = i$, $nq' - x = n - i$, $Np' = M$, $Nq' = N - M$, $(N-n)p' - x = M - i$, und $(N-n)q' + x = (N-M) - (n-i)$, schon so große Werte angenommen haben, daß auf sie die erste Annäherung (18) der **Stirling**schen Formel mit gutem Erfolge angewandt werden kann. Praktisch würde das etwa bedeuten, daß keine der oben genannten Größen, sagen wir, kleiner wäre als 20. Anderseits wurde angenommen, daß bereits die Quotienten

$$\frac{x^2}{n^2\,p'^2}, \quad \frac{x^2}{n^2\,q'^2}, \quad \frac{x^2}{(N-n)^2\,p'^2}, \quad \frac{x^2}{(N-n)^2\,q'^2}$$

usw. (vgl. oben Formeln 31, 33 und 35) so kleine Werte besitzen, daß sie vernachlässigt werden können. Bedenkt man, daß bei uns $np'$ für $m$ (die Ordnungsnummer des maximalen $P'_i$), $nq'$ für $n - m$, $(N-n)p'$ für $M - m$ und $(N-n)q'$ für $[(N-M) - (n-m)]$ stehen (vgl. oben

---

[1] Die Gesamtheit aller Werte, die $x$ überhaupt annehmen kann, zusammen mit den zugehörigen Werten von $P'_x$ oder $T'_x$, würde das „**Verteilungsgesetz**" von $x$ darstellen. Vgl. unten Kap. II.

Formeln 13 bis 15), so folgt hieraus, daß wir Ausdrücke von der Größenordnung

$$\frac{(m-i)^2}{m^2}, \quad \frac{(m-i)^2}{(n-m)^2}, \quad \frac{(m-i)^2}{(M-m)^2}, \quad \frac{(m-i)^2}{[(N-n)-(n-m)]^2}$$

zu unterdrücken bereit sind. Dieses wird möglich sein, solange einerseits die Differenzen $(m-i)$ nicht allzu groß werden, so daß die Quotienten $\left(\frac{m-i}{m}\right)$ und $\left(\frac{m-i}{n-m}\right)$ etwa von der Größenordnung $\frac{1}{20}$ und darunter sind, und anderseits $M-m$ und $N-n$ groß bleiben. Zusammenfassend können wir sagen, daß die Näherungsformel (37) an die Bedingungen gebunden ist, daß $n$, die Zahl der Elemente in der Stichprobe, genügend groß ist (sagen wir: jedenfalls über 20), daß die Zahl der Elemente in der Gesamtheit höherer Ordnung beträchtlich höher ist, so daß auch $N-M$ und $M-m$ noch genügend groß bleiben (sagen wir etwa: $M$ nicht unter 40, $N$ nicht unter 60, $N-M$ nicht unter 20) und daß endlich $i$ sich nicht allzu weit von $m$, der Ordnungsnummer des maximalen $P_i$, entfernt $\left(\text{sagen wir etwa: der absolute Betrag von } (m-i) \text{ sei kleiner als } \frac{m}{20}\right)$. Diese letzte Bedingung ist die am meisten einengende, da sie den Wirkungsbereich der Formel (37) auf den zentralen Teil der Reihe (1) beschränkt. Je näher $p'=\frac{M}{N}$ an $\frac{1}{2}$ herankommt und je weniger sich $i$ von $m$ unterscheidet, desto genauer wird die Näherungsformel (37) und desto kleiner können dann $n$ und $N$ genommen werden, und umgekehrt. Es wäre im Prinzip möglich, eine mathematische Formel zur genaueren Abschätzung der Fehlergrenzen von (37) abzuleiten, doch da diese recht kompliziert würde, wäre ihre praktische Bedeutung jedenfalls sehr gering.

Formel (37) läßt sich auf eine etwas einfachere Gestalt bringen, wenn man

$$\sigma = \sqrt{n\, p'\, q'\left(1-\frac{n}{N}\right)} \quad\ldots\ldots\ldots \quad (38)$$

setzt.[1] Man erhält dann nämlich:[2]

$$T'_x \sim \frac{1}{\sigma\sqrt{2\pi}}\, e^{-\frac{x^2}{2\sigma^2} + \frac{p'-q'}{2\sigma}\left(1-\frac{2n}{N}\right)\left(\frac{x}{\sigma}-\frac{x^3}{3\sigma^3}\right)} \quad \ldots \quad (39)$$

---

[1] Aus Gründen, die weiter unten in Kap. III auseinandergesetzt werden, wird in vielen Fällen an Stelle von (38) der Ausdruck:

$$\sigma = \sqrt{\frac{N}{N-1}}\,\sqrt{n\, p'\, q'\left(1-\frac{n}{N}\right)}$$

angewandt. Der Unterschied zwischen beiden ist geringer als jene Kleinheitsordnungen, die oben bei der Ableitung von (37) unterdrückt wurden.

[2] Diese Formel ist bereits in der Fachliteratur anzutreffen, so z. B. bei Bowley. Vgl. A. L. Bowley: Measurement of the precision attained by sampling, Bulletin de l'Institut International de Statistique, Vol. XXII, 1ère Livraison. Rome 1926. In A. L. Bowleys Grundwerk: „Elements of statistics" (5th edition: London 1926) findet sich diese Formel noch nicht, wohl aber einige ihr verwandte Ausdrücke; vgl. daselbst S. 265—267 und insbesondere S. 282—284.

und bei Einführung der neuen Bezeichnung

$$z = \frac{x}{\sigma} = \frac{x}{\sqrt{n\,p'\,q'\left(1 - \dfrac{n}{N}\right)}}, \quad \ldots \ldots \quad (40)$$

$$T'_x \sim \frac{1}{\sigma\sqrt{2\pi}} \cdot e^{-\dfrac{z^2}{2} + \dfrac{p'-q'}{2\sigma}\left(1 - \dfrac{2n}{N}\right)\left(z - \dfrac{z^3}{3}\right)} \quad \ldots \quad (41)$$

Ehe wir zur Auswertung der erhaltenen Formeln schreiten, müssen wir die Geduld des Lesers noch auf eine weitere Probe stellen und jenen einfacheren „Fall mit Zurücklegen" kurz behandeln, welchen wir bereits auf Seite 41—43 und 44 erwähnt haben.

Auf dieselbe Weise wie oben läßt sich nämlich nachweisen, daß in der Reihe der relativen Häufigkeiten

$$p'_n,\ p'_{n-1},\ p'_{n-2},\ \ldots,\ p'_{m+1},\ p'_m,\ p'_{m-1},\ \ldots,\ p'_2,\ p'_1,\ p'_0,\ \cdot \quad (42)$$

die aus der Entwicklung des binomischen Ausdruckes (5) in § 3 mit Rücksicht auf Formel (11) desselben Paragraphen entstehen, jenes $p'_m$ den größten Wert erhalten wird, bei welchem $m$ sich am wenigsten von $n\,p'$ unterscheidet. Der Näherungswert für dieses $p'_m$ ergibt sich aus Formel (11) des Paragraphen 3 nach Einsetzung von $n\,p'$ an Stelle von $m$ und unter Anwendung der Stirlingschen Formel als

$$\frac{1}{\sqrt{2\,\pi\,n\,p'\,q'}}. \quad \ldots \ldots \ldots \ldots \quad (43)$$

Desgleichen erhalten wir für $p'_x$, wobei

$$x = i - n\,p',$$

den Ausdruck:

$$p'_x \sim \frac{1}{\sqrt{2\,\pi\,n\,p'\,q'}}\left(1 + \frac{x}{n\,p'}\right)^{-n\,p'-x-\frac{1}{2}}\left(1 - \frac{x}{n\,q'}\right)^{-n\,q'+x-\frac{1}{2}}.$$

Unter Anwendung der Formeln (30) und unter denselben Voraussetzungen, daß alle Größen von der Ordnung

$$\frac{x^2}{n\,p'^2},\ x\,\frac{x^3}{n^3\,p'^3},\ \frac{x^3}{n^3\,p'^3}\ \text{usw.},\ \frac{x^2}{n\,q'^2},\ x\,\frac{x^3}{n^3\,q'^3},\ \frac{x^3}{n^3\,q'^3}\ \text{usw.}$$

unterdrückt werden können, ergibt sich hieraus der Ausdruck:

$$p'_x \sim \frac{1}{\sqrt{2\,\pi\,n\,p'\,q'}} \cdot e^{-\dfrac{x^2}{2n\,p'\,q'} + \dfrac{(p'-q')\,x}{2n\,p'\,q'} - \dfrac{(p'-q')\,x^3}{6n^2\,p'^2\,q'^2}} \quad \cdot \quad (44)$$

Setzt man jetzt noch

$$\sigma_1 = \sqrt{n\,p'\,q'}\ \text{ und }\ z_1 = \frac{x}{\sigma_1} = \frac{x}{\sqrt{n\,p'\,q'}}, \quad \ldots \ldots \quad (45)$$

so erhält man

$$p'_x \sim \frac{1}{\sigma_1\sqrt{2\pi}} \cdot e^{-\dfrac{x^2}{2\sigma_1^2} + \dfrac{p'-q'}{2\sigma_1}\left(\dfrac{x}{\sigma_1} - \dfrac{x^3}{\sigma_1^3}\right)} \quad \ldots \ldots \quad (46)$$

und

$$p'_x \sim \frac{1}{\sigma_1 \sqrt{2\pi}} \cdot e^{-\frac{z_1^2}{2} + \frac{p'-q'}{2\sigma_1}\left(z_1 - \frac{z_1^3}{3}\right)} \quad \ldots \ldots \quad (47)$$

Vergleicht man (43), (44), (45), (46) und (47) mit (20), (37), (38), (40), (39) und (41), so überzeugt man sich leicht, daß erstere Formeln aus letzteren entstehen, wenn $N$ so groß genommen wird, daß die Quotienten $\frac{n}{N}$ und $\frac{2n}{N}$ vernachlässigt werden können. Somit stellt $p'_x$ bloß einen Spezialfall von $T'_x$ dar, der unter der Voraussetzung $N \to \infty$ erhalten wird,[1] und es ist uns in der Tat gelungen, eine Näherungsformel zu finden, die sowohl auf (10) als auch auf (11) des § 3 in gleichem Maße angewandt werden kann. Nach unseren Ausführungen auf S. 41 war dieses Resultat auch wohl vorauszusehen.

Es sei noch bemerkt, daß, wenn man in (37) jenen Teil vorausnimmt, der gleich $p'_x$ in Formel (44) ist, man unschwer zu folgendem Ausdruck gelangt:

$$T'_x \sim p'_x \cdot \frac{e^{-\frac{x^2}{2(N-n)p'q'} - \frac{(p'-q')x}{2(N-n)p'q'} + \frac{(p'-q')x^3}{6(N-n)^2 p'^2 q'^2}}}{\sqrt{1-\frac{n}{N}}} . \quad (48)$$

Der Faktor, der neben $p'_x$ auf der rechten Seite steht, ist bei $x = 0$ und überhaupt bei kleinem $x$ größer als 1, somit ist dann $T'_x > p'_x$.

Wird hingegen $x$ größer, so erhält man augenscheinlich das umgekehrte Verhältnis: $T'_x < p'_x$. Der Fall eines so großen positiven $x$, daß es, bei $p' > q'$, das dritte Glied des Exponenten größer als die beiden ersten machen könnte, wobei man wieder $T'_x > p'_x$ erhielte, ist mit den Grundannahmen, unter welchen $T'_x$ abgeleitet wurde, unvereinbar.

## 5. Zahlenbeispiele zu § 4.

Wenn wir die Formel (39) des letzten Paragraphen betrachten, die ihrerseits nur einen Näherungsausdruck für (25) daselbst darstellt, so überzeugen wir uns leicht, daß das zweite Glied im Exponenten, welches den Faktor $(p' - q')$ enthält, die Asymmetrie in der Verteilung der Reihe der $P'_i$ [vgl. § 4, Formel (1)] zum Ausdruck bringt. Dieses Glied verschwindet ganz, sobald $p' = q' = \frac{1}{2}$ wird. Betrachten wir etwa folgendes Beispiel.

Eine Gesamtheit vom Umfange $N = 100$ enthalte eine gewisse Anzahl $M$ von Elementen, die das Merkmal $A$ aufweisen. Der Gesamtheit werden Stichproben vom Umfange $n = 20$ entnommen. Gefragt wird, wie sich unter den angegebenen Umständen die Reihe der $P'_i$ aus § 4, Form. (1) geben würde, wenn die relative Häufigkeit $p' = \frac{M}{100}$ des Merkmals $A$

---

[1] Der Pfeil, der zwischen zwei Größen in der Mathematik gesetzt wird, bedeutet, daß die eine sich der anderen in der Richtung des Pfeiles unbegrenzt nähert.

die Werte $0,1, 0,2, 0,3, 0,4, 0,5$ usw. erhielte. Setzt man $N = 100$, $n = 20$, $M = 10, 20, 30, 40, 50 \ldots, i = 0, 1, 2, 3, 4, 5, 6, \ldots$ in Formel (21) des § 4 ein, so kommt man zu folgenden Resultaten (vgl. Tab. 1). Die Kolumnen „ohne Zurücklegen" sind nach Formel (21) berechnet; diejenigen „mit Zurücklegen" entsprechen der Binomialformel $10\,000\,(p' + q')^{20}$ und sind dem bekannten Lehrbuche von Yule entnommen.[1]

Tabelle 1. Die relativen Häufigkeiten $P'_i \times 10000$<br>bei $N = 100$ und $n = 20$.

| $i$ | $p' = 0,1$ | | $p' = 0,2$ | | $p' = 0,3$ | | $p' = 0,4$ | | $p' = 0,5$ | |
|---|---|---|---|---|---|---|---|---|---|---|
| | Ohne Zurücklegen | Mit Zurücklegen | Ohne Zurücklegen | Mit Zurücklegen | Ohne Zurücklegen | Mit Zurücklegen | Ohne Zurücklegen | Mit Zurücklegen | Ohne Zurücklegen | Mit Zurücklegen |
| 0 | 951,2 | 1216 | 66,0 | 115 | 3,0 | 8 | 0,1 | | 0,0 | |
| 1 | 2679,3 | 2702 | 432,5 | 576 | 35,5 | 68 | 1,5 | 5 | 0,0 | |
| 2 | 3181,7 | 2852 | 1259,2 | 1369 | 188,3 | 278 | 13,5 | 31 | 0,4 | 2 |
| 3 | 2092,1 | 1901 | 2158,6 | 2054 | 596,7 | 716 | 71,4 | 123 | 3,6 | 11 |
| 4 | 841,1 | 898 | 2436,9 | 2182 | 1268,1 | 1304 | 255,1 | 350 | 21,2 | 46 |
| 5 | 215,3 | 319 | 1919,5 | 1746 | 1918,3 | 1789 | 653,0 | 746 | 89,0 | 148 |
| 6 | 35,4 | 89 | 1090,6 | 1091 | 2140,9 | 1916 | 1242,2 | 1244 | 278,1 | 370 |
| 7 | 3,7 | 20 | 455,8 | 545 | 1802,9 | 1643 | 1797,2 | 1659 | 661,3 | 739 |
| 8 | 0,2 | 4 | 141,6 | 222 | 1161,8 | 1144 | 2007,8 | 1797 | 1216,0 | 1201 |
| 9 | 0,0 | 1 | 32,8 | 74 | 577,6 | 654 | 1748,3 | 1597 | 1746,1 | 1602 |
| 10 | 0,0 | | 5,7 | 20 | 222,4 | 308 | 1192,4 | 1171 | 1968,7 | 1762 |
| 11 | — | | 0,7 | 5 | 66,3 | 120 | 637,6 | 710 | 1746,1 | 1602 |
| 12 | — | | 0,1 | 1 | 15,2 | 39 | 266,7 | 355 | 1216,0 | 1201 |
| 13 | — | | 0,0 | | 2,7 | 10 | 86,7 | 146 | 661,3 | 739 |
| 14 | — | | 0,0 | | 0,3 | 2 | 21,7 | 49 | 278,1 | 370 |
| 15 | — | | 0,0 | | 0,0 | | 4,1 | 13 | 89,0 | 148 |
| 16 | — | | 0,0 | | 0,0 | | 0,6 | 3 | 21,2 | 46 |
| 17 | — | | 0,0 | | 0,0 | | 0,1 | | 3,6 | 11 |
| 18 | — | | 0,0 | | 0,0 | | 0,0 | | 0,4 | 2 |
| 19 | — | | 0,0 | | 0,0 | | 0,0 | | 0,0 | |
| 20 | — | | 0,0 | | 0,0 | | 0,0 | | 0,0 | |

Die Häufigkeiten für $p' = 0,6$, $p' = 0,7$, $p' = 0,8$, $p' = 0,9$ werden bloß Spiegelbilder derjenigen für $p' = 0,4$, $p' = 0,3$, $p' = 0,2$, $p' = 0,1$ ergeben und brauchen daher hier nicht aufgeführt zu werden. Die Zahlen der Tab. 1 sind in Abbildung 1 auf S. 60 dargestellt, wobei die Rechtecke dem Falle „ohne Zurücklegen" und die durch Linien verbundenen Punkte jenem „mit Zurücklegen" entsprechen. Man ersieht aus den Schaubildern sofort, daß in der Tat die relativen Häufigkeiten sich um so symmetrischer um ihr maximales Glied verteilen, je näher $p'$ an 0,5 herankommt. Aber in allen 5 Fällen weisen sie bereits die für das Exponentialgesetz so typische „Glockenform" der Verteilung auf.

---

[1] Vgl. G. Udny Yule: An Introduction to the Theory of Statistics. 10th edition, S. 294. London 1932.

Wir überzeugen uns ferner, daß die Differenz zwischen den Fällen „ohne Zurücklegen" und „mit Zurücklegen" nicht unbeträchtlich ist und daß

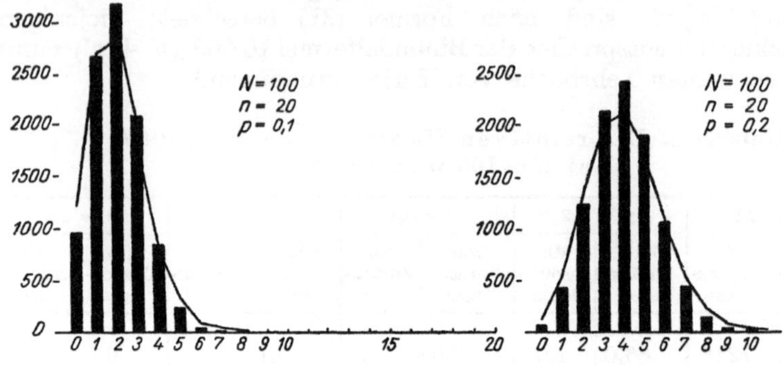


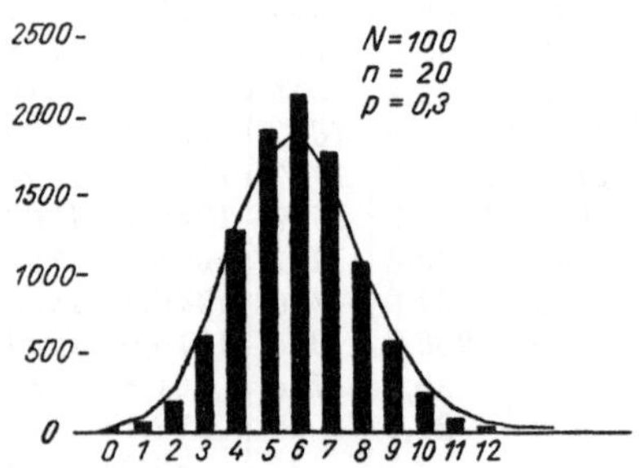


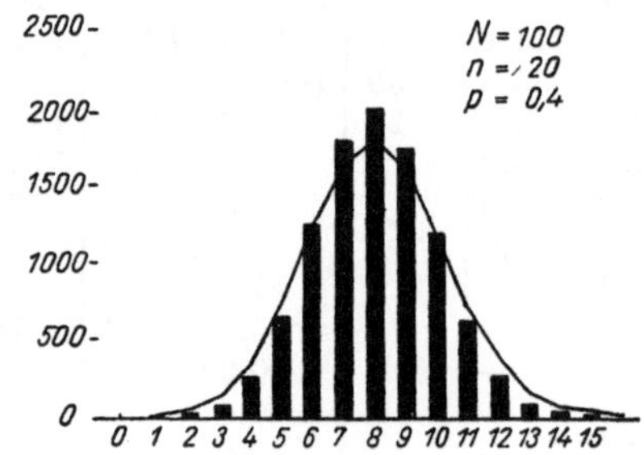


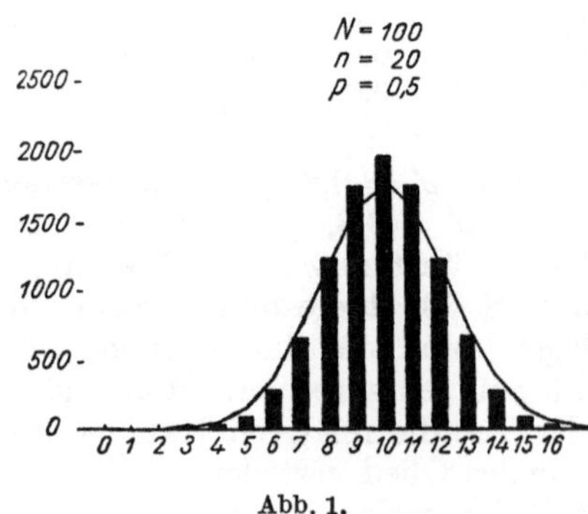


Abb. 1.

tatsächlich, wie oben auf S. 58 auseinandergesetzt wurde, im ersteren Falle die Verteilung sich enger um das maximale Glied gruppiert als im zweiten.

Die Analyse der Formel (37) des § 4 ergibt ferner folgendes außerordentlich wichtige Resultat: je größer $n$ genommen wird, desto kleiner werden, bei gleichbleibenden $p'$ und $q'$, das zweite und dritte Glied des Exponenten im Vergleiche zum ersten, desto weniger wird also auch die Asymmetrie der Reihe der $P'_i$ in Erscheinung treten. Nehmen wir z. B. an, die Gesamtheit besitze den Umfang $N = 400$, wobei $p' = \dfrac{M}{N}$ gleich 0,1 sei, also den extremsten Wert des vorhergehenden Beispiels aufweise, und fragen wir nach der Verteilung der Reihe der $P_i'$ bei zunehmendem Umfang $n$ der Stichprobe. Es sei etwa nacheinander $n = 5, 10, 20, 50$ und $100$. Wir erhalten dann folgende Tabelle 2. Die Zahlen „mit Zurücklegen" sind hierbei, mit alleiniger Ausnahme von $n = 5$, dem Lehrbuche von Winkler entnommen.[1]

Tabelle 2. Die Annäherung der Reihe $P_i' \times 10000$ an die symmetrische Verteilung bei wachsender Seriengröße $n$ ($N = 400$, $p' = 0{,}1$).

| $i$ | $n = 5$ | | $n = 10$ | | $n = 20$ | | $n = 50$ | | $n = 100$ | |
|---|---|---|---|---|---|---|---|---|---|---|
| | Ohne Zurücklegen | Mit Zurücklegen | Ohne Zurücklegen | Mit Zurücklegen | Ohne Zurücklegen | Mit Zurücklegen | Ohne Zurücklegen | Mit Zurücklegen | Ohne Zurücklegen | Mit Zurücklegen |
| 0 | 5888,4 | 5905 | 3442,7 | 3487 | 1151,1 | 1216 | 35,5 | 51 | 0,1 | |
| 1 | 3308,1 | 3281 | 3923,4 | 3874 | 2700,5 | 2702 | 228,2 | 286 | 0,8 | 3 |
| 2 | 722,9 | 729 | 1956,1 | 1937 | 2925,6 | 2852 | 698,9 | 779 | 5,6 | 16 |
| 3 | 76,7 | 81 | 561,5 | 574 | 1944,7 | 1901 | 1357,6 | 1386 | 26,5 | 59 |
| 4 | 3,9 | 4 | 102,7 | 112 | 888,9 | 898 | 1879,7 | 1809 | 90,0 | 159 |
| 5 | 0,0 | | 12,5 | 14 | 296,8 | 319 | 1976,3 | 1849 | 234,9 | 338 |
| 6 | — | | 1,0 | 2 | 75,1 | 89 | 1641,7 | 1541 | 489,3 | 596 |
| 7 | — | | 0,1 | | 14,7 | 20 | 1106,8 | 1076 | 836,6 | 889 |
| 8 | — | | 0,0 | | 2,3 | 3 | 617,4 | 643 | 1197,6 | 1148 |
| 9 | — | | 0,0 | | 0,3 | | 289,0 | 333 | 1456,3 | 1304 |
| 10 | — | | 0,0 | | 0,0 | | 114,8 | 155 | 1521,6 | 1319 |
| 11 | — | | — | | 0,0 | | 39,0 | 61 | 1378,2 | 1199 |
| 12 | — | | — | | 0,0 | | 11,5 | 22 | 1089,8 | 988 |
| 13 | — | | — | | 0,0 | | 2,9 | 7 | 756,6 | 743 |
| 14 | — | | — | | 0,0 | | 0,6 | 2 | 463,3 | 513 |
| 15 | — | | — | | 0,0 | | 0,1 | | 251,1 | 327 |
| 16 | — | | — | | 0,0 | | 0,0 | | 120,9 | 193 |
| 17 | — | | — | | 0,0 | | 0,0 | | 51,7 | 106 |
| 18 | — | | — | | 0,0 | | 0,0 | | 19,7 | 54 |
| 19 | — | | — | | 0,0 | | 0,0 | | 6,7 | 26 |
| 20 | — | | — | | 0,0 | | 0,0 | | 2,0 | 12 |
| 21 | — | | — | | — | | 0,0 | | 0,6 | 5 |
| 22 | — | | — | | — | | 0,0 | | 0,1 | 2 |
| 23 | — | | — | | — | | 0,0 | | 0,0 | 1 |

Dieselben Zahlen sind in Abbildung 2 (S. 62) dargestellt, wobei die Rechtecke wiederum dem Falle „ohne Zurücklegen" und die durch Linien verbundenen Punkte jenem „mit Zurücklegen" entsprechen. Die Höhenmaßstäbe sind in allen 5 Schaubildern dieselben, die Dichte der einzelnen Rechtecke ist jedoch — aus Gründen, die aus den Ausführungen des nächsten Paragraphen erhellen werden, — proportional den Zahlenwerten: $\dfrac{1}{\sqrt{5}}$, $\dfrac{1}{\sqrt{10}}$, $\dfrac{1}{\sqrt{20}}$, $\dfrac{1}{\sqrt{50}}$ und $\dfrac{1}{\sqrt{100}}$ angesetzt. Das

---

[1] Vgl. Winkler: Grundriß der Statistik, I, S. 32.

maximale Glied jeder Reihe wird, wie wir wissen, durch den Wert von $np'$ bestimmt, verschiebt sich also in unserem Beispiel bei zunehmendem $n$ vom ersten Gliede zum zweiten, dritten, sechsten und schließlich zum elften Gliede, wobei linker Hand vom Maximum immer mehr Raum für die ihm vorhergehenden Werte von $P'_i$ gewonnen wird. Die Verteilung wird gleichzeitig immer symmetrischer und ist bei $n = 100$ von der idealen symmetrischen „Glockenform" bei flüchtiger Betrachtung kaum zu unterscheiden. Auch in diesem Beispiel

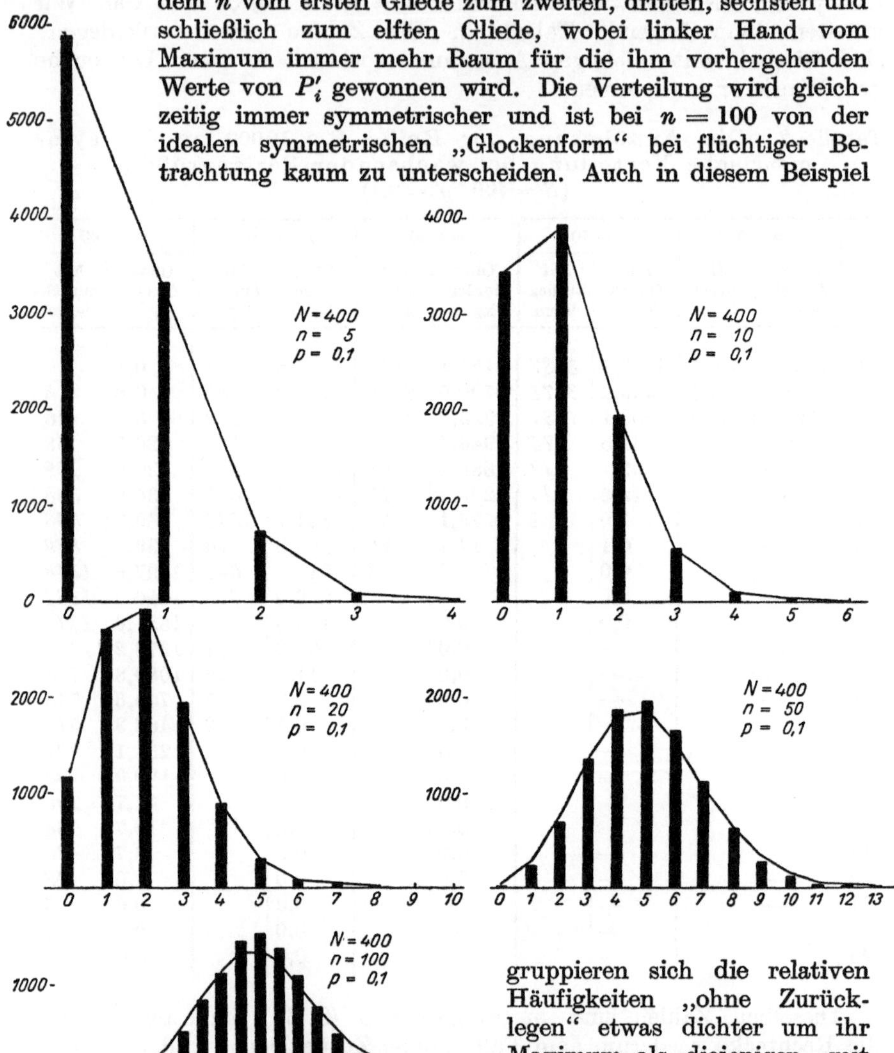


Abb. 2.

gruppieren sich die relativen Häufigkeiten „ohne Zurücklegen" etwas dichter um ihr Maximum als diejenigen „mit Zurücklegen", doch ist der Unterschied zwischen beiden Fällen (infolge eines größeren Wertes von $N$ gegenüber $n$) geringer als im vorhergehenden Beispiele.

Zur allgemeinen Orientierung des Lesers sei noch bemerkt, daß die Berechnung der Zahlenwerte der Tab. 1 und 2 von einem durchschnittlichen Rechner, der nur mit Logarithmentafeln und mit Tafeln der

Log. der „Fakultäten" („Faktoriellen") versehen ist, 2 bis 3 volle
Arbeitstage erfordern würde — ein Beleg dafür, wie nötig zeitsparende
Annäherungsverfahren sogar bei relativ so kleinen Seriengrößen
werden.

Um ein Beispiel für die Genauigkeit der Näherungsformel (37) zu
geben, vergleichen wir die sich aus ihr bei $N = 400$, $n = 100$ und $p = 0{,}1$
ergebenden Werte mit den genauen Werten der vorletzten Kolumne von
Tab. 2. Infolge des angenäherten Charakters der ersteren ist es jedoch
geboten, die relativen Häufigkeiten bloß auf 100 und nicht auf 10000
zu beziehen. Wir erhalten folgende 2 Zahlenreihen.

| $i =$ | 0, | 1, | 2, | 3, | 4, | 5, | 6, | 7, | 8, | 9, | 10, |
|---|---|---|---|---|---|---|---|---|---|---|---|
| Genau: | 0,0; | 0,0; | 0,1; | 0,3; | 0,9; | 2,3; | 4,9; | 8,4; | 12,0; | 14,6; | 15,2; |
| Angenähert: | 0,0; | 0,0; | 0,1; | 0,3; | 0,9; | 2,3; | 4,8; | 8,3; | 12,0; | 14,7; | 15,4; |

| $i =$ | 11, | 12, | 13, | 14, | 15, | 16, | 17, | 18, | 19, | 20 |
|---|---|---|---|---|---|---|---|---|---|---|
| Genau: | 13,8; | 10,9; | 7,6; | 4,6; | 2,5; | 1,2; | 0,5; | 0,2; | 0,1; | 0,0; |
| Angenähert: | 13,9; | 10,9; | 7,5; | 4,5; | 2,5; | 1,2; | 0,5; | 0,2; | 0,1; | 0,0; |

Wenn man in Betracht zieht, daß die Formel (37) von der Annahme
ausgeht, die Zahlen seien bereits so groß, daß man auf sie die Stirlingsche
Formel anwenden kann, während bei uns in die genaue Formel (21)
des § 4 die „Fakultäten" von $i = 1, 2, 3, 4$ usw. eingehen, so ist die
Übereinstimmung als eine unerwartet gute zu bezeichnen. Dieses kleine
Beispiel ist eine Bekräftigung jener Tatsache, die wir bereits oben auf
S. 51 erwähnten, daß die Einführung der Stirlingschen Formel in den
Beweisgang wohl bequem, aber durch die Umstände nicht unbedingt
geboten ist und eine überflüssige Unsicherheit hineinbringt. Wir machen
den Leser ferner darauf aufmerksam, daß Formel (37) im Vergleich
zur genauen Formel (21) noch an und für sich keine besondere Zeitersparnis bedingt: ihre hauptsächliche praktische Bedeutung liegt im
Summierungsverfahren, welches wir im nächsten Paragraphen behandeln
werden.

Wie Winkler[1] sehr treffend ausführt, ist die mit zunehmender Seriengröße $n$ wachsende Symmetrie der Binomialreihe durchaus nichts Ge-
heimnisvolles, sondern im Aufbau der Binomialreihe begründet. Dasselbe kann man auch vom allgemeineren Fall der „Ziehung ohne Zurücklegen" behaupten. Betrachten wir nämlich die Reihe der relativen
Häufigkeiten $P'$, so bemerken wir, mit Rücksicht auf Formel (21) des
§ 4, daß ein beliebiges $P'_i$ aus dem Produkte von zwei Größen besteht:
aus der Binomialzahl

$$\binom{n}{i} = \frac{n!}{i!\,(n-i)!}$$

und dem Restprodukte

$$\frac{M!}{(M-i)!} \cdot \frac{(N-M)!}{[(N-M)-(n-i)]!} \cdot \frac{(N-n)!}{N!}.$$

---

[1] Vgl. Winkler: Grundriß der Statistik, I, S. 32, Anmerkung.

Die Binomialzahlen bilden, wie jedermann bekannt ist, eine ganz symmetrische Funktion mit einem starken Maximum gerade in der Mitte der Reihe. Was die Restprodukte anbetrifft, so ersehen wir aus Formel (3) des § 4, daß das Verhältnis des Restproduktes von $P'_i$ zu demjenigen von $P'_{i-1}$ sich als

$$Q_i = \frac{(M+1)-i}{(N-M-n)+i}$$

stellt. Je kleiner $i$, desto größer ist dieser Quotient, und desto mehr nähert er sich seiner oberen Grenze $\frac{M}{N-M-n+1}$, die er bei $i = 1$ erreicht. Ist diese Grenze kleiner als 1, so wird die Reihe der Restprodukte bei zunehmendem $i$ monoton abnehmen. Ist der Quotient $Q_n = \frac{M+1-n}{N-M}$ größer als 1, so wird es $Q_1$ desto mehr sein, und daher wird die Reihe der Restprodukte bei zunehmendem $i$ ebenfalls zunehmen. Ist schließlich $Q_n$ kleiner als 1, $Q_1$ aber größer, so wird die Reihe der Restprodukte zuerst ansteigen und darauf wieder abnehmen. In allen drei Fällen wird jedoch, bei nicht zu kleinem $p' = \frac{M}{N}$ und bei größerem $n$, die starke Bewegung der Binomialkoeffizienten diejenige der Restprodukte überwiegen und bei zunehmendem $n$ den zunehmenden symmetrischen Charakter der Reihe bedingen. Setzen wir z. B. $N = 12$ und $n = 4$. Die Binomialzahlen werden dann folgende Reihe ergeben:

$$1, \quad 4, \quad 6, \quad 4, \quad 1;$$

und die Restprodukte:

$$\text{bei } M = 8: \quad \frac{1}{495}, \quad \frac{8}{495}, \quad \frac{28}{495}, \quad \frac{56}{495}, \quad \frac{70}{495};$$

$$\text{bei } M = 4: \quad \frac{70}{495}, \quad \frac{56}{495}, \quad \frac{28}{495}, \quad \frac{8}{495}, \quad \frac{1}{495};$$

$$\text{bei } M = 6: \quad \frac{2}{66}, \quad \frac{4}{66}, \quad \frac{5}{66}, \quad \frac{4}{66}, \quad \frac{2}{66}.$$

Multiplizieren wir die Binomialzahlen mit den entsprechenden Restprodukten, so erhalten wir in der Tat folgende relative Häufigkeiten:

| | $P'_0,$ | $P'_1,$ | $P'_2,$ | $P'_3,$ | $P'_4,$ | | |
|---|---|---|---|---|---|---|---|
| $M = 8,$ | $\frac{1}{495},$ | $\frac{32}{495},$ | $\frac{168}{495},$ | $\frac{224}{495},$ | $\frac{70}{495},$ | zusammen: | $\frac{495}{495} = 1;$ |
| $M = 6,$ | $\frac{2}{66},$ | $\frac{16}{66},$ | $\frac{30}{66},$ | $\frac{16}{66},$ | $\frac{2}{66},$ | zusammen: | $\frac{66}{66} = 1;$ |
| $M = 4,$ | $\frac{70}{495},$ | $\frac{224}{495},$ | $\frac{168}{495},$ | $\frac{32}{495},$ | $\frac{1}{495},$ | zusammen: | $\frac{495}{495} = 1.$ |

Wir ersehen hieraus, daß die starke Asymmetrie der Reihe der Restprodukte im ersten und dritten Falle es nur vermocht hat, das Maximum der Reihe der $P'$ um ein Glied nach rechts (bzw. nach links) zu verschieben.

Die Asymmetrie der Reihe der $P'$, die immer — mehr oder weniger ausgesprochen — zum Vorschein kommt, wenn $p' \lesseqgtr q'$ ist (und folglich entweder $p'$ oder $q'$ größer als $\frac{1}{2}$ ist), hat noch die interessante Eigenschaft zur Folge, daß die totale relative Häufigkeit (bzw. statistische Wahrscheinlichkeit) des Ereignisses $i < np'$ nicht derjenigen des Ereignisses $i > np'$ gleichkommt. Dieser Satz bildet den Hauptinhalt des sogenannten „Problems von Simmons". Ist $p' < \frac{1}{2}$, so wird die Anzahl der Glieder, deren Indizes kleiner sind als das Produkt $np'$, jedenfalls die Zahl jener, deren Indizes größer sind, nicht übersteigen, gleichgültig, ob $n$ gerade oder ungerade genommen wird und ob $np'$ eine ganze Zahl ist oder nicht. Die Gesamtheit der Zahlen $P'$ der ersten Gruppe wird deshalb die **kurze Seite** und jene der zweiten Gruppe die **lange Seite** der Reihe genannt. Ragnar Frisch und Alf Guldberg haben nun den exakten Beweis dafür erbracht, daß im Falle „mit Zurücklegen" nicht nur die Summe der kurzen Seite immer **größer** als die der langen ist, sondern daß auch der Exzeß bei konstantem $n$ desto größer wird, einen je kleineren Wert man $p'$ erteilt.[1] Dasselbe gilt auch für den allgemeineren Fall „ohne Zurücklegen". Der Beweis für diesen Satz ist allein mit den Mitteln der elementaren Algebra nicht zu erbringen, und wir begnügen uns daher mit einem Hinweis auf jene Beispiele, die wir in diesem Paragraphen bereits angeführt haben. So ergibt uns Tab. 1 auf S. 59 folgende Resultate:

Bei $p' = 0{,}1$: Summe der 2 Häufigkeiten der kurzen Seite .. 3630,5,  
Maximales Glied ........................... 3181,7,  
Summe der 8 Häufigkeiten der langen Seite .. 3187,8,  
Differenz: kurze Seite — lange Seite ......... $+$ 442,7.

Bei $p' = 0{,}2$: Summe der 4 Häufigkeiten der kurzen Seite .. 3916,3,  
Maximales Glied ........................... 2436,9,  
Summe der 16 Häufigkeiten der langen Seite . 3646,8,  
Differenz: kurze Seite — lange Seite ......... $+$ 269,5.

Bei $p' = 0{,}3$: Summe der 6 Häufigkeiten der kurzen Seite .. 4009,9,  
Maximales Glied ........................... 2140,9,  
Summe der 14 Häufigkeiten der langen Seite . 3849,2,  
Differenz: kurze Seite — lange Seite ......... $+$ 160,7.

Bei $p' = 0{,}4$: Summe der 8 Häufigkeiten der kurzen Seite .. 4034,0,  
Maximales Glied ........................... 2007,8,  
Summe der 12 Häufigkeiten der langen Seite . 3958,2,  
Differenz: kurze Seite — lange Seite ......... $+$ 75,8.

---

[1] Vgl. Ragnar Frisch: Solution d'un problème du calcul des probabilités (Premier problème de Simmons). Skandinavisk Aktuarietidskrift, S. 153 bis 174. 1924.

Doch je größer $n$ genommen wird, desto kleiner wird — bei gleichbleibendem $p'$ — die Differenz zwischen der kurzen und der langen Seite. Das ersieht man aus der Durcharbeitung der Tab. 2 auf S. 61.

Bei $n = 5$ hat man hier übrigens überhaupt keine kurze Seite.

|  | $n = 5$ | 10 | 20 | 50 | 100 |
|---|---|---|---|---|---|
| Summe der Häufigkeiten der kurzen Seite ...... | — | 3442,7 | 3851,6 | 4199,9 | 4337,7 |
| Maximales Glied ........ | 5888,4 | 3923,4 | 2925,6 | 1976,3 | 1521,6 |
| Summe der Häufigkeiten der langen Seite ...... | 4111,6 | 2633,9 | 3222,8 | 3823,8 | 4140,7 |
| Differenz: kurze Seite — lange Seite .......... | — | + 808,8 | + 628,8 | + 376,1 | + 197,0 |

## 6. Summenformeln zum Exponentialsatz.

Da das asymmetrische zweite und dritte Glied im Exponenten der Formel (37) (§ 4) bei den Rechnungen die relativ größten Schwierigkeiten bereiten, und da, wie wir bereits gesehen haben, deren Bedeutung bei zunehmendem $n$ immer geringer wird, so liegt der Gedanke nahe, ob man nicht bei größeren $n$ diese Glieder einfach unterdrücken könnte. Gewöhnlich verfährt man auch in der Tat so, und zwar an Hand der folgenden Überlegung. Bei den praktischen Anwendungen obiger Formel wird recht häufig nach der totalen statistischen Wahrscheinlichkeit (bzw. relativen Häufigkeit) dafür gefragt, daß die Wiederholungszahl des Merkmals $A$ entweder $np' + x$ oder $np' - x$ ergebe. Erstere Größe wird durch Formel (37) des § 4 gegeben:

$$T'_x \sim \frac{1}{\sqrt{2\pi n\, p'\, q'\left(1-\dfrac{n}{N}\right)}} \times$$

$$\times e^{\displaystyle -\frac{x^2}{2np'q'\left(1-\frac{n}{N}\right)} + \frac{(p'-q')\left(1-\frac{2n}{N}\right)x}{2np'q'\left(1-\frac{n}{N}\right)} - \frac{(p'-q')\left(1-\frac{2n}{N}\right)x^3}{6n^2 p'^2 q'^2 \left(1-\frac{n}{N}\right)^2}} ; \quad \ldots \quad (1)$$

letztere Größe ergibt sich ohne weiteres aus der vorigen, indem dort an Stelle von $x$ einfach der Wert $-x$ eingesetzt wird:

$$T'_{-x} \sim \frac{1}{\sqrt{2\pi n\, p'\, q'\left(1-\dfrac{n}{N}\right)}} \times$$

$$\times e^{\displaystyle -\frac{x^2}{2np'q'\left(1-\frac{n}{N}\right)} - \frac{(p'-q')\left(1-\frac{2n}{N}\right)x}{2np'q'\left(1-\frac{n}{N}\right)} + \frac{(p'-q')\left(1-\frac{2n}{N}\right)x^3}{6n^2 p'^2 q'^2 \left(1-\frac{n}{N}\right)^2}} , \quad \ldots \quad (1\,a)$$

und die totale Wahrscheinlichkeit (bzw. relative Häufigkeit) von „entweder $np' + x$ oder $np' - x$" erhalten wir offenbar in der Summe

$$T_x' + T'_{-x} \sim \frac{e^{-\frac{x^2}{2np'q'\left(1-\frac{n}{N}\right)}}}{\sqrt{2\pi n p' q'\left(1-\frac{n}{N}\right)}}\left[ e^{+\frac{(p'-q')\left(1-\frac{2n}{N}\right)x}{2np'q'\left(1-\frac{n}{N}\right)} - \frac{(p'-q')\left(1-\frac{2n}{N}\right)x^3}{6n^2p'^2q'^2\left(1-\frac{n}{N}\right)^2}} + \right.$$

$$\left. + e^{-\frac{(p'-q')\left(1-\frac{2n}{N}\right)x}{2np'q'\left(1-\frac{n}{N}\right)} + \frac{(p'-q')\left(1-\frac{2n}{N}\right)x^3}{6n^2p'^2q'^2\left(1-\frac{n}{N}\right)^2}} \right] \quad \ldots \quad (2)$$

In jedem Lehrbuch der Differentialrechnung findet sich der Beweis für folgende zwei Reihenentwicklungen:

$$\left. \begin{aligned} e^y &= 1 + \frac{y}{1!} + \frac{y^2}{2!} + \frac{y^3}{3!} + \frac{y^4}{4!} + \ldots \text{ und} \\ e^{-y} &= 1 - \frac{y}{1!} + \frac{y^2}{2!} - \frac{y^3}{3!} + \frac{y^4}{4!} - \ldots \end{aligned} \right\} \quad \ldots \quad (3)$$

Hieraus folgt durch einfache vertikale Summierung beider Gleichungen, daß

$$e^y + e^{-y} = 2 + y^2 + \frac{y^4}{12} + \ldots \quad \ldots \ldots \ldots \quad (3\,\text{a})$$

Setzen wir

$$y = \frac{(p'-q')\left(1-\frac{2n}{N}\right)}{2\left(1-\frac{n}{N}\right)}\left[\frac{x}{np'q'} - \frac{x^3}{3n^2p'^2q'^2\left(1-\frac{n}{N}\right)}\right], \quad \cdot \quad (4)$$

so ergibt sich sofort:

$$T'_x + T'_{-x} \sim \frac{e^{-\frac{x^2}{2np'q'\left(1-\frac{n}{N}\right)}}}{\sqrt{2\pi np'q'\left(1-\frac{n}{N}\right)}}\left[e^{+y} + e^{-y}\right] \quad \ldots \quad (5)$$

Betrachtet man aber Formel (4), so ersieht man leicht, daß

$$\left[\frac{x}{np'q'} - \frac{x^3}{3n^2p'^2q'^2\left(1-\frac{n}{N}\right)}\right]^2$$

bereits von einer Größenordnung ist, die wir oben im § 4 bei der Ableitung der Formel (37) unterdrückt haben [vgl. daselbst die Bedingungsgleichungen (31) und (33)]. Infolgedessen sind wir berechtigt, den Wert von $y^2$ und um so mehr von $y^4$, $y^6$ usw. in (3a) zu vernachlässigen und in (5) einfach zu setzen: $e^{+y} + e^{-y} \sim 2$. Wir erhalten also:

$$T'_x + T'_{-x} \sim \frac{2\,e^{-\frac{x^2}{2np'q'\left(1-\frac{n}{N}\right)}}}{\sqrt{2\pi n p'q'\left(1-\frac{n}{N}\right)}}, \quad \ldots \ldots \quad (6)$$

oder bei Einführung der Bezeichnung von (38) in § 4

$$\sigma = \sqrt{n\,p'q'\left(1 - \frac{n}{N}\right)}, \quad \dots \dots \dots \dots \quad (7)$$

auch einfach:

$$T'_x + T'_{-x} \sim \frac{2\,e^{-\frac{x^2}{2\,\sigma^2}}}{\sigma\sqrt{2\,\pi}}, \quad \dots \dots \dots \dots \quad (8)$$

und folglich:

$$\frac{T'_x + T'_{-x}}{2} \sim \frac{e^{-\frac{x^2}{2\,\sigma^2}}}{\sigma\sqrt{2\,\pi}}. \quad \dots \dots \dots \dots \quad (9)$$

Die Formeln (6), (8) und (9) bergen nur insofern eine kleine zusätzliche Ungenauigkeit, als, wie wir bereits oben auf S. 47 gesehen haben, das größte Glied in der Reihe der $P'$ nicht genau in der Mitte jenes Intervalls zu liegen braucht, das durch das System (12) des § 4 bedingt ist, und daß daher eigentlich $-x$ in $P'_{-x}$ nach seinem absoluten Wert nicht immer ganz genau mit $+x$ in $P'_x$ übereinstimmt. Bei einigermaßen großem $n$ ist jedoch der hieraus resultierende Fehler so klein, daß auch er ruhig vernachlässigt werden kann. Bedeutend größer — und nur bei beträchtlichem $n$ und nicht zu kleinem $p'$ tragbar — ist der Fehler, der dadurch entsteht, daß man an Stelle von $P'_x$ oder von $P'_{-x}$ einfach den Durchschnittswert $\frac{P'_x + P'_{-x}}{2}$ setzt. Die Zulässigkeit dieser Substitution sollte jedesmal besonders untersucht werden.

Die für den Fragenkomplex der mathematischen Statistik besonders typische Frage ist die folgende: Wie groß ist die **totale relative Häufigkeit** (bzw. statistische Wahrscheinlichkeit) aller jener Abweichungen

$$i - n\,p'$$

[vgl. oben § 4, Formel (22)], deren Wert sich innerhalb bestimmter vorgegebener Grenzen $+x_0$ und $-x_0$ befindet? Nach dem Additionssatz der statistischen Wahrscheinlichkeitsrechnung (vgl. oben § 2) ist diese relative Häufigkeit offenbar durch die folgende Summe gegeben:

$$P'_{x_0} + P'_{x_0-1} + P'_{x_0-2} + \dots + P'_1 + P'_0 + P'_{-1} + \dots +$$
$$+ P'_{-(x_0-2)} + P'_{-(x_0-1)} + P'_{-x_0} = \sum_{j=-x_0}^{j=+x_0} P'_j.{}^1 \quad \dots \quad (10)$$

---

[1] Das Summenzeichen $\Sigma$ findet in der mathematischen Statistik die weiteste Verbreitung, und der Leser möge es sich daher gut merken. Seine Bedeutung ist aus Formel (10) unmittelbar ersichtlich: es soll die algebraische Summe aller jener $P'_j$ genommen werden, deren Index $j$ sich in den Grenzen von $-x_0$ bis $+x_0$ befindet. Dasselbe Symbol kann auch einfacher geschrieben werden: $\sum\limits_{j=-x_0}^{+x_0} P'_j$ oder sogar $\sum\limits_{-x_0}^{+x_0} P'_j$, wenn aus den vorhergehenden Ausführungen klar hervorgeht, auf welche Variable das Summenzeichen bezogen wird.

Wir können diese Summe auch folgendermaßen darstellen:

$$\sum_{-x_0}^{+x_0} P'_j = (P'_{x_0} + P'_{-x_0}) + (P'_{x_0-1} + P'_{-(x_0-1)}) + (P'_{x_0-2} + P'_{-(x_0-2)}) + \cdots$$

$$\cdots + (P'_1 + P'_{-1}) + P'_0, \quad \cdots \quad (11)$$

oder mit Rücksicht auf Formel (8) oben und auf Formel (20) des § 4, wenn man bedenkt, daß bei uns ganz allgemein

$$P'_j \sim T'_j$$

angenommen wird:

$$\sum_{-x_0}^{+x_0} P'_i \sim \frac{2 \sum_{j=1}^{x_0} e^{-\frac{j^2}{2\sigma^2}} + e^{\frac{0}{2\sigma^2}}}{\sigma \sqrt{2\pi}}. \quad \cdots \cdots \quad (12)$$

Da aber offensichtlich bei jedem $x$:

$$e^{-\frac{(-x)^2}{2\sigma^2}} = e^{-\frac{x^2}{2\sigma^2}},$$

und daher

$$\sum_{j=-x_0}^{-1} e^{-\frac{j^2}{2\sigma^2}} = \sum_{j=1}^{+x_0} e^{-\frac{j^2}{2\sigma^2}}, \quad \cdots \cdots \quad (13)$$

so können wir auch schreiben:

$$\sum_{j=-x_0}^{+x_0} P'_i \sim \frac{1}{\sigma \sqrt{2\pi}} \sum_{j=-x_0}^{+x_0} e^{-\frac{j^2}{2\sigma^2}} \quad \cdots \cdots \quad (14)$$

Formel (14) ist für den praktischen Gebrauch sehr unbequem, da bei größeren $n$ und $x_0$ ihre Aussummierung außerordentlich zeitraubend wäre. Um diese Rechenschwierigkeit zu meistern, wird ein Kunstgriff angewandt, der auch sonst in der höheren Mathematik auf Schritt und Tritt vorkommt: man ersetzt die Summe durch ein bestimmtes Integral:

$$\frac{1}{\sigma \sqrt{2\pi}} \sum_{j=-x_0}^{+x_0} e^{-\frac{j^2}{2\sigma^2}} \sim P'(x_0) = \frac{1}{\sigma \sqrt{2\pi}} \int_{-x_0}^{+x_0} e^{-\frac{x^2}{2\sigma^2}} \, dx. \quad \cdots \quad (15)$$

Um dem mit der Integralrechnung nicht vertrauten Leser diesen Begriff einigermaßen klarzumachen, wollen wir zunächst den Summenausdruck auf der linken Seite von (15) graphisch veranschaulichen (vgl. Abb. 3, S. 70). In dieser Figur sind die Strecken $GA$, $HB$, ...., $LF$, ...., $ZY$

---

Ist ferner aus ihnen auch ersichtlich, in welchen Grenzen die Summierung vorgenommen wird, so schreibt man ganz einfach: $\Sigma P'_j$. Aus typographischen Rücksichten wird zuweilen der griechische Buchstabe $\Sigma$ auch durch den ihm entsprechenden lateinischen S ersetzt. Die geschieht besonders häufig in der angelsächsischen Fachliteratur.

gleich den Summanden der Summe in (15). Wenn die Abstände $GH$, $HI$ usw. gleich 1 gewählt sind, so sind die Summanden von (15) ferner gleich den Flächen der Rechtecke $abrq$, $cdsr$ usw. Die linke Seite von (15) ist also, vom Faktor $\dfrac{1}{\sigma\sqrt{2\pi}}$ abgesehen, gleich der Summe der Flächen dieser Rechtecke; diese ist aber, wie man sofort sieht, auch gleich der Fläche des Polygons $qaABCDEF \ldots\, Yyz$ (denn es sind die Dreiecke $Abl = Bcl$, $Bdm = Cem$ usw.). Das bestimmte Integral auf der rechten Seite in (15) ist aber seiner Definition nach gleich der Fläche zwischen der $x$-Achse, der Kurve, die durch die Gleichung $y = e^{-\frac{x^2}{2\sigma^2}}$ dar-

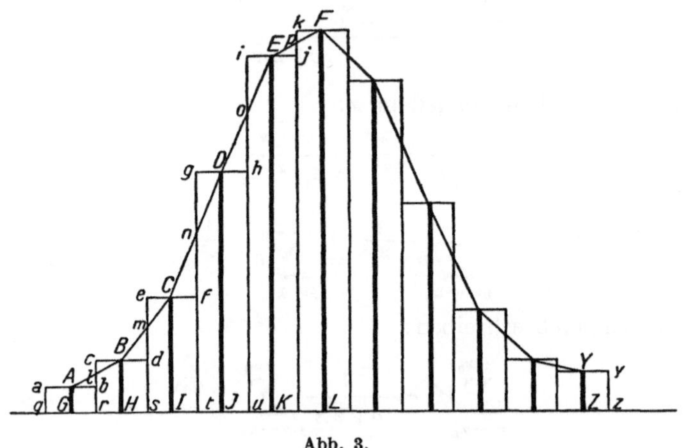

Abb. 3.

gestellt wird, und den Geraden $\begin{cases} x = x_0, \\ x = -\,x_0. \end{cases}$ Diese Kurve geht ebenso wie das oben erwähnte Polygon durch die Punkte $ABCDEF \ldots$ hindurch und entfernt sich auch sonst nirgends weit von ihm. Dadurch erscheint die Formel (15) gerechtfertigt.

Wir wiederholen nochmals, daß wir hier beim Leser überhaupt keine Kenntnis der Infinitesimalrechnung voraussetzen und das Integralzeichen in (15), (17), (17a) und (18) nur zu dem Zwecke hereingenommen haben, damit er sich an das Äußere der entsprechenden Formeln gewöhnen und sie eventuell in der Fachliteratur wiedererkennen kann. Letzten Endes ist ja das Integralzeichen seinem Ursprung nach nichts anderes als ein verlängertes Summenzeichen S, und das bestimmte Integral vermag immer als ein Grenzwert der Summe von sehr kleinen Rechtecken angesehen werden, wenn die Basen derselben (bei gleichzeitiger Vermehrung der Anzahl der Rechtecke) gegen Null gehen. So ist auch beim Integral (15) die Höhe eines jeden Rechtecks durch $e^{-\frac{x^2}{2\sigma^2}}$ gemessen und dessen Basis durch $dx$, das sogenannte Differential von $x$.

Das Integral (15) wird häufig in einer anderen Form dargestellt, welche, wie gesagt, dem mathematisch ungeübten Leser wenigstens ihrem Äußeren nach bekannt sein muß, damit er sich in den betreffenden Tabellenwerken richtig orientieren kann. In einer gewissen Analogie zu den Formeln (40) und (41) des § 4 wollen wir nämlich die Substitution

$$t = \frac{x}{\sigma \sqrt{2}} = \frac{x}{\sqrt{2\,np'q'\left(1 - \dfrac{n}{N}\right)}} \quad \ldots \ldots \quad (16)$$

einführen, aus welcher unmittelbar die Beziehung

$$\sigma \sqrt{2} \cdot t = x$$

folgt. Da $\sigma \sqrt{2}$ eine Konstante ist, so ist man berechtigt,

$$\sigma \sqrt{2}\, dt = dx \quad \ldots \ldots \ldots \ldots \quad (16\,\mathrm{a})$$

zu schreiben, wobei $dt$ und $dx$ wiederum als „Differentiale" auftreten. Jenes $x_0$, welches in (15) die obere Grenze der Summierung unter dem Integralzeichen angibt, ist nur ein bestimmter Wert unter den vielen Werten, die $x$ annehmen kann. Man bezeichnet den ihm entsprechenden Wert von $t$ gewöhnlich mit Hilfe eines anderen Buchstaben, etwa $\gamma$ oder $u$. Wir setzen also noch

$$u = \frac{x_0}{\sigma \sqrt{2}} = \frac{x_0}{\sqrt{2\,np'q'\left(1 - \dfrac{n}{N}\right)}} \quad \ldots \ldots \quad (16\,\mathrm{b})$$

Mit Rücksicht auf (16), (16a) und (16b) verwandelt sich nun (15) nach Wegkürzung von $\sigma \sqrt{2}$ in

$$\Theta(u) = \frac{1}{\sqrt{\pi}} \int\limits_{-u}^{u} e^{-t^2}\, dt = \frac{2}{\sqrt{\pi}} \int\limits_{0}^{u} e^{-t^2}\, dt. \quad \ldots \ldots \quad (17)$$

Führt man jetzt die Bezeichnung

$$\Theta(u) = 2\,\Phi(u) - 1$$

ein, so ergibt sich hieraus ferner:

$$\Phi(u) = \frac{1}{\sqrt{\pi}} \int\limits_{0}^{u} e^{-t^2}\, dt + \frac{1}{2}. \quad \ldots \ldots \quad (17\,\mathrm{a})$$

In der englischen Fachliteratur trifft man noch sehr häufig auf ein drittes System von Bezeichnungen, welches u. a. von den maßgebenden Pearsonschen „Tables for statisticians and biometricians" angenommen ist: man bezeichnet dort unser $\frac{x}{\sigma}$ einfach durch $x$, das Integral in (15) durch $a$ (oder $\alpha$):

$$a = \frac{2}{\sqrt{2\pi}} \int\limits_{0}^{x} e^{-\frac{x^2}{2}}\, dx, \quad \ldots \ldots \ldots \quad (18)$$

und benutzt außerdem die Bezeichnung:

$$z = \frac{1}{\sqrt{2\pi}}\, e^{-\frac{x^2}{2}}, \quad \ldots \ldots \ldots \ldots \quad (18\,a)$$

wobei unter $x$ ebenfalls unser $\frac{x}{\sigma}$ zu verstehen ist.

Zum Schlusse sei noch bemerkt, daß mit Rücksicht auf die beiden Grenzrechtecke der Abbildung 3 **Laplace** seinem Integral noch ein Ergänzungsglied beigefügt hat, welches die Form

$$+ \frac{e^{-u^2}}{\sigma\sqrt{2\pi}}$$

besitzt, aber so klein ist, daß es in der statistischen Praxis meistens vernachlässigt wird.[1]

Das „**Laplace**sche Integral" bedeutet eine enorme Zeit- und Arbeitsersparnis, obgleich man niemals vergessen darf, daß es bei endlichem $n$ nur eine Näherungsformel darstellt, deren Fehlergrenzen gewöhnlich nicht einmal genauer abgeschätzt werden. Der Hauptvorzug der Formel ist der, daß alle Werte von $P'(x_0)$ oder einer ihm nahe verwandten Funktion in speziellen Tabellen, gleich Logarithmentafeln, fertig zu finden sind und nicht für jeden einzelnen Fall besonders berechnet zu werden brauchen. Ein fernerer Vorzug besteht darin, daß dieselben Tabellen in gleichem Maße auf sehr verschiedene Fälle angewandt werden können, und vor allen Dingen beziehen sie sich in gleichem Maße sowohl auf den Fall „ohne Zurücklegen" als auch auf denjenigen „mit Zurücklegen". Das Integral $P'(x_0)$ in (15) ist ein Näherungsausdruck für die totale relative Häufigkeit (bzw. statistische Wahrscheinlichkeit) aller jener Gruppierungen zu $n$ Elementen, bei welchen die Differenz

$$i - n\,p'$$

[vgl. oben § 4, Formel (22)] kleiner als $+ x_0$ und größer als $- x_0$ ist; ebenso ist das Integral $\Theta(u)$ in (17) ein Ausdruck für die totale relative Häufigkeit aller Gruppierungen zu $n$ Elementen, bei welchen die Differenz

$$\frac{i - n\,p'}{\sigma\sqrt{2}}$$

sich in den Grenzen

$$+ u = \frac{x_0}{\sigma\sqrt{2}} \quad \text{und} \quad - u = \frac{- x_0}{\sigma\sqrt{2}}$$

[befindet vgl. Formel (16b)], was man in der mathematischen Zeichensprache auch so ausdrücken kann:

$\Theta(u)$ ist die totale relative Häufigkeit (bzw. statistische Wahrscheinlichkeit) aller jener Gruppierungen zu $n$ Elementen, für welche das folgende System von Ungleichungen besteht:

---

[1] Vgl. hierzu L. v. **Bortkiewicz**: Das Laplacesche Ergänzungsglied und Eggenbergers Grenzberichtigung zum Wahrscheinlichkeitsintegral, Sitzungsber. d. Berliner Mathem. Ges., XVIII, S. 37—42 (1920).

$$-\frac{x_0}{\sigma\sqrt{2}} \leq \frac{i-np'}{\sigma\sqrt{2}} \leq \frac{+x_0}{\sigma\sqrt{2}}. \qquad \ldots \ldots \ldots \quad (19)$$

Und das Integral $a$ in (18) ist schließlich der Näherungsausdruck für die totale relative Häufigkeit (bzw. statistische Wahrscheinlichkeit) aller jener Gruppierungen zu $n$ Elementen, bei welchen die Beziehung

$$-\frac{x_0}{\sigma} \leq \frac{i-np'}{\sigma} \leq \frac{+x_0}{\sigma} \qquad \ldots \ldots \ldots \quad (20)$$

festgestellt werden kann. Tafeln, die die eine oder die andere Form des Laplaceschen Integrals darstellen, werden jedem größeren Lehrbuch der Wahrscheinlichkeitsrechnung und vielen Lehrbüchern der theoretischen Statistik beigelegt. Wir können bei ihnen 2 Haupttypen unterscheiden: die einen, wie etwa diejenigen von Czuber,[1] gehen von der Formel (17) aus, benutzen als Argument $\dfrac{x}{\sigma\sqrt{2}}$ und können auf die Urtafeln von Kramp zurückgeführt werden[2]; die anderen gehen wiederum auf Sheppard[3] zurück, der sie zuerst im II. Band der „Biometrika“ von K. Pearson veröffentlichte. Sie gehen von der Formel (18) aus, benutzen als Argument die Größe $\dfrac{x}{\sigma}$ und sind, wie bereits oben bemerkt, in die maßgebenden Pearsonschen „Tables for statisticians and biometricians“ aufgenommen worden.[4] In beiden Fällen werden jedoch das ursprüngliche $x = i - np'$ und das ursprüngliche $x_0$ durch Division durch $\sigma\sqrt{2}$ bzw. durch $\sigma$ [vgl. oben Formel (19) und (20)] transformiert. Dies hat nun zur Folge, daß, wenn man gleichzeitig sowohl $x$ als auch $\sigma$ mit einer und derselben Zahl multipliziert bzw. dividiert, der numerische Wert des zugehörigen Integrals keine Veränderung erleidet. Für die Praxis hat der folgende Fall besondere Bedeutung. Dividiert man beide Teile der Gleichung $x = i - np'$ durch $n$, so erhält man unmittelbar:

$$\frac{x}{n} = \frac{i}{n} - p' ; \qquad \ldots \ldots \ldots \ldots \quad (21)$$

dividiert man aber $\sigma$ durch $n$, so ergibt sich hieraus:

$$\frac{\sigma}{n} = \frac{\sqrt{np'q'\left(1-\dfrac{n}{N}\right)}}{n} = \sqrt{p'q'\left(\dfrac{1}{n}-\dfrac{1}{N}\right)}. \qquad \ldots \ldots \quad (22)$$

---

[1] Em. Czuber: Wahrscheinlichkeitsrechnung, I, S. 437ff.

[2] Kramp: Analyse des Réfractions Astronomiques et Terrestres. Straßburg u. Leipzig 1799.

[3] W. F. Sheppard: New Tables of the Probability Integral. Biometrika, Vol. II, S. 174—190 (1902/03).

[4] Früher wurden des öfteren auch Tafeln mit dem sogenannten „wahrscheinlichen Fehler“, d. h. mit $0{,}67449\,\dfrac{x}{\sigma}$, als Argument benutzt. Diese Form wurde seinerzeit z. B. von Gauß und Quetelet bevorzugt, doch ist man jetzt ganz von ihr abgekommen.

Somit spielt (22), in bezug auf das Laplacesche Integral, für (21) genau dieselbe Rolle wie $\sigma$ für $i - np'$. Diesen einfachen Übergang muß man sich gut merken, da wir im weiteren noch mehrmals auf ihn zurückkommen werden. Bei $N \to \infty$ verwandelt sich (22) selbstverständlich in

$$\frac{\sigma}{n} = \sqrt{\frac{p'q'}{n}}. \ldots \ldots \ldots \quad (22\,a)$$

## 7. Zahlenbeispiele zu § 6.

Wie bereits oben erwähnt wurde, existieren für das Laplacesche Integral verschiedene Tabellenwerke, die zum Teil mit verschiedenen Argumenten operieren. Daher ist bei deren Anwendung eine gewisse Vorsicht geboten, und wenn der Statistiker eine ihm nicht genau bekannte Tabelle zur Hand nimmt, so muß er vor allen Dingen Klarheit darüber erlangen, ob er es mit dem Krampschen, Sheppardschen, Gaußschen oder noch einem anderen Typus zu tun hat. Dies wird durch Ansicht der Integralform, durch Studium des einleitenden Textes und durch Vergleich mit anderen Tabellen erreicht. Vergißt der Statistiker diese elementare Vorsichtsmaßregel, so kann er sich auf grobe Fehler in seinen Berechnungen gefaßt machen.

In der angelsächsischen Fachliteratur ist zurzeit der Sheppardsche Typus der bei weitem verbreitetste. Es erscheint daher zweckmäßig, auch unseren Zahlenbeispielen eine Tabelle dieser Art zugrunde zu legen. Das Argument der Tabelle ist, wie wir wissen, der Quotient $\frac{x}{\sigma}$, den Sheppard einfach mit $x$ bezeichnet. Für verschiedene Werte dieses Arguments werden nun die ihnen entsprechenden Größen von $\frac{1}{2}(1 + a) = \frac{1}{2} + \frac{a}{2}$ [vgl. oben Formel (18)][1] und $z$ [vgl. daselbst Formel (18 a)] angeführt.

Um den Gebrauch der Tabelle besser erläutern zu können, geben wir sie hier in einer sehr gekürzten Form wieder; statt des Sheppardschen $x$ schreiben wir jedoch unser $\frac{x}{\sigma}$, statt seiner 7 Dezimalstellen nehmen wir nur 4, und um Raum zu sparen, unterdrücken wir auch die sog. ersten und zweiten Differenzen, die zu Interpolationszwecken gebraucht werden. (Siehe Tab. 3, S. 75.)

Unser erstes Beispiel diene der Anwendung der Werte $z$. In der vorletzten Kolumne der Tab. 1 auf S. 59 besitzen wir eine Reihe von Zahlenwerten,

---

[1] Wenn $n$ bereits so groß ist, daß man die Verteilung der $P'$ als symmetrisch ansehen darf, entspricht $\frac{1}{2}(1 + a)$ der relativen Häufigkeit aller jener Fälle, bei denen die Abweichung algebraisch kleiner als $\frac{x}{\sigma}$ ist; d. h. die Häufigkeit bezieht sich auf alle negativen Abweichungen, wie groß sie auch seien, und nur für die positiven Abweichungen gilt die Grenze $\frac{x}{\sigma}$. Bei manchen Anwendungen ist dies die bequemere Form des Laplaceschen Integrals.

die die Formel für die relativen Häufigkeiten $P'_i$ unter der Voraussetzung $N = 100$, $n = 20$, $p' = q' = 0,5$ ergibt. Wir wissen jedoch, daß

$$P'_i \sim T'_x$$

[vgl. Formel (39) des § 4]. Wegen $p' = q' = \dfrac{1}{2}$ verschwindet hier das asymmetrische zweite und dritte Glied im Exponenten von $T'_x$, und wir erhalten einfach:

$$P'_i \sim \frac{1}{\sigma \sqrt{2\pi}} \cdot e^{-\frac{x^2}{2\sigma^2}}, \quad \dots \dots \dots \quad (1)$$

Tabelle 3.

| $\dfrac{x}{\sigma}$ | $\dfrac{1}{2} + \dfrac{a}{2}$ | $z$ | $\dfrac{x}{\sigma}$ | $\dfrac{1}{2} + \dfrac{a}{2}$ | $z$ |
|---|---|---|---|---|---|
| 0,0 | 0,5000 | 0,3989 | 2,3 | 0,9893 | 0,0283 |
| 0,1 | 0,5398 | 0,3970 | 2,4 | 0,9918 | 0,0224 |
| 0,2 | 0,5793 | 0,3910 | 2,5 | 0,9938 | 0,0175 |
| 0,3 | 0,6179 | 0,3814 | 2,6 | 0,9954 | 0,0136 |
| 0,4 | 0,6554 | 0,3683 | 2,7 | 0,9965 | 0,0104 |
| 0,5 | 0,6915 | 0,3521 | 2,8 | 0,9974 | 0,0079 |
| 0,6 | 0,7257 | 0,3332 | 2,9 | 0,9981 | 0,0060 |
| 0,7 | 0,7580 | 0,3123 | 3,0 | 0,9987 | 0,0044 |
| 0,8 | 0,7881 | 0,2897 | 3,1 | 0,9990 | 0,0033 |
| 0,9 | 0,8159 | 0,2661 | 3,2 | 0,9993 | 0,0024 |
| 1,0 | 0,8413 | 0,2420 | 3,3 | 0,9995 | 0,0017 |
| 1,1 | 0,8643 | 0,2179 | 3,4 | 0,9997 | 0,0012 |
| 1,2 | 0,8849 | 0,1942 | 3,5 | 0,9998 | 0,0009 |
| 1,3 | 0,9032 | 0,1714 | 3,6 | 0,9998 | 0,0006 |
| 1,4 | 0,9192 | 0,1497 | 3,7 | 0,9999 | 0,0004 |
| 1,5 | 0,9332 | 0,1295 | 3,8 | 0,9999 | 0,0003 |
| 1,6 | 0,9452 | 0,1109 |  |  |  |
| 1,7 | 0,9554 | 0,0940 | 4,0 | 0,9999683 | 0,0001 |
| 1,8 | 0,9641 | 0,0790 | 4,5 | 0,9999966 | 0,00002 |
| 1,9 | 0,9713 | 0,0656 | 5,0 | 0,99999971 |  |
| 2,0 | 0,9772 | 0,0540 | 5,5 | 0,99999998 |  |
| 2,1 | 0,9821 | 0,0440 | 6,0 | 0,9999999990 |  |
| 2,2 | 0,9861 | 0,0355 |  |  |  |

wobei

$$x = i - np' \quad \dots \dots \dots \dots \quad (2)$$

und

$$\sigma = \sqrt{np'q'\left(1 - \frac{n}{N}\right)}. \quad \dots \dots \dots \quad (3)$$

Wie aus (18a) des vorhergehenden Paragraphen 6 ersichtlich, sind in unserer Tab. 3 die Werte von

$$z = \frac{1}{\sqrt{2\pi}} \cdot e^{-\frac{x^2}{2\sigma^2}} \quad \dots \dots \dots \quad (4)$$

angeführt. Vergleicht man diese Formel mit (1), so überzeugt man sich sofort, daß aus ihr die einfache Beziehung folgt:

$$P'_x \sim T'_x = \frac{z}{\sigma}.$$

Setzt man nun die eingangs angegebenen Zahlenwerte in (2) und (3), so erhält man aus ihnen:

$$x = i - 10, \quad \sigma = 2, \text{ und folglich: } \frac{x}{\sigma} = \frac{x}{2} = \frac{i-10}{2}.$$

Das kleinste $i$ ist 0, das größte 20, somit rangiert der absolute Wert $|x|$ zwischen 10 und 0. Dem Werte $\frac{x}{\sigma} = \frac{0}{2} = 0$ entspricht in der Tabelle $z = 0{,}3989$; somit ist $T'_0 = \frac{0{,}3989}{2} = 0{,}19945$; dem Werte $\frac{x}{\sigma} = \frac{1}{2}$ entspricht in der Tabelle $z = 0{,}3521$; somit ist $T'_1 = \frac{0{,}3521}{2} = 0{,}17605$ und so weiter. Auf diese Weise erhält man in einigen Minuten alle übrigen Werte von $T'_x$. Vergleicht man jene mit den genauen Zahlen von Tab. 1 auf S. 59, so ergibt sich folgendes:

| $i =$ | | 0, | 1, | 2, | 3, | 4, | 5, | 6, |
|---|---|---|---|---|---|---|---|---|
| $10000\,P'_i$ genau: | | 0,0; | 0,0; | 0,4; | 3,6; | 21,2; | 89,0; | 278,1; |
| $10000\,P'_i$ angenähert: | | 0,0; | 0,0; | 0,5; | 4,5; | 22,0; | 87,5; | 270,0; |

| $i =$ | 7, | 8, | 9, | 10, | 11, |
|---|---|---|---|---|---|
| $10000\,P'_i$ genau: | 661,3; | 1216,0; | 1746,1; | 1968,7; | 1746,1; usw. |
| $10000\,P'_i$ angenähert: | 647,5; | 1210,0; | 1760,5; | 1994,5; | 1760,5; usw. |

Für so kleine Grundzahlen ist die Übereinstimmung bereits als vollkommen befriedigend zu bezeichnen.

Als zweites Beispiel wählen wir die Anwendung des Sheppardschen Integrals $a$ [Formel (18) des vorhergehenden Paragraphen] auf die vorletzte Kolumne von Tab. 2, S. 61. Wir erhalten für diese

$$\sigma = \sqrt{np'q'\left(1 - \frac{n}{N}\right)} = \sqrt{100 \cdot \frac{1}{10} \cdot \frac{9}{10}\left(1 - \frac{100}{400}\right)} = 2{,}598$$

und wiederum

$$x = i - 10.$$

Unsere Aufgabe bestehe etwa darin, mit Hilfe der Tab. 3 die relative Häufigkeit aller jener $P'_i$ zu bestimmen, die dem Falle

$$-3{,}5 \leqq x \leqq +3{,}5$$

entsprechen. Es ist folglich

$$\frac{x}{\sigma} = \frac{3{,}5}{2{,}598} = 1{,}35.$$

In der Kolumne $\left(\frac{1}{2} + \frac{a}{2}\right)$ steht 0,9032 gegenüber 1,3 und 0,9192 gegenüber 1,4. Die Differenz ist 0,0160, somit entfällt auf 0,05 etwa $\frac{0{,}0160}{2} = 0{,}0080$, so daß dem Wert von $\frac{x}{\sigma} = 1{,}35$ ungefähr die Zahl

0,9032 + 0,0080 = 0,9112 entspricht. Durch Multiplikation mit 2 und Subtraktion von 1 ergibt sich hieraus $a = 0{,}8224$ (an Hand der vollständigen Sheppardschen Tabellen würden wir direkt das genauere Resultat $a = 0{,}8230$ erhalten). Da nun einem $x = -3{,}5$ ein $i = 6{,}5$ und einem $x = +3{,}5$ ein $i = 13{,}5$ entspricht, so müßte eigentlich die von uns erhaltene relative Häufigkeit $a$ der Summe aller Häufigkeiten von $P'_7$ bis $P'_{13}$ inklusive in der vorletzten Kolumne der Tab. 2, S. 61 gleich sein. Und in der Tat ergibt sich für letztere die Zahl 0,8237 — ein Resultat, welches sich nur um zirka 0,1% vom angenäherten unterscheidet, das etwa in 2 Minuten erhalten werden kann!

Ein anderes mehr durchgearbeitetes Beispiel für die Anwendung der Tab. 3 auf kompliziertere Probleme findet sich weiter unten in § 9.

Wenn wir die Zahlenreihen der Tab. 3 betrachten, so bemerken wir noch, daß die Funktion $\left(\dfrac{1}{2} + \dfrac{a}{2}\right)$ mit zunehmendem $\dfrac{x}{\sigma}$ ebenfalls stark zunimmt: bei $\dfrac{x}{\sigma} = 2$ beträgt sie z. B. 0,9772, bei $\dfrac{x}{\sigma} = 3$ schon 0,9987, bei $\dfrac{x}{\sigma} = 4$ bereits 0,9999683 usw. Wir erhalten hieraus für das Integral $a$ folgende Werte:

bei $\dfrac{x}{\sigma} = 2$, oder, was dasselbe ist, bei $x = 2\,\sigma$, $a = 0{,}9544$;

,, $\dfrac{x}{\sigma} = 3$, ,, ,, ,, ,, ,, $x = 3\,\sigma$, $a = 0{,}9974$;

,, $\dfrac{x}{\sigma} = 4$, ,, ,, ,, ,, ,, $x = 4\,\sigma$, $a = 0{,}9999366$;

,, $\dfrac{x}{\sigma} = 5$, ,, ,, ,, ,, ,, $x = 5\,\sigma$, $a = 0{,}99999942$;

,, $\dfrac{x}{\sigma} = 6$, ,, ,, ,, ,, ,, $x = 6\,\sigma$, $a = 0{,}999999998$; usw.

Diese Feststellung ist von großer Wichtigkeit, denn sie bildet den Übergang zum sog. „Gesetz der großen Zahlen".

## 8. Das Prinzip der großen Zahlen.

Um das Folgende besser verstehen zu können, wollen wir zunächst den Hauptinhalt unserer bisherigen Ausführungen rekapitulieren. Aus dieser Rekapitulation wird auch ersichtlich werden, wie weit wir auf dem auf S. 35 f. vorgezeichneten Weg bereits vorgeschritten sind. Unseren Ausgangspunkt bildete eine statistische Gesamtheit vom Umfange $N$, unter deren Elementen eine gewisse Anzahl $M$ das Merkmal $A$ aufweist. Wir nahmen an, daß dieser Gesamtheit auf beliebige Art $n$ Elemente entnommen wurden, von denen $i$ das Merkmal $A$ besaßen. Es handelte sich dann um folgende Frage: wie verhält sich die relative Häufigkeit $\dfrac{i}{n}$ zur relativen Häufigkeit $\dfrac{M}{N}$ (die wir übrigens in bezug auf $\dfrac{i}{n}$ als „statistische Wahrscheinlichkeit" $P$ bezeichneten)? Um diese Frage zu beantworten, untersuchten wir zunächst, auf wie viele Arten die $N$ Elemente der Gesamtheit sich zu $n$ Elementen kombinieren können, und stellten fest, daß die Zahl dieser Kombinationen gleich

$$\frac{N!}{(N-n)!} = V_N^n$$

ist. Wir nahmen ferner an, daß jede Kombination ein Element in der neuen Gesamtheit aller Kombinationen darstellt, die offenbar den Umfang $V_N^n$ besitzt, und versuchten festzustellen, wie häufig hierbei die konkreten Kombinationen (Elemente):

0 mal „$A$" und $n$ mal „Nicht $A$"; 1 mal „$A$" und $(n-1)$ mal „Nicht $A$"; 2 mal „$A$" und $(n-2)$ mal „Nicht $A$", usw.

vorkommen. Das Ergebnis war, daß die relativen Häufigkeiten der letzteren sich durch die Reihe

$$P'_0,\ P'_1,\ P'_2,\ \ldots,\ P'_n$$

darstellen lassen. Wir fanden für diese Größen sowohl genaue (vgl. Formeln 6 und 10 des § 3) als auch angenäherte Ausdrücke (vgl. Formeln 21, 37 und 39 des § 4). Unser nächster und letzter Schritt bestand dann in der Bestimmung der totalen relativen Häufigkeit aller jener Elemente, bei denen das Merkmal $A$ von $(np'-x)$ mal bis $(np'+x)$ mal auftritt, oder, was dasselbe ist, bei denen die relative Häufigkeit des Merkmals $A$ sich zwischen den Grenzen $p'-\dfrac{x}{n}$ und $p'+\dfrac{x}{n}$ befindet. Diese relative Häufigkeit bezieht sich selbstverständlich ebenfalls auf die von uns nur gedanklich gebildete Gesamtheit von $\dfrac{N!}{(N-n)!}$ Elementen, unter welchen jedes eine gewisse Kombination von $n$ Elementen aus der Ausgangsgesamtheit vom Umfange $N$ darstellt. Als Antwort ergab sich das sog. Laplacesche Integral mit seiner einzigen charakteristischen Konstanten $\sigma$, die je nach der Fragestellung verschiedene Werte annehmen kann:

$$\sqrt{np'q'\left(1-\frac{n}{N}\right)},\quad \sqrt{np'q'},\quad \sqrt{p'q'\left(\frac{1}{n}-\frac{1}{N}\right)},\quad \sqrt{\frac{p'q'}{n}}\quad \text{usw.}$$

Unsere bisherigen Ausführungen bewegten sich also im Bereiche rein mathematischer Spekulationen, speziell im Bereiche der sogenannten Kombinatorik, und wir vermochten bis jetzt noch gar nichts darüber auszusagen, wie in Wirklichkeit bei einer Entnahme von $n$ Elementen aus $N$ sich die Häufigkeit des Merkmals $A$ stellen würde. Wird z. B. die „Stichprobe" aus einem Teile der Gesamtheit entnommen, der nur Elemente mit dem Merkmal $A$ enthält, so wird die relative Häufigkeit $\dfrac{n}{n} = 1$ resultieren. Befinden sich jedoch alle Elemente mit dem Merkmal $A$ gerade in einem anderen Teile der Ausgangsgesamtheit, so wird sich bei derselben statistischen Wahrscheinlichkeit $\dfrac{M}{N}$, trotz aller Formeln der §§ 3, 4 und 6, das Resultat $\dfrac{0}{n} = 0$ ergeben. Ist z. B. die Gesamtheit der Zählkarten einer Volkszählung nach Geschlecht geordnet, so wird man aus der einen Gruppe nur „männliche" Karten ziehen können und aus der anderen nur „weibliche". Diese einfache Tatsache läßt sich, wie wir bereits einmal bemerkt haben, durch keine noch so komplizierten „tautologischen Umformungen" der Formeln der Kombinatorik aus der Welt schaffen.

Um hier vorwärtszukommen, muß irgendeine zusätzliche Annahme gemacht werden. Sollte z. B. festgestellt worden sein (dies ist offenbar eine quaestio facti), daß die Elemente, die das Merkmal $A$ besitzen, in der Ausgangsgesamtheit vom Umfange $N$ mehr oder weniger gleichmäßig verteilt sind, d. h. daß letztere gut durchmischt ist, so könnten hieraus bereits gewisse Rückschlüsse auf das Verhältnis von $\dfrac{i}{n}$ zu $\dfrac{M}{N}$ gezogen werden. Dasselbe wäre übrigens auch der Fall, wenn wir die Elemente für die Stichprobe ungefähr gleichmäßig aus den verschiedenen Teilen einer geordneten Gesamtheit entnehmen würden.

Die Mischung, die wir im Sinne haben, ist durchaus keine mathematische, sondern eine rein technische, sozusagen alltägliche Angelegenheit. Wenn man z. B. durch sorgfältige Mischung keine mehr oder weniger gleichmäßige Verteilung von Zement, Kies, Sand und Wasser erreichen könnte, so würden die einzelnen Teile einer Betonkonstruktion nicht dieselben Festigkeits-, Dehnbarkeits- usw. Konstanten aufweisen, und die ganze Betontechnik wäre ein Ding der Unmöglichkeit. Man kann folglich behaupten, daß das Ergebnis einer guten Mischung so sein muß, daß die Gesamtheit höherer Ordnung und die aus ihr entstandenen Gesamtheiten niederer Ordnung ungefähr dieselbe Zusammensetzung und Gliederung besitzen, d. h. mehr oder weniger homogen sind. Das ist eine wichtige Einschränkung, denn wir haben bereits im § 1 gesehen, daß eine gegebene Gesamtheit zu verschiedenen und — was die Hauptsache ist — zu verschieden zusammengesetzten Gesamtheiten höherer Ordnung gehören kann: die relative Häufigkeit der lebendgeborenen Knaben unter allen Lebendgeborenen ergibt sich z. B. im Durchschnitt etwa zu 0,51 bis 0,52; da aber die Sterblichkeit der Knaben bei der Geburt und vor der Geburt größer als die der Mädchen ist, so unterliegt es kaum einem Zweifel, daß die relative Häufigkeit der männlichen „Zigoten" über 0,52 liegt.

Eine ganz andere Frage ist es, ob man nicht auch eine rein mathematische Definition für den Begriff der Mischung geben könnte. R. v. Mises (vgl. oben S. 21) hat z. B. auf einer solchen die ganze Wahrscheinlichkeitsrechnung aufzubauen versucht. Sein „einfaches Kollektiv (Alternative)"[1] ist nämlich eine Gesamtheit unendlichen Umfanges ($N \to \infty$),

---

[1] Der Begriff „Kollektiv-Gegenstand" findet sich übrigens, wie auch Mises bemerkt, bereits bei G. Th. Fechner. Vgl. seine „Kollektivmaßlehre"

die die folgenden Eigenschaften besitzt: 1. ihre Elemente bilden eine regellose Folge, 2. die relative Häufigkeit des Merkmals $A$ strebt bei unbegrenzter Zahl der Elemente einem festen Grenzwerte $p$ zu, und 3. bei jeder durch „Stellenauswahl" gebildeten Teilfolge ergibt sich derselbe Grenzwert für die relative Häufigkeit des Merkmals $A$ („Prinzip des ausgeschlossenen Spielsystems").[1] Gegen Mises ist von verschiedenen Seiten der Vorwurf erhoben worden, daß seine Definition gewissermaßen ein petitio principii oder, richtiger gesagt, eine volle Umkehrung der wichtigsten Lehrsätze der Wahrscheinlichkeitsrechnung enthalte. Er übernehme z. B. in die Definition des Wahrscheinlichkeitsbegriffes den wesentlichsten Teil des Inhaltes des Bernoulli-Laplaceschen Theorems. Demgegenüber wäre zu bemerken, daß, wenn sich Mises das Ziel stellt, eine mathematische Definition des Begriffes der „idealen Mischung" zu geben, man eigentlich gegen diese kaum größere Einwände erheben könnte als etwa in der Geometrie gegen die Definition der parallelen Linien, der Asymptoten u. dgl., insbesondere wenn die Kollektive, die in der Praxis vorkommen, tatsächlich aus einer unbestimmt großen Anzahl von Einheiten bestehen sollten. Ließe sich jedoch eine andere, bessere Definition angeben, die die Forderung der Gültigkeit des Theorems von Bernoulli-Laplace nicht einschlösse, so würde das System von Mises dadurch nur gewinnen. Soviel wir zur Zeit urteilen können, enthält dieses keine nennenswerten inneren Widersprüche, und wir nehmen daher an, daß das Misessche Begriffssystem in der Tat hinreichend ist, um auf ihm die ganze Wahrscheinlichkeitsrechnung aufzubauen. Es fragt sich nur, ob auch alle seine Elemente gleich notwendig sind, und in dieser Hinsicht glauben wir, einige Bemerkungen machen zu dürfen: uns scheint nämlich, daß Mises den Anwendungsbereich der Wahrscheinlichkeitsrechnung übermäßig einengt. Zunächst wäre darauf hinzuweisen, daß man in der statistischen Praxis sehr häufig mit Gesamtheiten zu tun bekommt, die eine recht begrenzte Zahl von Einheiten umfassen und daher nicht einmal annäherungsweise als „unendlich" angesehen werden können, insbesondere wenn die „Ziehung" aus ihnen „ohne Zurücklegen" geschieht. Ferner trifft man hier nur relativ selten auf Gesamtheiten, die tatsächlich so gut vermischt sind, daß man sie, wenn auch nur annäherungsweise, als ein Misessches Kollektiv ansehen könnte. Letzterer Umstand ist ja leicht verständlich, denn die statistische Aufarbeitung der Ergebnisse einer Massenbeobachtung ist in der Regel technisch mit der Ordnung derselben nach gewissen territorialen oder zeitlichen Merkmalen verbunden. Freilich könnte man dagegen einwenden, daß man die Mischung ja nur gedanklich vorzunehmen braucht, indem man sich fragt, wie jene Gesamtheit höherer Ordnung beschaffen

S. 3 (herausg. von G. Fr. Lipps), Leipzig 1897: „Unter einem Kollektivgegenstande (kurz K.-G.) verstehe ich einen Gegenstand, der aus unbestimmt vielen, nach Zufall variierenden, Exemplaren besteht, die durch einen Art- oder Gattungsbegriff zusammengehalten werden." Somit nähert sich der Fechnersche „K.-G." mehr unserem Begriffe einer statistischen Gesamtheit.

[1] Vgl. Mises: Wahrscheinlichkeitsrechnung, S. 8—15.

sein müßte, damit aus ihr die gegebene Gesamtheit durch blinde Wahl entstehen könnte. Dieses gedankliche Experiment würde noch durch den bereits mehrmals erwähnten Umstand unterstützt, daß für die statistische Methode die tatsächliche Verteilung der Einheiten innerhalb der gegebenen engsten Zeit-Raum-Grenzen absolut irrelevant bleibt. Andererseits könne man nicht selten erreichen (z. B. bei einigen Verfahren der Stichprobenerhebung), daß wenigstens die Gesamtheit niederer Ordnung sich als gut gemischt ergebe.

Unsere Frage bleibt aber doch bestehen: ist die strenge Misessche Definition des Kollektivbegriffes auch notwendig? Wir haben uns oben überzeugt, daß man auf rein mathematischem Wege bis zur Feststellung vordringen kann, daß die relative Häufigkeit der einzelnen Kombinationen zu $n$ Elementen um so kleiner wird, je größer der absolute Wert von

$$x = i - n p'$$

ist, d. h. je mehr sich $i$ von $np'$ entfernt. Und zum Schlusse des § 7 (S. 77) wurden sogar Zahlen angeführt, die wir hier anwenden können. Ist nämlich die totale relative Häufigkeit aller solcher Kombinationen, bei denen $x$ sich in den Grenzen $\pm 2\,\sigma$ befindet, gleich $a = 0{,}9544$, so folgt hieraus nach dem Additionssatz, daß die totale relative Häufigkeit jener Fälle, bei denen $x$ kleiner als $-2\,\sigma$ und größer als $+2\,\sigma$ ist, gleich der Differenz

$$1 - a = 1 - 0{,}9544 = 0{,}0456$$

ist. Desgleichen ergeben sich für die Fälle: $|x| > 3\,\sigma$, $> 4\,\sigma$, $> 5\,\sigma$, $> 6\,\sigma$ usw. in derselben Reihenfolge die folgenden relativen Häufigkeiten:

$$0{,}0026; \quad 0{,}0000634; \quad 0{,}00000058; \quad 0{,}000000002 \text{ usw.}$$

Wir bedürfen nur einer Brücke, die uns von diesem Ergebnis rein mathematischer „tautologischer Umformungen" zur realen Tatsachenwelt hinüberleiten könnte. Diese Brücke erhalten wir aber bereits in folgender Feststellung, die das Resultat unserer praktischen Erfahrungen ist und beinahe als ein Axiom des täglichen Lebens angesehen werden kann:

Wenn man einer mehr oder weniger durchmischten statistischen Gesamtheit aufs Geratewohl, d. h. ohne speziell auszuwählen und zu suchen, ein Element entnimmt, so wird es sehr selten vorkommen, daß dieses Element gerade ein solches Merkmal aufweist, dessen relative Häufigkeit in der Gesamtheit sehr klein ist.

Nehmen wir z. B. einen Sack mit Bohnen und ziehen wir eine Bohne daraus, so wird es sehr selten vorkommen, daß es gerade jene Bohne ist, die wir vordem mit einem speziellen Zeichen versehen haben.

Wir wollen diesen Satz als das Cournotsche Lemma bezeichnen, denn er ist einem alten Ideengange von A. Cournot entnommen, dem auch Tschuprow bei seinem Beweise des „Gesetzes der großen Zahlen" gefolgt ist.[1]

---

[1] Vgl. Al. A. Tschuprow: Abhandlungen zur Theorie der Statistik, 2. Aufl., Kap. III, § IV.

An das Cournotsche Lemma reiht sich nun ein zweites Lemma rein mathematischen Inhaltes, dessen Ableitung oben in den §§ 3 bis 7 gegeben wurde. Es lautet:

Größere Abweichungen der Zahl $i$ (bzw. der relativen Häufigkeit $\frac{i}{n}$) von ihrem häufigsten Wert $np'$ (bzw. $p'$) besitzen, bei genügend großen $n$, eine sehr geringe relative Häufigkeit.

Ist nun die Ausgangsgesamtheit vom Umfange $N$ mehr oder weniger gemischt, so werden die einzelnen Teilgesamtheiten vom Umfange $n$, die man ihr entnimmt oder wenigstens entnehmen könnte, verschiedene Zahlen von „Elementen mit $A$" aufweisen, die ebenfalls durchmischt erscheinen, d. h. eine mehr oder weniger regellose Folge bilden werden. Somit ist man berechtigt anzunehmen, daß auch die nur in Gedanken gebildete Gesamtheit höherer Ordnung vom Umfange $\frac{N!}{(N-n)!}$ als durchmischte Gesamtheit angesehen werden dürfe. Wenn man jetzt auf eine Bezeichnung zurückgreift, die bereits im § 1 auf S. 30 eingeführt wurde, und gut durchmischte Gesamtheiten, im Gegensatz zu den mathematischen Kollektiven von Mises, einfach statistische Kollektive nennt, so gelangt man durch Verbindung beider Lemmen zu folgendem Schluß:

Bei statistischen Kollektiven genügend großen Umfanges kommen größere Abweichungen der Zahl $i$ von $np'$ (bzw. $\frac{i}{n}$ von $p'$) nur sehr selten vor.

Besinnt man sich darauf, daß sowohl das Ausgangskollektiv vom Umfange $N$ in bezug auf die „Stichprobe" vom Umfange $n$, als auch das Kollektiv der $\frac{N!}{(N-n)!}$ Kombinationen zu $n$ Elementen in bezug auf eine Gruppe von einigen solchen Kombinationen Gesamtheiten höherer Ordnung sind, denen gegenüber wir bereits von statistischen Wahrscheinlichkeiten sprechen können, so wird es ersichtlich, daß letzterer Satz auch folgendermaßen formuliert werden kann:

Bei statistischen Kollektiven genügend großen Umfanges kommen größere Abweichungen der relativen Häufigkeiten von den ihnen entsprechenden statistischen Wahrscheinlichkeiten nur sehr selten vor.

Dieser Satz gibt den wesentlichen Inhalt jenes Theorems wieder, welches Tschuprow, dem Beispiele Cournots folgend, als das Gesetz der großen Zahlen bezeichnet.[1] Richtiger wäre es freilich zu sagen, daß dieser Satz den Inhalt nur eines der Gesetze der großen Zahlen ausmacht.

Um einen möglichen Einwand gleich von vornherein zu entkräften, möchten wir die Aufmerksamkeit des Lesers darauf lenken, daß unser

---

[1] A. A. Tschuprow: Abhandlungen usw., S. 227 u. 229.

zweites Lemma so kleine relative Häufigkeiten bzw. statistische Wahrscheinlichkeiten ergeben kann, daß ihnen gegenüber die Verläßlichkeit des Cournotschen Lemmas über jeden Zweifel erhaben ist. Wie aus den Zahlen von S. 77 hervorgeht, ist z. B. die statistische Wahrscheinlichkeit dafür, daß die relative Häufigkeit von der betreffenden statistischen Wahrscheinlichkeit um mehr als $\pm 4\,\sigma$ abweicht, bereits gleich $0{,}0000634 = \dfrac{1}{15\,773}$. Es dürfte wohl selten vorkommen, daß man aus einem Maß Bohnen, welches 15773 Stück enthält, bereits auf den ersten Zug die einzige richtige herausgreift. Finden wir, daß dieses doch zuweilen vorkommen könnte, so hindert uns nichts daran, die Grenzen von $x$ noch weiter zu ziehen und sie, sagen wir, gleich $\pm 9\,\sigma$ zu setzen. Der ihnen entsprechende Wert des Laplaceschen Integrals kann aus der Tab. IV von Pearsons „Tables for statisticians and biometricians" unschwer berechnet werden; die statistische Wahrscheinlichkeit einer solchen Abweichung beträgt $\dfrac{1}{4{,}43\,.\,10^{18}}$.

Um die Kleinheit dieser Zahl zu ermessen, wollen wir annehmen, daß ein einzelnes Sandkorn im Durchschnitt etwa 1 Kubikmillimeter Raum einnimmt; 1 Kubikmeter Sand würde dann etwa $1000^3 = 10^9$ Körner enthalten, und 1 Kubikkilometer etwa $1000^3 . 10^9 = 10^{18}$ Sandkörner. Die obige statistische Wahrscheinlichkeit entspricht also dem Verhältnis: 1 Sandkorn zu 4,43 Kubikkilometern Sand.

Es dürfte wohl ziemlich schwer sein, auch einen größeren Gegenstand als ein bestimmtes Sandkorn, der sich irgendwo in 4,43 Kubikkilometern Sand befindet, gleich auf den ersten Griff herauszufinden! Die statistische Wahrscheinlichkeit einer Abweichung im Betrage von $\pm 30\,\sigma$ ergibt bereits eine Zahl von der astronomischen Größenordnung $\dfrac{1}{10^{197}}$, und diejenige von $\pm 500\,\sigma$ sogar die ganz ungeheuerliche „hyperastronomische" Größenordnung $\dfrac{1}{10^{54289}}$: eine 1 geteilt durch eine Zahl mit 54289 Nullen![1]

---

[1] Vgl. hierzu den sehr instruktiven Artikel V. Romanowskys, „Die statistische Weltanschauung", im „Statistischen Boten", H. X, Nr. 1—4, S. 8 u. 9, Moskau 1922 (russisch). „Die kinetische Gastheorie lehrt, daß es im Laufe von 1 Sekunde in 1 Kubikzentimeter Wasserstoff bei $0^0$ Celsius und 760 mm Druck rund $24 . 10^{28}$ Molekelzusammenstöße gibt. Nehmen wir an, um uns der Zahlenordnung der Molekularerscheinungen zu nähern, daß eine Münze $24 . 10^{28}$mal geworfen worden ist, und stellen wir die folgende Frage: wie groß ist die Wahrscheinlichkeit dafür, daß bei einer solchen Anzahl der Versuche die relative Häufigkeit des Ergebnisses „Kopf" von der Zahl 0,5 um weniger als $\dfrac{1}{10^{13}}$ in der einen oder anderen Richtung abweicht? Wir bemerken nebenbei, daß diese Genauigkeit von der selben Größenordnung ist wie etwa die Feststellung der Entfernung der Sonne vom Neptun auf 1 mm genau; diese Entfernung beträgt bekanntlich etwa das 30fache der Entfernung der Erde von der Sonne; letztere ist ungefähr gleich 150 Mill.

Zu dem Misesschen mathematischen Kollektivbegriff zurückkehrend, glauben wir also feststellen zu können, daß er in seiner Strenge zu weit geht und das Arbeitsfeld der Wahrscheinlichkeitsrechnung zu sehr einengt: für die rein mathematischen „tautologischen Umformungen" der Theorie ist dieser Begriff, soviel wir sehen können, überflüssig, denn wir haben bereits oben in den §§ 3 bis 7 gezeigt, daß die rein mathematischen Sätze der Wahrscheinlichkeitsrechnung, die für die statistische Theorie von Bedeutung sind, und vor allen Dingen das Laplacesche Integral, welches hier noch immer eine ganz zentrale Lage einnimmt, allein aus dem Begriffe einer statistischen Gesamtheit abgeleitet werden können; und beim Übergange zum „Gesetze der großen Zahlen" kommen wir auch mit einer viel einfacher konstruierten „Brücke" aus: mit dem Begriff des statistischen Kollektivs. Es genügt für dieses schon, wenn die Elemente der Gesamtheit nicht gerade nach jenem Merkmal geordnet sind, mit dessen relativer Häufigkeit wir uns beschäftigen; ob sie nicht vielleicht nach einem andern Merkmal geordnet sind, bleibt ganz irrelevant, solange zwischen beiden Merkmalen kein sichtbarer Zusammenhang („Korrelation") besteht.[1] Vorbedingung für die Be-

---

Kilometern. An Hand des Laplaceschen Theorems und mit Hilfe einfacher Rechnungen werden wir feststellen können, daß die gesuchte Wahrscheinlichkeit näher zu 1, also zur Gewißheit, liegt als die Zahl $1 - \dfrac{1}{1223 \cdot 10^{2068}}$. Letztere ist aber so nahe an 1, daß es fast unmöglich ist, sich ihren Näherungsgrad vorzustellen. Wir wollen dies auf folgende Weise versuchen. Nehmen wir eine Kugel, deren Radius gleich der Entfernung der Sonne vom Sirius ist, welche von den Lichtstrahlen in 9 Jahren durchlaufen wird, wobei das Licht die Geschwindigkeit von etwa 300000 Kilometern in der Sekunde besitzt, und füllen wir sie mit Wasserstoffmolekeln, deren Dimensionen rund 1000mal kleiner sind als die Dimensionen der kleinsten Bakterien. Es sei ferner angenommen, daß nur eine einzige von allen diesen Molekeln schwarz gefärbt ist, alle andern aber weiß. Wenn wir jetzt aufs Geratewohl eine Molekel unserer Kugel entnehmen, so wird die Wahrscheinlichkeit, gerade eine weiße Molekel zu erhalten, ungefähr der Zahl $1 - \dfrac{1}{10^{168}}$ gleich sein, und diese Zahl wird noch unermeßlich weiter von 1 entfernt sein als jene Zahl, die wir oben angegeben haben."

[1] Eine Bemerkung, zu der wir später noch zurückkehren werden: Im Bestreben, einen höheren Genauigkeitsgrad für die gewonnenen Resultate zu erzielen, welcher übrigens auf diese Weise kaum jemals erreicht werden kann, treibt man — bei praktischen Anwendungen, z. B. im Bereiche der Stichprobenmethode — nicht selten die „Mischungsregel" auf die Spitze und stellt an den Modus der Auswahl der Einheiten in die Gesamtheit niederer Ordnung höhere Anforderungen als eigentlich notwendig ist. Wenn wir es wirklich mit einem gut durchmischten statistischen Kollektiv zu tun haben, so ist es vollkommen zulässig — sowohl vom theoretischen als auch vom praktischen Standpunkte —, daß die Elemente alle von derselben Stelle entnommen werden, wie es etwa bei der Ziehung der Lose in der neuen französischen Staatslotterie auch geschieht. Nur wenn die Gesamtheit höherer Ordnung kein Kollektiv ist und man erreichen will, daß wenigstens die Stich-

schreitung der „Brücke" ist natürlich, daß man bei der Entnahme der Elemente aus dem statistischen Kollektiv nicht speziell nach solchen Elementen fahndet, die das seltene Merkmal besitzen, wie etwa der Goldwascher nach den seltenen Goldkörnern im goldhaltigen Sande sucht und ·seine Apparatur daraufhin einrichtet.

In den weiteren Paragraphen des vorliegenden Kapitels, wo kompliziertere Theoreme, die im Zusammenhange mit dem Exponentialsatz stehen, behandelt werden, werden wir noch Gelegenheit zur Nachprüfung haben, ob man nicht wenigstens in diesen „höheren Stockwerken" der Theorie gezwungen ist, den strengeren Misesschen Kollektivbegriff doch einzuführen. In den Kap. II und III stellen wir dieselbe Frage auch in bezug auf die heterograden Gesamtheiten.

Nach allem, was bereits gesagt worden ist, dürfte es vielleicht überflüssig erscheinen, den Unterschied zwischen der in unserer „Einführung" entwickelten Konzeption von einander umfassenden Gesamtheiten (bzw. statistischen Kollektiven) verschiedener Ordnungen und der in der englischen Fachliteratur gewöhnlich angenommenen Konzeption („Population" oder „Universe" einerseits und „Sample" andererseits) besonders hervorzuheben. Um jedoch möglichen Mißverständnissen vorzubeugen, wollen wir diese Frage dennoch kurz berühren. Da die angelsächsischen Theoretiker ebenfalls nicht in allen Einzelheiten miteinander übereinstimmen, wählen wir hierbei den Standpunkt Prof. R. A. Fishers als eines Gelehrten, der sich zurzeit in führender Stellung befindet und dessen tief durchdachte Konstruktionen Gegenstand der größten Beachtung sind. In seiner grundlegenden Monographie „On the Mathematical Foundations of Theoretical Statistics", die wir in der Einleitung auf S. 11 bereits zitiert haben, vertritt Fisher den Standpunkt, daß die „Reduktion der Daten", die das Hauptziel des Statistikers bilde, darin bestehe, daß eine hypothetische unendliche „Population" konstruiert wird, von welcher man annimmt, daß die tatsächlichen Daten nur zufällige Stichproben („random samples") aus ihr darstellen. „Es muß bemerkt werden", setzt Fisher auf S. 313 fort, daß in dieser Interpretation „keine Falschheit (falsehood) enthalten ist, denn jede Menge von Zahlen ist eine zufällige Stichprobe aus der Gesamtheit der Zahlen, die dieselbe Matrix von Ursachen (causal conditions) hervorbringt: die hypothetische Population, die wir untersuchen, ist ein Aspekt der Gesamtheit der Folgen von diesen Ursachen, welcher Natur sie auch seien. Das Postulat der Zufälligkeit löst sich also in die Frage auf, „Aus welcher Population ist diese Stichprobe entnommen?", die häufig genug von jedem praktischen Statistiker gestellt wird. Aus obigen Beispielen geht hervor, daß der Prozeß der Reduktion der Daten sogar in den einfachsten Fällen durch die Annahme, die verfügbaren Beobachtungsdaten seien

---

probe ein solches sei, wird man die Auswahl so organisieren müssen, daß die Elemente mehr oder weniger gleichmäßig aus verschiedenen Teilen der Gesamtheit entnommen werden. Die verschiedenen Modalitäten dieser Technik gehören in die Theorie der Stichprobenerhebung.

eine Stichprobe aus einer hypothetischen unendlichen Population, vollzogen wird."

Somit führt Fisher jede tatsächlich gegebene Gesamtheit sofort auf eine höhere Gesamtheit von unendlichem Umfange zurück und hat hierbei nur den „Fall mit Zurücklegen" im Auge. Sein Standpunkt wird in vielen Fällen zu denselben praktischen Konsequenzen führen wie der unsere, doch gibt es auch solche, wo beide stark differieren können. Stellen wir uns z. B. ein Spiel Karten vor, aus dem eine gewisse Anzahl Karten ohne Zurücklegen entnommen wird. Unsere Gesamtheit höherer Ordnung ist eben das ganze Spiel Karten, während man sich nach Fisher hier ebenfalls eine unendliche Population von Karten vorstellen müßte. Oder ein anderes Beispiel, welches für den Statistiker größeres praktisches Interesse besitzt: gegeben sei die Bevölkerung eines gewissen Landes; täglich sterben aus ihr gewisse Personen weg und andere werden hinzugeboren. Es ist sehr wohl möglich, daß hierdurch auch einige durchschnittliche Charakteristiken der Bevölkerung, wie z. B. das Geschlechtsverhältnis, die Geburten- und Sterblichkeitsziffer usw. Veränderungen erleiden. Bei einer jeden solchen Veränderung müssen wir uns, nach Fisher, eine andere unendliche Population vorstellen, aus der die gegebene auf dem Wege einer zufälligen Auswahl entstanden sein könnte; und während die letztere stetigen kleinen Veränderungen unterworfen ist, werden wir bei den ersteren große Sprünge „aus einer Unendlichkeit in die andere" vollführen müssen. Das Bild ist ungefähr dasselbe, wie wenn man mit einem starken Scheinwerfer die nächtliche Landschaft beleuchtet: einer minimalen Bewegung am Apparat entspricht bereits eine große Veränderung im beleuchteten Objekt. Im Interesse der größeren Allgemeingültigkeit der theoretischen Konstruktionen und insbesondere im Interesse der Theorie der Stichprobenerhebungen müssen wir darauf bestehen, daß auch der Fall von endlichen Gesamtheiten höherer Ordnungen in der statistischen Methodenlehre genügend berücksichtigt wird.

Wir kehren jetzt zum „Gesetz der großen Zahlen" zurück. Der Satz, der oben auf S. 82 formuliert wurde, kann auch in folgender Gestalt wiedergegeben werden, die auf den mathematischen Inhalt des zweiten Lemmas mehr Rücksicht nimmt: je größer $n$, d. h. die Zahl der Elemente, die dem statistischen Kollektiv vom Umfange $N$ entnommen werden, desto näher wird in der Regel die relative Häufigkeit des Merkmals $A$ an die betreffende statistische Wahrscheinlichkeit herankommen, um bei $n = N$ mit dieser genau zusammenzufallen. Ist der Umfang des Kollektivs unendlich groß, so wird bei unbegrenzt zunehmender Zahl $n$ der erste Teil dieser Beziehung bestehen bleiben. Die Annäherung der relativen Häufigkeit an ihre statistische Wahrscheinlichkeit darf jedoch nicht in dem Sinne verstanden werden, in dem man in der Mathematik von der Annäherung einer Variablen an ihren Limes spricht: in unserem Falle bestehen viel kompliziertere Verhältnisse, die aber mathematisch nicht minder streng formuliert werden können.

Der Ausdruck „Gesetz der großen Zahlen", der einst von Poisson[1] geprägt wurde, darf keineswegs als besonders glücklich gewählt gelten, denn einerseits ist hier das Wort „Gesetz" in einem Sinne gebraucht, der jedenfalls mit dem üblichen Begriffe eines Gesetzes sowohl im naturwissenschaftlichen als auch im rechtswissenschaftlichen Sinne kaum recht in Einklang zu bringen ist, und anderseits kann auch die Kombination dieses Wortes „Gesetz" gerade mit den Worten „der großen Zahlen" zu bedeutenden Mißverständnissen Anlaß geben. Meinong[2] bemerkt sehr richtig, daß das Gesetz der großen Zahlen in seinen Grundlagen uns ebenso dunkel ist wie das Bernoullische (Laplacesche) Theorem klar erscheint. Die Frage, was eigentlich unter dem Ausdrucke „Gesetz der großen Zahlen" verstanden werden soll, bildet noch immer den Gegenstand bedeutender Meinungsverschiedenheiten unter den Gelehrten. Ein paar Beispiele werden genügen, um den Grad der Divergenz zwischen ihnen anschaulich zu machen. Nach Ansicht von Bortkiewicz[3] erscheint es „als einzig zweckmäßig, den Ausdruck ‚Gesetz der großen Zahlen' fortan ausschließlich in dem Sinne, den er sich in der Statistik erworben hat, zu verwenden: nämlich zur Bezeichnung der ganz generellen (aus der Wahrscheinlichkeitsrechnung heraus zu erklärenden, aber an kein bestimmtes wahrscheinlichkeitstheoretisches Schema gebundenen) Tatsache, daß statistische Häufigkeiten (und Mittelwerte) bei unveränderlichen oder sich nur schwach ändernden allgemeinen Bedingungen des Geschehens mehr oder weniger stabil bleiben, sofern ihnen hinreichend große Ereigniszahlen zugrunde liegen".

Tschuprow schließt sich, wie oben bemerkt wurde, der Cournotschen Auffassung an, findet jedoch in terminologischer Hinsicht auch den Vorschlag Edgeworths[4] „eigenartig und wohl auch mehr zutreffend". Edgeworth meint, das Gesetz der großen Zahlen „bedeute, daß, wenn zahlreiche Beobachtungen, von welchen jede einem eigenen Häufigkeitsgesetze folgt, aufs Geratewohl (at random) genommen werden, ihre Summe (oder allgemeiner ausgedrückt: jede lineare Funktion von ihnen oder eine Annäherung an eine solche) dem normalen Fehlergesetz gehorcht" („on the Probable Error", S. 389) [unter dem „normalen Fehlergesetze" versteht man eine Formel vom Typus (1) in § 7]. Mises[5] unterscheidet zwei Gesetze der großen Zahlen, die in ihrer „kürzeren oder weniger präzisen" Fassung wie folgt lauten: Erstes Gesetz: „Es ist bei großem $n$ ‚fast sicher', daß das arithmetische Mittel aus $n$ Zahlen, die irgendwelchen $n$ Verteilungen unterworfen sind, nahezu

---

[1] S. D. Poisson: Recherches sur la probabilité des jugements en matière civile et en matière criminelle. Paris 1837.

[2] A. Meinong: Über Möglichkeit und Wahrscheinlichkeit, S. 599. Leipzig 1915.

[3] L. v. Bortkiewicz: Die Iterationen, S. 56 u. 57.

[4] F. Y. Edgeworth: The Generalised Law of Error, or the Law of Great Numbers, Journal of the Royal Statistical Society, Vol. 69, S. 497—530; ferner derselbe: On the Probable Error of Frequency Constants, ebenda, Vol. 71.

[5] R. v. Mises: Wahrscheinlichkeitsrechnung, S. 170—230.

gleich seinem Erwartungswert wird"; und zweites Gesetz: „Es ist fast sicher, daß die Wahrscheinlichkeiten der einzelnen Merkmale beliebig nahe den beobachteten relativen Häufigkeiten liegen, wenn nur die Wiederholungszahl $n$ genügend groß ist." Hierzu kommen bei Mises noch „zwei Ergänzungssätze zu den Gesetzen der großen Zahlen" und obendrein noch zwei „Fundamentalsätze". Eugen Slutsky endlich, ein sehr scharfsinniger russischer Theoretiker, vertritt die Ansicht,[1] das Gesetz der großen Zahlen sei ein Sammelname für alle Theoreme, deren Inhalt darauf hinausläuft, daß die stochastische Grenze der Differenz zwischen einer gewissen zufälligen Variablen und einer gewissen anderen Größe bei unbegrenzter Zunahme der Anzahl der Versuche gleich Null wird. (Die Erklärung der Ausdrücke „stochastische Grenze" und „zufällige Variable" findet der Leser unten in Kap. II.) Wenn man auch berücksichtigen muß, daß die einen Definitionen zur homograden, die anderen aber bereits zur heterograden Theorie (vgl. oben S. 25—26) gehören, so dürfte es dennoch unmöglich sein, eine Definition zu finden, die allen Meinungen Rechnung trägt. Wir glauben daher, daß es am besten wäre, auch hier einem Vorschlage Tschuprows zu folgen und nicht von einem Gesetze, sondern — weniger anmaßend — von einem Prinzip der großen Zahlen zu sprechen. Auf letzteres könnten dann alle Feststellungen zurückgeführt werden, die eine gewisse Beziehung zwischen den Wahrscheinlichkeiten (in der homograden Statistik) und überhaupt allen wahrscheinlichkeitstheoretisch bedingten Größen (in der heterograden Statistik) einerseits und den Tatsachen der statistischen Wirklichkeit anderseits festlegen.

Unser Wissen, welches auf dem Prinzip der großen Zahlen beruht, ist ein Wissen sui generis, das von einem gewissen Elemente subjektiver Willkür nicht zu trennen ist. In der Tat, wie klein muß die Häufigkeit eines Merkmals sein, damit ich von ihr im Cournotschen Lemma (s. oben S. 81) als von einer „sehr kleinen" sprechen kann? Und um wie viel kleiner muß sie noch werden, damit ich auf S. 82 in der Schlußfolgerung aus beiden Lemmen die Worte „sehr selten vorkommen" durch die Worte „in der Praxis nie vorkommen" ersetzen darf? Auch der größte Skeptiker wird wohl zugeben, daß es „praktisch nie vorkommen" wird, daß man auf den ersten Griff ein mit einem bestimmten Zeichen versehenes einzelnes Sandkorn herausziehen könnte, welches irgendwo in 4 Kubikkilometern Sand untergebracht ist. Somit würde auch für ihn eine Abweichung im Betrage von über $\pm\, 9\,\sigma$ als ein Ding der praktischen Unmöglichkeit erscheinen. Bei enger gezogenen Abweichungsgrenzen gestaltet sich aber die Sachlage bei weitem nicht so eindeutig. Die Lösung der Frage, bis zu welchem Ausmaße man kleine statistische Wahrscheinlichkeiten als „sehr klein" und folglich das Nichteintreffen der entsprechenden Ereignisse als „fast sicher" anzusehen bereit ist, hängt nicht nur von der absoluten Größe der Wahrscheinlichkeiten und von der mehr oder weniger spekulativen Veranlagung eines

---

[1] E. Slutsky: Zur Frage des Gesetzes der großen Zahlen, S. 55.

jeden ab, sondern auch von dem Grade der Wichtigkeit, die ein unwahrscheinliches Ereignis, welches doch eintritt, für ihn haben könnte. Wenn ein großer Meteorstein gerade auf das Dach jenes Hauses stürzen würde, in welchem wir unsere Wohnung gemietet haben, so würde das für uns zumindest eine bedeutende Lebensgefahr bedeuten. Aber die relative Häufigkeit jener Häuser, die durch Meteorsteine zerstört worden sind, ist so gering, daß wir sie überhaupt nicht in Betracht ziehen und jedenfalls kein Bedürfnis nach besonderen Schutzvorrichtungen gegen Meteorite auf unserem Dache empfinden. Aber auch die relative Häufigkeit der abgestürzten Flugzeugpassagiere ist recht klein, und dennoch ist sie in den Augen vieler Menschen groß genug, um sie zu veranlassen, die Eisenbahn dem Aeroplane vorzuziehen. Projektiert man jedoch eine längere Fußtour und stellen Himmel und Barometer gutes Wetter in Aussicht, so wird der Marsch ruhig angetreten, obgleich man sehr gut aus eigener Erfahrung weiß, daß im Durchschnitt von fünf derartigen Wetterprognosen mindestens eine ganz mißglückt; denn im schlimmsten Falle, bei einem plötzlichen Wettersturz, riskiert man nur, gründlich naß zu werden. Doch umgekehrt, eine Krankheit, bei der im Durchschnitt jeder fünfte Kranke stirbt, wird allgemein als sehr gefährlich angesehen.

In der Praxis der mathematisch-statistischen Untersuchungen ist es zur Zeit üblich, als Grenze der Wahrscheinlichkeiten, die noch berücksichtigt werden, die totale Wahrscheinlichkeit jener Abweichungen anzunehmen, die größer als $\pm 3\,\sigma$ sind. Auf S. 77 haben wir bereits festgestellt, daß diese gleich

$$0{,}0026 = \frac{1}{385}$$

ist. In Fällen, wo unser eigenes Leben vom Eintreffen eines so wenig häufigen Ereignisses abhängt, würde uns eine Wahrscheinlichkeit im Betrage von immerhin noch beinahe 0,3% sicher nicht als absolut belanglos erscheinen, doch im Bereiche objektiv-wissenschaftlicher Untersuchungen, von denen das Leben keines Menschen direkt abhängt, ist jetzt die sogenannte „Regel der 3 Sigmas" recht populär, und zwar, wie wir später noch sehen werden, weit über ihre logisch und mathematisch zulässigen Anwendungsgrenzen hinaus. Früher war auch als Grenze der Wahrscheinlichkeit jene für die Abweichungen von über $\pm 2\sqrt{2\,\sigma^2} =$ $= \pm 2{,}8284\,\sigma$ recht verbreitet. Sie beträgt $0{,}0047 = \dfrac{1}{213}$. In manchen Fällen, besonders im Bereiche der Stichprobenmethode, begnügt man sich sogar mit $\pm 2\,\sigma$ und mit $\pm 1{,}5\sqrt{2\,\sigma^2}$, was Wahrscheinlichkeiten vom Betrage 0,0456 bzw. 0,0339 entspricht. Im Zusammenhange mit der R. A. Fisherschen Konzeption der „fiduziären Wahrscheinlichkeit" („fiducial probability"), zu der wir weiter unten noch zurückkehren werden, scheint jetzt auch ein rationelleres dezimales System der Grenzwahrscheinlichkeiten mehr in Aufnahme zu kommen. Die üblichen Grenzwerte für die Wahrscheinlichkeiten sind dann 5%, 2% und 1%.

## 9. Zahlenbeispiele zu § 8.

Die Tafeln des Laplaceschen Integrals können nicht nur dazu dienen, um die Grenzen der möglichen Abweichungen abzuschätzen oder die statistische Wahrscheinlichkeit dafür, daß die Abweichung in gewissen gegebenen Grenzen liegt, zu bestimmen, sondern auch, um eine tatsächlich vorgekommene Häufigkeitsverteilung mit der „theoretischen", d. h. mit der sich aus der angenäherten Exponentialformel ergebenden Verteilung zu vergleichen. Dieser Fall gehört offenbar schon zum Fragenkomplex des Prinzips der großen Zahlen.

Prof. Westergaard hat den folgenden Versuch unternommen, bei welchem alle Elemente besonders leicht übersehbar sind und der deshalb zu einem Beispiel für die Anwendung der Laplaceschen Formel besonders geeignet erscheint.[1] In einem Beutel „befanden sich gleichviele weiße und rote, aber im übrigen völlig gleiche Kugeln. Nach der Ziehung einer Kugel ward die Farbe ($w$ oder $r$) notiert, und bevor eine neue Kugel gezogen wurde, ward die herausgenommene Kugel in den Beutel zurückgelegt, worauf eine sorgfältige Mischung sämtlicher Kugeln erfolgte. Das Experiment wurde 10000mal wiederholt, und die wechselnden Resultate hinsichtlich der bei jeder einzelnen Ziehung erzielten Farbe kann man sich leicht in einer Reihe wie in der folgenden niedergeschrieben denken:

$$w w r w r r w w r r r w r r w r r r w w r r w r \ldots,$$

welche man sich also als 10000 Buchstaben enthaltend vorstellen muß. Insgesamt ward weiß 5011mal und rot 4989mal gezogen: insofern ist die Zahl jeder Farbe ungefähr die gleiche." Die Reihe der 10000 Buchstaben wurde nun in 100 Gruppen zu je 100 Buchstaben zerlegt und die Zahl der $w$ (der weißen Kugeln) in jeder Gruppe gezählt. Es ergab sich das folgende Resultat.

Von sämtlichen 100 Gruppen ergaben:

| | | | | | | |
|---|---|---|---|---|---|---|
| 1 | 34 | weiße Kugeln | | 9 | 50 | weiße Kugeln |
| 1 | 39 | ,, | ,, | 5 | 51 | ,, | ,, |
| 2 | 40 | ,, | ,, | 10 | 52 | ,, | ,, |
| 2 | 41 | ,, | ,, | 4 | 53 | ,, | ,, |
| 2 | 42 | ,, | ,, | 8 | 54 | ,, | ,, |
| 3 | 43 | ,, | ,, | 3 | 55 | ,, | ,, |
| 3 | 44 | ,, | ,, | 5 | 56 | ,, | ,, |
| 4 | 45 | ,, | ,, | 4 | 57 | ,, | ,, |
| 5 | 46 | ,, | ,, | 4 | 58 | ,, | ,, |
| 6 | 47 | ,, | ,, | 1 | 61 | ,, | ,, |
| 5 | 48 | ,, | ,, | 1 | 62 | ,, | ,, |
| 11 | 49 | ,, | ,, | 1 | 63 | ,, | ,, |

Diese Zahlen können in folgendem Schaubild dargestellt werden.

---

[1] H. Westergaard u. H. C. Nybølle: Grundzüge der Theorie der Statistik, 2. Aufl., S. 107—109. Jena 1928.

Obgleich die Verteilung der Gruppen ziemlich unregelmäßig ist, vermögen wir in ihr bereits gewisse Elemente jener typischen Glockenform zu erkennen, die wir in den Abbildungen 1 und 2 (S. 60 und 62) beobachtet haben. Die Ähnlichkeit wird größer, wenn wir die Gruppen zu je zwei vereinigen (vgl. Abbildung 5).

Betrachtet man die 10 000 Kugelziehungen als Ganzes, so ist die relative Häufigkeit einer weißen Kugel gleich 0,5011, während man annehmen dürfte,

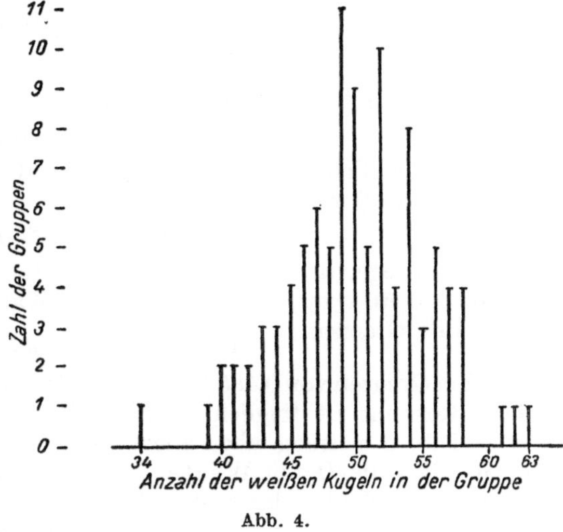


Abb. 4.

daß bei einer Fortsetzung der Versuchsreihe bis ins Unendliche diese Häufigkeit sich gleich 0,5000 ergeben müßte. Wie groß ist nun die statistische Wahrscheinlichkeit dafür, daß bei 10 000 Kugelziehungen die erhaltene relative Häufigkeit sich von 0,5000 um keinen größeren Betrag als $\pm\,(0{,}5011 - 0{,}5000) = \pm\,0{,}0011$ entferne? Da, wie wir annehmen, bei uns $N \to \infty$, so muß hier die Formel

$$\sigma = \sqrt{\frac{pq}{n}}$$

angewandt werden. Es ist nun $p = \dfrac{1}{2}$, $\quad q = 1 - \dfrac{1}{2} = \dfrac{1}{2}$, $n = 10\,000$. Folglich ist

$$\sigma = \sqrt{\frac{1}{2 \cdot 2 \cdot 10\,000}} = 0{,}005,$$

und

$$\frac{x}{\sigma} = \frac{0{,}0011}{0{,}0050} = 0{,}22.$$

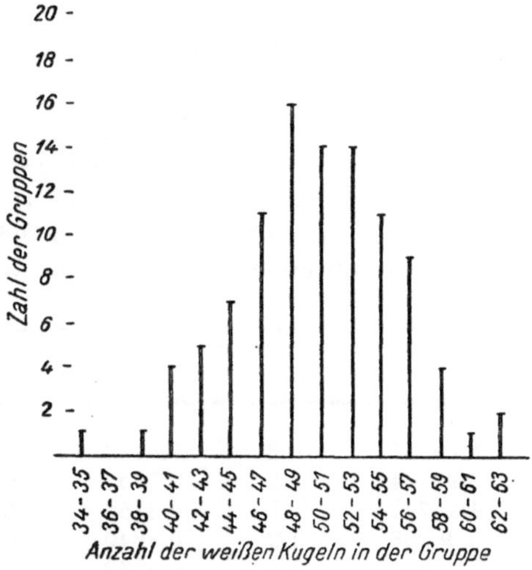

Abb. 5.

In unserer Tab. 3 auf S. 75 entspricht einem $\dfrac{x}{\sigma}$ im Betrage von 0,2 für $\dfrac{1}{2} + \dfrac{a}{2}$ der Wert 0,5793, der nächstgrößere, für 0,3, ist 0,6179; die Differenz beträgt 0,0386. Somit würde der Größe $\dfrac{x}{\sigma} = 0{,}22$ etwa

$$\frac{1}{2} + \frac{a}{2} = 0{,}5793 + \frac{2}{10} \cdot 0{,}0386 = 0{,}5870$$

entsprechen (genauere Rechnung an Hand der vollständigen Sheppard-schen Tafeln ergibt hier den Wert 0,5870644), und für $a$ erhalten wir hieraus:

$$a = 2 \cdot 0{,}5870 - 1 = 0{,}1740.$$

Die Wahrscheinlichkeit einer Abweichung, die größer als die gegebene, d. h. größer als 0,0011 ist, beträgt

$$1 - 0{,}1740 = 0{,}8260.$$

Nach der „Regel der 3 Sigmas" dürfte die Abweichung der relativen Häufigkeit 0,5011 von ihrer statistischen Wahrscheinlichkeit 0,5000 sich noch in den Grenzen

$$0{,}5000 \pm 3 \cdot 0{,}0050,$$

d. h. in den Grenzen von 0,485 bis 0,515 befinden. Das durch Westergaard erzielte Resultat ist folglich in dieser Hinsicht außerordentlich genau.

Die Tab. 3 vermag aber auch anders angewandt zu werden: man kann nämlich die Daten Westergaards daraufhin untersuchen, ob die Verteilung der Zahlen der weißen Kugeln in den Gruppen zu 100 Kugeln auch wirklich jener Verteilung entspricht, die sich aus der Laplaceschen Formel ergibt. Jede Gruppe bildet eine Gesamtheit vom Umfange $n = 100$, während die Gesamtheit höherer Ordnung, die aus allen Kugeln des Experiments besteht, offenbar den Umfang $N = 10\,000$ besitzt; $p'$ ist gleich 0,5011 und $q' = 0{,}4989$. Hieraus ergibt sich:

$$\sigma = \sqrt{n\,p'\,q'\left(1 - \frac{n}{N}\right)} = \sqrt{100 \cdot 0{,}5011 \cdot 0{,}4989\left(1 - \frac{100}{10\,000}\right)} = 4{,}9749,$$

und $n\,p'$ ist offenbar gleich 50,11.

Wählen wir jetzt die einzelnen $x$ derart, daß die Brüche $\dfrac{x}{\sigma}$ immer solche Zahlen ergeben, die in der Tab. 3 von S. 75 direkt zu finden sind. Da nun $1{,}49247 = 0{,}3 \cdot 4{,}9749$, so setzen wir die Zahl 1,49247 als Einheit für die $x$-Werte ein und bilden mit Rücksicht auf Tab. 3 zunächst folgende Hilfs-tabelle.

| $x$ | $\dfrac{x}{\sigma}$ | $\dfrac{1}{2} + \dfrac{a}{2}$ | $a$ | $100\,a$ | Differenzen |
|---|---|---|---|---|---|
| 1,49247 | 0,3 | 0,6179 | 0,2358 | 23,58 | 23,58 |
| 2,98494 | 0,6 | 0,7257 | 0,4514 | 45,14 | 21,56 |
| 4,47741 | 0,9 | 0,8159 | 0,6318 | 63,18 | 18,04 |
| 5,96988 | 1,2 | 0,8849 | 0,7698 | 76,98 | 13,80 |
| 7,46235 | 1,5 | 0,9332 | 0,8786 | 87,86 | 10,88 |
| 8,95482 | 1,8 | 0,9641 | 0,9282 | 92,82 | 4,96 |
| 10,44729 | 2,1 | 0,9821 | 0,9642 | 96,42 | 3,60 |
| 11,93976 | 2,4 | 0,9918 | 0,9836 | 98,36 | 1,94 |
| 13,43223 | 2,7 | 0,9965 | 0,9930 | 99,30 | 0,94 |
| 14,92470 | 3,0 | 0,9987 | 0,9974 | 99,74 | 0,44 |
| 16,41717 | 3,3 | 0,9995 | 0,9990 | 99,90 | 0,16 |
| | | | | | 0,10 |

Summe ...  100,00

Die letzte Kolumne „Differenzen" wird dadurch erhalten, daß man in der vorletzten Kolumne 0 von 23,58, 23,58 von 45,14, 45,14 von 63,18 usw. abzieht; die unterste Zahl wird durch Subtraktion der Zahl 99,90 von 100 gewonnen.

Verbindet man jetzt die Daten der Hilfstabelle mit den Ergebnissen des Experiments von Westergaard, so kommt man zu folgender Tabelle, die bereits alles Nötige zu einem Vergleich enthält.

Tabelle 4. Analyse des Experiments von Westergaard.

| $np' \pm x$ | $\pm \dfrac{x}{\sigma}$ | Auf 100 Versuche kommen weiße Kugeln | | Differenzen | |
| | | Nach Laplace | Bei Westergaard | Nach Laplace | Bei Westergaard |
| 1 | 2 | 3 | 4 | 5 | 6 |
| 48,62—51,60 | 0,3 | 23,58 | 25 | 23,58 | 25 |
| 47,13—53,09 | 0,6 | 45,14 | 44 | 21,56 | 19 |
| 45,63—54,59 | 0,9 | 63,18 | 63 | 18,04 | 19 |
| 44,14—56,08 | 1,2 | 76,98 | 75 | 13,80 | 12 |
| 42,65—57,57 | 1,5 | 87,87 | 85 | 10,88 | 10 |
| 41,16—59,06 | 1,8 | 92,82 | 91 | 4,96 | 6 |
| 39,66—60,56 | 2,1 | 96,42 | 95 | 3,60 | 4 |
| 38,17—62,05 | 2,4 | 98,36 | 98 | 1,94 | 3 |
| 36,68—63,54 | 2,7 | 99,30 | 99 | 0,94 | 1 |
| 35,19—65,03 | 3,0 | 99,74 | 99 | 0,44 | 0 |
| 33,69—66,53 | 3,3 | 99,90 | 100 | 0,16 | 1 |
| | über 3,3 | 100,00 | 100 | 0,10 | 0 |
| | | Zusammen: | | 100,0 | 100 |

Man vergleiche unser Verfahren, welches auch in den Händen eines wenig geübten Statistikers kaum mehr als eine Viertelstunde erfordern wird, mit jenen langwierigen Berechnungen, die bei der Anwendung der genauen Formel (10) des § 3 notwendig wären.

Wir ersehen aus den Kol. 3 und 4 der Tab. 4, daß die Ergebnisse des Westergaardschen Versuches in den einzelnen Größengruppen recht nahe an jene Werte herankommen, die die relativen Häufigkeiten solcher Gruppen in der Gesamtheit aller möglichen Kombinationen zu 100 Kugeln aus 10000 $\left(\text{d. h. in einer Gesamtheit vom Umfange } V_{10000}^{100} = \dfrac{10000!}{9\,900!}\right)$ erhalten würden, falls die angenäherte Laplacesche Formel, die für große $n$ gilt, bereits auf alle Gruppierungen in einer Gesamtheit mit nur $n = 100$ sich anwenden ließe. Wir können die Nachprüfung noch strenger gestalten und darnach fragen, wie sich die Laplaceschen statistischen Wahrscheinlichkeiten und die ihnen entsprechenden Westergaardschen relativen Häufigkeiten für die Doppelgruppen:

$$48{,}62 \text{ bis } 51{,}60,$$
$$47{,}13 \text{ bis } 48{,}62 \text{ und } 51{,}60 \text{ bis } 53{,}09,$$
$$45{,}63 \text{ bis } 47{,}13 \text{ und } 53{,}09 \text{ bis } 54{,}59,$$
$$44{,}14 \text{ bis } 45{,}63 \text{ und } 54{,}59 \text{ bis } 56{,}08, \text{ usw.}$$

stellen würden. Die Antwort auf diese kompliziertere Frage erhalten wir aus den beiden letzten Kolumnen der Tabelle („Differenzen"). Auch hier erscheint die Übereinstimmung ganz befriedigend. Sie wird besser, wenn man, um größere Zahlen zu bekommen, je zwei Nachbargruppen zu einer vereinigt und die Dezimalstellen bei Laplace abrundet. Wir erhalten dann folgende kleine Tabelle:

| Anzahl der weißen Kugeln | | | Laplace | Westergaard |
|---|---|---|---|---|
| 47,13 | bis | 53,09 | 45 | 44 |
| 44,14—47,13 | und | 53,09—56,08 | 32 | 31 |
| 41,16—44,14 | und | 56,08—59,06 | 16 | 16 |
| 38,17—41,16 | und | 59,06—62,05 | 6 | 7 |
| 35,19—38,17 | und | 62,05—65,03 | 1 | 1 |
| unter 35,19 | und | über 65,03 | 0 | 1 |

Sollte uns diese Übereinstimmung in einzelnen Fällen doch verdächtig oder durch zu künstliche Mittel erreicht erscheinen, so können wir noch einen weiteren Schritt tun und, da die Werte $\dfrac{23{,}58}{100}$, $\dfrac{21{,}56}{100}$, $\dfrac{18{,}04}{100}$ usw. ihrerseits als statistische Wahrscheinlichkeiten aufgefaßt werden können, die Frage aufwerfen, wie groß die Grenzen der Abweichung von diesen etwa nach der „Regel der 3 Sigmas" noch sein dürften. In einem solchen Falle ist offenbar $n = 100$ (die Anzahl der vorhandenen Gruppen zu 100) und $N$ eine enorm große Zahl: die Zahl der verschiedenen Gruppen zu 100, die man aus $V^{100}_{10000}$ Gruppen vom Umfange 100 bilden könnte. Wir werden daher ruhig für $\sigma$ die kürzere Formel

$$\sigma = \sqrt{\frac{p\,q}{n}}$$

wählen. Wir erhalten hieraus:

$$\text{für } p = 0{,}2358 : \pm 3\,\sigma = \pm \sqrt{\frac{0{,}2358\,(1-0{,}2358)}{100}} = \pm 0{,}0425,$$

$$\text{für } p = 0{,}2156 : \pm 3\,\sigma = \pm \sqrt{\frac{0{,}2156\,(1-0{,}2156)}{100}} = \pm 0{,}0412 \text{ usw.}$$

Und für die ganze Tabelle ergibt sich das folgende Bild (s. S. 95).

Für die letzten vier Wahrscheinlichkeiten, wenn sie einzeln genommen werden, darf man die Fehlergrenzen nicht mehr nach der Laplaceschen Formel berechnen, denn so kleine Werte von $p$ unterliegen bereits der Formel von Poisson (vgl. unten § 12). Dies ist der Grund, weshalb wir aus ihnen auch nur eine einzige Sammelgruppe, nach dem Additionssatz, gebildet haben. Aus der Tabelle ist ersichtlich, daß die Zahlen, welche

| Nach Laplace: | | Tatsächlich für das Experiment von Westergaard erhaltene Differenzen: $(100\,p')$ |
|---|---|---|
| Statist. Wahrscheinlichkeiten $p$ | Ihre möglichen Grenzen nach der Formel $100\,(p \pm 3\,\sigma)$ | |
| 0,2358 | 19,33—27,83 | 25 |
| 0,2156 | 17,44—25,68 | 19 |
| 0,1804 | 14,20—21,88 | 19 |
| 0,1380 | 10,35—17,25 | 12 |
| 0,1088 | 7,76—14,00 | 10 |
| 0,0496 | 2,78— 7,14 | 6 |
| 0,0360 | 1,74— 5,46 | 4 |
| 0,0194 | 0,57— 3,31 | 3 |
| 0,0094 ⎫<br>0,0044 ⎪ 0,0164<br>0,0016 ⎪<br>0,0010 ⎭ | 0,39— 2,89 | 2 ⎰ 1<br>⎱ 0<br>1<br>0 |

hier die Ergebnisse des Experiments von Westergaard darstellen, in allen Fällen noch im Bereiche der für das Laplacesche Integral angenommenen Grenzen $\pm\,3\,\sigma$ liegen.

## 10. Das Pearsonsche Kriterium $\chi^2$.

Dieselbe Frage, die uns im vorhergehenden Paragraphen beschäftigt hat, kann in ein noch höheres Stockwerk der Theorie verlegt werden. Vergleicht man nämlich die tatsächlich durch das Experiment erhaltenen Werte der letzten Kolumne der obigen Tabelle mit ihren Grenzen, die noch als „theoretisch zulässig" angesehen werden (wir setzen hier Anführungszeichen, um den Leser nochmals daran zu erinnern, daß die Festlegung gerade dieser Grenzen, und keiner anderen, nur auf einer Konvention beruht und eigentlich willkürlich ist), so wird man im allgemeinen desto geringere Befriedigung empfinden, je mehr sich die einzelnen Werte ihren Grenzen nähern, insbesondere wenn es immer nur die obere oder immer nur die untere ist. Es fragt sich daher, ob man nicht obige Reihe als Ganzes nehmen und mit der Reihe der von der Theorie erwarteten Größen, ebenfalls als Ganzes betrachtet, vergleichen könnte. Dies ist ein Gedankengang, der zum bekannten Pearsonschen Kriterium $\chi^2$ führt, dessen Formel, wie wir später sehen werden, unerwartet weite Anwendungsmöglichkeiten eröffnet. Man kann seine Konstruktion etwa wie folgt begreiflich machen.

Eine statistische Gesamtheit höherer Ordnung bestehe aus $N$ Elementen, an welchen wir nicht zwei, sondern $m$ verschiedene und einander ausschließende Merkmale unterscheiden. Diese Unterscheidung kann ihrerseits von der objektiven Wirklichkeit diktiert sein, wie etwa bei dem Geschlechtsunterschied in der Bevölkerung, oder eine nur künstlich konstruierte sein. So teilten wir z. B. im Westergaardschen

Experiment die Gesamtheit aller möglichen Kombinationen zu 100 Kugeln aus 10 000 ganz willkürlich in folgende 12 Gruppen ein, die nach der Zahl der weißen Kugeln spezifiziert werden: 1. „von 48,62 bis 51,60", 2. „von 47,13 bis 48,62 und von 51,60 bis 53,09", 3. „von 45,63 bis 47,13 und von 53,09 bis 54,59" usw. (vgl. oben, S. 93—94). Die relative Häufigkeit der Elemente der ersten Gruppe (d. h. jener, die das erste Merkmal aufweisen) sei $p_1$, diejenige der zweiten sei $p_2$, der dritten $p_3$ usw., diejenige der letzten Gruppe sei $p_m$. Diese relativen Häufigkeiten sind, wie leicht ersichtlich, miteinander durch die Gleichung

$$\sum_{i=1}^{m} p_i = 1 \qquad \ldots \ldots \ldots \qquad (1)$$

verbunden. Der Gesamtheit seien nun $n$ Elemente auf beliebige Weise entnommen worden, wobei sich für die $m$ verschiedenen Merkmale in derselben Anordnung die folgenden relativen Häufigkeiten ergaben: $p'_1, p'_2, p'_3, \ldots, p'_m$. Offenbar gilt auch für diese die Beziehung:

$$\sum_{i=1}^{m} p'_i = 1. \qquad \ldots \ldots \ldots \ldots \qquad (2)$$

(Falls irgendein Merkmal überhaupt nicht in die Stichprobe eingegangen sein sollte, so wird das betreffende $p'$, welches die relative Häufigkeit der Elemente dieser Gattung in der Stichprobe angibt, einfach den Wert 0 erhalten.)

Wenn aber $p'_i$ die relative Häufigkeit des $i$-ten Merkmals in der Stichprobe ist, so wird offenbar $np'_i$ die absolute Zahl solcher Elemente in ihr darstellen und $np_i$ den **relativ häufigsten Wert**, den diese Zahl in jener Gesamtheit höherer Ordnung aufweist, welche aus allen möglichen Gruppen zu $n$ Elementen gebildet werden kann. Dieser Satz folgt direkt aus den Ausführungen des § 4 mit Rücksicht auf § 3, wenn dort das gegebene $i$-te Merkmal als „Merkmal $A$" und alle übrigen „Nicht-$A$" als „Merkmal $B$" angesehen werden. Die mit obiger Annahme verbundene kleine Ungenauigkeit, die wir auf S. 47—48 bei Ableitung der Formel (12) auseinandersetzten, fällt auch hier nicht ins Gewicht.

Wir kombinieren jetzt alle $np'$ und alle $np$ zu einer einzigen Größe, indem wir von jedem $np'_i$ das ihm entsprechende $np_i$ abziehen, die Differenz ins Quadrat erheben, wieder durch $np_i$ teilen und die Summe aller solcher Quotienten von $i=1$ bis $i=m$ bilden. Diese Summe bezeichnet man mit $\chi^2$:

$$\chi^2 = \sum_{i=1}^{m} \frac{(np'_i - np_i)^2}{np_i}. \qquad \ldots \ldots \ldots \qquad (3)$$

Setzt man $np'_i - np_i = x_i$, so kann man auch

$$\chi^2 = \sum_{i=1}^{m} \frac{x_i^2}{np_i}. \qquad \ldots \ldots \ldots \ldots \qquad (3a)$$

schreiben. Es ist ohne weiteres ersichtlich, daß $\chi^2$ ebensogut auch noch in folgenden 2 Formen dargestellt werden kann, die sich aus (3) durch sehr einfache algebraische Transformationen ergeben:

$$\chi^2 = \sum_{i=1}^{m} \frac{n(p'_i - p_i)^2}{p_i} \quad \ldots \ldots \ldots \ldots \quad (4)$$

und

$$\chi^2 = \sum_{i=1}^{m} \left( \frac{n p'^2_i}{p_i} - 2 n p'_i + n p_i \right).$$

Beachtet man ferner, daß letzterer Ausdruck auf die Form

$$\chi^2 = \sum_{i=1}^{m} \frac{n p'^2_i}{p_i} - \sum_{i=1}^{m} 2 n p'_i + \sum_{i=1}^{m} n p_i$$

gebracht werden kann, und daß mit Rücksicht auf (1) und (2)

$$\sum_{i=1}^{m} 2 n p'_i = 2 n \sum_{i=1}^{m} p'_i = 2 n \quad \text{und} \quad \sum_{i=1}^{m} n p_i = n,$$

so erhält man noch folgende Formel:

$$\chi^2 = n \sum_{i=1}^{m} \frac{p'^2_i}{p_i} - n = n \left( \sum_{i=1}^{m} \frac{p'^2_i}{p_i} - 1 \right) \quad \ldots \ldots \quad (5)$$

Wie wir sehen, ist $\chi^2$ eine verdichtete summarische Charakteristik (ein statistischer Parameter, vgl. oben, S. 11), die sich auf eine ganz bestimmte Stichprobe vom Umfange $n$ bezieht; entnehmen wir der Gesamtheit höherer Ordnung eine andere Stichprobe vom selben Umfange $n$, so werden wir höchstwahrscheinlich auch einen anderen Wert für $\chi^2$ bekommen, in einer dritten Stichprobe ergibt sich vielleicht wieder ein drittes $\chi^2$ usw. Die Anzahl der unterscheidbaren Werte von $\chi^2$ ist folglich gleich der Anzahl der verschiedenen Kombinationen zu $n$, die man aus den $N$ Elementen der Gesamtheit höherer Ordnung bilden könnte. Und genau ebenso, wie das in den §§ 3 bis 6 für $p'$ und $P'_x$ geschehen ist, kann man auch in bezug auf $\chi^2$ die Frage aufwerfen, wie die Formel lautet, die in der Gesamtheit obiger Kombinationen zu $n$ die statistische Wahrscheinlichkeit eines Wertes von $\chi^2$ mit seiner Größe verbindet. Auf unsere Anmerkung zu S. 55 zurückgreifend, könnten wir auch die Gesamtheit der möglichen Werte von $\chi^2$ mit den ihnen zukommenden statistischen Wahrscheinlichkeiten als das Verteilungsgesetz von $\chi^2$ bezeichnen, welches in diesem Falle durch eine einzige Formel dargestellt werden könnte.

Das Problem ist rechnerisch so kompliziert, daß bisher, soviel wir wissen, noch niemand versucht hat, es allein mit den Mitteln der elementaren Algebra zu lösen, obgleich einzelne Anfangsschritte hierzu unschwer zu machen sind. So werden wir z. B. weiter unten noch zeigen, wie leicht es ist, mit Hilfe der sogenannten Methode der mathematischen Erwartungen den durchschnittlichen Wert von $\chi^2$ zu bestimmen. Bortkiewicz hat auf demselben Wege auch den genauen Ausdruck für den sogenannten „mittleren Fehler" (vgl. unten, Kap. II, § 4) von $\chi^2$ abgeleitet, für den bis dahin nur ein Näherungswert bekannt war.[1] Die ganze Lösung des Problems verdanken wir aber Prof. Karl Pearson, der sie im Jahre 1900 veröffentlichte.[2]

Die Formel von Pearson ist eine Näherungsformel vom Typus der Laplaceschen, die nur im Falle von $n \to \infty$ genau wird. Sie ist unter der Voraussetzung abgeleitet, daß keine von den statistischen Wahrscheinlichkeiten sehr klein im Verhältnis zu $\dfrac{1}{m}$ wird. Praktisch würde sich diese Einschränkung zunächst darin auswirken, daß kein $n\,p_i$ kleiner als etwa 5—6 genommen werden soll. Kleine statistische Wahrscheinlichkeiten müssen infolgedessen noch vor der Berechnung von $\chi^2$ zu größeren Gruppen vereinigt werden.

Bezeichnet man mit $P$ die statistische Wahrscheinlichkeit dafür, daß $\chi^2$ einen ebensolchen oder noch größeren Wert annimmt als jener, der tatsächlich für die gegebene Stichprobe erhalten wurde, so ist $P$ nicht mit $\Theta\,(u)$ in Formel (17) des § 6 oder mit $a$ in Formel (18) daselbst zu vergleichen, sondern mit $1 - \Phi\,(u)$ in Formel (17a) oder mit $1 - \dfrac{1}{2}\,(1 + a) = \ = \dfrac{1}{2} - \dfrac{a}{2}$ (vgl. oben S. 74 Anmerkung); und $1 - P$ entspricht dem Integral $\left(\dfrac{1}{2} + \dfrac{a}{2}\right)$ der Sheppardschen Tafeln auf S. 75.

Die Pearsonsche Formel ist recht kompliziert. Der relativ einfachste Ausdruck, aus welchem sie abgeleitet werden kann und welcher einem

---

[1] L. v. Bortkiewicz: Die Iterationen, S. 62—66. Bezeichnet man mit $\pi_a$ das arithmetische und mit $\pi_h$ das harmonische Mittel der $m$ Werte $p_i$, so daß

$$\pi_a = \frac{1}{m}\sum_{i=1}^{m} p_i \quad \text{und} \quad \pi_h = \frac{1}{\dfrac{1}{m}\sum_{i=1}^{m}\left(\dfrac{1}{p_i}\right)},$$

so ergibt sich für das Quadrat des mittleren Fehlers von $\chi^2$ der Ausdruck:

$$\mu\,(\chi^2)_2 = \frac{2\,(n-1)\,(m-1)}{n} + \frac{m^2\,(\pi_a - \pi_h)}{n\,\pi_h},$$

und bei hinreichend großem $n$, in der Voraussetzung, daß keine von den Größen $p_i$ sehr klein im Verhältnis zu $\dfrac{1}{m}$ ist, erhält man hieraus das angenäherte Pearsonsche Resultat:

$$\mu\,(\chi^2)_2 = 2\,(m-1).$$

[2] Karl Pearson: On the Criterion that a Given System of Deviations from the Probable in the Case of a Correlated System of Variables is such that it can be reasonably supposed to have arisen from Random Sampling. Philos. Magazine, Series V. 1, Vol. L, S. 157—175 (1900).

mathematischen Laien kaum sehr verständlich erscheinen wird, ist der folgende:

$$F_m(z) = \frac{1}{\Gamma\left(\dfrac{m}{2}\right)} \int_0^z s^{\frac{m-2}{2}} e^{-s}\, ds \quad \ldots \ldots \quad (6)$$

Dabei ist $F_m(z)$ die Wahrscheinlichkeit dafür, daß bei $m$ Merkmalsgruppen, die Zahl $\dfrac{\chi^2}{2}$ den Wert $z$ nicht überschreitet, und $\Gamma\left(\dfrac{m}{2}\right)$ stellt das sogenannte Eulersche Integral zweiter Gattung (Gammafunktion) dar.[1]

---

[1] Vgl. L. v. Bortkiewicz: Das Helmertsche Verteilungsgesetz für die Quadratsumme zufälliger Beobachtungsfehler. Ztschr. f. angew. Math. u. Mech., Bd. 2, H. 5, S. 361 (Oktober 1922).

Offenbar an diese Formel (6) anknüpfend (die sich aber bei Helmert in obiger Gestalt nicht vorfindet und erst von Bortkiewicz — freilich ziemlich unmittelbar — aus einer anderen Helmertschen Formel abgeleitet worden ist), weist Bortkiewicz in seinen „Iterationen" (S. 65, Anm.) darauf hin, daß bei Ableitung des Verteilungsgesetzes von $\chi^2$ es sich im wesentlichen um ein Problem handelt, „das bereits ein Vierteljahrhundert vor Pearson von R. Helmert (‚Über die Wahrscheinlichkeit von Potenzensummen der Beobachtungsfehler usw.' in der Ztschr. f. Math. u. Physik, XXI. Jg., S. 192 bis 218, 1876, und ‚Die Genauigkeit der Formel von Peters usw.' in den Astron. Nachr., Bd. 88, S. 113—127, 1876) gelöst worden ist". Es liege hier folglich keine originelle Leistung Pearsons vor. Dieses Urteil, dessen Herbe am ehesten durch die Kriegsstimmungen des Jahres 1917 und zum Teil wohl auch durch den Angriff von L. Whitaker auf Bortkiewicz' „Gesetz der kleinen Zahlen" (vgl. unten § 12) erklärt werden kann, erscheint uns ungerecht und nicht genügend begründet.

Zunächst wäre zu bemerken, daß jene zwei Formeln, welche Pearson, auf einem ganz anderen Wege, für das Verteilungsgesetz von $\chi^2$ abgeleitet hat, auch einen völlig anderen Aufbau besitzen, und es ist durchaus nicht einfach, sie auf die Helmertsche Ausdrucksweise zurückzuführen. Zweitens hat, wie auch Bortkiewicz selbst zugibt („Das Helmertsche Verteilungsgesetz usw.", S. 361), Helmert den Fall einer Wahrscheinlichkeit, die einen bestimmten Wert $z$ nicht überschreitet, überhaupt nicht in Betrachtung gezogen: dies ist für seine Formel erst durch Bortkiewicz geschehen, und zwar 46 Jahre nach dem Erscheinen der Helmertschen Arbeit und 22 Jahre nach dem Erscheinen der Pearsonschen. Die Helmertschen Formeln wurden von der statistischen Theorie überhaupt nicht beachtet und man besann sich auf sie in Deutschland erst, als man auch hier die Wichtigkeit der Ergebnisse der Pearsonschen $\chi^2$-Methode zu verstehen anfing. Es ist sehr bezeichnend, daß erst in der letztzitierten Monographie (S. 373 u. 374) Bortkiewicz einige sehr wichtige Folgerungen für die Lexissche Dispersionstheorie aus der Helmertschen Formel zieht und hierdurch die Frage über das Verteilungsgesetz des Divergenzkoeffizienten $Q$ zu einem wirklichen Abschluß bringt.

Die Sachlage ist beim Kriterium $\chi^2$ ungefähr dieselbe wie bei der Poissonschen Formel, die wir weiter unten in § 12 betrachten werden und auf die man auch erst durch Bortkiewicz' „Gesetz der kleinen Zahlen" aufmerk-

Der praktische Wert der **Pearson**schen Formel besteht darin, daß für sie, ganz ebenso wie auch für das **Laplace**sche Integral, Tabellen berechnet worden sind, aus denen man für jedes $\chi^2$, das sich in gewissen Grenzen befindet, sofort den Näherungsausdruck für das ihm entsprechende $P$ finden kann.[1] Die Benutzung der Tabellen wird dadurch sehr erleichtert, daß ihr Aufbau ein sehr einfacher ist, da in der **Pearson**schen Formel, außer den Werten von $\chi^2$, nur noch $m$, die Zahl der von uns unterschiedenen Merkmalsgruppen, als einzige charakteristische Konstante auftritt. Und ist $m$ größer als 30, so ist die Verteilung der $P$ praktisch von einer **Laplace**schen nicht zu unterscheiden. Man berechnet dann, unter Anwendung der **Fisher**schen Bezeichnungen,[2] den Wert

$$\sqrt{2\,\chi^2} - \sqrt{2\,n - 1} \quad \ldots \ldots \ldots \ldots \quad (7)$$

und nützt den Umstand aus, daß die statistischen Wahrscheinlichkeiten für seine Abweichung von 0 mit guter Annäherung durch die Formel des **Laplace**schen Integrals bei $\sigma = 1$ wiedergegeben werden. Doch in der Praxis des Sozialstatistikers kommt ein so großes $m$ nur selten vor.

Ferner ist noch folgender Umstand in Betracht zu ziehen. Je besser die Übereinstimmung zwischen den einander entsprechenden Werten der Reihen der $p$ und der $p'$ ist, desto kleiner werden alle Differenzen $p'_i - p_i$, desto kleiner wird der betreffende Wert von $\chi^2$ und desto größer wird, bei gleichem $m$, das ihnen entsprechende $P$, welches die Häufigkeit jener Fälle darstellt, wo $\chi^2$ einen größeren Wert als der gegebene aufweist. Und umgekehrt: ist $P$ sehr klein, so bedeutet das, daß die relative Häufigkeit jener $\chi^2$, die in der Gesamtheit höherer Ordnung einen noch größeren Wert erhalten können, schon sehr gering ist. Somit

---

sam geworden ist. Das Verdienst **Pearsons** ist ein sehr großes, denn es steht selbstverständlich außer jedem Zweifel, daß **Pearson** überhaupt keine Ahnung von den betreffenden Formeln **Helmerts** hatte. Leider kommt es in der Wissenschaft und insbesondere in der mathematischen Statistik, bei welcher der Kontakt zwischen der angelsächsischen und der deutschen Richtung außerordentlich schwach geworden ist, noch immer sehr häufig vor, daß man ganz aneinander vorbeiarbeitet und mehrmals dieselben Entdeckungen wiederholt.

[1] W. Palin **Elderton**: Tables for Testing the Goodness of Fit of Theory to Observation. Biometrika, I, S. 155—163 (1901—1902). Diese Tafeln sind selbstverständlich auch in die „Tables for statisticians and biometricians" übernommen worden. **Elderton** bezeichnet unser $m$ durch $n'$ und gibt für alle Werte von $n' = 3$ bis 30 und für alle ganzzahligen $\chi^2$ von 1 bis 30 und dann für $\chi^2 = 40, 50, 60$ und 70 die ihnen entsprechenden Werte von $P$ an.

[2] R. A. **Fisher**: Statistical Methods for Research Workers, 4th edition, S. 62. Edinburgh-London 1932. In diesem Werke werden auf S. 104 und 105 und dann nochmals als Tab. III in der Beilage ebenfalls Tabellen für $\chi^2$ gegeben, die aber im Gegensatz zu **Elderton** nicht von $m$, sondern von $n$, d. h. von der „Zahl der Freiheitsgrade" (s. unten), ausgehen, und für $n = 1$, 2, 3, ... usw. bis 30, bei $P = 0,99, 0,98, 0,95, 0,90, 0,80, 0,70, 0,50, 0,30, 0,20, 0,10, 0,05, 0,02$ und 0,01, die ihnen entsprechenden Werte von $\chi^2$ anführen.

ist $P$ ein Maß für die Güte der allgemeinen Übereinstimmung der Reihen der $p'$ und der $p$, und diese Übereinstimmung muß als desto schlechter angesehen werden, je kleiner $P$ ist. Wie in jeder Maßzahl, welche wir gebrauchen, steckt auch im Kriterium $\chi^2$ ein gutes Stück Willkür, und seine Rechtfertigung kann nur in der Handlichkeit des Maßes, in der Mannigfaltigkeit seiner Anwendungen und, bei $\chi^2$, noch in der Tatsache gefunden werden, daß das „Verteilungsgesetz“ von $\chi^2$ auch sonst in der heterograden Theorie vorkommt. Einen Nachteil von $\chi^2$ bildet der Umstand, daß es auf die Folge der Zeichen der Abweichungen $p'_i - p_i$ nicht reagiert, während wir doch eine solche Verteilung der $p'$ für besser halten müssen, für die in jener Folge der $+$- und $-$-Zeichen keine sichtbare Gesetzmäßigkeit festzustellen ist.

Da, wie wir eben gesehen haben, gerade kleine Werte von $P$ für die Abschätzung der Güte der Übereinstimmung von $p'$ und $p$ entscheidend sind, so folgt hieraus, daß es für unsere praktischen Zwecke genügt, wenn wir bloß jene **maximalen** $\chi^2$ kennen, die, bei verschiedenen $m$, einem solchen kleinen Werte von $P$ entsprechen, den wir als „Grenze des Unwahrscheinlichen“ ansehen. Die Wahl des Grenzwertes selbst ist natürlich in hohem Maße subjektiv und hängt, wie wir wissen, sowohl von den spekulativen Eigenschaften des einzelnen als auch von der Wichtigkeit des Gegenstandes ab, um welchen es sich handelt. Sind wir bei einem bestimmten kleinen Werte von $P$ stehengeblieben und sind wir bereit zuzugeben, daß bei **statistischen Kollektiven** Elemente, die eine noch kleinere relative Häufigkeit besitzen, in der Tat „sehr selten“ „entnommen“ werden können, so befinden wir uns ganz auf derselben „Brücke“, die uns oben auf S. 81—82 vom **Laplace**schen Theorem zum Prinzip der großen Zahlen hinüberleitete. Die Fragestellung ist genau dieselbe, und man kann, wie wir sehen, auch in diesem höheren Stockwerke der Theorie ohne den **Mises**schen mathematischen Kollektivbegriff auskommen.

Um die Anwendung des **Pearson**schen Kriteriums $\chi^2$ auf das **Westergaard**sche Beispiel zu demonstrieren, entnehmen wir der **Fisher**schen Tabelle jene Werte von $\chi^2$, die den Fällen $P = 0{,}05$ (für „Optimisten“), $P = 0{,}02$ (für „mehr pessimistisch Veranlagte“) und $P = 0{,}01$ (für „Pessimisten“) entsprechen. Statt 3 Dezimalstellen führen wir nur 2 an. Außerdem setzen wir zur Kontrolle noch die Werte für $P = 0{,}99$, $P = 0{,}90$ und $P = 0{,}50$ ein.

Tabelle 5. Das Pearsonsche Kriterium $\chi^2$ nach Fisher.

| Freiheits-grade $n$ | $P = 0{,}99$ | $P = 0{,}90$ | $P = 0{,}50$ | $P = 0{,}05$ | $P = 0{,}02$ | $P = 0{,}01$ |
|---|---|---|---|---|---|---|
| 1 | 0,0002 | 0,02 | 0,46 | 3,84 | 5,41 | 6,64 |
| 2 | 0,02 | 0,21 | 1,39 | 5,99 | 7,82 | 9,21 |
| 3 | 0,12 | 0,58 | 2,37 | 7,82 | 9,84 | 11,34 |
| 4 | 0,30 | 1,06 | 3,36 | 9,49 | 11,67 | 13,28 |
| 5 | 0,55 | 1,61 | 4,35 | 11,07 | 13,39 | 15,09 |

*Fortsetzung von Tabelle 5.*

| Freiheits-grade $n$ | $P = 0,99$ | $P = 0,90$ | $P = 0,50$ | $P = 0,05$ | $P = 0,02$ | $P = 0,01$ |
|---|---|---|---|---|---|---|
| 6 | 0,87 | 2,20 | 5,35 | 12,59 | 15,03 | 16,81 |
| 7 | 1,24 | 2,83 | 6,35 | 14,07 | 16,62 | 18,48 |
| 8 | 1,65 | 3,49 | 7,34 | 15,51 | 18,17 | 20,09 |
| 9 | 2,09 | 4,17 | 8,34 | 16,92 | 19,68 | 21,67 |
| 10 | 2,56 | 4,87 | 9,34 | 18,31 | 21,16 | 23,21 |
| 11 | 3,05 | 5,58 | 10,34 | 19,68 | 22,62 | 24,73 |
| 12 | 3,57 | 6,30 | 11,34 | 21,03 | 24,05 | 26,22 |
| 13 | 4,11 | 7,04 | 12,34 | 22,36 | 25,47 | 27,69 |
| 14 | 4,66 | 7,79 | 13,34 | 23,69 | 26,87 | 29,14 |
| 15 | 5,23 | 8,55 | 14,34 | 25,00 | 28,26 | 30,58 |
| 16 | 5,81 | 9,31 | 15,34 | 26,30 | 29,63 | 32,00 |
| 17 | 6,41 | 10,09 | 16,34 | 27,59 | 31,00 | 33,41 |
| 18 | 7,02 | 10,87 | 17,34 | 28,87 | 32,35 | 34,81 |
| 19 | 7,63 | 11,65 | 18,34 | 30,14 | 33,69 | 36,19 |
| 20 | 8,26 | 12,44 | 19,34 | 31,41 | 35,02 | 37,57 |
| 21 | 8,90 | 13,24 | 20,34 | 32,67 | 36,34 | 38,93 |
| 22 | 9,54 | 14,04 | 21,34 | 33,92 | 37,66 | 40,29 |
| 23 | 10,20 | 14,85 | 22,34 | 35,17 | 38,97 | 41,64 |
| 24 | 10,86 | 15,66 | 23,34 | 36,42 | 40,27 | 42,98 |
| 25 | 11,52 | 16,47 | 24,34 | 37,65 | 41,57 | 44,31 |
| 26 | 12,20 | 17,29 | 25,34 | 38,89 | 42,86 | 45,64 |
| 27 | 12,88 | 18,11 | 26,34 | 40,11 | 44,14 | 46,96 |
| 28 | 13,57 | 18,94 | 27,34 | 41,34 | 45,42 | 48,28 |
| 29 | 14,26 | 19,77 | 28,34 | 42,56 | 46,69 | 49,59 |
| 30 | 14,95 | 20,60 | 29,34 | 43,77 | 47,96 | 50,89 |

Der Rechnungsweg ist aus folgender Tabelle ersichtlich, die von der Tabelle auf S. 95 ausgeht, wobei nur die letzten zwei Gruppen, aus Gründen, die wir bereits angedeutet haben, zu einer einzigen verschmolzen werden.

| Im Experiment von Westergaard beobachtete Häufigkeiten, $np'$ | Von der Theorie erwartet, $np$ | $np' - np$ | $(np' - np)^2$ | $\dfrac{(np' - np)^2}{np}$ |
|---|---|---|---|---|
| 25 | 23,6 | $+ 1,4$ | 1,96 | 0,083 |
| 19 | 21,6 | $- 2,6$ | 6,76 | 0,313 |
| 19 | 18,0 | $+ 1,0$ | 1,00 | 0,056 |
| 12 | 13,8 | $- 1,8$ | 3,24 | 0,235 |
| 10 | 10,9 | $- 0,9$ | 0,81 | 0,074 |
| 6 | 5,0 | $+ 1,0$ | 1,00 | 0,200 |
| 4 | 3,6 | $+ 0,4$ | 0,16 | 0,044 |
| 5 | 3,5 | $+ 1,5$ | 2,25 | 0,643 |

$$\chi^2 = 1,648$$

Es ergibt sich hieraus für $\chi^2$ der Wert 1,648, oder abgerundet: 1,65. Ist das viel oder wenig? Im Falle solcher Tabellen wie die unserige ist die

Fishersche Zahl der „Freiheitsgrade" $n$ gleich $m-1$ zu nehmen (vgl. unten), und da unsere Tabelle 8 Gruppen enthält, so ist offenbar $n=7$ zu setzen. Aus der Tab. 5 ersehen wir nun, daß einem solchen Werte von $n$ folgende drei Werte von $\chi^2$ entsprechen:

$$\chi^2 = 14{,}07 \text{ bei } P = 0{,}05, \quad \chi^2 = 16{,}62 \text{ bei } P = 0{,}02 \text{ und } \chi^2 = 18{,}48 \text{ bei}$$
$$P = 0{,}01.$$

Somit muß die Wahrscheinlichkeit $P$, die einem $\chi^2 = 1{,}65$ entspricht, bedeutend größer sein, und es steht außer jedem Zweifel, daß die Übereinstimmung zwischen den Daten des Westergaardschen Experiments und den von der Theorie erwarteten Werten eine überaus gute ist — wenigstens insofern das Kriterium $\chi^2$ in Betracht kommt. Eine Einsicht in die Tabelle von Elderton würde in der Tat ergeben, daß, bei $n' = 8$, einem $\chi^2 = 1$ ein $P = 0{,}9948$ und einem $\chi^2 = 2$ ein $P = 0{,}9598$ entsprechen. Somit könnte man annehmen, daß mit einem $\chi^2 = 1{,}65$ etwa die statistische Wahrscheinlichkeit $0{,}97$ verbunden sein müßte: in ungefähr 97 Fällen von 100 würde man für $\chi^2$ größere Werte als 1,65 erhalten. Verkürzt man die Zahl der Gruppen in der Tabelle bis auf 5, indem man die 4 letzten zu einer Gruppe vereinigt, so kommt man zu einem beinahe ebenso guten Resultat: $\chi^2 = 0{,}86$, dem bei Elderton etwa der Wert $P = 0{,}92$ entsprechen würde. Und berechnet man umgekehrt die Zahl $\chi^2$ für alle Gruppen in der letzten Kolumne der Tab. 4 auf S. 93, was, wie wir wissen, nicht korrekt ist, so erhält man $\chi^2 = 5{,}35$, was bei Elderton etwa $P = 0{,}91$ ergäbe. In der Regel wird aber im Gegenteil die Berücksichtigung schwach besetzter Gruppen, wie die letzten 5 in Tab. 4, den Wert von $\chi^2$ so modifizieren, daß $P$ größer herauskommt und also eine bessere Übereinstimmung vortäuscht, als wirklich vorhanden ist. Die kleinen Unterschiede in den Werten von $P$, die wir bei unserem Zahlenbeispiele erhalten haben, erklären sich vollkommen aus dem angenäherten Charakter der ganzen Rechnung und sind in der Praxis ganz belanglos.

Wir haben oben angenommen, daß uns die „theoretische" Verteilung der $p$, wie sie sich aus einer bestimmten mathematischen Formel für die Einheiten der betreffenden Gesamtheit höherer Ordnung ergibt, im voraus genau bekannt ist. In der Praxis kommt es jedoch viel häufiger vor, daß man sehr wohl weiß, daß eine bestimmte mathematische Formel [z. B. von der Art der Formel (37), § 4] den Zusammenhang zwischen einer gewissen Merkmalskombination und ihrer statistischen Wahrscheinlichkeit ausdrückt, aber über die numerischen Werte ihrer Konstanten [also z. B. über die wahren Größen von $N$ oder $p'$ in derselben Formel (37) des § 4] keine vorhergehende Kenntnis besitzt. Letztere Größen (Parameter) werden dann aus den Daten der Stichprobe selbst berechnet. In diesem Falle sind zwei verschiedene Problemstellungen möglich, die man sorgfältig zu unterscheiden hat:

entweder man fragt nach der statistischen Wahrscheinlichkeit $P$ dafür, daß eben bei den gegebenen Werten der $p_i$ in (1), ganz gleich, auf welchem Wege sie erhalten sind, sich für $\chi^2$ ein noch größerer

Wert ergibt, und dann hat man in der oben dargestellten Weise zu verfahren;

oder aber man stellt die Frage so: wie groß ist die statistische Wahrscheinlichkeit dafür, daß eine Stichprobe, die einer Gesamtheit entnommen wird, welche ein bekanntes „Verteilungsgesetz" mit uns unbekannten Parametern besitzt, ein noch größeres $\chi^2$ ergeben würde — unter der Voraussetzung, daß wir die uns unbekannten Parameter nach gewissen Formeln aus den Daten der Stichprobe selbst errechnen?

Es dauerte lange Zeit, bis man darauf kam, daß beide Fragestellungen nicht zu verwechseln sind. Als erste stießen J. Brownlee (1911), M. Greenwood und G. Yule (1915) auf gewisse Widersprüche in den Anwendungsergebnissen des Kriteriums $\chi^2$, die sie zu untersuchen begannen. Die volle Lösung des Problems gelang aber erst R. A. Fisher im Jahre 1922.[1] Es stellte sich heraus, daß man — unter bestimmten einschränkenden Voraussetzungen, die wir später noch behandeln werden — auf den zweiten Fall dieselbe $\chi^2$-Methode anwenden darf wie auf den ersten, mit dem einzigen, aber schwerwiegenden Unterschied, daß man in der Tabelle der $P$ nunmehr $n$ nicht gleich $m-1$, sondern ganz allgemein gleich der Zahl der „Freiheitsgrade" (degree of freedom) zu nehmen hat. Der Begriff dieser Freiheitsgrade ist eigentlich sehr einfach (was man aber natürlich von der außerordentlich geistreichen Ableitung dieses allgemeinen Prinzips durch R. A. Fisher keineswegs behaupten kann!). Betrachten wir z. B. die Summe

$$q_1 + q_2 + q_3 + \cdots + q_m = N.$$

Wenn wir annehmen, daß die Zahl $N$ gegeben ist, so können die einzelnen $q$, ausgenommen ein einziges (etwa $q_j$), beliebig gewählt werden; dieses einzige $q_j$ ist dann durch die übrigen bestimmt:

$$q_j = N - (q_1 + q_2 + \cdots + q_{j-1} + q_{j+1} + \cdots + q_{m-1} + q_m).$$

Die Zahl der Freiheitsgrade bei der Manipulierung der Reihe der $q$ ist somit gleich $m-1$. Ist aber z. B. folgendes Bedingungssystem gegeben:

---

[1] Vgl. hierzu die folgenden Veröffentlichungen: 1. John Brownlee: Some Experiments to test the Theory of Goodness of Fit. Journ. of the Royal Statistical Society, Vol. LXXXVII, S. 76—82. 1924. 2. G. Udny Yule: On the Application of the $\chi^2$ Method to Association and Contingency Tables with Experiment Illustrations (ibidem Vol. LXXXV, S. 95—104. 1922). 3. R. A. Fisher: On the Interpretation of $\chi^2$ from Contingency Tables, and the Calculation of $P$ (ibidem Vol. LXXXV, S. 87—94. 1922). 4. R. A. Fisher: Statistical Test of Agreement between Observation and Hypothesis. Economica, III, S. 139—147. 1923. 5. R. A. Fisher: The Conditions under which $\chi^2$ measures the Discrepancy between Observation and Hypothesis. Journ. of the Royal Statistical Society, Vol. LXXXVII, S. 442—450. 1924. 6. J. Neyman and E. S. Pearson: On the Use and Interpretation of Certain Test Criteria for Purposes of Statistical Inference. Biometrika, Vol. XX A, Part I, S. 175—240, 1928, und insbesondere Part II, S. 263—294. 7. J. Neyman and E. S. Pearson: Further Notes on the $\chi^2$ Distribution. Biometrika, Vol. XXII, S. 298—305.

$$q_{11} + q_{12} + q_{13} + \cdots + q_{1m} = N_1,$$
$$q_{21} + q_{22} + q_{23} + \cdots + q_{2m} = N_2,$$
$$q_{31} + q_{32} + q_{33} + \cdots + q_{3m} = N_3,$$
$$\cdots\cdots\cdots\cdots\cdots\cdots\cdots\cdots\cdots\cdots$$
$$q_{k1} + q_{k2} + q_{k3} + \cdots + q_{km} = N_k,$$

so besitzt es offenbar nur $k\,(m-1)$ Freiheitsgrade für alle $km$ verschiedenen $q_{ij}$, denn $k$ Werte unter denselben sind bereits durch die $k$ Summengleichungen gebunden und können nicht unabhängig von den übrigen gewählt werden. Wird noch das folgende Bedingungssystem hinzugefügt:

$$q_{11} + q_{21} + q_{31} + \cdots + q_{k1} = L_1,$$
$$q_{12} + q_{22} + q_{32} + \cdots + q_{k2} = L_2,$$
$$q_{13} + q_{23} + q_{33} + \cdots + q_{k3} = L_3,$$
$$\cdots\cdots\cdots\cdots\cdots\cdots\cdots\cdots\cdots\cdots$$
$$q_{1m} + q_{2m} + q_{3m} + \cdots + q_{km} = L_m,$$

so verringert sich die Zahl der Freiheitsgrade um weitere $(m-1)$ Grade bis auf $(k-1)\,(m-1)$ Freiheitsgrade usw. Allgemein bezeichnet man als „Zahl der Freiheitsgrade“ eines Systems von Variabeln die Höchstzahl der unter ihnen frei wählbaren.

## 11. Das Bayessche Problem (Rückschluß auf eine Gesamtheit höherer Ordnung).

Wir haben bisher immer angenommen, daß uns die statistische Wahrscheinlichkeit $p = \dfrac{M}{N}$, d. h. die relative Häufigkeit des Merkmals $A$ in der Gesamtheit höherer Ordnung, gegeben sei, und haben die Frage untersucht, was man, auf Grund dieser Kenntnis, über die relative Häufigkeit desselben Merkmals in jenen Gesamtheiten niederer Ordnung aussagen kann, die aus der ersteren entstanden sind. Der Inhalt der hierbei gewonnenen Lehrsätze, deren praktische Bedeutung meistenteils darauf hinausläuft, die Variationsbreite eines gewissen Merkmals für eine Gesamtheit niederer Ordnung festzustellen, gehört offenbar zu jener Lehre vom direkten Schluß, die wir im § 5 der Einleitung auf S. 26, sub 2) anführten. In der statistischen Praxis haben wir es aber viel häufiger mit dem umgekehrten Problem zu tun (welches daselbst sub 3 erwähnt wurde), d. h. mit dem Rückschluß auf die unbekannten Werte der Parameter einer Gesamtheit höherer Ordnung auf Grund des Studiums des Inhaltes einer oder mehrerer gegebenen Gesamtheiten niederer Ordnung. Wie es in der Mathematik auch sonst gewöhnlich bei den Umkehrungen der Lehrsätze beobachtet wird, ist dieses Problem schwieriger als das direkte, und es ergeben sich bei ihm gewisse zusätzliche Komplikationen, die bei dem direkten Schluß nicht auftreten oder wenigstens nicht so erheblich sind. Vor allen Dingen ist zu bemerken, daß man sich hierbei verschiedene Fragen stellen kann, die man scharf unterscheiden sollte, wie z. B. die folgenden: die Frage nach der statistischen Wahrscheinlichkeit eines gewissen Wertes des unbekannten Parameters, die Frage nach der Variationsbreite des unbekannten Paramaters, die sich hieraus ergibt, die Frage nach jenem bestimmten Werte des unbekannten Parameters, den wir an Hand der vorhandenen Stichprobe als den „besten", „plausibelsten" oder auch „Präsumtiv"-Wert desselben annehmen, die Frage darnach, ob zwei oder mehrere Gesamtheiten als solche angesehen werden dürfen, die einem und demselben Kollektiv höherer Ordnung entnommen sind oder wenigstens entnommen sein können u. dgl. m.

Das erste Theorem, welches zu diesem Problemkreise gehört, wurde vom Engländer Thomas Bayes noch in der ersten Hälfte des 18. Jahrhunderts aufgestellt, aber erst nach seinem Tode im Jahre 1763 von Dr. Richard Price veröffentlicht.[1] Es ist sehr wahrscheinlich, daß Bayes selbst von seiner Lösung nicht völlig befriedigt war und gewisse Bedenken hatte, die aber Price nicht teilte. Jedenfalls gehört das Bayessche Theorem bis heute zu den in der Mathematik höchst seltenen Beispielen eines Lehrsatzes, welcher trotz seines ehrwürdigen Alters von bald 200 Jahren noch immer heiß umstritten wird. Die Erklärung dürfte wohl einerseits darin liegen, daß der Lehrsatz, ähnlich wie das „Gesetz der großen Zahlen", nicht rein mathematisch ist, und anderseits darin, daß sich mit der Zeit sein Inhalt ziemlich beträchtlich verschoben hat. Der Streit um Bayes entbrannte von neuem, als im Jahre 1920 Professor K. Pearson seinen aufsehenerregenden Artikel „The Fundamental Problem of Practical Statistics" veröffentlichte.[2] An diesem Streite nahmen dann Keynes, Edgeworth, Burnside, Egon Pearson (Sohn von Karl Pearson), R. A. Fisher, Wishart u. a. teil.[3] Verallgemeinerungen der Laplaceschen Lösung des Bayesschen Theorems gaben, abgesehen von K. Pearson, noch R. v. Mises,[4] J. Neyman[5] u. a.

Es wäre hier nicht am Platz, die Geschichte des Bayesschen Theorems genau zu verfolgen oder die Positionen der einzelnen Parteien im Streite

---

[1] Philos. Transactions, Vol. LIII, S. 370ff. (1763); Vol. LIV, S. 298ff. (1764).

[2] Biometrika, Vol. XIII, S. 1—16 (1920/21).

[3] J. M. Keynes: A Treatise on Probability, London 1921. — F. Y. Edgeworth: Molecular Statistics. Journ. of the Royal Statistical Society, Vol. LXXXIV, S. 82 u. 83. 1921. — W. Burnside: On Bayes' Formula. Biometrika, Vol. XVI, S. 189 (1924). — K. Pearson: Note on Bayes' Theorem. Biometrika, Vol. XVI, S. 190—193 (1924). — Egon Pearson: Bayes' Theorem examined in the light of experiment sampling. Biometrika, Vol. XVII, S. 388—442 (1925). — John Wishart: On the approximate quadrature of certain skew curves with an account of the researches of Thomas Bayes. Biometrika, Vol. XIX, S. 1—39 (1927). — Die Fisherschen Arbeiten werden weiter unten besonders zitiert.

[4] In der Mathematischen Zeitschrift, 1919, und dann in seiner Wahrscheinlichkeitsrechnung, S. 151—160.

[5] J. Neyman: Contribution to the Theory of Certain Test Criteria. Bulletin de l'Institut International de Statistique, T. XXIV, 2e Livraison, S. 44—87 (1930). Derselbe: On Methods of Testing Hypotheses. Atti del Congresso Internazionale dei Matematici, S. 35—41. Bologna 1928. Die Priorität von Mises wird hier anerkannt.

um dasselbe zu beschreiben, um so mehr als nach unserer Ansicht das Bayessche Theorem für die mathematische Statistik überhaupt überflüssig ist. Was aber das allgemeine „Problem des Rückschlusses" anbetrifft, welches, nach Bayes, nicht selten ebenfalls das Bayessche Problem genannt wird, so hat es eigentlich bloß diesen historischen Namen mit ihm gemein. Nur soviel sei hier gesagt, daß man bei der Darstellung des Bayesschen Theorems jetzt gewöhnlich von der Vorstellung ausgeht, man habe sozusagen 2 Etagen von Wahrscheinlichkeiten zu unterscheiden. Wenn wir ein Schema ausnützen, welches in der englischen Fachliteratur häufig angewandt wird, so können wir die Sachlage etwa folgendermaßen darstellen: gegeben ist eine gewisse Anzahl von äußerlich ganz gleichen Säcken, von denen jeder eine gewisse Anzahl von weißen und schwarzen Kugeln enthält, deren Verhältnis aber von Sack zu Sack ganz verschieden sein kann. Ein Sack wird aufs Geratewohl genommen und aus ihm eine gewisse Anzahl von Kugeln ebenfalls aufs Geratewohl „mit Zurücklegen" gezogen. Gefragt wird nach der Wahrscheinlichkeit dafür, daß der Sack eine bestimmte Proportion $x$ der weißen Kugeln enthalte. Es werden hier also unterschieden: einerseits verschiedene Gesamtheiten von Kugeln (jede Gesamtheit in ihrem eigenen Sack) und anderseits die Gesamtheit dieser Gesamtheiten, d. h. die Gesamtheit der Säcke. Gegenüber den relativen Häufigkeiten der wirklich gezogenen Kugeln ergibt dieses Schema in der Tat zwei übergeordnete Stufen von statistischen Wahrscheinlichkeiten. Es darf hierbei nicht vergessen werden, daß die Wahrscheinlichkeiten der unteren Stufe keineswegs mit der Reihe der $P_n$, $P_{n-1}$, $P_{n-2}$ .... (S. 44, Formel 1) zu verwechseln sind. Sie werden durchaus nicht als solche angesehen, die entstehen würden, wenn man ein statistisches Kollektiv, d. h. eine gut durchmischte Gesamtheit, mechanisch in einige Teile zerlegen und diese in besondere Säcke stecken würde, sondern als ganz willkürlich betrachtet: von 9 Säcken können z. B. 5 Säcke je 99 weiße und 1 schwarze Kugel enthalten, die übrigen 4 Säcke hingegen je 1 weiße und 999 schwarze oder sogar nur schwarze. Die größten logischen und mathematischen Schwierigkeiten bei der Ableitung des Theorems von Bayes bilden die Wahrscheinlichkeiten der oberen Stufe, die gewöhnlich „apriorische Wahrscheinlichkeiten" oder, nach Mises, „Ausgangswahrscheinlichkeiten" genannt werden, d. h. die Wahrscheinlichkeiten, einen Sack bestimmten Inhaltes $x$ zu ergreifen, denn das Ziel des Mathematikers besteht hier darin, diese unbekannten Größen aus seiner Endformel ganz auszuschalten. In seiner allgemeinen Form, ohne zusätzliche Annahmen über die Stetigkeit der Funktion, welche die Wahrscheinlichkeit von $x$ ausdrückt, dürfte die Aufgabe überhaupt unlösbar sein.[1]

---

[1] *Eine Anmerkung, welche nur für jene verständlich ist, die das Lehrbuch von Mises studiert haben.* Der von Mises vorgeschlagene Beweis des Bayesschen Theorems setzt die Stetigkeit der Anfangswahrscheinlichkeitsfunktion $v(x)$ wenigstens in der Stelle $a$ voraus (vgl. Mises, S. 157 u. 158), was an und für sich eine sehr bedeutende Einschränkung seiner Gültigkeit darstellt. Der bekannte englische Statistiker L. Isserlis weist mit Recht darauf hin,

Das ganze Schema entspricht aber durchaus nicht jenem Sachverhalt, mit dem wir es in der praktischen Statistik zu tun bekommen — wenigstens insofern es sich um das weite Gebiet der Sozialstatistik und wahrscheinlich auch der biologischen Statistik handelt. Soviel uns bekannt ist, hat noch niemand in diesem Zusammenhange auf den Umstand hingewiesen, daß die Vorstellung, es existiere immer eine Gesamtheit der Gesamtheiten höherer Ordnungen, aus denen die Elemente „gezogen" werden, für uns durchaus nicht den denkbar allgemeinsten Fall darstellt. Ferner wäre zu bemerken, daß die Gesamtheit der Gesamtheiten (wenn sie überhaupt existiert) im allgemeinen gar kein statistisches Kollektiv zu sein braucht, und ist dies nicht der Fall, so gibt es — wenigstens für uns — keine solche Brücke, die die mathematischen Formeln des Bayesschen Theorems mit der Wirklichkeit verbinden könnte. Und endlich kann es häufig genug vorkommen, daß die Vorstellung von einem Kollektiv zweithöherer Ordnung überhaupt überflüssig ist oder zumindest eine vermeidbare Verwicklung des Problems darstellt.

Jene Gesamtheiten, mit denen es der praktische Statistiker zu tun bekommt, werden entweder statistischen Tabellen direkt entnommen oder können wenigstens auf solche zurückgeführt werden. Und ganz wie es bei diesen Tabellen der Fall ist, vermögen auch die statistischen Gesamtheiten entweder nach räumlichen oder nach zeitlichen oder auch nach sachlichen Unterschieden geordnet zu werden. Hieraus folgt wiederum, daß auch die statistischen Gesamtheiten höherer Ordnung, in welchen die gegebenen Gesamtheiten enthalten sind, entweder größeren räumlichen oder größeren zeitlichen Umfang besitzen werden oder auch aus solchen Einheiten (Elementen) bestehen, deren Definition weniger Merkmale aufweist als jene der Teilgesamtheiten (vgl. oben: Einleitung, S. 8—9).

Als Beispiel des ersten Falles möge die Einordnung der Gemeinden in Kreise, der Kreise in Bezirke, der Bezirke in Länder u. dgl. dienen. Die statistischen Zahlen, die sich auf einen Kreis beziehen, bilden offenbar eine Gesamtheit höherer Ordnung in bezug auf dieselben Daten für jede einzelne Gemeinde, und ebenso die Zahlen für die Bezirke in bezug auf jene für die Kreise. Aber der Statistiker weiß immer ganz genau, auf welche Gemeinde, auf welchen Kreis, auf welchen Bezirk sich jede seiner Ziffern bezieht, und die Vorstellung, daß diese irgendwie aus einem unbekannten Kollektiv aufs Geratewohl „gezogen" werden sollten und daß etwa an Stelle der Zahl der männlichen Geburten in Wien I im Jahre 1934 die Zahl der Autoomnibusse, die im Jahre 1925 auf der Euston Road (London N.W.1) verkehrten oder die Zahl der Doppelzentner Kakao, die jetzt von der Goldküste exportiert werden, zum Vorschein kommen könnten, hat für ihn gar keinen praktischen Wert. Es darf nicht einmal geschehen, daß er Wien I mit Wien II verwechselt. Oder, um ein Beispiel aus der biologischen

---

daß beim Übergange zu seiner Formel (16), d. h. bei $n \to \infty$, Mises nicht nur die Funktion $v(x)$ zu $v(a)$, sondern ganz ebenso auch die Funktion $w_n(x)$ zu $w(a)$ machen könnte. Ferner wäre noch zu bemerken, daß man im allgemeinen Fall eigentlich nicht $v(x)$, sondern $v(x, t, s)$ schreiben müßte, wobei $t$ die Zeit und $s$ den Ort bedeuten (vgl. nächste Seite).

Statistik anzuführen: dem Meeresboden werden an verschiedenen Stellen Planktonproben entnommen. Der Forscher notiert sich hierbei genau den Entstehungsort jeder einzelnen Probe; er wird sehr wohl einige Nachbarproben als zur selben Gesamtheit höherer Ordnung gehörend ansehen können, schwerlich aber die Zahlen, die sich auf ganz verschiedene geographische Gebiete beziehen, als solche betrachten, die zufällig aus einem und demselben „Kollektiv von Planktonsäcken" gezogen werden.

Im zweiten Falle, d. h. bei Gesamtheiten, die nach der Zeit geordnet sind, hat man es entweder mit solchen zu tun, die in der Zeit sich allmählich verändern, indem von ihnen gewisse Elemente abgehen und andere, neue hinzukommen, wie etwa die Bevölkerung eines Landes (Bestandesmassen), oder aber mit solchen, die nur derartige hinzugekommene oder abgegangene Elemente für bestimmte Zeitabschnitte enthalten, wie z. B. die Geburten- und Sterbestatistik (Ereignismassen). Die Bayesschen Gesamtheiten höherer Ordnung (die aber Bayes selbst ganz fremd waren) existieren in der Regel im ersteren Falle überhaupt nicht und im zweiten würde die Vorstellung, die gegebenen Gesamtheiten seien zufällig aus einer Gesamtheit höherer Ordnung „gezogen" (die offenbar aus den Daten für verschiedene Zeitabschnitte bestehen müßte), nicht die beste Konstruktion darstellen, denn sie würde einen für uns sowohl theoretisch als auch praktisch höchst wichtigen Umstand aus der Betrachtung weglassen: die ganz eindeutige zeitliche Reihenfolge nämlich, in der die einzelnen Gesamtheiten auftreten und die eine bestimmte Entwicklungslinie darstellen kann, wie etwa die der allmählichen Verminderung der Sterblichkeits- und Geburtsziffern. Was endlich die nach einem sachlichen Prinzip geordneten Gesamtheiten betrifft, so läßt sich auf sie das Schema der zufällig gezogenen Säcke ebenfalls nicht immer anwenden.

In allen drei Hauptgruppen der statistischen Gesamtheiten können wir also sehr wohl eine Gesamtheit niederer Ordnung und eine Gesamtheit höherer Ordnung (bzw. statistisches Kollektiv) unterscheiden, aber die Einführung eines zweithöheren Kollektivs mit unbekannter und vollkommen unbegrenzter Zusammensetzung ist meistens durchaus nicht geboten und nicht einmal wünschenswert. Selbstverständlich wird hierdurch keineswegs eine andere theoretische Konstruktion in Abrede gestellt, die auf den ersten Blick mit der obigen verwechselt werden könnte, nämlich die Annahme, daß für beinahe jede statistische Gesamtheit eine Matrix von Ursachen gedacht werden kann, die unter Umständen eine endliche oder häufiger eine unendliche Folge von ähnlichen Gesamtheiten hervorbringen könnte (vgl. oben: Einleitung, S. 15, und ferner unsere Ausführungen auf S. 85—86 im Zusammenhange mit der B. A. Fisherschen Konzeption), denn in letzterem Falle hätte man doch nur zwei Gesamtheiten zu vergleichen: die gegebene einerseits und die hypothetische anderseits (die aus allen möglichen Folgen der Matrix bestehen müßte). Dasselbe ist auch dann der Fall, wenn wir in der Tat die gegebene Gesamtheit einem statistischen Kollektiv entnehmen, welches seinerseits einem ebenso zusammengesetzten Kollektiv noch höherer Ordnung entnommen ist, denn auch hier kann man das mittlere

Kollektiv ganz ohne Schaden für die Allgemeingültigkeit der erzielten Resultate einfach ausschalten, was man in der mit dem Namen von Bayes verbundenen Konstruktion offenbar nicht tun darf. Die in der Bevölkerungsstatistik häufig gestellte Frage, ob man nicht eine gewisse Anzahl von tatsächlich beobachteten Gesamtheiten (z. B. die Geburtenzahlen in verschiedenen Kreisen) als solche ansehen darf, die aus einem und demselben Kollektiv höherer Ordnung entstanden sein könnten, führt ebenfalls nicht zur Bayesschen, sondern zur bekannten Lexis-Poissonschen Fragestellung.

Und wiederum eine andere Fragestellung, die mit dem Bayesschen Theorem nichts Gemeinsames haben muß, ist die folgende: Gegeben ist eine Anzahl von Gesamtheiten, von denen jede ihrerseits aus einem eigenen Kollektiv höherer Ordnung entstanden sein kann; gefragt wird, inwiefern man annehmen darf, daß alle oder wenigstens ein Teil der statistischen Parameter dieser Kollektive identische Werte besitzen. Diese Fragestellung führt zum Neyman-Pearsonschen Kriterium. (Vgl. die Literaturhinweise hierzu in Kap. III, § 8).

Kurz gesagt: unsere Ansicht kann dahin präzisiert werden, daß das umgekehrte („Bayessche") Problem für den Statistiker gewöhnlich auf die folgende einfache Gestalt gebracht werden kann: gegeben ist eine Gesamtheit vom Umfange $n$, die aus einer anderen Gesamtheit (bzw. Kollektiv) höherer Ordnung entstanden ist (bzw. ihr entnommen wurde). Der Umfang der letzteren, $N$, kann sowohl endlich als auch unendlich angenommen werden. Gefragt wird:

a) in welchen Grenzen befinden sich die uns unbekannten statistischen Parameter der Gesamtheit (bzw. des Kollektivs) höherer Ordnung, d. h. wie ist die Variationsbreite derselben? Und b) was kann als der „beste" Wert für diese Parameter angenommen werden?

Beide Fragen werden uns in diesem Kapitel nur insofern beschäftigen, als sie zur homograden Theorie gehören. Was die allgemeinere „heterograde" Lösung des Problems anbetrifft, so wird der Leser auf Kap. III, § 5 und 8, verwiesen.

Den bequemsten Ausgangspunkt für unsere Betrachtungen bildet das Laplacesche Integral, dessen verschiedene Formen wir oben in den Ausdrücken (15), (17) und (18) des § 6 angegeben haben, doch könnte man ohne besondere Schwierigkeiten auch von der Summenformel (12) desselben Paragraphen ausgehen. Das Integral ergibt, wenn wir uns an die Sheppardsche Formel (18) halten, die statistische Wahrscheinlichkeit dafür, daß das Ungleichungssystem (20) (s. oben S. 73) besteht:

$$-\frac{x_0}{\sigma} \leqq \frac{i-np}{\sigma} \leqq +\frac{x_0}{\sigma}.$$

Wenn wir für den Quotienten $\dfrac{x_0}{\sigma}$ die Bezeichnung

$$\frac{x_0}{\sigma} = k \quad \cdots \cdots \cdots \cdots \quad (1)$$

einführen und alle 3 Teile der Ungleichung mit $\sigma$ multiplizieren, so ergibt sich hieraus das System

$$- k\sigma \leqq i - np \leqq + k\sigma. \quad \ldots \ldots \quad (2)$$

Die statistische Wahrscheinlichkeit, welche diesem System entspricht, ist offenbar ganz genau dieselbe. Bezeichnen wir sie mit $P\{- k\sigma \leqq i - np \leqq k\sigma\}$, so können wir, mit Rücksicht auf (18) des § 6, auch schreiben:

$$a = P\{- k\sigma \leqq i - np \leqq + k\sigma\} = \frac{2}{\sqrt{2\pi}} \int\limits_0^k e^{-\frac{x^2}{2}}\, dx \ldots \quad (3)$$

Diese Formel bedeutet nur soviel, daß für jene Gesamtheit höherer Ordnung vom Umfange $\dfrac{N!}{(N-n)!}$, die alle Kombinationen zu $n$ Elementen aus $N$ enthält und die wir oben in § 3 gebildet haben, eine ganz bestimmte (und aus den Sheppardschen Tabellen direkt abzulesende) relative Häufigkeit solcher Kombinationen besteht, die dem System der Ungleichungen (2) genügen, d. h. bei welchen die Zahl der Elemente, die mit dem Merkmal $A$ versehen sind, von der Zahl $np$ um nicht mehr als $k\sigma$ nach der positiven oder negativen Seite abweicht. Ist das System der Ungleichungen (2) für eine bestimmte Gesamtheit gegeben, so ist auch seine statistische Wahrscheinlichkeit (3) gegeben. Und umgekehrt: setzt man die statistische Wahrscheinlichkeit (3) für eine genau definierte Gesamtheit fest, so folgt aus ihr für diese auch unmittelbar das System (2). Letzteres drückt bloß die Beziehungen aus, die bei gegebenen $k$, $N$ und $n$ zwischen $i$ und $p$ bestehen ($\sigma$ ist, wie wir wissen, nur eine Funktion von $p$, $n$ und $N$), damit (3) zustande kommt, und es ist einleuchtend, daß wir das System (2) auf beliebige Weise nach den Regeln der Algebra „tautologisch umformen" können, ohne hierdurch irgend etwas an (3) zu verändern. So folgt z. B. aus (2), daß

$$\left. \begin{aligned} np - k\sigma &\leqq i \leqq np + k\sigma, \\ -\sigma &\leqq \frac{i - np}{k} \leqq +\sigma, \\ p - \frac{k\sigma}{n} &\leqq \frac{i}{n} \leqq p + \frac{k\sigma}{n}, \end{aligned} \right\} \quad \ldots \ldots \quad (4)$$

usw. Setzt man für $\sigma$ seinen Wert aus Formel (38) des § 4 ein (da es sich bei uns um statistische Wahrscheinlichkeiten handelt, so können die Akzente weggelassen werden), und berücksichtigt man hierbei, daß $q = 1 - p$ ist, so ergibt sich für (2) auch die folgende Gestalt:

$$\left. \begin{aligned} -k\sqrt{np(1-p)\left(1 - \frac{n}{N}\right)} &\leqq i - np, \\ i - np &\leqq + k\sqrt{np(1-p)\left(1 - \frac{n}{N}\right)}. \end{aligned} \right\} \quad \ldots \quad (4\,\text{a})$$

Die Größe $\sigma$ ist jetzt aus dem System ganz verschwunden und dafür ist die Größe $N$ eingetreten, aber die Wahrscheinlichkeit (3) bezieht sich selbstverständlich in gleicher Weise auch auf das System (4a). Es ist ferner einleuchtend, daß die tautologischen Umformungen beliebig langwierig und kompliziert gemacht werden können, solange sie eben nur tautologische Umformungen bleiben und kein neues Element, d. h. keine neue Bedingung, ins System (2) oder (4) oder (4a) hineingebracht wird. So kann man z. B. aus (4a) auf elementar-algebraischem Wege auch die zulässigen Grenzwerte für $p$ ableiten, zwischen denen es sich bei gegebenem $i$ befinden muß. Wir werden uns bald überzeugen, daß dies zu theoretisch recht interessanten Konsequenzen führt.

Die untere Grenze für $p$ ergibt sich in (4a) aus der Bedingung:

$$-k\sqrt{np(1-p)\left(1-\frac{n}{N}\right)}=i-np$$

und die obere aus

$$+k\sqrt{np(1-p)\left(1-\frac{n}{N}\right)}=i-np.$$

Erhebt man diese zwei Gleichungen ins Quadrat, um sie vom Wurzelzeichen zu befreien, so erhält man für beide dieselbe Gleichung, die in bezug auf $p$ eine quadratische ist:

$$k^2np(1-p)\left(1-\frac{n}{N}\right)=(i-np)^2. \quad\quad\ldots\ldots (5)$$

Hieraus folgt, daß die Wurzeln dieser Gleichung eben beide Grenzen für $p$ ergeben müssen. Nach einigen elementaren Umformungen erhalten wir aus (5) folgende Gleichung:

$$p^2\left(n^2+k^2n-\frac{k^2n^2}{N}\right)-p\left(2in+k^2n-\frac{k^2n^2}{N}\right)+i^2=0,$$

oder nach Division durch $n^2$:

$$p^2\left[1+k^2\left(\frac{1}{n}-\frac{1}{N}\right)\right]-p\left[2\frac{i}{n}+k^2\left(\frac{1}{n}-\frac{1}{N}\right)\right]+\left(\frac{i}{n}\right)^2=0. \quad\ldots (6)$$

Und nach der bekannten Formel

$$x=\frac{-b\pm\sqrt{b^2-4ac}}{2a}$$

für die Auflösung der allgemeinen Gleichung zweiten Grades $ax^2+bx++c=0$[1] ergibt sich hieraus sofort:

$$p=\frac{+\frac{i}{n}+\frac{k^2}{2}\left(\frac{1}{n}-\frac{1}{N}\right)\pm\sqrt{\frac{1}{4}\left\{4\left(\frac{i}{n}\right)^2+4k^2\cdot\frac{i}{n}\left(\frac{1}{n}-\frac{1}{N}\right)+k^4\left(\frac{1}{n}-\frac{1}{N}\right)^2-4\left(\frac{i}{n}\right)^2\left[1+k^2\left(\frac{1}{n}-\frac{1}{N}\right)\right]\right\}}}{1+k^2\left(\frac{1}{n}-\frac{1}{N}\right)}.$$

----

[1] Wir bitten den Leser um Entschuldigung wegen der Anführung dieser Formel, die bereits jedem Sekundaner bekannt ist. Neben dem Integralzeichen, welches wir in Formel (3) eingesetzt haben, sieht sie in der Tat recht merkwürdig aus. Uns lag aber daran, den besonders elementaren Charakter der ganzen Entwicklung aufzuzeigen.

Setzt man jetzt im Zähler $\pm \dfrac{i}{n}\, k^2 \left(\dfrac{1}{n} - \dfrac{1}{N}\right)$ hinzu, so erhält man nach einigen weiteren Umformungen:

$$p = \frac{i}{n} + \frac{k^2 \left(\dfrac{1}{2} - \dfrac{i}{n}\right)\left(\dfrac{1}{n} - \dfrac{1}{N}\right)}{1 + k^2 \left(\dfrac{1}{n} - \dfrac{1}{N}\right)} \pm$$

$$\pm \frac{k}{1 + k^2 \left(\dfrac{1}{n} - \dfrac{1}{N}\right)} \sqrt{\frac{i}{n}\left(1 - \frac{i}{n}\right)\left(\frac{1}{n} - \frac{1}{N}\right) + \frac{k^2}{4}\left(\frac{1}{n} - \frac{1}{N}\right)^2} . \quad . \quad (7)$$

Und führt man noch die Bezeichnungen ein:

$$\frac{i}{n} = p', \quad 1 - \frac{i}{n} = q', \quad . \ . \ . \ . \ . \ . \ . \ . \ (8)$$

so folgt hieraus endgültig:

$$p = p' + \frac{k^2 \left(\dfrac{1}{2} - p'\right)\left(\dfrac{1}{n} - \dfrac{1}{N}\right)}{1 + k^2 \left(\dfrac{1}{n} - \dfrac{1}{N}\right)} \pm$$

$$\pm \frac{k}{1 + k^2 \left(\dfrac{1}{n} - \dfrac{1}{N}\right)} \sqrt{p'q'\left(\frac{1}{n} - \frac{1}{N}\right) + \frac{k^2}{4}\left(\frac{1}{n} - \frac{1}{N}\right)^2} \ . \ . \ . \ (9)$$

Wenn wir jetzt berücksichtigen, daß (9) nur den Wert der zwei Wurzeln von (5) wiedergibt und daß diese Wurzeln ihrerseits nur beide Grenzen für $p$ darstellen, welche sich aus (4a) durch rein tautologische Umformungen ergeben, so folgt hieraus, daß der Ausdruck (3) auch als die statistische Wahrscheinlichkeit für das Bestehen des folgenden Systems von Ungleichungen angesehen werden kann:

$$\left.\begin{aligned}
&p' + \frac{k^2\left(\dfrac{1}{2} - p'\right)\left(\dfrac{1}{n} - \dfrac{1}{N}\right)}{1 + k^2\left(\dfrac{1}{n} - \dfrac{1}{N}\right)} - \\
&\quad - \frac{k}{1 + k^2\left(\dfrac{1}{n} - \dfrac{1}{N}\right)} \sqrt{p'q'\left(\frac{1}{n} - \frac{1}{N}\right) + \frac{k^2}{4}\left(\frac{1}{n} - \frac{1}{N}\right)^2} \leqq p, \\[2ex]
&p \leqq p' + \frac{k^2\left(\dfrac{1}{2} - p'\right)\left(\dfrac{1}{n} - \dfrac{1}{N}\right)}{1 + k^2\left(\dfrac{1}{n} - \dfrac{1}{N}\right)} + \\
&\quad + \frac{k}{1 + k^2\left(\dfrac{1}{n} - \dfrac{1}{N}\right)} \sqrt{p'q'\left(\frac{1}{n} - \frac{1}{N}\right) + \frac{k^2}{4}\left(\frac{1}{n} - \frac{1}{N}\right)^2} .
\end{aligned}\right\} \quad (10)$$

Oder, wenn man beide Ungleichungen mit $n$ multipliziert, auch für:

$$\left.\begin{aligned}
&n\,p' + \frac{k^2\left(\dfrac{1}{2}-p'\right)\left(1-\dfrac{n}{N}\right)}{1 + k^2\left(\dfrac{1}{n}-\dfrac{1}{N}\right)} - \\
&\qquad - \frac{k}{1 + k^2\left(\dfrac{1}{n}-\dfrac{1}{N}\right)}\sqrt{n\,p'q'\left(1-\frac{n}{N}\right) + \frac{k^2}{4}\left(1-\frac{n}{N}\right)^2} \leqq n\,p, \\[2mm]
&n\,p \leqq n\,p' + \frac{k^2\left(\dfrac{1}{2}-p'\right)\left(1-\dfrac{n}{N}\right)}{1 + k^2\left(\dfrac{1}{n}-\dfrac{1}{N}\right)} + \\
&\qquad + \frac{k}{1 + k^2\left(\dfrac{1}{n}-\dfrac{1}{N}\right)}\sqrt{n\,p'q'\left(1-\frac{n}{N}\right) + \frac{k^2}{4}\left(1-\frac{n}{N}\right)^2}.
\end{aligned}\right\} \tag{10a}$$

Auf (1) zurückgreifend, bemerken wir, daß der Ausdruck, welcher in (10) und (10a) im Nenner auftritt, folgendermaßen dargestellt werden kann:

$$1 + k^2\left(\frac{1}{n}-\frac{1}{N}\right) = 1 + \frac{{x^2}_0 \cdot \dfrac{1}{n}\left(1-\dfrac{n}{N}\right)}{n\,p\,q\left(1-\dfrac{n}{N}\right)} = 1 + \frac{{x^2}_0}{n^2\,p\,q}.$$

Wenn wir uns jetzt daran erinnern, daß wir oben im § 4 bei der Ableitung der Exponentialformel die Bedingungen (31) und (33) einführten, laut welchen die Größenordnungen

$$\frac{x^2}{n^2 p^2} \quad \text{und} \quad \frac{x^2}{n^2 q^2}$$

bereits vernachlässigt werden können (da es sich in unserem Falle um statistische Wahrscheinlichkeiten handelt, so brauchen wir die Akzente nicht beizubehalten), so können wir mit Rücksicht darauf, daß $\dfrac{x^2}{n^2 p q}$ das geometrische Mittel von $\dfrac{x^2}{n^2 p^2}$ und $\dfrac{x^2}{n^2 q^2}$ ist und sich infolgedessen nach seiner Größe zwischen beiden befindet, auch den Schluß ziehen, daß man vollkommen im Bereiche jener Annahmen bleibt, die uns seinerzeit zum Laplaceschen Integral führten, wenn man einfach

$$1 + k^2\left(\frac{1}{n}-\frac{1}{N}\right) \sim 1 \quad \ldots \ldots \ldots \tag{11}$$

setzt. Wird jetzt noch $N \to \infty$ angenommen, so erhält man sofort, daß für den Fall „mit Zurücklegen" die statistische Wahrscheinlichkeit

$$P\left\{-k\,\sigma \leqq i - n\,p \leqq + k\,\sigma\right\}$$

dafür besteht, daß die folgenden zwei Ungleichungen gelten:

$$\left.\begin{aligned}
&n\,p' + k^2\left(\frac{1}{2}-p'\right) - k\sqrt{n\,p'\,q' + \frac{k^2}{4}} \leqq n\,p, \\[2mm]
&n\,p \leqq n\,p' + k^2\left(\frac{1}{2}-p'\right) + k\sqrt{n\,p'\,q' + \frac{k^2}{4}}
\end{aligned}\right\} \ldots \tag{12}$$

und

$$
\left.
\begin{aligned}
p' + \frac{k^2\left(\dfrac{1}{2} - p'\right)}{n} - k\sqrt{\frac{p'q'}{n} + \frac{k^2}{4n^2}} &\leqq p, \\[2ex]
p \leqq p' + \frac{k^2\left(\dfrac{1}{2} - p'\right)}{n} + k\sqrt{\frac{p'q'}{n} + \frac{k^2}{4n^2}}. &
\end{aligned}
\right\} \quad \cdots \quad (12\,\mathrm{a})
$$

Ist aber $n$ bereits so beträchtlich, daß man Größen von der Ordnung $\dfrac{1}{\sqrt{n}}$ noch berücksichtigt, diejenigen von der Ordnung $\dfrac{1}{n}$ jedoch unterdrückt, so erhält man hieraus auch angenähert:

$$
p' - k\sqrt{\frac{p'q'}{n}} \leqq p \leqq p' + k\sqrt{\frac{p'q'}{n}}. \quad \cdots \cdots (13)
$$

Unter der gleichen Annahme ergibt sich aus (10):

$$
p' - k\sqrt{p'q'\left(\frac{1}{n} - \frac{1}{N}\right)} \leqq p \leqq p' + k\sqrt{p'q'\left(\frac{1}{n} - \frac{1}{N}\right)}. \quad \cdot (13\mathrm{a})
$$

Wenn wir jetzt in der letzten Zeile des Systems (4) die Bezeichnungen (8) einführen und $n$ unter die Wurzel der Formel von $\sigma$ bringen, so erhalten wir aus ihr für den Fall „mit Zurücklegen":

$$
p - k\sqrt{\frac{pq}{n}} \leqq p' \leqq p + k\sqrt{\frac{pq}{n}}, \quad \cdots \cdots (14)
$$

und für den Fall „ohne Zurücklegen":

$$
p - k\sqrt{pq\left(\frac{1}{n} - \frac{1}{N}\right)} \leqq p' \leqq p + k\sqrt{pq\left(\frac{1}{n} - \frac{1}{N}\right)}. \quad \cdot (14\mathrm{a})
$$

Vergleicht man (13) mit (14) und (13a) mit (14a), so bemerkt man sofort, daß eine volle Umkehrung stattgefunden hat: $p$ und $p'$ haben sich gegenseitig ausgewechselt. Und wenn (14) und (14a) die Grenzen angeben, in welchen, bei einer gegebenen statistischen Wahrscheinlichkeit (3), einem gegebenen $k$ und einem gegebenen $p$, die relative Häufigkeit $p'$ sich befinden muß, so erhalten wir aus (13) und (13a) umgekehrt die Grenzen, in denen bei derselben statistischen Gesamtheit, derselben statistischen Wahrscheinlichkeit (3) und demselben $k$, im Falle einer gegebenen relativen Häufigkeit $p'$ sich die statistische Wahrscheinlichkeit $p$ befinden dürfte — vorausgesetzt, daß $n$ bereits so groß ist, daß die Größenordnung $\dfrac{1}{n}$ vernachlässigt werden kann.[1] Symbolisch drückt sich unser Resultat folgendermaßen aus:

---

[1] Der Fall „mit Zurücklegen" ist in einer ähnlichen Weise bereits durch Stanislas Millot, „Sur la probabilité a posteriori" (Comptes rendus hebdomadaires des Séances de l'Académie des Sciences, Vol. 176, S. 30. Paris 1923), behandelt worden, desgleichen durch V. Romanovsky. Leider ist uns seine Arbeit „Sulle probabilità ‚a posteriori'" (Giornale dell'Istituto Italiano degli Attuari, Anno II, n. 4, Ottobre 1931, IX, S. 3—21. Roma 1931) bisher unerreichbar geblieben.

$$\left.\begin{aligned}
a &= \frac{2}{\sqrt{2\pi}} \int_0^k e^{-\frac{x^2}{2}}\, dx = \\
&= P\left\{ -k\sigma \leqq i - np \leqq +k\sigma \right\} = \\
&= P\left\{ p - k\sqrt{pq\left(\frac{1}{n} - \frac{1}{N}\right)} \leqq p' \leqq p + k\sqrt{pq\left(\frac{1}{n} - \frac{1}{N}\right)} \right\} = \\
&= P\left\{ p' - k\sqrt{p'q'\left(\frac{1}{n} - \frac{1}{N}\right)} \leqq p \leqq p' + k\sqrt{p'q'\left(\frac{1}{n} - \frac{1}{N}\right)} \right\}.
\end{aligned}\right\} \quad (15)$$

Der praktische Wert der letzten Formel besteht darin, daß sich aus ihr ein sehr einfaches Verfahren dafür ergibt, eine gute Annäherung an den Wert (3) direkt aus den Tabellen für das Laplacesche Integral auch bei unbekanntem $p$ zu erhalten: bei genügend großem $n$ ersetzt man in der Formel für $\sigma$ ganz einfach den Wert $p$ durch den aus der Stichprobe direkt erhaltenen Wert $p'$. Ist jedoch $n$ nicht so groß, so ist man gezwungen, für $\sigma$ den etwas komplizierteren Ausdruck zu gebrauchen, der in (10) und (12) unter dem Wurzelzeichen steht und der die unangenehme Eigenschaft besitzt, daß er für jedes $k$ besonders berechnet werden muß [(vgl. auch unten Form. (16) und (16a)].

Wenn wir jetzt die Annahme einführen, die Gesamtheit höherer Ordnung, aus der die Stichprobe vom Umfange $n$ entnommen worden ist, sei ein statistisches Kollektiv, so erhalten wir im Cournotschen Lemma (vgl. oben S. 81) wiederum eine Brücke, die uns aus dem Bereiche der abstrakt-mathematischen Transformationen in das Gebiet der Tatsachenwelt hinüberleitet. Unser erster Schritt besteht dann darin, daß wir eine gewisse minimale Grenze für jene Wahrscheinlichkeiten festsetzen, die wir noch zu berücksichtigen bereit sind, — solcher Art, daß Ereignisse, deren totale statistische Wahrscheinlichkeit in einem Kollektiv noch kleiner ist, von uns das Prädikat „sehr selten" oder „in der Praxis fast nie vorkommend" erhalten. Diese Grenzwahrscheinlichkeiten entsprechen ganz genau jenen, die Prof. R. A. Fisher als „fiducial limits" bezeichnet, und Dr. J. Neyman nennt das Intervall zwischen beiden „the confidence interval".[1] Es sei z. B. angenommen, daß eine solche Grenze für uns die statistische Wahrscheinlichkeit

---

[1] Vgl. R. A. Fisher: Inverse probability. Proceedings of the Cambridge Philosophical Society, Vol. XXVI, S. 528—535, 1930; derselbe: Inverse Probability and the Use of Likelihood. Proceedings of the Cambridge Philosophical Society, Vol. XXVIII, S. 257—261, 1932; derselbe: The Concepts of Inverse Probability Referring to Unknown Parameters. Proceedings of the Royal Society, A, Vol. 139, S. 343—348, 1933; derselbe: The Logic of Inductive Inference. Journ. of the Royal Statistical Society, Vol. XCVIII, S. 39—82, 1935. — J. Neyman: On the Two Different Aspects of the Representative Method: the Method of Stratified Sampling and the Method of Purposive Selection. Journ. of the Royal Statistical Society, Vol. XCVII, S. 558—625, 1934. — Zu den Ausführungen von Fisher und Neyman werden wir später noch einmal zurückkehren.

$$1 - 0{,}9974 = 0{,}0026$$

darstelle, welche einem Werte von $k = 3$ genau entspricht (vgl. oben S. 77). Mit anderen Worten: es sei angenommen, daß Abweichungen vom wahrscheinlichsten Wert, welche den Betrag von $\pm\, 3\,\sigma$ übersteigen, „sehr selten" oder sogar „praktisch fast niemals" bei einer Stichprobe aus einem statistischen Kollektiv beobachtet werden (wir wiederholen nochmals, daß die Festsetzung bestimmter Grenzen immer nur eine Frage der Konvention oder sogar der persönlichen Willkür des Forschers ist).

Unser nächster Schritt besteht dann in der Feststellung, daß bei $P = 0{,}9974$, $k = 3$ und gegebenem $p'$, sich aus (10) mit Rücksicht auf (11) für die unbekannte statistische Wahrscheinlichkeit folgende Grenzen ergeben:

$$\left.\begin{aligned}
p' + 9\left(\frac{1}{2} - p'\right)\left(\frac{1}{n} - \frac{1}{N}\right) - 3\sqrt{p'q'\left(\frac{1}{n} - \frac{1}{N}\right) + \frac{9}{4}\left(\frac{1}{n} - \frac{1}{N}\right)^2} &\leqq p, \\
p \leqq p' + 9\left(\frac{1}{2} - p'\right)\left(\frac{1}{n} - \frac{1}{N}\right) + 3\sqrt{p'q'\left(\frac{1}{n} - \frac{1}{N}\right) + \frac{9}{4}\left(\frac{1}{n} - \frac{1}{N}\right)^2}. &
\end{aligned}\right\} \quad (16)$$

Und bei der Annahme, daß $n$ bereits so beträchtlich ist, daß die Größenordnung $\dfrac{1}{\sqrt{n}}$ beibehalten, $\dfrac{1}{n}$ aber vernachlässigt werden kann, einfach:

$$p' - 3\sqrt{p'q'\left(\frac{1}{n} - \frac{1}{N}\right)} \leqq p \leqq p' + 3\sqrt{p'q'\left(\frac{1}{n} - \frac{1}{N}\right)}. \quad (16\,\text{a})$$

(Für den Fall „mit Zurücklegen" haben wir in den Formeln (16) und (16a) bloß die Quotienten $\dfrac{1}{N}$ zu streichen.)

Der dritte und letzte Schritt besteht dann in der einfachen Schlußfolgerung: es wird „sehr selten" oder „praktisch fast niemals" vorkommen, daß, wenn eine Stichprobe vom Umfange $n$ einem statistischen Kollektiv vom Umfange $N$ entnommen wird und $n$ genügend groß ist, um die Anwendung der Laplaceschen Formel zuzulassen, die statistische Wahrscheinlichkeit $p$ des Merkmals $A$ sich außerhalb der Grenzen (16) befindet, bzw. bei noch größerem $n$ außerhalb der Grenzen (16a). Dieser Satz stellt die Umkehrung der Cournotschen Formulierung des „Gesetzes der großen Zahlen" dar (vgl. oben S. 82) und die Antwort auf die auf S. 105—106 gestellte Frage: in welchen Grenzen befindet sich der uns unbekannte statistische Parameter $p$ ?[1]

---

[1] Auf S. 56 haben wir in einer Anmerkung erwähnt, daß man aus gewissen theoretischen Überlegungen häufig an Stelle von

$$\sigma = \sqrt{npq\left(1 - \frac{n}{N}\right)}$$

den Ausdruck

$$\sqrt{\frac{N}{N-1}}\,\sqrt{npq\left(1 - \frac{n}{N}\right)} = \sqrt{npq\left(1 - \frac{n-1}{N-1}\right)}$$

Die zweite der oben erwähnten Fragen lautet in Anwendung auf unser Problem: was kann als der „beste" Wert für den unbekannten Parameter $p$ angenommen werden? Diese Frage, die zum Komplex des allgemeinen „Problems der Schätzung" (problem of estimation) gehört, ist im Falle der homograden Statistik viel weniger kompliziert als in jenem der heterograden, denn die verschiedenen konkurrierenden Lösungen ergeben hier praktisch meistens dasselbe Resultat. Wir verschieben daher seine allgemeine Betrachtung auf § 8 des Kap. III. Nur soviel sei hier gesagt, daß man gewöhnlich als den „besten" oder den „plausibelsten" Wert von $p$ jenes $p'$ ansehen wird, welches entweder am häufigsten beobachtet wird, d. h. die größte relative Häufigkeit im Kollektiv höherer Ordnung besitzt, oder den arithmetischen Durchschnitt aus allen vorkommenden Werten von $p'$ darstellt. Die erste Lösung, welche der Ableitung des Laplaceschen Integrals besser entspricht (vgl. die Ableitung der Formel 12 in § 4 auf S. 47) und letzten Endes auf R. A. Fishers „method of likelihood" zurückgeführt werden kann, ergibt in unserem Falle, daß als der „beste" Annäherungswert von $p$ einfach $p'$ zu setzen ist; und die zweite Lösung, die auf die „Methode der mathematischen Erwartungen" zurückgeht, führt ebenfalls zum selben Resultat. Ein etwas anderes Ergebnis erhält man aber, wenn man von der Betrachtung des Systems (10) ausgeht. Dort steht nämlich im Symmetriezentrum, von welchem die Abweichungen nach beiden Seiten gerechnet werden, nicht $p'$, sondern der Ausdruck

$$p' + \frac{k^2\left(\frac{1}{2} - p'\right)\left(\frac{1}{n} - \frac{1}{N}\right)}{1 + k^2\left(\frac{1}{n} - \frac{1}{N}\right)}, \quad \ldots \ldots \ldots \quad (17)$$

oder angenähert:

$$p' + k^2\left(\frac{1}{2} - p'\right)\left(\frac{1}{n} - \frac{1}{N}\right), \quad \ldots \ldots \ldots \quad (17\,\text{a})$$

und man könnte sich versucht fühlen, nicht $p'$, sondern eben (17) oder (17a) als die beste Annäherung an $p$ zu betrachten, was bei kleinen $n$ (aber immerhin so großen, daß auf den Fall noch die Laplacesche Formel angewandt werden kann) zuweilen zu einer nicht ganz unbeträchtlichen „Korrektion" des Wertes von $p'$ führen könnte. Wir bemerken nämlich

setzt. Es fragt sich nun, inwiefern diese Substitution unsere Formeln (5) bis (16a) beeinflussen könnte. Eine direkte Rechnung, die von der Gleichung

$$k^2\left(\frac{N}{N-1}\right)n\,p\,q\left(1 - \frac{n}{N}\right) = (i - n\,p)^2$$

ausgeht und die wir hier nicht anzuführen brauchen, ergibt, daß der ganze Einfluß dieser Substitution bloß darin besteht, daß überall an Stelle des Ausdruckes $\left(\frac{1}{n} - \frac{1}{N}\right)$ der Ausdruck $\frac{N-n}{n\,(N-1)}$ zu treten hat, der sich vom ersteren nur um den minimalen Betrag $\frac{1}{N-1}\left(\frac{1}{n} - \frac{1}{N}\right)$ unterscheidet. Letzterer ist geringer als die Kleinheitsordnung, welche bei der Ableitung des Laplaceschen Integrals bereits unterdrückt wurde.

sofort, daß das zweite Glied in (17) im Falle $p' = \frac{1}{2}$ ganz verschwindet

und im übrigen einen desto größeren Wert erhält, je mehr $p'$ von $\frac{1}{2}$ ab-

weicht, je größer $k$ genommen wird und, selbstverständlich, je kleiner $n$ ist. Die „Korrektion" von $p'$ ist immer derart, daß sie den „plausibelsten"

Wert für das unbekannte $p$ etwas näher an $\frac{1}{2}$ heranschiebt. Im Falle „mit

Zurücklegen" $\left(\frac{1}{N} = 0\right)$ ergeben sich z. B. bei $n = 100$, $k = \sqrt{10}$,[1] aus (17) folgende Werte für den „plausibelsten" Wert von $p$:

Gegebener Wert von $p'$:
  0,100; 0,200; 0,300; 0,400; 0,500; 0,600; 0,700; 0,800; 0,900.

„Plausibelster" Wert von $p$:
  0,136; 0,227; 0,318; 0,409; 0,500; 0,591; 0,682; 0,773; 0,864.

## 12. Die Formel von Poisson („Gesetz der kleinen Zahlen").

Im § 4 (S. 45—46) haben wir bereits festgestellt, daß im Falle

$$p < \frac{1}{n+1} - \frac{1}{N} + \frac{2}{(n+1)\,N}$$

oder

$$p > 1 - \left[\frac{1}{n+1} - \frac{1}{N} + \frac{2}{(n+1)\,N}\right]$$

(vgl. Formeln 6 und 8 daselbst), die Reihe

$$P_n, \ P_{n-1}, \ P_{n-2}, \ \ldots, P_2, \ P_1, \ P_0$$

einen monotonen Verlauf aufweist, d. h. ihr Maximum entweder in ihrem letzten oder in ihrem ersten Gliede besitzt. Bei so kleinen oder so großen Werten von $p$ verliert folglich die Laplacesche Exponentialformel ihren Sinn. Desgleichen wurde im selben Paragraphen auf S. 54—55 darauf hingewiesen, daß für das Zustandekommen der Exponentialformel auch die Annahme, die Ausdrücke (31), (33) und (35) seien bereits verschwindend klein, gelten muß. Ist jedoch $p$ sehr klein und, sagen wir, von der Ordnung $\frac{1}{n}$, so ist z. B. $\frac{x^2}{n^2\,p^2} \sim x^2$; dasselbe Resultat erhalten wir für $\frac{x^2}{n^2\,q^2}$, wenn $p$ sehr groß und etwa von der Ordnung $1 - \frac{1}{n} = \frac{n-1}{n}$ ist. In beiden Fällen kann folglich keine Rede davon sein, jene Ausdrücke (31) oder (33) zu unterdrücken. Somit entsteht die Frage, was für ein anderes ange- nähertes Verfahren man bei sehr kleinen $p$ oder $q$ (im Vergleich zu $n$) anwenden soll. Diese Frage wurde von Poisson bereits im Jahre 1837 gelöst,[2] doch blieb seine Formel 61 Jahre lang von den Statistikern ganz

---

[1] Wir wählen mit Absicht für $k$ den Wert $\sqrt{10}$ statt 3, um hierdurch nochmals die Willkürlichkeit der „fiduziären Grenzen" (s. oben S. 116) zu demonstrieren.

[2] S. D. Poisson: Recherches sur la probabilité etc., S. 205ff.

unbeachtet, und erst im Jahre 1898 erschien eine kleine Schrift von Bortkiewicz (der sich damals noch nach russischer Transkription „Bortkewitsch" schrieb), die die Poissonsche Formel sozusagen für die gelehrte Welt von neuem entdeckte.[1] Ohne Zweifel trug der originell gewählte Titel „Gesetz der kleinen Zahlen" dazu bei, daß gerade diese Arbeit Bortkiewicz so viel Beachtung fand, obgleich es jetzt kaum mehr einem Zweifel unterliegt, daß sie keineswegs die erste Stelle in seinem großen wissenschaftlichen Werk einnimmt. Das „Gesetz der kleinen Zahlen" ist eigentlich nur ein Glied in der Reihe der vielen „Gesetze der großen Zahlen", und zwar durchaus nicht das wichtigste, — wenigstens insofern es sich um das weite Gebiet der sozialen Massenerscheinungen handelt. In der Physik und in der biologischen Statistik freilich findet es viel weitere Anwendungsmöglichkeiten und kann z. B. bei Beobachtungen über Schwankungen von Teilchenzahlen, bei Untersuchungen des Blutbildes oder bei gewissen Experimenten mit Bakterienkulturen große Dienste erweisen.[2]

Wir werden im weiteren nur den Fall eines sehr großen $p$ behandeln, da vermöge der Beziehung $1 - p = q$ ein sehr kleines $p$ einfach als ein $q$ für ein sehr großes $p$ angesehen werden kann. Desgleichen beschränken wir uns nur auf das Schema „mit Zurücklegen", welches bei der Annahme $N \to \infty$ entsteht. Es wäre durchaus nicht schwer, auch für den Fall „ohne Zurücklegen" seine Formel abzuleiten; letztere ist jedoch beträchtlich komplizierter, besitzt nicht die überaus bequemen Eigenschaften der Poissonschen Formel, und — die Hauptsache — sie ist praktisch so gut wie wertlos, denn das Hauptanwendungsgebiet des „Gesetzes der kleinen Zahlen" bilden gerade jene Fälle, bei welchen $n$ und $N$ uns nicht genau bekannt, aber jedenfalls sehr groß sind, und wo $N$ vom praktischen Standpunkte aus gesehen einfach als unbegrenzt angenommen werden kann.

Die Ableitung der Poissonschen Formel wird dadurch sehr erleichtert, daß bei großem $p$ die Reihe $P_n, P_{n-1}, P_{n-2}, \ldots$ ganz asymmetrisch wird, so daß nur die ersten wenigen Glieder derselben sich praktisch von 0 unterscheiden. Hieraus folgt, daß man sich hier allein mit einer Exponentialformel begnügen kann und irgendwelche angenäherte Ausdrücke für die Summen der $P$ gar nicht abgeleitet zu werden brauchen. Arne Fisher

---

[1] L. v. Bortkewitsch: Das Gesetz der kleinen Zahlen. Leipzig 1898.

[2] Vgl. hierzu etwa: R. v. Mises: Wahrscheinlichkeitsrechnung, S. 452ff.; ferner „Student", On the Error of Counting with a Haemacytometer. Biometrika, Vol. V, S. 351—355. 1907. — R. A. Fisher: Statistical Methods for Research Workers, 4th edition, S. 55—64. — Karolina Iwaszkiewicz and J. Neyman: Counting virulent bacteria and particles of virus (Acta Biologie Experimentalis, Vol. VI), S. 101—142. Varsovie 1931. — J. Neyman: „Prawo małych liczb" i jego zastosowania, Poświęca się pamięci Władysława Bortkiewicza, Wiadomosci aktuarjalne 1 (Z Zakładu Biometrycznego Institutu im. M. Nenckiego T. N. W.), 1931 (polnisch). — Es ist übrigens außerordentlich bezeichnend, daß „Student" im Jahre 1907 noch keine Ahnung weder von der Poissonschen Formel noch von der Bortkiewiczschen Schrift hatte und daß er die Formel einfach zum dritten Male „entdeckte". Auch der Redaktion der „Biometrika" muß sie damals neu erschienen sein.

ließ für sein Buch die Werte der binomischen Entwicklung von $(0,999 + 0,001)^{100}$, $(0,95 + 0,05)^{100}$ und $(0,9 + 0,1)^{100}$ berechnen.[1] Die Ergebnisse dieser Rechnungen sind unten in Tab. 6 (S. 126) und in Abbildung 6 (siehe unten) dargestellt.

Wir ersehen aus den Zahlen Fishers, daß bei $p = 0,999$ bereits die drei ersten Glieder der Reihe der $P$ zusammen eine totale Wahrscheinlichkeit im Betrage von 0,999 darstellen; auf alle übrigen 98 Glieder der Reihe kommt also weniger als 0,001. Im zweiten Falle, bei $p = 0,95$, genügt es vollkommen, die ersten 12—13 Glieder zu berücksichtigen, und nur bei $p = 0,90$, d. h. in einem Falle, der auch schon die Anwendung der gewöhnlichen Laplaceschen Formel zuläßt (vgl. oben S. 63), ergibt sich die Zahl der noch relevanten Wahrscheinlichkeiten als etwa 22. Auf den Ausdruck „kurze Seite" zurückgreifend, den wir bei der Betrachtung des „Problems von Simmons" einführten (vgl. oben S. 65—66), können wir die für die Praxis bequeme Regel

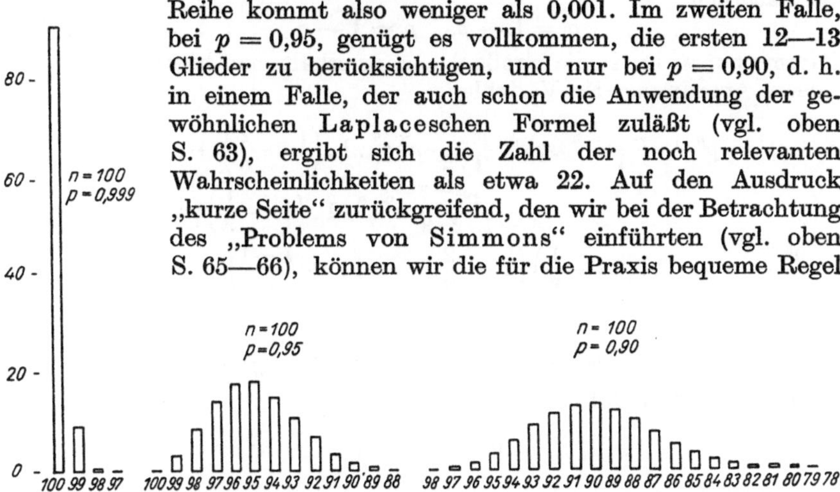


Abb. 6.

aufstellen, daß die Zahl der relevanten Wahrscheinlichkeiten etwas mehr als das Doppelte der Zahl der Glieder der „kurzen Seite" beträgt.

Die Poissonsche Formel für den Fall „mit Zurücklegen" läßt sich unmittelbar aus dem ursprünglichen Binomialsatz ableiten, welchen wir oben auf S. 42 dargestellt haben:[2]

---

[1] Arne Fisher: The Mathematical Theory of Probabilities and its Application to Frequency Curves and Statistical Methods, Vol. I, 2nd edition, S. 267 u. 268. New York 1930.

[2] Wir folgen im weiteren hauptsächlich der Darstellung von Mises, Wahrscheinlichkeitsrechnung, S. 146—150, bezeichnen jedoch sein $a$ mit $m$ (vgl. Formel 4) und sein $x$ mit $k$ (Formel 1). Trotz der „Regel" von Savorgnan (vgl. Bull. de l'Inst. Intern. de Stat., Tome XXV—3ème Livraison, S. 307—309, 1931), man solle immer dieselben Symbole gebrauchen, die der Schöpfer des betreffenden Theorems einführte, schwankt die Symbolik gerade im Falle der Poissonschen Formel ungemein. Um sich nur auf Beispiele aus der angelsächsischen statistischen Literatur zu beschränken: „Student" gebraucht $m$ und $r$, Yule $\lambda$ und $m'$, Bowley $u$ und $r$, R. A. Fisher (wie auch Bortkiewicz selbst) $m$ und $x$, Arne Fisher $\lambda$ und $r$ usw. Aus dem neuesten Schrifttum über die Poissonsche Formel sei noch auf einen deutschen Artikel Rolf Luders, Die Statistik der seltenen Ereignisse, in der Biometrika, Vol. XXVI, S. 12—52 (1934), verwiesen, wo der Verfasser übrigens

$$(p+q)^n = p^n + \frac{n}{1}\,p^{n-1}q + \frac{n(n-1)}{1\cdot 2}\,p^{n-2}q^2 + \frac{n(n-1)(n-2)}{1\cdot 2\cdot 3}\,p^{n-3}q^3 + \ldots +$$
$$+ \frac{n!}{k!\,(n-k)!}\,p^{n-k}q^k + \ldots + q^n, \quad \ldots \quad (1)$$

wobei

$$P_n = p^n,\; P_{n-1} = \frac{n}{1}\,p^{n-1}q, \ldots, P_{n-k} = \frac{n!}{k!\,(n-k)!}\,p^{n-k}q^k, \quad \ldots \quad (2)$$

und natürlich

$$q = 1 - p, \quad p = 1 - q. \quad \ldots \ldots \ldots \quad (2\,\mathrm{a})$$

Klammert man in (1) die Größe $n$ aus, so erhält man hieraus, bei etwas anderer Anordnung der Variablen:

$$(p+q)^n = p^n + \frac{p^{n-1}}{1}\cdot nq + \frac{p^{n-2}}{1\cdot 2}\,n^2 q^2 \cdot 1\cdot\left(1 - \frac{1}{n}\right) +$$
$$+ \frac{p^{n-3}}{1\cdot 2\cdot 3}\,n^3 q^3 \cdot 1 \cdot \left(1 - \frac{1}{n}\right)\left(1 - \frac{2}{n}\right) + \ldots$$
$$+ \frac{p^{n-k}}{k!}\,n^k q^k \cdot 1 \cdot \left(1 - \frac{1}{n}\right)\left(1 - \frac{2}{n}\right)\ldots\left(1 - \frac{k-1}{n}\right) + \ldots \ldots \quad (3)$$

Setzt man

$$nq = m, \text{ folglich auch } n = \frac{m}{q}, \quad \ldots \ldots \ldots \quad (4)$$

und beachtet man, daß

$$p^{n-i} = \frac{p^n}{p^i},$$

so kann (3) folgendermaßen geschrieben werden:

$$(p+q)^n = p^n + \frac{p^n\cdot m}{1}\cdot\left[\frac{1}{p}\right] + \frac{p^n m^2}{1\cdot 2}\left[\frac{1\left(1 - \frac{1}{n}\right)}{p^2}\right] +$$
$$+ \frac{p^n m^3}{1\cdot 2\cdot 3}\left[\frac{1\left(1 - \frac{1}{n}\right)\left(1 - \frac{2}{n}\right)}{p^3}\right] + \ldots$$
$$\ldots + \frac{p^n m^k}{k!}\left[\frac{1\left(1 - \frac{1}{n}\right)\left(1 - \frac{2}{n}\right)\ldots\left(1 - \frac{k-1}{n}\right)}{p^k}\right] + \ldots, \quad \ldots \ldots \quad (5)$$

oder mit Rücksicht auf (2a) und (4):

$$(p+q)^n = (1-q)^{\frac{m}{q}}\left\{1 + \frac{m}{1}\left[\frac{1}{1-q}\right] + \frac{m^2}{1\cdot 2}\left[\frac{1\left(1 - \frac{1}{n}\right)}{(1-q)^2}\right] + \right.$$
$$+ \frac{m^3}{1\cdot 2\cdot 3}\left[\frac{1\left(1 - \frac{1}{n}\right)\left(1 - \frac{2}{n}\right)}{(1-q)^3}\right] + \ldots$$
$$\left. \ldots + \frac{m^k}{k!}\left[\frac{1\left(1 - \frac{1}{n}\right)\left(1 - \frac{2}{n}\right)\ldots\left(1 - \frac{k-1}{n}\right)}{(1-q)^k}\right] + \ldots\right\} \quad \ldots \ldots \quad (6)$$

das Kunststück begeht, wohl „Student", aber nicht auch Bortkiewicz zu zitieren.

Diese Formel ist noch **genau**. Unter den Annahmen, daß $n$ sehr groß und $q$ sehr klein ist, so daß $m = nq$ ungefähr die Größenordnung 1 besitzt und sich etwa in den Grenzen zwischen 0,1 und 15 befindet, und daß ferner $k$ im Verhältnis zu $n$ so klein ist, daß Größen von der Ordnung $\dfrac{k}{n}$ ebenfalls vernachlässigt werden können, ist es möglich, den Ausdruck (6) noch beträchtlich zu vereinfachen. Zunächst bemerken wir, daß

$$(1-q)^{\frac{m}{q}} = \left[(1-q)^{\frac{1}{q}}\right]^m .$$

Es ist jedoch aus der Differentialrechnung bekannt, daß bei $0 < q < 1$ die folgende Beziehung besteht:

$$(1-q)^{\frac{1}{q}} < e^{-1} < (1-q)^{\frac{1}{q}-1} ,$$

wobei $e$ wiederum die Basis der Napierschen Logarithmen bedeutet (vgl. oben S. 49);[1] und mit Rücksicht auf die Transformation

$$(1-q)^{\frac{1}{q}-1} = \frac{(1-q)^{\frac{1}{q}}}{1-q}$$

erhalten wir hieraus folgende Ungleichungen:

$$(1-q)^{\frac{m}{q}} < e^{-m} < \frac{(1-q)^{\frac{m}{q}}}{(1-q)^m} . \qquad \ldots \ldots \quad (7)$$

Ist $q$ sehr klein, so wird $(1-q)^m$ bei kleinem $m$ sich wenig von 1 unterscheiden, und wir sind berechtigt, einfach

$$(1-q)^{\frac{m}{q}} \sim e^{-m} \qquad \ldots \ldots \ldots \quad (8)$$

zu schreiben. Unter derselben Annahme und in der bereits erwähnten Voraussetzung, daß $k$ im Vergleiche zu $n$ sehr klein ist, können wir ferner setzen:

$$\left[\frac{1\left(1-\dfrac{1}{n}\right)\left(1-\dfrac{2}{n}\right)\ldots\left(1-\dfrac{k-1}{n}\right)}{(1-q)^k}\right] \sim 1. \qquad \ldots \quad (9)$$

Und nach Einsetzung von (8) und (9) in (6) ergibt sich hieraus bei $k = 1, 2, 3, 4, \ldots$ folgende Näherungsformel:

$$(p+q)^n \sim e^{-m} + \frac{m}{1}e^{-m} + \frac{m^2}{1.2}e^{-m} + \frac{m^3}{1.2.3}e^{-m} + \ldots$$

$$\ldots + \frac{m^k}{k!}e^{-m} + \ldots, \qquad \ldots \quad (10)$$

---

[1] Diese Ungleichungen ergeben sich daraus, daß sowohl $(1-q)^{\frac{1}{q}}$ als auch $(1-q)^{\frac{1}{q}-1}$ bei $q \to 0$ den limes $e^{-1}$ besitzen, doch ist hierbei ersterer Ausdruck eine monoton zunehmende und letzterer eine monoton abnehmende Funktion, wie aus den Ableitungen nach $q$ hervorgeht.

wobei die einzelnen Glieder der rechten Seite in derselben Folge angenäherte Ausdrücke für die Reihe $P_n$, $P_{n-1}$, $P_{n-2}$, .... $P_{n-k}$, darstellen. Formel (10) ist die **Poissonsche Formel**. Der Fehler, welcher durch die Annäherungen (8) und (9) bedingt wird, ist nicht schwer abzuschätzen. Betrachten wir das $(k+1)$-te Glied der Reihe (6):

$$P_{n-k} = \frac{(1-q)^{\frac{m}{q}}}{k!} m^k \left[ \frac{1 \left(1-\frac{1}{n}\right)\left(1-\frac{2}{n}\right) \cdots \left(1-\frac{k-1}{n}\right)}{(1-q)^k} \right],$$

so bemerken wir, daß der Ausdruck, welcher in den eckigen Klammern der rechten Seite im Zähler steht, jedenfalls kleiner als 1 und größer als $\left(1-\frac{k-1}{n}\right)^{k-1}$ ist. Das gibt uns das Recht, folgende Ungleichungen hinzuschreiben:

$$\frac{(1-q)^{\frac{m}{q}} m^k}{k!\,(1-q)^k} > P_{n-k} > \frac{(1-q)^{\frac{m}{q}} m^k \left(1-\frac{k-1}{n}\right)^{k-1}}{k!\,(1-q)^k}. \quad . \quad (11)$$

Anderseits ergibt sich aber aus (7) durch Multiplikation mit $\frac{m^k}{k!}$:

$$\frac{(1-q)^{\frac{m}{q}} m^k}{k!} < \frac{m^k e^{-m}}{k!} < \frac{(1-q)^{\frac{m}{q}} m^k}{(1-q)^m k!}. \quad \ldots \quad (12)$$

Wenn wir (11) gliedweise durch (12) dividieren, so erhalten wir nach allen Wegkürzungen einfach:

$$\frac{1}{(1-q)^k} > \frac{P_{n-k}}{\dfrac{m^k e^{-m}}{k!}} > \frac{\left(1-\frac{k-1}{n}\right)^{k-1}}{(1-q)^{k-m}}. \quad \ldots \ldots \quad (13)$$

Nun ist aber $P_{n-k}$ der genaue Ausdruck für die betreffende statistische Wahrscheinlichkeit und $\frac{m^k e^{-m}}{k!}$ die **Poissonsche** Annäherung an sie. Der absolute Fehler, der hierbei begangen wird, ist folglich

$$P_{n-k} - \frac{m^k e^{-m}}{k!},$$

und der relative Fehler $\varepsilon_{n-k}$ wird dadurch gewonnen, daß man obigen Ausdruck durch den Näherungswert $\frac{m^k e^{-m}}{k!}$ dividiert:

$$\varepsilon_{n-k} = \frac{P_{n-k}}{\dfrac{m^k e^{-m}}{k!}} - 1. \quad \ldots \ldots \ldots \quad (14)$$

Zum System (13) zurückkehrend, ergibt sich hieraus, daß $\varepsilon_{n-k}$, der relative Fehler der **Poissonschen** Formel für das $(k+1)$-te Glied der Reihe der $P$, sich jedenfalls in folgenden Grenzen befinden muß:

$$\frac{1}{(1-q)^k} - 1 > \varepsilon_{n-k} > \frac{\left(1 - \dfrac{k-1}{n}\right)^{k-1}}{(1-q)^{k-m}} - 1 . \quad \ldots \quad (15)$$

Setzen wir z. B., wie im ersten Beispiel von A. Fisher (vgl. Tab. 6 auf S. 126), $n = 100$, $p = 0,999$, $k = 2$ und, folglich, $m = 100 . 0,001 = 0,1$, so erhalten wir aus (15):

$$\frac{1}{0,999^2} - 1 > \varepsilon_{98} > \frac{\left(1 - \dfrac{1}{100}\right)}{0,999^{1,9}},$$

d. h. ungefähr die Grenzen:

$$+ 0,002 > \varepsilon_{98} > - 0,008.$$

Wir dürfen hierbei nicht vergessen, daß (15) nur zur Abschätzung des relativen Fehlers $\varepsilon$ dient und daß in Wirklichkeit gewöhnlich die Fehler viel geringer ausfallen werden. Die obere Grenze des relativen Fehlers wird desto größer, je größer $q$ und $k$ genommen werden, die untere hängt vom Verhältnis von $q$ zu $n$ und $k$ ab und kann je nach den Umständen sowohl positiv als auch negativ sein.

In der Poissonschen Formel für das $(k + 1)$-te Glied in der Reihe $P_n, \; P_{n-1}, \; P_{n-2}, \ldots$ :

$$P_{n-k} \sim \frac{m^k e^{-m}}{k!} \quad \ldots \ldots \ldots \ldots \quad (16)$$

sind $m$ und $e^{-m}$ konstant und $k$ die einzige Veränderliche der Funktion. Aus dem Umstande, daß $P_n = e^{-m}$, $P_{n-1} = \dfrac{m}{1} e^{-m}$, $P_{n-2} = \dfrac{m}{1} \cdot \dfrac{m}{2} e^{-m}$,

$P_{n-3} = \dfrac{m}{1} \cdot \dfrac{m}{2} \cdot \dfrac{m}{3} e^{-m}$, $P_{n-4} = \dfrac{m}{1} \cdot \dfrac{m}{2} \cdot \dfrac{m}{3} \cdot \dfrac{m}{4} e^{-m}$ usw. geschrieben werden kann, folgt, daß die Reihe der $P$ solange zunimmt, als $m > k$. Diese Beobachtung ermöglicht es uns, auf den ersten Blick die Zahl der Glieder der „kurzen Seite" zu finden und folglich auch die Anzahl der noch relevanten Glieder in (10) abzuschätzen.

Es ist interessant, daß in die Poissonsche Formel der Umfang der Stichprobe $n$ nicht offen eingeht: er ist in der Konstanten $m = nq$ versteckt.

Der genaue Wert von $m$ wird in der statistischen Praxis nur bei Stichprobenerhebungen zuweilen zu ermitteln sein. Gewöhnlich begeht man hier eine Umkehrung des Poissonschen Theorems und berechnet $m$ aus den tatsächlich beobachteten Häufigkeiten des seltenen Ereignisses. Im Zusammenhange mit der Frage, was die „beste" Methode für die Bestimmung von $m$, bzw. von $n$ und $p$, in der Poissonschen Formel sei, wurde seinerzeit eine recht scharfe Polemik hauptsächlich zwischen L. Whitaker und L. v. Bortkiewicz geführt, welche ziemlich weite Kreise zog und jedenfalls mit zu den Kriegserscheinungen zu zählen ist.[1]

---

[1] Vgl. z. B. Lucy Whitaker: On the Poisson Law of Small Numbers. Biometrika, X, S. 36—71 (1914/15); „Student": An Explanation of De-

Die Untersuchungen von R. A. Fisher haben endgültig nachgewiesen, daß in diesem Streite der Standpunkt von Bortkiewicz objektiv richtig war und daß in der Tat der „beste Weg" darin besteht, für $m$ den arithmetischen Durchschnitt aus den wirklich beobachteten absoluten Häufigkeiten des seltenen Ereignisses zu setzen.

Tabelle 6. Die statistischen Wahrscheinlichkeiten
$P_i \times 100$ bei $n = 100$ und $N \to \infty$.

| | $p = 0,999$ | | $p = 0,95$ | | $p = 0,9$ | | |
|---|---|---|---|---|---|---|---|
| | Genaue binomische Entwicklung | Poissons Annäherung | Genaue binomische Entwicklung | Poissons Annäherung | Genaue binomische Entwicklung | Poissons Annäherung | Laplaces Annäherung |
| 100 | 90,48 | 90,48 | 0,6 | 0,7 | 0,0 | 0,0 | 0,1 |
| 99 | 9,06 | 9,05 | 3,1 | 3,4 | 0,0 | 0,0 | 0,2 |
| 98 | 0,45 | 0,45 | 8,1 | 8,4 | 0,2 | 0,2 | 0,3 |
| 97 | 0,01 | 0,02 | 14,0 | 14,0 | 0,6 | 0,8 | 0,9 |
| 96 | 0,00 | 0,00 | 17,8 | 17,6 | 1,6 | 1,9 | 1,8 |
| 95 | | | 18,0 | 17,6 | 3,4 | 3,8 | 3,1 |
| 94 | | | 15,0 | 14,6 | 6,0 | 6,3 | 5,7 |
| 93 | | | 10,6 | 10,4 | 8,9 | 9,0 | 8,1 |
| 92 | | | 6,5 | 6,5 | 11,5 | 11,3 | 10,4 |
| 91 | | | 3,5 | 3,6 | 13,0 | 12,5 | 12,7 |
| 90 | | | 1,7 | 1,8 | 13,2 | 12,5 | 13,3 |
| 89 | | | 0,7 | 0,8 | 12,0 | 11,4 | 12,7 |
| 88 | | | 0,3 | 0,3 | 9,9 | 9,5 | 10,4 |
| 87 | | | 0,0 | 0,1 | 7,4 | 7,3 | 8,1 |
| 86 | | | 0,0 | 0,1 | 5,1 | 5,2 | 5,7 |
| 85 | | | 0,0 | 0,0 | 3,3 | 3,5 | 3,1 |
| 84 | | | | | 1,9 | 2,2 | 1,8 |
| 83 | | | | | 1,1 | 1,3 | 0,9 |
| 82 | | | | | 0,5 | 0,7 | 0,3 |
| 81 | | | | | 0,3 | 0,4 | 0,2 |
| 80 | | | | | 0,1 | 0,2 | 0,1 |
| 79 | | | | | 0,1 | 0,1 | 0,0 |
| 78 | | | | | 0,0 | 0,0 | 0,0 |

Um die Anwendung der Poissonschen Formel zu ermöglichen, legte Bortkiewicz seinem „Gesetze der kleinen Zahlen" eine vierstellige Tabelle der Werte von

$$P_{n-k} = \frac{m^k e^{-m}}{k!},$$

---

viations from Poisson's Law in Practice. Biometrika, XII, S. 211—215 (1918/19); L. v. Bortkiewicz: Realismus und Formalismus in der mathematischen Statistik. Allg. Statist. Arch., 1918; Al. A. Tschuprow: Zur Theorie der Stabilität statistischer Reihen. 3. Abhandlung, Skandinavisk Aktuarietidskrift, S. 133, 1919.

für $m = 0,1$ bis $m = 10$, bei. H. E. Soper[1] berechnete später eine sechsstellige Tabelle für $m = 0,1$ bis $m = 15$. Diese Tabelle ist auch in die „Tables for Statisticians and Biometricians" von Pearson übernommen worden. Daselbst findet sich ferner eine andere Tabelle, die auf die oben zitierte Monographie von L. Whitaker zurückgeht und für die Poissonsche Formel die Tabellen des Laplaceschen Integrals ersetzen soll. Sie dürfte in der Praxis recht selten angewandt werden.

Den Grad der Annäherung der Poissonschen an die genaue binomische Formel kann man gut aus jenen 3 Beispielen von Arne Fisher ersehen, die wir bereits oben auf S. 121 erwähnt haben.

Die Zahlen der genauen binomischen Entwicklung sind aus der Formel $(p + q)^{100}$ berechnet worden, diejenigen der Poissonschen Annäherung aus (10) mit Hilfe der Bortkiewicz-Soperschen Tabellen, und was die letzte Kolumne der Tab. 6 anbetrifft, so ist sie auf Grund der nur in erster Annäherung korrekten Formel (9) des § 6 mit Hilfe der z-Zahlen der Tab. 3 (S. 75) kalkuliert worden, wobei natürlich die Annahme

| | Poissons Annäherung | Genaue binomische Entwicklung | Laplaces Annäherung |
|---|---|---|---|
| $P_{90}$ | 12,5 | 13,2 | 13,3 |
| $P_{89} + P_{91}$ | 23,9 | 25,0 | 25,4 |
| $P_{88} + P_{92}$ | 20,7 | 21,4 | 20,8 |
| $P_{87} + P_{93}$ | 16,3 | 16,3 | 16,1 |
| $P_{86} + P_{94}$ | 11,5 | 11,1 | 11,4 |
| $P_{85} + P_{95}$ | 7,3 | 6,7 | 6,3 |
| $P_{84} + P_{96}$ | 4,1 | 3,5 | 3,6 |
| $P_{83} + P_{97}$ | 2,0 | 1,7 | 1,9 |
| $P_{82} + P_{98}$ | 0,9 | 0,7 | 0,7 |
| $P_{81} + P_{99}$ | 0,4 | 0,3 | 0,3 |
| $P_{80} + P_{100}$ | 0,2 | 0,1 | 0,1 |
| $P_{79} + 0$ | 0,1 | 0,1 | 0,0 |
| $P_{78} + 0$ | 0,0 | 0,0 | 0,0 |

$$\sigma = \sqrt{npq} = \sqrt{100 \cdot \frac{9}{10} \cdot \frac{1}{10}} = 3$$ Geltung hatte.

Wie auch zu erwarten stand, ist die Übereinstimmung im Falle $p = 0,999$ eine überaus gute, im Falle $p = 0,95$ ist sie nur mittelmäßig und bei $p = 0,9$ läßt sie bereits viel zu wünschen übrig. Die Poissonsche Formel findet hier sogar in der ersten Annäherung an die Laplacesche Exponentialformel einen zumindest ebenbürtigen Konkurrenten, und hätten wir die Zahlen der letzten Kolumne nach der genaueren Formel (39) des § 4 berechnet, so wäre letztere entschieden vorzuziehen. Dies wird leicht ersichtlich, wenn man den Kunstgriff der Summenformel (6) des § 6 anwendet und, wie im § 9 auf S. 94, die gleichwertigen positiven und negativen Abweichungen vom maximalen Gliede vereinigt. Es ergibt sich dann obenstehende kleine Tabelle.

(Um die Verdopplung der Abrundungsfehler zu vermeiden, haben wir bei der Summierung der Zahlenwerte der $P$ eine zusätzliche Dezimalstelle berücksichtigt, weshalb auch die Ziffern der letzten Tabelle nicht

---

[1] L. v. Bortkiewicz: Ges. der kl. Zahlen, Anlage 3, S. 49—52; H. E. Soper: Tables on Poissons Exponential Binomial Limit. Biometrika, X, S. 25—35 (1914/15).

ganz mit jenen der Tab. 6 übereinstimmen.) Der Parallelismus der Zahlen der dritten und zweiten Kolumne ist augenscheinlich größer als jener der ersten und zweiten Kolumne. Wollte man z. B. annehmen, daß sowohl Kol. 1 als auch Kol. 3 **empirische Annäherungen an die wahren Werte** der Kol. 2 darstellen, und für beide die **Pearson**sche Zahl $\chi^2$ errechnen (vgl. oben § 10; die letzten 7 Zeilen der Tabelle müssen hierbei natürlich in eine Gruppe vereinigt werden), so würde sich für die erste Kol. $\chi^2 = 0{,}53$ und für die dritte Kol. $\chi^2 = 0{,}08$ ergeben, also beinahe 7 mal weniger. An und für sich wären aber beide Kolumnen noch als sehr gute Annäherungen anzusehen, denn sogar der Grenzwahrscheinlichkeit $P = 0{,}05$ entspricht in Tab. 5 (S. 101—102) bei $n = 6$ ein $\chi^2 = 12{,}59$, einem $P = 0{,}01$ aber $\chi^2 = 16{,}81$.

| Todesfälle jährlich | Beobachtete Fälle | Theoretische Häufigkeit nach Poisson |
|---|---|---|
| 0 | 109 | 108,7 |
| 1 | 65 | 66,3[2] |
| 2 | 22 | 20,2 |
| 3 | 3 | 4,1 |
| 4 | 1 | 0,6 |
| 5 | — | 0,1 |
| Zusammen | 200 | 200,0 |

Abgesehen vom Bereiche der Stichprobenmethode, findet man in den sozialen Massenerscheinungen ziemlich selten Fälle von wirklich guter Übereinstimmung der **Poisson**schen Formel mit tatsächlich beobachteten statistischen Verteilungen. Eine der besten Übereinstimmungen bietet folgendes von **Bortkiewicz**[1] angeführtes Beispiel. In 10 preußischen Armeekorps wurden im Laufe von 20 Jahren durch Schlag eines Pferdes getötet (siehe die obenstehende Tabelle).

Zum Schlusse sei noch bemerkt, daß, wie die **Laplace**sche Formel nur ein Sonderfall für eine sehr wichtige Klasse von „Verteilungsgesetzen" ist (vgl. unten Kap. III, § 7), so auch die **Poisson**sche einen Sonderfall einer anderen Klasse bildet, die ebenfalls in der „heterograden Statistik" angetroffen wird.[3]

Zweites Kapitel.

# Grundbegriffe der heterograden Theorie.

## 1. Einleitendes.

Im § 5 der Einleitung (S. 25) wurde darauf hingewiesen, daß entsprechend beiden Grundformen der statistischen Auszählung (Zählung im eigentlichen Sinne und Summierung der zahlenmäßigen Charakteristiken der Beobachtungseinheiten) auch der Inhalt der statistischen Methodenlehre zwanglos in zwei Hauptabschnitte eingeteilt werden kann: in die Theorie der homograden Gesamtheiten und in diejenige der heterograden. Mit der ersteren beschäftigten wir uns im vorhergehenden

---

[1] L. v. **Bortkiewicz**: Das Gesetz der kleinen Zahlen, S. 25.

[2] Genauer wäre 66,2.

[3] Vgl. z. R. A. **Fisher**: The Mathematical Theory usw., S. 269—276.

Kapitel I, die letztere ist Gegenstand des vorliegenden und des folgenden Kapitels.

Unseren Ausgangspunkt bildete bisher die Annahme, daß die Elemente der betreffenden statistischen Gesamtheit, je nach dem Vorhandensein eines gewissen qualitativen oder auch quantitativen Merkmals, das wir der Kürze wegen mit $A$ bezeichneten, in zwei Gruppen eingeteilt werden können: in diejenige der Elemente mit $A$ und in diejenige der Elemente ohne $A$. Wohl führten wir später in den §§ 9 und 10 auch die kompliziertere Annahme ein, daß nicht zwei, sondern mehrere Gruppen zu unterscheiden seien: diejenige der „$A$", diejenige der „$B$", der „$C$", der „$D$" und so weiter. Es blieb aber immer prinzipiell möglich, alle „$B$", „$C$", „$D$" usw. zu einer einzigen Gruppe der „Nicht-$A$" zu vereinigen, und jedenfalls wurden die Elemente jeder Gruppe nur gezählt. Eben diese einfache Grundannahme, bei welcher alles relevante statistische Wissen über eine statistische Gesamtheit durch eine einzige oder, im schlimmsten Falle, durch mehrere relative Häufigkeiten (bzw. statistische Wahrscheinlichkeiten) ausgedrückt werden kann, hat es auch ermöglicht, die beiden Binomialsätze des § 3 für den Fall „ohne Zurücklegen" und für den Fall „mit Zurücklegen" abzuleiten, und diese führten uns dann später zu der verallgemeinerten Laplaceschen Formel und zu jener von Poisson. So bequem eine solche vereinfachende Annahme auch ist, es gibt eine weite Klasse von Fällen, bei welchen sie lange nicht hinreicht, um die statistische Gesamtheit vollständig zu beschreiben. Diese Klasse besteht aus solchen Gesamtheiten, deren Elemente gewisse zahlenmäßige Charakteristiken aufweisen; wobei letztere uns sowohl selbständig als auch in ihrer Summe interessieren. Als Beispiele für solche Charakteristiken seien angeführt: die Bodenfläche der einzelnen landwirtschaftlichen Betriebe, ihre Pferde- und Rinderzahl, die Zahl der Arbeiter bei industriellen Unternehmungen, das Einkommen der Zensiten, das Alter der bei einer Assekuranzgesellschaft versicherten Personen u. dgl. m. In solchen Fällen ist es unmöglich, den ganzen statistisch relevanten Inhalt der Gesamtheit in einige relative Häufigkeiten hineinzupressen, und das Problem einer sachgemäßen Darstellung derselben wird viel komplizierter. Es seien z. B. 50 Familien einer Ortschaft in bezug auf die Kinderanzahl statistisch beobachtet worden und es mögen die 50 Familienzählblätter, die hierbei ausgefüllt wurden, in der Reihe ihrer Aufnahme etwa folgende Kinderzahlen enthalten (wir entnehmen diese Reihe einem Experiment, welches wir vor Jahren bei ganz anderer Gelegenheit ausgeführt haben: es hat selbstverständlich mit dem Kinderreichtum der Familien nichts zu tun):[1]

2, 3, 1, 4, 2, 1, 3, 2, 3, 3, 1, 2, 1, 4, 3, 3, 2, 3, 4, 4, 2, 1, 5, 3, 2, 4, 2, 4, 2, 2, 4, 6, 3, 3, 5, 2, 4, 4, 4, 3, 2, 4, 6, 0, 3, 1, 4, 6, 2, 3.

---

[1] O. Anderson: Die Korrelationsrechnung in der Konjunkturforschung. Ein Beitrag zur Analyse von Zeitreihen. Veröffentlichungen der Frankfurter Gesellschaft für Konjunkturforschung, herausg. von Dr. E. Altschul, H. 4, S. 57. Bonn 1929.

Alle diese Zahlen, die sich auf den Umfang einer und derselben statistischen Gesamtheit beziehen, bilden eine **statistische Reihe**, doch sind sie in dieser Form äußerst unübersichtlich, und wir „verdichten" sie daher zu folgender Gestalt:

Kinderzahlen in der Familie . . . . . 0, 1, 2, 3, 4, 5, 6, zusammen
Anzahl der vorgekommenen Fälle . 1, 6, 13, 13, 12, 2, 3,     50
Zahl der Kinder in jeder Gruppe . . 0, 6, 26, 39, 48, 10, 18,    147

Natürlich kann man in der Tabelle an Stelle der absoluten Zahlen der vorgekommenen Fälle auch deren relative Häufigkeiten setzen: $\frac{1}{50} = 2\%$, $\frac{6}{50} = 12\%$, $\frac{13}{50} = 26\%$ usw. Im Französischen wird ein derartiger Verdichtungsprozeß „Sériation" genannt,[1] im Deutschen scheint sich kein besonderer technischer Ausdruck hierfür gebildet zu haben. Die verdichtete Reihe selbst wird als „Verteilungsreihe" bezeichnet.[2]

Wenn die Reihenfolge, in der die Einheiten auftreten oder beobachtet werden, für uns gleichgültig bleibt, so ist die „Verdichtung" der Reihe mit keinem Verlust an relevanten statistischen Kenntnissen verbunden. Dies ist fast immer bei sachlichen Reihen der Fall und nicht selten auch bei räumlichen — nämlich dann, wenn die Gesamtheit, die durch die Reihe dargestellt werden soll, sich auf die unterste territoriale Einheit der statistischen Erhebung bezieht: in unserem Fall auf die einzelne Ortschaft. Bei Zeitreihen jedoch liegt der Sachverhalt gewöhnlich beträchtlich anders. Wenn wir hier die einzelnen in der Zeit aufeinanderfolgenden Beobachtungen zu einer Verteilungsreihe verdichten, so verlieren wir zunächst die Möglichkeit, festzustellen, ob die ursprüngliche Folge sich mit der Hypothese verträgt, daß sie ein statistisches Kollektiv sei. Und dann wird auch die Frage über die zeitliche Evolution der Ein-

---

[1] Vgl. A. Julin: Principes de statistique théorique et appliquée. Tome I. Statistique théorique. Paris-Bruxelles 1921. S. 317: „On appelle sériation l'opération par laquelle une masse de données résultant du calcul se trouve divisée en sections de manière à faire apparaître le nombre de cas rentrant dans chacune d'elles."

Die französische „sériation" darf nicht mit der von Gini eingeführten Bezeichnung „seriation" (im Gegensatze zu „series") verwechselt werden. Vgl. z. B. G. Pietra: The theory of statistical relations with special reference to cyclical series. Metron, Vol. IV, Nr. 3/4. Padova 1925. S. 384: „We call seriation a succession of quantities which measure the intensity of a character classified according to the intensities of another character. E. g., the number of recruits according to their size, the amount of assets according to classes of incomes, and so on. On the contrary, we call series a succession of quantities, which measure the intensity of a character, classified according to qualities of another character. E. g. the number of recruits according to the colour of hair, the amount of assets according to the employment, and so on."

[2] Winkler, l. c., S. 64.

heiten der Gesamtheit ganz verwischt. Denken wir uns z. B. eine Reihe gleichzeitiger photographischer Aufnahmen einzelner Personen. Es bedeutet hier nur einen möglichen Gewinn und jedenfalls keinen Verlust an irgendwelchen Kenntnissen, wenn wir die einzelnen Photographien nach einem gewissen Merkmal sortieren, z. B. nach den Eigenschaften der betreffenden Persönlichkeiten oder sogar nach ihren Nasenlängen. Sollten wir jedoch eine kinematographische Aufnahme der Tanzbewegungen einer Person vor uns haben, so würde das Zerschneiden des Films in einzelne Bilder und das Sortieren der letzteren, etwa nach dem Merkmal der Entfernung des rechten Fußes vom Tanzboden, bereits einen beträchtlichen Verlust an möglicher Information bedeuten. Dieses ist auch der Grund, weshalb die „Verdichtung" überall dort so gefährlich ist, wo die mehr oder weniger schnelle Entwicklung der statistischen Gesamtheiten in der Zeit eine Regel bildet, d. h. vor allen Dingen im Bereiche der Sozial- und insbesondere der Wirtschaftsstatistik. Für diese Erscheinungen muß eine spezielle Theorie der Zeitreihen aufgebaut werden.

Die Verdichtung selbst kann entweder genau die ursprünglichen zahlenmäßigen Charakteristiken der Einheiten wiedergeben, wie es im obigen Beispiel der Fall war, oder aber die relativen Häufigkeiten nur für breitere „Klassenintervalle" der Einheiten bringen. Es kommt nämlich recht oft vor, daß die zahlenmäßigen Charakteristiken der einzelnen Einheiten so verschieden sind, daß im Urmaterial (d. h. in der „Urliste") gleiche Zahlenwerte überhaupt nicht oder nur relativ selten vorzufinden sind. Dann bringt natürlich die erste, genauere Art der Verdichtung keinen praktischen Gewinn. Gewöhnlich sind wir jedoch in diesem Falle in der Lage, die Hypothese aufzustellen, daß unsere Gesamtheit einen zu kleinen Bruchteil der ihr entsprechenden Gesamtheit höherer Ordnung darstellt und daß infolgedessen in bezug auf die relativen Häufigkeiten der einzelnen Werte sich das „Gesetz der großen Zahlen" nicht genügend durchsetzen konnte. Wenn der Umfang der gegebenen Gesamtheit, d. h. die Zahl der in ihr enthaltenen Einheiten (Elemente), nicht erhöht werden kann, so bleibt uns nichts anderes übrig, als die nebeneinander stehenden Größenwerte zu gemeinsamen Gruppen zu vereinigen und dadurch die Anzahl der Einheiten in jeder neuen Gruppe zu vergrößern. So können wir in obigem Beispiel etwa die Familien mit 0 und 1, mit 2 und 3, mit 4 und 5, mit 6 und mehr Kindern je zu einer Gruppe zusammenziehen und dann die folgende Tabelle erhalten:

| Kinderzahlen in der Familie: | 0—1 | 2—3 | 4—5 | 6 und mehr |
|---|---|---|---|---|
| Anzahl der vorgekommenen Fälle ................... | 7 | 26 | 14 | 3 |
| Relative Häufigkeiten ........ | 0,14 | 0,52 | 0,28 | 0,06. |

Aus demselben Grunde wird die Verteilung der landwirtschaftlichen Betriebe nach ihrer Größe in Klassenintervallen etwa von 0 bis 1 Hektar, von 1 bis 2 Hektar, von 2 bis 3 Hektar usw. dargestellt. Ein solches Verfahren ist jedoch mit dem Verlust von gewissen Kenntnissen verbunden, die in den ursprünglichen Zählkarten enthalten sind.[1] Eine andere Schattenseite bildet der Umstand, daß die Festsetzung der Klassengrenzen bis zu einem gewissen Grade willkürlich ist und daß daher die erhaltenen Resultate zuweilen als tendenziös beanstandet werden können.

Wenn wir die Zeitreihen beiseite lassen, mit denen wir uns noch später beschäftigen werden, so kann jede statistische Verteilungsreihe als zu einer Gesamtheit gehörig angesehen werden, und zu dieser vermögen wir uns wiederum eine entsprechende Gesamtheit höherer Ordnung mit denselben Werten bzw. mit denselben Klassenintervallen zu denken. Die relativen Häufigkeiten der zugehörigen Einheiten in der letzteren spielen gegenüber den relativen Häufigkeiten jener in der Gesamtheit niederer Ordnung bereits die Rolle von statistischen Wahrscheinlichkeiten. Solche Wahrscheinlichkeiten, zusammen mit den zugehörigen Werten der Reihenglieder, bilden eben das, was man jetzt gewöhnlich als das Verteilungsgesetz der Reihe bezeichnet.[2] Es kann aber sehr wohl Fälle geben, wo nur die Verteilung der gegebenen statistischen Reihe unser letztes Forschungsziel bildet und wo wir uns für keine hinter ihr stehende Gesamtheit höherer Ordnung interessieren. Man denke etwa an eine Behörde, die eine vom Erdbeben heimgesuchte Bevölkerung zu unterstützen hat: man wird hier nicht nach der Bevölkerungszusammenstellung in Erdbebengebieten überhaupt fragen, sondern die genaue Geschlechts-, Alters- und Vermögensverteilung der tatsächlich Notleidenden festzustellen suchen. Es unterliegt aber keinem Zweifel, daß solche Fälle wenigstens in den Augen des statistischen Theoretikers eher zu den Ausnahmen als zur Regel gehören.

Läßt man diese Fälle beiseite und sieht man auch von den bereits früher angedeuteten Ausnahmen ab, die sich hauptsächlich auf zeitliche und räumliche Reihen beziehen, so ist es möglich zu behaupten, daß man im allgemeinen im Verteilungsgesetz der Reihe das vollste statistische Wissen besitzt, welches man in bezug auf ein Merkmal überhaupt anstreben kann. Interessiert uns die Verteilung der Kombinationen von zwei oder mehreren Merkmalen, so ist es im Prinzip ebenfalls möglich, ein entsprechendes Verteilungsgesetz zu konstruieren, doch wird dieses bereits die äußere Form nicht einer Reihe, sondern einer „Korrelations-

---

[1] Dieser Verlust wird geringer, wenn man für jedes Klassenintervall die genaue Summe der in ihm enthaltenen zahlenmäßigen Charakteristiken angibt, was bei der jetzigen technischen Ausstattung der statistischen Ämter gar nicht schwierig ist.

[2] Vgl. A. A. Tschuprow: Grundbegriffe und Grundprobleme der Korrelationstheorie. Leipzig-Berlin 1925. S. 20: „Eine Größe, welche mit bestimmten Wahrscheinlichkeiten $k$ verschiedene Werte annehmen kann, wollen wir eine zufällige Variable der $k$-ten Ordnung nennen. Die Gesamtheit ihrer möglichen Werte und der ihnen zukommenden Wahrscheinlichkeiten wollen wir als das Verteilungsgesetz der zufälligen Variablen bezeichnen. Beim Würfelwerfen ist z. B. die geworfene Zahl eine zufällige Variable der sechsten Ordnung, da sie die Werte 1, 2, 3, 4, 5, 6 mit gleichen Wahrscheinlichkeiten von je $1/6$ annehmen kann."

tabelle" erhalten. Nehmen wir z. B. an, in obigem Beispiel werde für jede Familie nicht nur die Kinderzahl, sondern auch die Dauer der Ehe registriert. Dann könnte hieraus etwa folgende Tabelle entstehen.

Die Zahlen der Tabelle stellen, wie leicht ersichtlich, die Anzahl der „Fälle" (d. h. der Familien) mit 0 bis 2 Jahre dauernder Ehe und den Kinderzahlen 0, 1, 2, mit 2—4 Jahre dauernder Ehe und den Kinderzahlen 1, 2, 3 usw. dar. Die Zahlen der letzten Zeile ergeben die früher eingeführte Verteilungsreihe der Familien nach dem Merkmal „Kinderzahl", umgekehrt stellt die letzte Kolumne

Kinderzahl in der Familie.

| Dauer der Ehe in Jahren | 0 | 1 | 2 | 3 | 4 | 5 | 6 | Zu-sammen |
|---|---|---|---|---|---|---|---|---|
| 0—2 | 1 | 2 | 1 | | | | | 4 |
| 2—4 | | 3 | 3 | 1 | | | | 7 |
| 4—6 | | 1 | 6 | 4 | 1 | | | 12 |
| 6—8 | | | 2 | 3 | 2 | | | 7 |
| 8—10 | | | 1 | 2 | 5 | | | 8 |
| 10—12 | | | | 2 | 2 | 1 | 1 | 6 |
| 12—14 | | | | 1 | 1 | | 1 | 3 |
| 14—16 | | | | | 1 | 1 | 1 | 3 |
| Zusammen | 1 | 6 | 13 | 13 | 12 | 2 | 3 | 50 |

offenbar die Verteilungsreihe der Familien nach der Ehedauer dar.

Statt der absoluten Zahlen kann man selbstverständlich auch die relativen Häufigkeiten der Fälle (z. B. etwa in Prozenten der Gesamtzahl der Fälle) einsetzen (vgl. untenstehende Tabelle).

Die Gesamtheit der relativen Häufigkeiten, die diese Tabelle enthält, zusammen mit den zugehörigen Zahlen für Kinderreichtum und Ehedauer, müßte in bezug auf eine Gesamtheit niederer Ordnung ebenfalls als ein Verteilungsgesetz angesehen werden. Es enthält aber bereits $7 \times 8 = 56$ verschiedene statistische Wahrscheinlichkeiten. Würden wir noch ein drittes Merkmal einführen, z. B. das Alter der Mutter bei Eintritt in die Ehe, und hier, sagen wir, 10 Altersstufen unterscheiden, so müßte für jede derselben eine besondere Tabelle vom Typus

Kinderzahl in der Familie.

| Dauer der Ehe in Jahren | 0 | 1 | 2 | 3 | 4 | 5 | 6 | Zu-sammen |
|---|---|---|---|---|---|---|---|---|
| 0—2 | 2 | 4 | 2 | 0 | 0 | 0 | 0 | 8 |
| 2—4 | 0 | 6 | 6 | 2 | 0 | 0 | 0 | 14 |
| 4—6 | 0 | 2 | 12 | 8 | 2 | 0 | 0 | 24 |
| 6—8 | 0 | 0 | 4 | 6 | 4 | 0 | 0 | 14 |
| 8—10 | 0 | 0 | 2 | 4 | 10 | 0 | 0 | 16 |
| 10—12 | 0 | 0 | 0 | 4 | 4 | 2 | 2 | 12 |
| 12—14 | 0 | 0 | 0 | 2 | 2 | 0 | 2 | 6 |
| 14—16 | 0 | 0 | 0 | 0 | 2 | 2 | 2 | 6 |
| Zusammen | 2 | 12 | 26 | 26 | 24 | 4 | 6 | 100 |

der letzten aufgestellt werden, und wir hätten schon $7 \times 8 \times 10 = 560$ verschiedene statistische Wahrscheinlichkeiten vor uns. Die Einführung des Alters des Vaters würde bei derselben Abstufung diese Zahl verzehnfachen und in $7 \times 8 \times 10 \times 10 = 5600$ verwandeln usw. Hieraus wird ersichtlich, daß, abgesehen von den einfachsten Fällen, das Bestreben nach Verdichtung der zahlenmäßigen Ergebnisse einer statistischen Aufnahme bei obiger Form des Verteilungsgesetzes nicht stehen bleiben kann und noch weitere Vereinfachungen notwendig werden. Diese können etwa darauf ausgehen, für das gesamte Verteilungsgesetz eine kürzere Ausdrucksweise zu finden, die letzten Endes zu einer geometrischen Darstellung oder zu einer algebraischen Formel führen müßte.

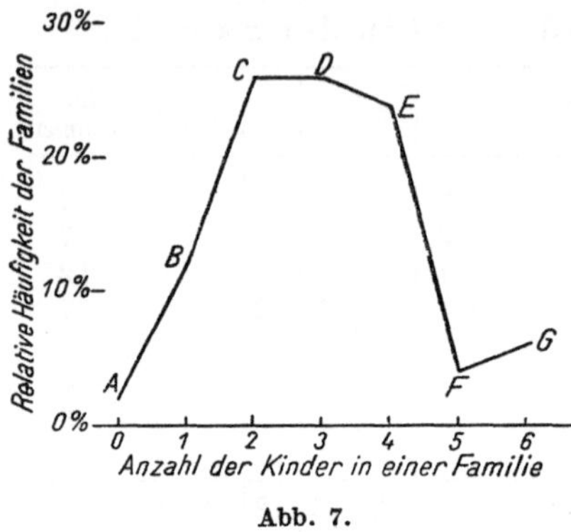

Abb. 7.

Man trägt z. B. die Reihe der relativen Häufigkeiten (bzw. statistischen Wahrscheinlichkeiten) auf ein Diagramm als Ordinaten auf, etwa wie wir es oben im § 6 des ersten Kapitels (S. 70) bei Ableitung der Laplaceschen Formel getan haben, und benutzt hierbei als Abszissen die betreffenden Werte der Reihenglieder. Die letzte Zeile obiger Tabelle würde dann das folgende Bild ergeben (s. Abb. 7).

Für die letzte Kolumne der Tabelle könnte folgendes Diagramm gezeichnet werden (s. Abb. 8).

Wenn man, wie üblich, die Abszissen mit $x$ und die Ordinaten mit $y$ bezeichnet, so kann man sich ferner zur Aufgabe stellen, ganz allgemein $y$ als Funktion von $x$ darzustellen. Diese Aufgabe ist vom Standpunkte der Mathematik noch ganz unbestimmt, denn man kann eine unbegrenzt große Schar von Kurven angeben (und auch zeichnen), die auf dem Dia-

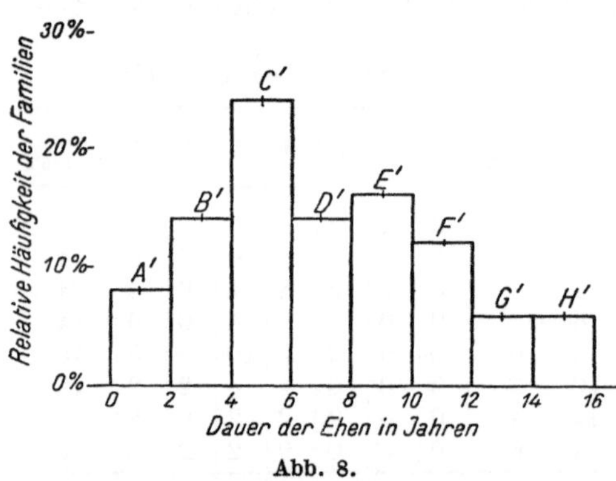

Abb. 8.

gramm genau durch die Ordinatenpunkte $ABCDEFG$ bzw. $A'B'C'D'E'F'G'H'$ gehen werden, wenn man eben ihren Verlauf zwischen diesen Punkten nicht weiter begrenzt. Unser Wunsch würde aber dahin gehen, eine möglichst glatt verlaufende Kurve zu finden, die auch gleichzeitig durch eine relativ einfache Gleichungsform darstellbar ist. Wir denken hierbei z. B. an die Laplacesche Exponentialformel, die, wie wir wissen,

auf dem Diagramm eine typische Glockenform aufweist. Im Falle von „Korrelationstabellen", d. h. wenn wir die statistischen Wahrscheinlichkeiten des gleichzeitigen Auftretens von 2 Merkmalen an jedem Elemente der Gesamtheit feststellen, kann man sich die Sache geometrisch etwa so vorstellen, daß in jeder Zelle der Tabelle auf S. 133 ein Stab senkrecht aufgerichtet wird, dessen Länge der Zahl der Fälle, die dieser Zelle entsprechen, proportional ist, und daß man ferner die oberen Enden der Stäbe mit einer möglichst glatt verlaufenden Fläche, wie mit einem Tischtuch, zudeckt. Die analytische Geometrie versieht uns mit Mitteln, diese Fläche durch eine angemessene algebraische Formel auszudrücken. Wenn man das gleichzeitige Auftreten von 3 und mehr Merkmalen darstellen will und sich in die jetzt modernen Schemen vom vier-, fünf- und überhaupt mehrdimensionalen Raum nicht einlassen will oder kann, so würde man für jeden Wert des dritten Merkmals eine besondere „Korrelationsfläche" konstruieren müssen, die das Verteilungsgesetz der beiden anderen Merkmale in diesem speziellen Falle darstellt.

Ob sich in jedem konkreten Falle eine einfache Formel für das Verteilungsgesetz finden wird, ist bereits eine quaestio facti. Das Suchen nach demselben wird aber nur dann keiner mathematischen Spielerei gleichkommen, wenn es sich feststellen läßt, daß die gefundene Formel in der Regel auf alle Gesamtheiten einer gewissen Gruppe anwendbar ist und daß sie für jede Gesamtheit im Verlaufe der Zeit stabil bleibt (was eine Stabilität der äußeren Einwirkungen auf dieselbe andeutet, d. h. die Stabilität der Ursachenmatrix: vgl. oben S. 27). Wir werden am Schlusse des Buches auf diese Frage noch kurz zurückkommen.

Das Streben nach der Verdichtung unserer Kenntnisse über eine bestimmte statistische Gesamtheit muß sich aber durchaus nicht immer in der Suche nach dem Verteilungsgesetz derselben ausdrücken: auch die jetzt jedem Statistiker und Volkswirten wohlbekannten statistischen Mittelwerte und Streuungsmaße, wie z. B. das arithmetische, geometrische und harmonische Mittel, der Zentralwert, der dichteste Wert, die durchschnittliche und mittlere quadratische Abweichung, das Schiefheitsmaß, der Variationskoeffizient u. dgl. vermitteln in gedrängter Form bereits ein beträchtliches Wissen über die wichtigsten Eigenschaften der gegebenen Gesamtheit. Die Darstellung der Theorie aller solchen Maßzahlen fällt eigentlich in das Bereich der elementaren Statistik, und wir glauben deshalb voraussetzen zu können, daß dem Leser der Zweck und das Anwendungsgebiet jeder dieser Maßzahlen wenigstens in allgemeinen Zügen bekannt ist. Wir werden im weiteren nur einiges über ihre mathematischen Eigenschaften nachholen, da dies für die Darstellung der Theorie der Momente und einiger anderer Abschnitte der mathematisch-statistischen Methodik notwendig ist, sowie einige Formeln zu ihrer leichteren Berechnung einführen. Die meisten der obgenannten statistischen Maßzahlen können in gleichem Maße auf statistische Gesamtheiten beliebiger Ordnungen bezogen werden.

## 2. Das arithmetische Mittel.

Gegeben sei eine statistische Gesamtheit vom Umfange $N$. Jedes Element derselben besitze ein Merkmal, welches durch eine gewisse reelle Zahl ausgedrückt wird. Die Reihe der Zahlen sei

$$x_1, \ x_2, \ x_3, \ x_4, \ldots, x_N. \qquad \qquad (1)$$

Die einzelnen Glieder dieser Reihe können einander gleich sein, sie können auch den Wert 0 und überhaupt jeden beliebigen positiven oder negativen endlichen Wert annehmen. Die Reihenfolge der Größen wird zunächst als beliebig angenommen. Das arithmetische Mittel ist dann durch die Formel

$$\frac{1}{N}\,(x_1 + x_2 + x_3 + \ldots + x_N) = \frac{1}{N}\sum_{i=1}^{N} x_i \quad \ldots \ldots \quad (1\,\text{a})$$

definiert.[1] Es gibt verschiedene Symbole, mit denen das arithmetische Mittel bezeichnet wird, und es ist gut, wenn sich der Leser wenigstens die folgenden merkt: $M_a$ (im Gegensatz zu $M_g$ = geometrisches Mittel und $M_h$ = harmonisches Mittel); $m_1$ für eine Gesamtheit höherer Ordnung und $m'_1$ für eine Gesamtheit niederer Ordnung — die von Tschuprow in der Theorie der „Momente" angewandten Symbole, und ferner $m\,(x)_1$, $m\,(y)_1$ bzw. $m\,(x)'_1$, $m\,(y)'_1$ — wenn man angeben will, daß das Symbol sich gerade auf die Reihe der $x$ oder der $y$ bezieht. Die Engländer bezeichnen jetzt fast durchwegs das arithmetische Mittel durch einen Strich über dem betreffenden Buchstaben; so bedeutet $\bar{x}$ das arithmetische Mittel der Reihe der $x$, $\bar{y}$ jenes der Reihe der $y$ usw.

Wie wir bereits auf S. 26 erwähnten, ist es möglich, jede relative Häufigkeit bzw. statistische Wahrscheinlichkeit, auch als eine Art arithmetisches Mittel darzustellen. Wenn wir nämlich die Verabredung treffen, allen Elementen, die das uns interessierende Merkmal besitzen, den Wert 1 beizulegen — ganz gleich, welchen Wert das Merkmal tatsächlich annimmt und ob es überhaupt meßbar ist, — und allen Elementen, die dieses Merkmal nicht besitzen, den Wert Null, so ist leicht ersichtlich, daß $\sum_{i=1}^{N} x_i$ der Anzahl der Einheiten (Elemente) mit obigem Merkmal gleichkommt und $\dfrac{1}{N}\sum_{i=1}^{N} x_i$ offenbar deren relative Häufigkeit bzw. statistische Wahrscheinlichkeit in der Gesamtheit darstellen wird. Dieser mathematische Kunstgriff gibt uns die Möglichkeit, jedes Theorem über die relativen Häufigkeiten als einen Sonderfall aus dem betreffenden Theorem über das arithmetische Mittel abzuleiten.

Für die arithmetischen Mittel gelten folgende allgemeine Sätze.

I. Die algebraische Summe der Abweichungen aller Glieder der Reihe (1) von ihrem arithmetischen Mittel ist gleich 0, d. h. mit anderen Worten: die Summe der negativen Abweichungen ist gleich jener der positiven.

Es ist nämlich

$$\sum_{i=1}^{N}(x_i - \bar{x}) = (x_1 - \bar{x}) + (x_2 - \bar{x}) + (x_3 - \bar{x}) + \ldots + (x_N - \bar{x}) =$$
$$= x_1 + x_2 + x_3 + \ldots + x_N - N\bar{x} =$$
$$= N\bar{x} - N\bar{x} = 0. \quad \ldots \ldots \ldots \ldots \ldots \ldots \quad (2)$$

---

[1] Über das Summenzeichen $\Sigma$ vgl. oben S. 68, Anmerkung.

II. **Die Summe der Quadrate dieser Abweichungen ist kleiner als die Summe der Quadrate ebensolcher Abweichungen von jeder anderen (beliebigen) positiven oder negativen Zahl $A$:**

$$\sum_{i=1}^{N} (x_i - \bar{x})^2 < \sum_{i=1}^{N} (x_i - A)^2.$$

Bezeichnen wir nämlich mit $d$ die Differenz zwischen $\bar{x}$ und $A$, so können wir schreiben:

$$A = \bar{x} + d \quad \ldots \ldots \ldots \ldots \ldots \quad (3)$$

und ferner

$$(x_i - A)^2 = (x_i - \bar{x} - d)^2 = (x_i - \bar{x})^2 - 2\,d\,(x_i - \bar{x}) + d^2.$$

Folglich ist

$$\sum_{i=1}^{N} (x_i - A)^2 = \sum_{i=1}^{N} [(x_i - \bar{x})^2 - 2\,d\,(x_i - \bar{x}) + d^2].$$

Diese Formel ist nur ein gedrängter Ausdruck für die folgende Summe:

$$\begin{aligned}
\sum_{i=1}^{N} (x_i - A)^2 = {}& (x_1 - \bar{x})^2 - 2\,d\,(x_1 - \bar{x}) + d^2 + \\
& + (x_2 - \bar{x})^2 - 2\,d\,(x_2 - \bar{x}) + d^2 + \\
& + (x_3 - \bar{x})^2 - 2\,d\,(x_3 - \bar{x}) + d^2 + \\
& + \ldots\ldots\ldots\ldots\ldots\ldots\ldots\ldots\ldots \\
& + (x_N - \bar{x})^2 - 2\,d\,(x_N - \bar{x}) + d^2.
\end{aligned}$$

Addieren wir hier die einzelnen **Kolumnen** der rechten Seite und berücksichtigen wir, daß der gemeinsame Faktor $2\,d$ in der zweiten Kolumne ausgeklammert werden kann, so erhalten wir sofort:

$$\sum_{i=1}^{N} (x_i - A)^2 = \sum_{i=1}^{N} (x_i - \bar{x})^2 - 2\,d \sum_{i=1}^{N} (x_i - \bar{x}) + N d^2.$$

Wir haben jedoch soeben in (2) festgestellt, daß $\sum_{i=1}^{N} (x_i - \bar{x}) = 0$; daher ist

$$\sum_{i=1}^{N} (x_i - A)^2 = \sum_{i=1}^{N} (x_i - \bar{x})^2 + N d^2. \quad \ldots \ldots \quad (4)$$

(Auf diese praktisch höchst wichtige Formel werden wir uns im weiteren noch häufig berufen müssen.) Ob nun $d$ positiv oder negativ ist, $d^2$ ist immer positiv, desgleichen auch $\sum_{i=1}^{N} (x_i - A)^2$ und $\sum_{i=1}^{N} (x_i - \bar{x})^2$. Folglich ergibt sich endgültig:

$$\sum_{i=1}^{N} (x_i - A)^2 > \sum_{i=1}^{N} (x_i - \bar{x})^2. \quad\ldots\ldots\ldots \quad (5)$$

Wir haben den Satz hier deshalb so ausführlich abgeleitet, um die Vorteile des Rechnens mit dem Summenzeichen $\Sigma$ deutlich zu machen. Fernerhin werden wir einfach von dem Satz ausgehen, daß ganz allgemein

$$\Sigma (a_i + b_i - c_i + d_i \pm \ldots) = \Sigma a_i + \Sigma b_i - \Sigma c_i + \Sigma d_i \pm \ldots \quad (6)$$

und daß ein allen Summanden gemeinsamer konstanter Faktor vor das Summenzeichen gesetzt werden kann:

$$(kx_1 + kx_2 + kx_3 + \ldots + kx_N) = \sum_{i=1}^{N} kx_i = k \sum_{i=1}^{N} x_i. \quad\ldots \quad (7)$$

Aus dem letzten Satz folgt übrigens auch, daß das arithmetische Mittel einer Reihe, in welcher jedes Glied aus einigen Summanden besteht, gleich der Summe der arithmetischen Mittel dieser Summanden ist:

$$\overline{a + b + c + d + \ldots} = \frac{1}{N} \sum_{i=1}^{N} (a_i + b_i + c_i + d_i + \ldots) =$$

$$= \frac{1}{N} \left( \sum_{i=1}^{N} a_i + \sum_{i=1}^{N} b_i + \sum_{i=1}^{N} c_i + \sum_{i=1}^{N} d_i + \ldots \right) =$$

$$= \frac{1}{N} \sum_{i=1}^{N} a_i + \frac{1}{N} \sum_{i=1}^{N} b_i + \frac{1}{N} \sum_{i=1}^{N} c_i + \frac{1}{N} \sum_{i=1}^{N} d_i + \ldots =$$

$$= \bar{a} + \bar{b} + \bar{c} + \bar{d} + \ldots \quad\ldots\ldots\ldots\ldots \quad (8)$$

Zur Erleichterung der Berechnung des arithmetischen Mittels dienen folgende Sätze:

III. Addiert man zu allen Gliedern der Reihe (1) eine und dieselbe Zahl, so wird auch das arithmetische Mittel um dieselbe Zahl vergrößert:

$$\overline{x + A} = \frac{1}{N} \sum_{i=1}^{N} (x_i + A) = \frac{1}{N} \left( \sum_{i=1}^{N} x_i + NA \right) =$$

$$= \frac{1}{N} \sum_{i=1}^{N} x_i + A = \bar{x} + A. \quad\ldots\ldots\ldots \quad (9)$$

Die Zahl $A$ kann auch negativ sein, was offenbar zu folgendem Satz führt:

IIIa. Zieht man von allen Gliedern der Reihe (1) eine und dieselbe Zahl $A$ ab, so wird auch das arithmetische Mittel um dieselbe Zahl vermindert.

IV. Multipliziert man jede Zahl der Reihe (1) mit einer und derselben Zahl $A$, so wird auch das arithmetische Mittel mit derselben Zahl multipliziert:

$$\overline{A\,x} = \frac{1}{N}\sum_{i=1}^{N} A\,x_i = \frac{A}{N}\sum_{i=1}^{N} x_i = A\,\bar{x}. \quad \ldots \ldots \quad (10)$$

Da $A$ auch offenbar die Form $\dfrac{1}{B}$ annehmen kann, so erhält man hieraus ferner den folgenden Satz:

IVa. Dividiert man jede Zahl der Reihe (1) durch eine und dieselbe Zahl $B$, so wird auch das arithmetische Mittel durch diese dividiert.

Bei manchen mathematisch-statistischen Berechnungen, die leider nicht selten ziemlich viel Zeit und Mühe in Anspruch nehmen, sieht sich der Forscher veranlaßt, zur Erleichterung seiner Arbeit gewisse Annäherungsverfahren anzuwenden und vor allen Dingen große Zahlen, deren Funktionen sich bereits in keinen Hilfstafeln vorfinden, abzurunden. Hierbei ist es notwendig, die maximalen möglichen Grenzen der Einwirkung der Abrundungen auf das Endresultat abzuschätzen. Ein bequemes Verfahren wird hierfür im bekannten Lehrbuch von Bowley angegeben.[1]

Ist die genaue Zahl $W$ und wird sie durch $W'$ ersetzt, so ist der absolute Fehler $w$, der hierbei begangen wird, gleich $w = W - W'$, und folglich ist $W = W' + w$. Klammert man $W'$ aus, so erhält man

$$W = W'\left(1 + \frac{w}{W'}\right);$$

$\dfrac{w}{W'}$ wird gewöhnlich durch das Symbol $e$ oder $\varepsilon$ bezeichnet und heißt der relative Fehler von $W'$:

$$W = W'\,(1 + e). \quad \ldots \ldots \ldots \quad (11)$$

(Die Bezeichnungen „absoluter" und „relativer Fehler" sind von uns bereits oben im § 12, Kap. I, S. 124 eingeführt worden.) Sind nun $A'$ und $B'$ zwei Größen, deren relative Fehler $e$ und $\varepsilon$ sind, so ergibt sich für den relativen Fehler ihrer Summe bzw. ihrer Differenz der folgende Ausdruck:

$$A \pm B = A'\,(1 + e) \pm B'\,(1 + \varepsilon) = A' \pm B' + A'e \pm B'\varepsilon =$$
$$= (A' \pm B')\left(1 + \frac{A'e \pm B'\varepsilon}{A' \pm B'}\right). \quad \ldots \quad (12)$$

[Formel (12) kann natürlich unschwer auf eine beliebige Anzahl von Summanden und Subtrahenden verallgemeinert werden.] Sind aber die relativen Fehler $e$ und $\varepsilon$ einander gleich, so erhält man hieraus einfach:

$$A \pm B = (A' \pm B')\,(1 + e). \quad \ldots \ldots \quad (12a)$$

---

[1] A. L. Bowley: Elements, 5. Aufl., S. 178—195.

Der relative Fehler der Summe oder der Differenz ist in diesem Falle gleich dem relativen Fehler ihrer Bestandteile.

Sind die relativen Fehler $e$ und $\varepsilon$ **klein**, so gelten für sie mit guter Annäherung folgende Sätze, die man leicht durch direkte Durchführung der angedeuteten algebraischen Operationen erhalten kann:

$$\left.\begin{aligned}
A \cdot B &= A' \cdot B'\,(1+e)\,(1+\varepsilon) \sim A'\,B'\,(1+e+\varepsilon),\\
A^m &= [A'\,(1+e)]^m \sim A'^m\,(1+m\,e),\\
\sqrt[m]{A} &= \sqrt[m]{A'\,(1+e)} \sim \sqrt[m]{A'}\Big(1+\frac{e}{m}\Big),
\end{aligned}\right\} \quad \ldots \quad (13)$$

wobei natürlich $m$ nicht groß sein darf, und endlich

$$\frac{A}{B} = \frac{A'}{B'}\,\frac{(1+e)}{(1+\varepsilon)} \sim \frac{A'}{B'}\,(1+e-\varepsilon). \quad \ldots \ldots (13\,\mathrm{a})$$

Wenden wir uns jetzt speziell dem Abrunden großer Zahlen zu, welches manchmal auch beim Berechnen des arithmetischen Mittels angewendet wird, so haben wir hierbei folgendes zu bemerken. Wenn man etwa nur die ersten $n$ Ziffern einer Zahl stehen läßt und die übrigen durch Nullen ersetzt, so ist der relative Fehler dann am größten, wenn die abgerundete Zahl selbst relativ am kleinsten ist, d. h. wenn sie aus einer 1 mit $(n-1)$ Nullen besteht. So ist z. B., falls wir nur die drei ersten Ziffern stehen lassen, der relative Fehler der Abrundung von $1\,004\,999$ auf $1\,000\,000$ gleich

$$\frac{1\,004\,999 - 1\,000\,000}{1\,000\,000} = +\,0{,}004999,$$

oder nach seiner **absoluten** Größe nur etwas kleiner als $+\,0{,}005$, während der Fehler einer ebensolchen Abrundung von $9\,995\,000$ auf $10\,000\,000$ nur

$$\frac{9\,995\,000 - 10\,000\,000}{10\,000\,000} = -\,0{,}0005,$$

oder, absolut genommen, 10 mal weniger ausmachen würde. Runden wir also die 4-ten und weiteren Ziffern aller Glieder der Reihe (1) auf 0 ab, so ist der maximale hierbei mögliche relative Fehler in den Grenzen $\pm\,0{,}005$ enthalten, beim Abrunden erst von der 5-ten Ziffer angefangen wird er $\pm\,0{,}0005$ ausmachen usw.

Denkt man sich nun im Ausdruck (1) für das arithmetische Mittel die $x_i$ durch ihre abgerundeten Werte $x'_i$ ersetzt, wobei $e$ der größte mögliche relative Abrundungsfehler für alle Reihenglieder ist, also $x'_i\,(1-e) \leqq$ $\leqq x_i \leqq x'_i\,(1+e)$ gilt, so ergibt sich hieraus:

$$\frac{1}{N}\sum_{i=1}^{N} x'_i\,(1-e) \leqq \frac{1}{N}\sum_{i=1}^{N} x_i \leqq \frac{1}{N}\sum_{i=1}^{N} x'_i\,(1+e),$$

also

$$\bar{x}'\,(1-e) \leqq \bar{x} \leqq \bar{x}'\,(1+e), \quad \ldots \ldots \ldots (14)$$

wobei $\bar{x}'$ das arithmetische Mittel der abgerundeten Zahlen bedeutet.

Die maximalen Fehlergrenzen des arithmetischen Mittels einer abgerundeten Reihe überschreiten also jedenfalls nicht den maximalen Fehler, der bei der Abrundung der einzelnen Reihenglieder begangen worden ist. In Wirklichkeit werden sie in den meisten Fällen bedeutend geringer ausfallen, da die Abrundungsfehler einander zum guten Teil kompensieren werden. Die Formel (14) bezieht sich auf den Fall, daß die Abrundung von links nach rechts vorgenommen wird, d. h. daß man in allen Summanden die gleiche Zahl von Anfangsziffern stehen läßt, wie das z. B. bei der gekürzten Berechnung des Korrelationskoeffizienten sachgemäß geschehen muß (vgl. unten Kap. IV). Rundet man hingegen von rechts nach links ab, d. h. ersetzt man immer die gleiche Zahl der letzten Ziffern durch Nullen, so ist es vorteilhafter, von der einfachen Überlegung auszugehen, daß der Fehler des arithmetischen Mittels nicht größer sein kann, als der größte absolute Abrundungsfehler in der Reihe der $x'_i$, d. h. als die halbe Einheit der letzten nicht abgerundeten Stelle.

Selbstverständlich hat es nur dann Sinn, Hilfssätze zur Erleichterung der Berechnung des arithmetischen Mittels anzuwenden, wenn man über keine Tabulatormaschine verfügt, wenn die ursprüngliche Zahlenreihe sehr lang ist oder wenn man die abgerundeten Zahlen zu weiteren Berechnungen gebrauchen will, z. B. zur Bestimmung der mittleren quadratischen Abweichung, des Korrelationskoeffizienten u. dgl. m. Das folgende kleine Beispiel soll daher nur den Rechenweg illustrieren.

| Ursprüngliche Werte | Dieselben ohne 1 130 000 | Letzte Ziffer abgerundet | Durch 1110 dividiert |
|---|---|---|---|
| 1 139 986 | 9986 | 9990 | 9 |
| 1 133 325 | 3325 | 3330 | 3 |
| 1 136 664 | 6664 | 6660 | 6 |
| 1 131 112 | 1112 | 1110 | 1 |
| 1 139 991 | 9991 | 9990 | 9 |

Das arithmetische Mittel der letzten Kolumne ist $\frac{28}{5} = 5{,}6$. Um von dieser Zahl zum arithmetischen Mittel für die ursprüngliche Reihe zurückzukehren, müssen wir sie zuerst mit 1110 multiplizieren und hierauf 1 130 000 addieren:

$$5{,}6 \cdot 1110 + 1130000 = 6216 + 1130000 = 1136216.$$

Die direkte Rechnung an den ursprünglichen Zahlenwerten der Reihe ergibt aber 1 136 215,6 oder fast genau das angenäherte Resultat!

Aus Gründen, die wir bereits kennen, werden lange Reihen gewöhnlich zu Verteilungsreihen verdichtet, und wir müssen daher untersuchen, wie sich in diesem Falle die Berechnung des arithmetischen Mittels gestaltet. Um Raum zu sparen, betrachten wir gleich den allgemeineren Fall, wo die Verteilung nur in breiteren Klassenintervallen gegeben ist.

Die Aufarbeitung der Resultate der bulgarischen landwirtschaftlichen Erhebung vom 1. Januar 1927 ergab, bei Anwendung der Stichprobenmethode, folgende Resultate:[1]

| Größe der landwirtschaftlichen Betriebe in Dekaren | Anzahl der Betriebe | Deren Fläche in Dekaren | Durchschnitt pro Klassenintervall |
|---|---|---|---|
| Bis 9 inkl. | 88838 | 440732,6 | 5,0 |
| 10— 19 | 92860 | 1356878,1 | 14,6 |
| 20— 29 | 90110 | 2217949,2 | 24,6 |
| 30— 39 | 83115 | 2877431,5 | 34,6 |
| 40— 49 | 72983 | 3246510,2 | 44,5 |
| 50— 59 | 61218 | 3339350,0 | 54,5 |
| 60— 69 | 50536 | 3259324,0 | 64,5 |
| 70— 79 | 40829 | 3046823,8 | 74,6 |
| 80— 89 | 33334 | 2819943,7 | 84,6 |
| 90— 99 | 26607 | 2516000,8 | 94,6 |
| 100—299 | 108713 | 15846236,4 | 145,8 |
| 300—999 | 4645 | 1855025,9 | 399,4 |
| 1000 und mehr | 419 | 4100388,2 | 9786,1 |
| Zusammen … | 754207 | 46922594,4 | 62,2 |

So, wie die Tabelle gegeben ist, berechnet sich die durchschnittliche Größe des Betriebes in Dekaren sofort und direkt als $\bar{x} = \dfrac{46\,922\,594,4}{754\,207} = $ = 62,2 Dek. = 6,22 Hekt.

Nehmen wir jedoch an, die beiden letzten Kolumnen seien uns nicht gegeben. Die Frage ist, wie man dann den ungefähren Wert des arithmetischen Mittels berechnen könnte.

Gleich von vornherein sei nochmals wiederholt (vgl. S. 132, Anmerkung), daß die Veröffentlichung derart unvollständiger Daten ein statistischer Mißbrauch ist, der nicht einmal durch Geldersparnis gerechtfertigt werden kann, denn bei dem heutigen Stande der statistischen Technik ist es jedenfalls ein Leichtes, gleichzeitig mit den beiden ersten Kolumnen sowohl den genauen Wert des arithmetischen Mittels als auch die durchschnittliche Größe des Betriebes in jedem Klassenintervall anzugeben, von den absoluten Summen der Betriebsflächen schon gar nicht zu reden. Setzen wir jedoch voraus, dieses sei nicht geschehen und also die letzten 2 Kolumnen der Tabelle unbekannt. Dann bleibt uns nichts anderes übrig, als anzunehmen, die durchschnittliche Größe der Betriebe entspräche in jedem Klassenintervall genau der Mitte desselben. Unsere Tabelle nimmt hierauf folgende Gestalt an:

---

[1] Vgl. die „Vierteljahrshefte der Generaldirektion der Statistik", 1. Jg., H. II u. III, S. 241, 1929 (bulgarisch mit französischer Übersetzung).

| Durchschn. Größe des landwirtsch. Betriebes in Dekaren | Dieselbe minus 65 Dek. | Die Zahlen der vorhergehenden Kolumne geteilt durch 10 | Anzahl der Betriebe | Produkte | Summen |
|---|---|---|---|---|---|
| 1 | 2 | 3 | 4 | 5 | 6 |
| 5 | — 60 | — 6 | 88 838 | — 533 028 | |
| 15 | — 50 | — 5 | 92 860 | — 464 300 | |
| 25 | — 40 | — 4 | 90 110 | — 360 440 | |
| 35 | — 30 | — 3 | 83 115 | — 249 345 | |
| 45 | — 20 | — 2 | 72 983 | — 145 966 | |
| 55 | — 10 | — 1 | 61 218 | — 61 218 | — 1 814 297 |
| 65 | 0 | 0 | 50 536 | 0 | |
| 75 | + 10 | + 1 | 40 829 | + 40 829 | |
| 85 | + 20 | + 2 | 33 334 | + 66 668 | |
| 95 | + 30 | + 3 | 26 607 | + 79 821 | |
| 200 | + 135 | + 13,5 | 108 713 | + 1 467 625,5 | |
| 650 | + 585 | + 58,5 | 4 645 | + 271 732,5 | |
| 10 000 | + 9935 | + 993,5 | 419 | + 416 276,5 | + 2 342 952,5 |
| Zusammen ... | | | 754 207 | | + 528 655,5 |

Das letzte Klassenintervall der Tabelle ist eigentlich eine „offene Gruppe“, die die Berechnung des arithmetischen Mittels unmöglich macht, wenn man die durchschnittliche Größe der in ihr enthaltenen Betriebe nicht kennt. Wie wir jedoch aus der Tabelle auf S. 142 ersehen, ist in Wirklichkeit ihr arithmetisches Mittel gleich 9786,1. Nehmen wir also an, wir hätten durch irgendwelche Umwege feststellen können, dieses Mittel sei von der Größenordnung 10 000, und setzen wir diese Zahl in die letzte Zeile der ersten Kolumne. Die Hypothese über die durchschnittliche Größe der Betriebe in jedem Klassenintervall, die wir oben einführten, ist selbstverständlich ein wenig phantastisch, und sie entspricht in unserem Falle auch gar nicht der Wirklichkeit, wie man sich leicht aus dem Vergleich der entsprechenden Kolumnen aus den Tabellen auf S. 142 und 143 überzeugt.

Infolgedessen kann im Allgemeinfall das mit ihrer Hilfe berechnete arithmetische Mittel auch nur eine grobe Annäherung an die wahre Größe ergeben. Wohl hat man für diesen und ähnliche Fälle gewisse Korrekturen vorgeschlagen, die unter Umständen den erhaltenen Wert von $\bar{x}$ beträchtlich verbessern können.[1] Ihre Benutzung ist jedoch mathematisch weniger geübten Statistikern, die nicht genau die Ableitung und die Anwendungsgrenzen der betreffenden Formeln verstehen können, nicht besonders zu empfehlen: die Form der Korrekturen hängt nämlich von jenem Verteilungsgesetze ab, welches nach Ansicht des Rechnenden der gegebenen

---

[1] Vgl. z. B. W. Palin Elderton: Frequency Curves and Correlation. 2nd edition, Appendix I, S. 212ff. London 1927.

Reihe zugrunde liegt, und eine falsche Annahme hierüber kann das Resultat zuweilen nur verschlechtern.[1]

Gemäß Satz III a (vgl. oben S. 138) wird, wenn man von jedem Gliede der Reihe eine gewisse konstante Zahl $A$ abzieht, auch das arithmetische Mittel um dieselbe Zahl $A$ verkleinert. Ziehen wir von allen hypothetischen Gruppendurchschnitten der Tabelle (S. 143) den Wert 65 Dek. ab, so erhalten wir die zweite Kolumne in derselben. Wir können selbstverständlich auch jede andere Zahl abziehen, doch wie wir uns leicht überzeugen können, gestalten sich die Berechnungen bei der von uns gewählten Zahl relativ am einfachsten. Da alle Differenzen, abgesehen von den drei letzten, mit einer Null endigen, so ist es vorteilhaft, sie nach Satz IV a durch 10 zu dividieren, wodurch auch das Endergebnis 10 mal verkleinert wird (Kol. 3 der Tabelle auf S. 143). Die Multiplikation der

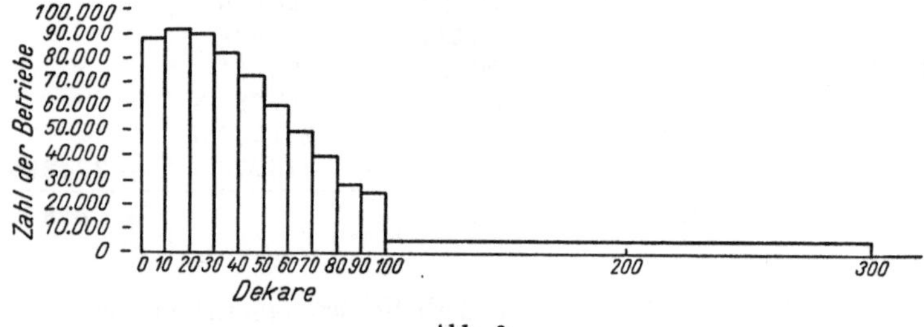


Abb. 9.

Zahlen dieser Kolumne mit den ihnen entsprechenden Häufigkeitsziffern der Kol. 4 ergibt die Zahlen von Kol. 5. Die Summe der positiven Produkte ist gleich 2342952,5, die der negativen — 1814297, ihre algebraische Summe ist also gleich + 528655,5. Dividiert man diese Zahl durch 754207, die Anzahl der Betriebe, so erhält man 0,701, das gesuchte arithmetische Mittel für die reduzierten Zahlen: Um von diesem zum gesuchten Mittel für die ursprüngliche Reihe zurückzukehren, muß man es mit 10 multiplizieren und zum Produkt 65 addieren. Man erhält: 0,701 . 10 + + 65 = 72,01. Die korrekte Zahl ist, wie wir bereits wissen (vgl. S. 142), gleich 62,2 Dek. Der Unterschied ist für ein arithmetisches Mittel sehr groß und erklärt sich daraus, daß das Verteilungsgesetz unserer Reihe ganz asymmetrisch ist, wie man aus obenstehender Abbildung 9 ersehen kann; insbesondere aber daraus, daß die letzten Klassenintervalle sehr groß sind, was übrigens in der Wirtschaftsstatistik sehr häufig vorkommt. Vergleicht man die von uns angenommenen Klassendurchschnitte mit den tatsächlichen aus der Tabelle auf S. 142, so ersieht man sofort, daß sie in allen Klassen, ausgenommen die erste, überschätzt worden sind, am größten ist aber der Unterschied bei den Intervallen 100—299 und 300 bis

---

[1] Vgl. übrigens noch E. S. Martin: On Corrections for the moment coefficients of frequency distributions when the start of the frequency is one of the characteristics to be determined. Biometrika, Vol. XXVI, S. 12 bis 58 (1934).

999, und eben diese beiden Klassen haben das Resultat am meisten beeinträchtigt. Hätten wir in Kol. 1 auf S. 143 an Stelle von 200 die Zahl 146 gesetzt und an Stelle von 650 die Zahl 400, so würde sich, wie leicht nachzurechnen ist, das Endresultat bereits als 63,3 ergeben, also die Differenz auf 11% des ursprünglichen Betrages derselben zurückgedrängt werden. Dieses Beispiel ist ein guter Beleg dafür, wie gefährlich es sein kann, in der Wirtschaftsstatistik ohne zwingenden Grund, nur zur Vereinfachung der Rechnungen, jene angenäherten Verfahren anzuwenden, die in der biologischen Statistik mit gutem Erfolg auf symmetrische Verteilungen mit gleichmäßigen Klassenintervallen angewandt werden.

Das arithmetische Mittel kann auch auf dem Wege über das sog. Summationsverfahren berechnet werden, welches, wie es scheint, zuerst von G. F. Hardy vorgeschlagen worden ist.[1] Unter Umständen, wenn ein Material vorliegt, welches in mehr oder weniger gleiche Klassenintervalle eingeteilt ist, und besonders bei Vorhandensein einer entsprechenden Rechenmaschine, kann das Verfahren zu einer bedeutenden Zeitersparnis führen. Dies wird aber im Falle von Wirtschaftsstatistiken viel seltener vorkommen als etwa in der Bevölkerungsstatistik, für welche die Methode auch zuerst ersonnen wurde. Dasselbe Hardysche Verfahren, nur in einer mehr entwickelten Form, wird auch auf die Berechnung der mittleren quadratischen Abweichung und der „Momente" (s. unten §§ 4 und 5) angewandt. Der Leser, der sich speziell für die statistische Rechentechnik interessiert, wird auf die oben zitierten Werke von Elderton und Bowley verwiesen.

## 3. Andere Mittelwerte, welche an Stelle des arithmetischen Mittels gebraucht werden.

Als „Konkurrenten" des arithmetischen Mittels, welche dieses unter Umständen zu ersetzen haben, treten zunächst das geometrische und das harmonische Mittel auf; ein gewisses theoretisches Interesse besitzt auch das sogenannte antiharmonische Mittel, welches jedoch in der statistischen Praxis so gut wie niemals vorkommt.

Wenn wir uns, wie im vorhergehenden Paragraphen, eine statistische Gesamtheit vom Umfange $N$ denken, welche die Reihe der Zahlenwerte eines Merkmals:

$$x_1, \ x_2, \ x_3, \ \ldots, \ x_N \ \ \cdots \cdots \cdots \cdots \ (1)$$

ergibt, so ist das harmonische Mittel durch die Formel[2]

$$M_h = \frac{N}{\dfrac{1}{x_1} + \dfrac{1}{x_2} + \dfrac{1}{x_3} + \ldots + \dfrac{1}{x_N}}, \ \ \cdots \cdots \ (2)$$

---

[1] Vgl. Elderton: Frequency curves, S. 19ff.; ferner Bowley: Elements, S. 256ff.

[2] Falls aber der Wert $x_1$ in der Gesamtheit $n_1$mal vorkommt, der Wert $x_2$ $n_2$mal usw., wobei $n_1 + n_2 + \ldots + n_m = N$, so kann man auch schreiben:

$$M_h = \frac{n_1 + n_2 + n_3 + \ldots + n_m}{\dfrac{n_1}{x_1} + \dfrac{n_2}{x_2} + \dfrac{n_3}{x_3} + \ldots + \dfrac{n_m}{x_m}} \ \ \cdots \cdots \cdots \ (2a)$$

das geometrische Mittel durch die Formel

$$M_g = \sqrt[N]{x_1\,x_2\,x_3\ldots x_N}\,, \qquad\ldots\ldots\ldots \quad (3)$$

welche offenbar nur dann statistischen Sinn hat, wenn alle Glieder der Reihe (1) positiv sind, und mit Hilfe der Logarithmen berechnet werden muß,[1] und endlich das antiharmonische Mittel durch

$$M_{ant} = \frac{x_1{}^2 + x_2{}^2 + x_3{}^2 + \ldots + x_N{}^2}{x_1 + x_2 + x_3 + \ldots + x_N} \qquad \ldots\ldots \quad (4)$$

dargestellt. Falls alle Reihenglieder positiv sind, besteht zwischen dem arithmetischen ($M_a$), geometrischen, harmonischen und antiharmonischen Mittel die folgende Größenbeziehung:

$$M_{ant} > M_a > M_g > M_h. \qquad\ldots\ldots\ldots \quad (5)$$

Die Theorie dieser Mittel wird besonders liebevoll von der italienischen statistischen Schule gepflegt, welcher man auch die meisten diesbezüglichen Lehrsätze verdankt.[2] Im Zusammenhange mit den Darstellungen unserer „Einführung" spielen sie nur eine untergeordnete Rolle und können daher hier übergangen werden.

Als der mittlere, Median- oder Zentralwert $M_e$ wird ganz allgemein jener Wert der statistischen Reihe (1) verstanden, der sich nach seiner Größe genau in der Mitte der Reihe befindet. Es wird also vorausgesetzt, daß diese zuvor in zunehmender oder abnehmender Ordnung umgestellt worden ist. Ist die Zahl $N$ der Reihenglieder ungerade, $N = 2\,k + 1$, so wird als Medianwert das $(k + 1)$-te Glied auftreten, denn es sind $k$ Reihenglieder größer als dasselbe und andere $k$ Glieder kleiner. Ist $N$ gerade, $N = 2\,k$, so wird gewöhnlich als Medianwert das arithmetische Mittel aus dem $k$-ten und $(k + 1)$-ten Gliede angesehen.

Für den Medianwert gilt der folgende einfache Satz: Die Summe der absoluten Beträge der Abweichungen aller Glieder der Reihe von ihrem Medianwerte ist nicht größer als die Summe ebensolcher Abweichungen von jeder anderen beliebigen positiven oder negativen Zahl $A$. Der Beweis muß getrennt für ungerades und gerades $N$ geführt werden.

Es sei angenommen, daß die Reihe (1) derart angeordnet ist, daß

$$x_1 \leqq x_2 \leqq x_3 \leqq x_4 \leqq \ldots \leqq x_N, \qquad\ldots\ldots \quad (6)$$

wobei $N = 2\,k + 1$ (ungerade). Der Medianwert ist dann $x_{k+1}$. Die ersten $k$ Glieder der Reihe sind jedenfalls nicht größer als $x_{k+1}$ und daher ist

---

[1] Da $\log M_g = \dfrac{\log x_1 + \log x_2 + \log x_3 + \ldots + \log x_N}{N} = \overline{\log x}$, so wird das geometrische Mittel auch als der logarithmische Durchschnitt bezeichnet.

[2] Vgl. z. B. F. Vinci: Manuale di Statistica, Introduzione allo studio quantitativo dei fatti sociali, Vol. I, S. 72—123, Bologna 1934, wo sich auch weitere Literaturnachweise finden; ferner A. Julin: Principes, S. 401ff.

die Summe ihrer absolut, d. h. positiv genommenen Abweichungen von $x_{k+1}$ gleich

$$\sum_{i=1}^{k} |x_i - x_{k+1}| = \sum_{i=1}^{k} (x_{k+1} - x_i) = k\,x_{k+1} - \sum_{i=1}^{k} x_i. \ldots \quad (7)$$

Ferner ist

$$x_{k+1} - x_{k+1} = 0, \ldots \ldots \ldots \quad (7\,\mathrm{a})$$

und was die übrigen $k$ Glieder der Reihe (6) anbetrifft, so sind sie alle jedenfalls nicht kleiner als $x_{k+1}$; folglich ist die Summe ihrer absoluten Abweichungen vom Medianwert einfach durch den Ausdruck

$$\sum_{i=k+2}^{2k+1} (x_i - x_{k+1}) = \sum_{i=k+2}^{2k+1} x_i - k\,x_{k+1} \ldots \ldots \quad (7\,\mathrm{b})$$

gegeben. Verbindet man jetzt (7), (7 a) und (7 b), so erhält man offenbar

$$\sum_{i=1}^{2k+1} |x_i - x_{k+1}| = k\,x_{k+1} - \sum_{i=1}^{k} x_i + (x_{k+1} - x_{k+1}) + \sum_{i=k+2}^{2k+1} x_i - k\,x_{k+1}$$

und hieraus einfach

$$\sum_{i=1}^{2k+1} |x_i - x_{k+1}| = \sum_{i=k+2}^{2k+1} x_i - \sum_{i=1}^{k} x_i. \ldots \ldots \quad (8)$$

Nimmt man nun an Stelle des Medianwertes eine andere Größe $A$, aber so, daß noch

$$x_k < A < x_{k+2},$$

so wird in (8), wie leicht ersichtlich, noch der absolute Wert von $x_{k+1} - A$ auftreten, es wird dann

$$\sum_{i=1}^{2k+1} |x_i - A| = \sum_{i=k+2}^{2k+1} x_i - \sum_{i=1}^{k} x_i + |x_{k+1} - A|, \ldots \quad (9)$$

d. h. die Summe der Abweichungen ist größer als in (8). Liegt hingegen der Wert von $A$ zwischen irgendwelchen zwei anderen Gliedern der Reihe (6), z. B.

$$x_m \leqq A \leqq x_{m+1}, \ldots \ldots \ldots \ldots \quad (9\,\mathrm{a})$$

wobei $m \geqq k + 2$, so kann auf dieselbe Art wie oben der folgende Ausdruck abgeleitet werden:

$$\sum_{i=1}^{2k+1} |x_i - A| = m\,A - \sum_{i=1}^{m} x_i + \sum_{i=m+1}^{2k+1} x_i - (2k+1-m)\,A =$$

$$= \sum_{i=m+1}^{2k+1} x_i - \sum_{i=1}^{m} x_i + (2m - 2k - 1)\,A. \ldots \ldots \quad (10)$$

Und subtrahiert man (8) gliedweise von (10), so ergibt sich hieraus:

$$\sum_{i=1}^{2k+1} |x_i - A| - \sum_{i=1}^{2k+1} |x_i - x_{k+1}| = -\sum_{i=k+2}^{m} x_i - \sum_{i=k+1}^{m} x_i + [2m - (2k+1)]A.$$

Die erste Summe der rechten Seite besteht aus $[m - (k+1)]$ Gliedern, die zweite aus $(m - k)$ Gliedern. Wir besitzen also hier im ganzen $2m - 2k - 1$ negative Summanden, denen ebensoviele positive $A$ im letzten Gliede gegenüberstehen. Da aber $A$, wie wir oben in (9a) angenommen haben, größer als $x_m$ und a fortiori größer als alle übrigen $x_i$ der rechten Seite ist, so folgt hieraus, daß in der Tat

$$\sum_{i=1}^{2k+1} |x_i - A| > \sum_{i=1}^{2k+1} |x_i - x_{k+1}|. \qquad \ldots \ldots \quad (11)$$

Wäre in (9a), umgekehrt, $m < k$, so würde sich aus (8) und (10) die Beziehung

$$\sum_{i=1}^{2k+1} |x_i - A| - \sum_{i=1}^{2k+1} |x_i - x_{k+1}| = +\sum_{i=m+1}^{k+1} x_i + \sum_{i=m+1}^{k} x_i - [(2k+1) - 2m]A$$

ergeben, wobei wiederum $[2k+1 - 2m]$ größeren positiven Summanden ebensoviel kleinere negative gegenüberstehen würden, d. h. die Gültigkeit von (11) wäre auch hier erwiesen.

Ist endlich $N$ gerade und gleich $2k$, so ergibt sich für die Summe der absoluten Abweichungen vom Medianwert der Ausdruck

$$\sum_{i=1}^{2k} \left| x_i - \frac{x_k + x_{k+1}}{2} \right| = \sum_{i=k+1}^{2k} x_i - \sum_{i=1}^{k} x_i, \qquad \ldots \ldots \quad (12)$$

wobei dieser Wert, zum Unterschied vom vorigen Fall, auch für alle $A$ in den Grenzen

$$x_k \leqq A \leqq x_{k+1}$$

gilt. Befindet sich $A$ außerhalb dieser Grenzen, so ergibt sich die Ungleichung

$$\sum_{i=1}^{2k} |x_i - A| > \sum_{i=1}^{2k} \left| x_i - \frac{x_k + x_{k+1}}{2} \right| \qquad \ldots \ldots \quad (12\,\mathrm{a})$$

genau aus denselben Überlegungen wie im Falle eines ungeraden $N = 2k+1$. Somit ist der Satz, welcher übrigens bereits von Laplace aufgestellt wurde,[1] sowohl für ungerade als auch für gerade $N$ erwiesen. Er bildet ein Gegenstück zu einem ähnlichen Satz, den wir oben im § 2, II (S. 137) für das arithmetische Mittel abgeleitet haben. Zu den Formeln (8) und (12) werden wir im nächsten Paragraphen noch zurückkehren.

---

[1] Vgl. Corrado Gini: Variabilità e Mutabilità, contributo allo studio delle distribuzioni e delle relazioni statistiche, S. 33. Bologna 1912.

Für den letzten der Durchschnitte, die mit dem arithmetischen Mittel „konkurrieren", für den sog. häufigsten oder dichtesten Wert, den die Engländer „Mode" und die Franzosen, nach L. March, Dominante nennen, kann keine so einfache Beziehung abgeleitet werden, wie für den Medianwert oder das arithmetische Mittel. Trotzdem besitzt der dichteste Wert eine große theoretische Bedeutung bei allen jenen Verteilungsgesetzen, bei welchen eine ausgesprochene maximale statistische Wahrscheinlichkeit für einen gewissen Wert der Reihenglieder besteht. Wir haben bereits gesehen, daß man bei der Ableitung der Exponentialformel, und folglich des Laplaceschen Integrals, die Abweichung $x$ eben vom dichtesten Wert $n\,p$ rechnet, und dasselbe ist auch bei dem Pearsonschen Kriterium $\chi^2$ der Fall. Er spielt auch eine große Rolle in den neuen Untersuchungen von R. A. Fisher, die wir weiter unten in Kap. III, § 8, besprechen werden.

## 4. Streuungsmaße.

Unter den sog. Streuungsmaßen sind die durchschnittliche Abweichung und die mittlere quadratische Abweichung die bekanntesten.

Die durchschnittliche Abweichung ist das arithmetische Mittel aus den positiv genommenen Abweichungen aller Reihenglieder von einem gewissen Mittelwerte $M$:

$$\delta = \frac{1}{N} \sum_{i=1}^{N} |x_i - M| \quad\ldots\ldots\ldots\ldots \quad (1)$$

Im vorhergehenden Paragraphen haben wir bereits den Nachweis erbracht, daß $\delta$ dann am kleinsten ist, wenn man als Mittelwert $M$ den Medianwert $M_e$ nimmt. Mit dem letzteren konkurriert nur noch das arithmetische Mittel, doch ist das Rechnen mit dem ersteren vorzuziehen, um so mehr als es auch technisch viel leichter ist. Wir können nämlich in letzterem Falle mit Rücksicht auf Formeln (8) und (12) des vorhergehenden Paragraphen ganz einfach schreiben:

$$\delta = \frac{1}{N}\left(\sum_{i=k+2}^{2k+1} x_i - \sum_{i=1}^{k} x_i\right), \text{ bei ungeradem } N = 2\,k + 1,$$

und

$$\delta = \frac{1}{N}\left(\sum_{i=k+1}^{2k} x_i - \sum_{i=1}^{k} x_i\right), \text{ bei geradem } N = 2\,k. \qquad \ldots\ (2)$$

Man hat also einfach die statistische Reihe in zunehmender oder abnehmender Ordnung hinzuschreiben und bei ungeradem $N$ den Zentralwert zu streichen, darauf beide Hälften einzeln zu addieren und von der größeren Summe die kleinere abzuziehen. Die durchschnittliche Abweichung ergibt sich dann als die durch die Zahl der Reihenglieder dividierte Differenz dieser Summen. Bezeichnet man jedoch das arithmetische

Mittel der ersten Hälfte, die aus kleineren Reihengliedern besteht, mit
$m\,(1)_1$, jenes der zweiten Hälfte mit $m\,(2)_1$, so erhält man aus (2) sofort:

$$\delta = \frac{m\,(2)_1 - m\,(1)_1}{2}, \text{ bei } N = 2\,k, \quad \ldots \ldots \quad (3)$$

und

$$\delta = \left(\frac{1}{2} - \frac{1}{2\,N}\right)[m\,(2)_1 - m\,(1)_1] \sim \frac{m\,(2)_1 - m\,(1)_1}{2} \quad \ldots \quad (3\,\text{a})$$

bei $N = 2\,k + 1$.[1]

Trotz dieser rechnerischen Vorzüge, die übrigens nicht immer genügend
gewürdigt werden,[2] ist man jetzt ganz davon abgekommen, die durchschnittliche Abweichung bei genaueren und verantwortlicheren mathematisch-statistischen Rechnungen anzuwenden. Es ist nämlich durch
R. A. Fisher endgültig nachgewiesen worden, daß sie als Streuungsmaß
weniger zuverlässig ist als die mittlere quadratische Abweichung.
Letztere, welche häufig auch mittlerer (quadratischer) Fehler
genannt wird, nimmt zurzeit in der statistischen Theorie eine domi-
nierende Stellung ein. Ihre Formel ist

$$\sigma = \sqrt{\frac{1}{N}\sum_{i=1}^{N}(x_i - \bar{x})^2}, \quad \ldots \ldots \ldots \quad (4)$$

wobei $\bar{x}$ wiederum das arithmetische Mittel der Reihe bedeutet. Die
Maßzahl $\sigma$ wird von den Engländern als standard deviation und von den
Franzosen meistens als déviation-type oder écart-type bezeichnet. Ihr
Quadrat heißt im Englischen „variance“ (R. A. Fisher), im Französischen
„fluctuation“ (March) und im Deutschen „Streuung“ (Tschuprow).

Für die Berechnung der mittleren quadratischen Abweichung kommen
folgende Sätze in Betracht:

I. Wenn man zu allen Gliedern der Reihe

$$x_1,\ x_2,\ x_3,\ x_4, \ldots, x_N \quad \ldots \ldots \ldots \quad (5)$$

eine und dieselbe Zahl $A$ addiert, so bleibt die mittlere quadratische Abweichung unverändert. Dieses folgt direkt aus Satz III des § 2 (S. 138).
Das arithmetische Mittel $\bar{x}$ verwandelt sich nämlich in diesem Falle in
$\bar{x} + A$, und daher muß auch die Abweichung der durchwegs um $A$ vergrößerten Glieder der Reihe (5) von ihrem ebenfalls um $A$ vergrößerten
arithmetischen Mittel dieselbe bleiben:

---

[1] Die Formeln (3) und (3a) zeigen auch, wie nahe die durchschnittliche
Abweichung mit dem sog. Quartilabstande verwandt ist (vgl. z. B. Winkler,
l. c., S. 83). Anderseits ist $\bar{x} \sim \dfrac{m\,(2)_1 + m\,(1)_1}{2}$, und daher $\dfrac{\delta}{\bar{x}} \sim \dfrac{m\,(2)_1 - m\,(1)_1}{m\,(2)_1 + m\,(1)_1}$.
Diese Maßzahl könnte der relativen Quartilenabweichung Bowleys gegen-
übergestellt werden (vgl. Bowley: Elements, S. 116: „Skewness“). Wir
würden $\dfrac{\delta}{\bar{x}}$ auch seiner Maßzahl $\dfrac{\text{mean deviation}}{\text{median}} = \dfrac{\delta}{M_e}$ vorziehen.

[2] Die Beziehungen (2) sind längst bekannt (vgl. z. B. Gini: Variabilità
etc., S. 34), und trotzdem werden sie sogar in neuen Lehrbüchern der Statistik nicht für die Berechnung der durchschnittlichen Abweichung empfohlen.

$$x_i + A - (\bar{x} + A) = x_i - \bar{x}.$$

I a. Da $A$ auch negativ sein kann, so folgt hieraus ferner, daß die mittlere quadratische Abweichung keine Veränderung erleidet, wenn von allen Reihengliedern eine und dieselbe Zahl $A$ abgezogen wird.

II. Wenn man alle Glieder der Reihe (5) mit einer und derselben Zahl $A$ multipliziert, so wird auch die mittlere quadratische Abweichung hierdurch $A$mal größer gemacht. Dies folgt unmittelbar aus Satz IV des § 2 (S. 139), denn das arithmetische Mittel der neuen Reihe erhält den Wert $A\bar{x}$ und für das Quadrat der Abweichung eines beliebigen $i$-ten Gliedes der Reihe von ihrem arithmetischen Mittel ergibt sich dann der folgende Ausdruck:

$$(A x_i - A\bar{x})^2 = A^2 (x_i - \bar{x})^2,$$

und hieraus endgültig

$$\sqrt{\frac{1}{N} \sum_{i=1}^{N} A^2 (x_i - \bar{x})^2} = A \sqrt{\frac{1}{N} \sum_{i=1}^{N} (x_i - \bar{x})^2} = A\,\sigma.$$

II a. Da $A$ auch in der Form $\frac{1}{B}$ dargestellt werden kann, so gilt offenbar auch der folgende Satz: Wenn man alle Reihenglieder durch eine und dieselbe Zahl $B$ dividiert, so wird hierdurch auch die mittlere quadratische Abweichung $B$mal kleiner gemacht.

III. Eine dritte und praktisch sehr wichtige Regel erhält man aus Formel (4) des § 2 (S. 137). Bezeichnet man wiederum eine beliebige positive oder negative Zahl durch $A$ und die Differenz $A - \bar{x}$ durch $d$, so ergibt sich aus ihr die folgende Formel:

$$\sigma = \sqrt{\frac{1}{N} \sum_{i=1}^{N} (x_i - \bar{x})^2} = \sqrt{\frac{1}{N} \left[ \sum_{i=1}^{N} (x_i - A)^2 - N d^2 \right]} =$$

$$= \sqrt{\frac{1}{N} \sum_{i=1}^{N} (x_i - A)^2 - d^2} \quad . \quad . \quad (6)$$

Und setzt man $A = 0$, so hat man hieraus noch einen anderen bequemen Ausdruck:

$$\sigma = \sqrt{\frac{1}{N} \sum_{i=1}^{N} x_i^2 - \bar{x}^2}. \quad . \quad . \quad . \quad . \quad . \quad . \quad (7)$$

Die praktisch angenehmste Eigenschaft der Formeln (6) und (7) ist die, daß man bei ihrer Anwendung nicht von jedem Reihengliede den Wert des arithmetischen Mittels abzuziehen braucht, welcher gewöhnlich keine ganze Zahl ist, sondern einfach die Summe der ganzzahligen $x_i^2$ oder $(x_i - A)^2$ zu bilden hat. Die Quadrate selbst, falls sie nicht zu große Zahlen sind, können direkt aus Rechentafeln entnommen werden, deren es viele gibt.[1] Besteht die Reihe (5) aus vierstelligen oder noch größeren

---

[1] Die Quadrate der ersten 100 natürlichen Zahlen werden in sehr vielen Logarithmentafeln angeführt und natürlich auch in den „Tables for Sta-

Zahlen, so ist es möglich, ein angenähertes Verfahren anzugeben, welches von denselben Überlegungen ausgeht wie die Formel (14) des § 2 (S. 140).

IV. Rundet man die vierte und die folgenden Ziffern jedes Reihengliedes vom Typus $(x_i - A)$ auf 0 ab, so ist, wie wir wissen (vgl. oben S. 140), der relative Fehler, welcher hierdurch entsteht, seinem absoluten Betrage nach kleiner als 0,005. Nimmt man an, daß der Wert von $d$ genau bekannt oder wenigstens mit einem bedeutend kleineren Fehler als 0,005 berechnet worden ist, so kann man mit Hilfe der Formeln (13) des § 2 (S. 140) folgende Transformationen vornehmen:

$$\sigma = \sqrt{\frac{1}{N} \sum_{i=1}^{N} (x_i - A)^2 - d^2} \sim \sqrt{\frac{1}{N}\left[ (1 \pm e)^2 \sum_{i=1}^{N} (x'_i - A)^2 - N d^2 \right]} \sim$$

$$\sim \sqrt{\frac{1}{N}\left[ (1 \pm 2 e) \sum_{i=1}^{N} (x'_i - A)^2 - N d^2 \right]} \sim$$

$$\sim \sqrt{\frac{1}{N}\left[ \sum_{i=1}^{N} (x'_i - A)^2 - N d^2 \pm 2 e \sum_{i=1}^{N} (x'_i - A)^2 \right]} \sim$$

$$\sim \sqrt{\frac{1}{N}\left[ \sum_{i=1}^{N} (x'_i - A)^2 - N d^2 \right]\left[ 1 \pm \frac{2 e \sum_{i=1}^{N} (x'_i - A)^2}{\sum_{i=1}^{N} (x'_i - A)^2 - N d^2} \right]} \sim$$

$$\sim \left[ 1 \pm e \cdot \frac{\sum_{i=1}^{N} (x'_i - A)^2}{\sum_{i=1}^{N} (x'_i - A)^2 - N d^2} \right] \sqrt{\frac{1}{N} \sum_{i=1}^{N} (x'_i - A)^2 - d^2} \ . \ . \ . \ . \ (8)$$

Hierbei bezeichnet $x'_i$ ein derart abgerundetes $x_i$, daß der relative Fehler von $x'_i - A$ immer noch kleiner als 0,005 bleibt. Ist nun $A$ so gewählt, daß

$$N d^2 = N (A - \bar{x})^2$$

im Vergleich zu $\sum_{i=1}^{N} (x_i - A)^2$ klein bleibt, was immer zu erreichen ist, so wird

$$\frac{\sum_{i=1}^{N} (x'_i - A)^2}{\sum_{i=1}^{N} (x'_i - A)^2 - N d^2}$$

tisticians" von Pearson. Die Quadrate der ersten 1000 natürlichen Zahlen finden sich z. B. in den bekannten Rechentafeln von Crelle.

nahe bei 1 liegen, und wir erhalten dann einfach:

$$\sigma \sim (1 \pm e) \sqrt{\frac{1}{N} \sum_{i=1}^{N} (x'_i - A)^2 - d^2} \quad . \quad . \quad . \quad . \quad . \quad (8\,\mathrm{a})$$

Mit Rücksicht darauf, daß fertige Tabellen der Quadratzahlen nur bis 1000 vorliegen, wird man gewöhnlich auch schon die vierte Ziffer auf 0 abrunden wollen, und aus Formel (8a) ist ersichtlich, daß man in diesem Falle — unter Voraussetzung, daß $A$ nahe bei $\bar{x}$ liegt — ein Fehlerrisiko übernimmt, welches kaum den Betrag von $\pm 0{,}005\,\sigma$ oder $0{,}5\%$ des Wertes übersteigen kann. Genügt eine solche Genauigkeit noch nicht und verfügt man etwa über Tabellen, die bis zu $10000^2$ gehen, oder über gute Multiplikationsmaschinen, so kann natürlich auch erst die fünfte bzw. sechste usw. Ziffer abgerundet werden, was zu noch genaueren Resutaten führt.

Um die Berechnung der mittleren quadratischen Abweichung mit Hilfe obiger Formeln zu erläutern, wählen wir als Beispiel die Reihe der ersten 10 Werte von $\frac{1}{2} + \frac{a}{2}$, die wir in Tab. 3 auf S. 75 angeführt haben.

| $\frac{1}{2} + \frac{a}{2}$ | Dieselben Zahlen mit 10000 multipliziert | Die Zahlen der Kolumne 2 vermindert um 6900 | Die Zahlen der Kolumne 3 auf die 4. Stelle abgerundet | Quadrate der Zahlen der Kolumne 4 |
|:---:|:---:|:---:|:---:|:---:|
| 1 | 2 | 3 | 4 | 5 |
| 0,5000 | 5000 | — 1900 | — 1900 | 3 610 000 |
| 0,5398 | 5398 | — 1502 | — 1500 | 2 250 000 |
| 0,5793 | 5793 | — 1107 | — 1110 | 1 232 100 |
| 0,6179 | 6179 | — 721 | — 721 | 519 841 |
| 0,6554 | 6554 | — 346 | — 346 | 119 716 |
| 0,6915 | 6915 | + 15 | + 15 | 225 |
| 0,7257 | 7257 | + 357 | + 357 | 127 449 |
| 0,7580 | 7580 | + 680 | + 680 | 462 400 |
| 0,7881 | 7881 | + 981 | + 981 | 962 361 |
| 0,8159 | 8159 | + 1259 | + 1260 | 1 587 600 |
| 0,66716 | | + 3292<br>— 5576 | + 3293<br>— 5577 | 10 871 692 |
| | | — 2284 | — 2284 | |

Die ganze Prozedur dürfte aus der Tabelle klar genug zu ersehen sein. Zunächst multiplizieren wir alle Reihenglieder mit 10000 (Kol. 2), was laut Satz II auch die mittlere quadratische Abweichung 10000 mal vergrößert; hierauf ziehen wir allen Zahlen der Kol. 2 eine runde Zahl ab, die möglichst nahe zu ihrem voraussichtlichen oder, noch besser, zu ihrem genau bekannten arithmetischen Mittel liegt. Dieses geschieht in doppelter Absicht: erstens, um kleinere Zahlen zu bekommen, und zweitens, um die Fehlergrenzen bei der Abrundung laut Satz IV möglichst zu reduzieren. In unserem Falle ist das arithmetische Mittel gleich 0,66716, und es wäre daher angemessen, 6700 oder noch besser 6670 abzuziehen. Um aber zu zeigen, daß nicht zu große Abweichungen vom arithmetischen Mittel das Resultat wenig beeinflussen, wählen wir die Zahl 6900. Aus der Subtraktion dieser Zahl von allen Zahlen der Kol. 2 ergibt sich Kol. 3. Das arithmetische Mittel, welches zur Berechnung der mittleren quadratischen Abweichung dienen soll, wird nun aus dieser Kolumne (und nicht aus den Daten der Kol. 1) berechnet, denn dieses Mittel ist, wie leicht ersichtlich, gleich $-(A - \bar{x})$. Wenn man die algebraische Summe der positiven und negativen Abweichungen von 6900 zieht, so erhält man $-2284$. Somit ist das arithmetische Mittel der Kolumne gleich $\dfrac{-2284}{10} = -228,4$. Die nächste Handlung besteht in der Abrundung der Zahlen der Kol. 3, was uns Kol. 4 ergibt. Zur Kontrolle berechnen wir das arithmetische Mittel der abgerundeten Zahlen, welches diesmal zufällig mit dem genauen Resultat übereinstimmt, aber jedenfalls sich nicht weit von ihm entfernen darf. Schließlich werden alle Zahlen der Kol. 4 ins Quadrat erhoben, was mit Hilfe spezieller Tabellen sehr schnell zu bewerkstelligen ist und wobei natürlich alle negativen Zeichen sich in positive verwandeln (Kol. 5). Die Summe dieser Quadrate ergibt sich zu 10871692. Hiernach befinden wir uns bereits im Besitze aller Zahlen, die für die Berechnung von $\sigma$ nach Formel (6) bzw. (7) erforderlich sind, und erhalten hieraus:

$$\sigma = \sqrt{\frac{10\,871\,692}{10} - \left(\frac{-2284}{10}\right)^2} = 1017,35.$$

Da wir alle Zahlen der ursprünglichen Reihe mit 10000 multipliziert haben, so ergibt sich, umgekehrt, hieraus das ursprüngliche $\sigma$ als $\dfrac{1017,35}{10\,000} = 0,101735.$

Hätten wir die Zahlen der Kol. 3 nicht abgerundet, so würde die genaue Rechnung das Resultat 0,101720 ergeben haben. Die Abrundung bewirkte also einen relativen Fehler bloß im Betrage von $\dfrac{0,101720 - 0,101735}{0,101735} =$ $= -0,00015$ oder von nur $-0,015\%$! In der Regel wird der Betrag des Fehlers selbstverständlich doch beträchtlich größer ausfallen.

Falls die Daten bereits in Form einer Verteilungsreihe vorliegen, so wird die Rechnung nach dem Muster von S. 142—143 durchgeführt, indem z. B. in der Tab. auf S. 143 die Zahlen der Kol. 3 ins Quadrat erhoben und erst dann mit den Häufigkeitsziffern aus Kol. 4 multipliziert werden; alle Produkte ergeben sich natürlich als positiv. Wir machen jedoch den Leser nochmals darauf aufmerksam, daß dieses Verfahren bei stark unsymmetrischen Verteilungen, wie sie in der Wirtschaftsstatistik so häufig vorkommen, und insbesondere bei breiten Klassenintervallen zu sehr beträchtlichen Endfehlern in der Berechnung der mittleren quadratischen Abweichung führen können. Rechenbeispiele finden sich beinahe in jedem größeren Lehrbuch der statistischen Methodik (Winkler, Yule usw.) und können daher hier übergangen werden.

Im Gegensatz zum arithmetischen Mittel (vgl. oben S. 138) ist die mittlere quadratische Abweichung der Summe nicht gleich der Summe der mittleren quadratischen Abweichungen der Summanden, doch läßt sich die Beziehung zwischen diesen auf eine andere relativ einfache Form bringen. Es sei angenommen, daß jedes Glied der Reihe $x_1, x_2, x_3, \ldots, x_N$ eine Summe der Elemente $y, z, t, u, \ldots$ darstelle, so daß für ein beliebiges $i$

$$x_i = y_i + z_i + t_i + u_i + \ldots \quad\quad\quad (9)$$

Bezeichnen wir das arithmetische Mittel wieder durch einen Strich über dem betreffenden Buchstaben, so haben wir aus (8) des § 2 (S. 138):

$$\bar{x} = \bar{y} + \bar{z} + \bar{t} + \bar{u} + \ldots, \quad\quad\quad (10)$$

und wenn man (10) von (9) gliedweise abzieht:

$$x_i - \bar{x} = (y_i - \bar{y}) + (z_i - \bar{z}) + (t_i - \bar{t}) + (u_i - \bar{u}) + \ldots$$

Erhebt man beide Seiten dieser Gleichung ins Quadrat, so erhält man nach der bekannten Regel für das Quadrat eines Polynoms:

$$
\begin{aligned}
(x_i - \bar{x})^2 = {}& (y_i - \bar{y})^2 + (z_i - \bar{z})^2 + (t_i - \bar{t})^2 + (u_i - \bar{u})^2 + \ldots \\
& + 2(y_i - \bar{y})(z_i - \bar{z}) + 2(y_i - \bar{y})(t_i - \bar{t}) + 2(y_i - \bar{y})(u_i - \bar{u}) + \ldots \\
& + 2(z_i - \bar{z})(t_i - \bar{t}) + 2(z_i - \bar{z})(u_i - \bar{u}) + \ldots \\
& + 2(t_i - \bar{t})(u_i - \bar{u}) + \ldots \quad\quad\quad (11)
\end{aligned}
$$

Man hat nun die Summe von $N$ solchen Ausdrücken, angefangen mit $(x_1 - \bar{x})^2$ und abschließend mit $(x_N - \bar{x})^2$, zu bilden. Stellt man sich vor, jeder Ausdruck sei so hingeschrieben, daß er nur eine Zeile einnimmt, und die einzelnen Zeilen seien so untereinandergesetzt, daß die Glieder vom Typus $(x_i - \bar{x})^2$, $(y_i - \bar{y})^2$, $(z_i - \bar{z})^2$ usw. je eine Kolumne bilden, so wird ersichtlich, daß man folgende Formel direkt aus (11) ableiten kann:

$$
\begin{aligned}
\frac{1}{N}\sum_{i=1}^{N}(x_i - \bar{x})^2 = {}& \frac{1}{N}\sum_{i=1}^{N}(y_i - \bar{y})^2 + \frac{1}{N}\sum_{i=1}^{N}(z_i - \bar{z})^2 + \\
& + \frac{1}{N}\sum_{i=1}^{N}(t_i - \bar{t})^2 + \frac{1}{N}\sum_{i=1}^{N}(u_i - \bar{u})^2 + \ldots \\
& + \frac{2}{N}\sum_{i=1}^{N}(y_i - \bar{y})(z_i - \bar{z}) + \frac{2}{N}\sum_{i=1}^{N}(y_i - \bar{y})(t_i - \bar{t}) + \\
& + \frac{2}{N}\sum_{i=1}^{N}(y_i - \bar{y})(u_i - \bar{u}) + \ldots \\
& + \frac{2}{N}\sum_{i=1}^{N}(z_i - \bar{z})(t_i - \bar{t}) + \frac{2}{N}\sum_{i=1}^{N}(z_i - \bar{z})(u_i - \bar{u}) + \ldots \\
& + \frac{2}{N}\sum_{i=1}^{N}(t_i - \bar{t})(u_i - \bar{u}) + \ldots \quad\quad\quad (11a)
\end{aligned}
$$

Führt man jetzt noch die Bezeichnung ein:

$$\mu (r)_2 = \frac{1}{N} \sum_{i=1}^{N} (r_i - \bar{r})^2, \quad \dots \dots \dots \quad (12)$$

und

$$\mu (r, s)_{1,1} = \frac{1}{N} \sum_{i=1}^{N} (r_i - \bar{r})(s_i - \bar{s}), \quad \dots \dots \quad (12\,\mathrm{a})$$

wobei an Stelle von $r$ und $s$ jeder beliebige andere Buchstabe gesetzt werden kann, so erhält man aus (11 a) unmittelbar das folgende Resultat:

$$\begin{aligned}
\sigma^2 = \mu (x)_2 = {}& \mu (y)_2 + \mu (z)_2 + \mu (t)_2 + \mu (u)_2 + \dots \\
&+ 2\,\mu (y, z)_{1,1} + 2\,\mu (y, t)_{1,1} + 2\,\mu (y, u)_{1,1} + \dots \\
&+ 2\,\mu (z, t)_{1,1} + 2\,\mu (z, u)_{1,1} + \dots \\
&+ 2\,\mu (t, u)_{1,1} + \dots \quad \dots \dots \dots \dots
\end{aligned} \quad (13)$$

Es sei noch bemerkt, daß wir fernerhin das Symbol $\mu (r)_2$ oder $\mu (r, s)_{1,1}$ nur in bezug auf eine Gesamtheit höherer Ordnung anwenden werden; für eine Gesamtheit niederer Ordnung schreiben wir durchwegs $\mu (r)'_2$ und $\mu (r, s)'_{1,1}$. Mit den Symbolen vom Typus $\mu (r, s)_{1,1}$, die an dieser Stelle zum ersten Male auftreten, werden wir uns noch in den Kap. III und IV zu befassen haben. Nur soviel sei hier gesagt, daß es Fälle gibt, in denen sie alle gleich 0 zu setzen sind, und dann ergibt sich aus (13) die einfache Beziehung:

$$\sigma^2 = \mu (x)_2 = \mu (y)_2 + \mu (z)_2 + \mu (t)_2 + \mu (u)_2 + \dots \dots \quad (13\,\mathrm{a})$$

Wenn wir nun zur Formel (2) zurückkehren (vgl. S. 149), so ist es möglich, eine einfache Beziehung zwischen der durchschnittlichen Abweichung und der mittleren quadratischen Abweichung abzuleiten. Wir betrachten zunächst den Fall eines geraden $N = 2\,k$. Es ist mit Rücksicht auf (7):

$$\sigma^2 = \frac{1}{2k} \sum_{i=1}^{2k} (x_i - \bar{x})^2 = \frac{1}{2k} \sum_{i=1}^{2k} x_i{}^2 - \bar{x}^2 = \frac{1}{2k} \sum_{i=1}^{2k} x_i{}^2 - \left( \frac{1}{2k} \sum_{i=1}^{2k} x_i \right)^2 =$$

$$= \frac{1}{2k} \left( \sum_{i=1}^{k} x_i{}^2 + \sum_{i=k+1}^{2k} x_i{}^2 \right) - \left[ \frac{1}{2k} \left( \sum_{i=1}^{k} x_i + \sum_{i=k+1}^{2k} x_i \right) \right]^2 =$$

$$= \frac{1}{2} \left( \frac{1}{k} \sum_{i=1}^{k} x_i{}^2 + \frac{1}{k} \sum_{i=k+1}^{2k} x_i{}^2 \right) - \frac{1}{4} \left[ \left( \frac{1}{k} \sum_{i=1}^{k} x_i \right)^2 + \left( \frac{1}{k} \sum_{i=k+1}^{2k} x_i \right)^2 \right] -$$

$$- \frac{1}{2} \left( \frac{1}{k} \sum_{i=1}^{k} x_i \cdot \frac{1}{k} \sum_{i=k+1}^{2k} x_i \right).$$

Addiert man zur rechten Seite

$$\pm \frac{1}{4}\left[\left(\frac{1}{k}\sum_{i=1}^{k}x_i\right)^2 + \left(\frac{1}{k}\sum_{i=k+1}^{2k}x_i\right)^2\right],$$

so erhält man nach einigen leichten Umformungen:

$$\sigma^2 = \frac{1}{2}\left[\frac{1}{k}\sum_{i=1}^{k}x_i^2 - \left(\frac{1}{k}\sum_{i=1}^{k}x_i\right)^2 + \frac{1}{k}\sum_{i=k+1}^{2k}x_i^2 - \left(\frac{1}{k}\sum_{i=k+1}^{2k}x_i\right)^2\right] +$$

$$+ \frac{1}{4}\left[\frac{1}{k}\sum_{i=k+1}^{2k}x_i - \frac{1}{k}\sum_{i=1}^{k}x_i\right]^2 \quad \dots \quad (14)$$

Greift man jetzt wiederum auf (7) zurück, so ist klar, daß

$$\frac{1}{k}\sum_{i=1}^{k}x_i^2 - \left(\frac{1}{k}\sum_{i=1}^{k}x_i\right)^2 = \mu(1)_2 \quad \dots \dots \quad (15)$$

die Streuung, d. h. das Quadrat der mittleren quadratischen Abweichung, der ersten $k$ Glieder der ursprünglichen Reihe darstellt, und ebenso

$$\frac{1}{k}\sum_{i=N-k+1}^{N}x_i^2 - \left(\frac{1}{k}\sum_{i=N-k+1}^{N}x_i\right)^2 = \mu(2)_2 \quad \dots \dots \quad (15\,\mathrm{a})$$

die Streuung der letzten, d. h. der übrigen $k$ Glieder derselben Reihe. Und führt man wiederum die Bezeichnungen ein:

$$\left.\begin{aligned}\frac{1}{k}\sum_{i=1}^{k}x_i &= m(1)_1,\\[1em]\frac{1}{k}\sum_{i=N-k+1}^{N}x_i &= m(2)_1,\end{aligned}\right\} \quad \dots \dots \quad (16)$$

so erhält man aus (14) unmittelbar:

$$\sigma^2 = \frac{1}{2}\left[\mu(1)_2 + \mu(2)_2\right] + \frac{1}{4}\left[m(2)_1 - m(1)_1\right]^2, \quad \dots \quad (17)$$

oder mit Rücksicht auf (3) auch einfach:

$$\sigma^2 = \delta^2 + \frac{\mu(1)_2 + \mu(2)_2}{2}, \quad (N = 2\,k). \quad \dots \dots \quad (18)$$

Ist hingegen $N$ ungerade, $N = 2\,k + 1$, so ergibt sich nach ganz analoger, aber etwas komplizierterer Rechnung:

$$\sigma^2 = \delta^2 + \frac{1}{2 + \dfrac{2}{N-1}} \times$$

$$\times \left\{\mu(1)_2 + \mu(2)_2 + \frac{[m(1)_1 - x_{k+1}]^2 + [m(2)_1 - x_{k+1}]^2}{N}\right\}, \quad (N = 2\,k+1), \quad (19)$$

und bei genügend großem $N$ kann man auch hier wenigstens angenähert setzen:

$$\sigma^2 \sim \delta^2 + \frac{\mu(1)_2 + \mu(2)_2}{2}, \quad (N = 2k+1). \quad \dots \quad (19\,\mathrm{a})$$

Aus den Formeln (18) und (19) wird ersichtlich, daß immer

$$\sigma^2 > \delta^2$$

und folglich auch

$$\sigma > \delta \quad \dots \dots \dots \dots \dots \quad (20)$$

ist. Insofern aber das Verteilungsgesetz der Reihe unbekannt bleibt, läßt sich nichts Genaues über das Verhältnis von $\mu(1)_2$ und $\mu(2)_2$ zu $\sigma^2$ sagen, und daher sind derartige Regeln, wie $\delta$ sei im Durchschnitt etwa gleich $\frac{4}{5}\sigma$, welche auf gewisse Verteilungen gut passen, im allgemeinen Fall ganz unangebracht.[1]

Eine in vielen Fällen ausgezeichnete Maßzahl, die bisher in England und Deutschland nicht nach Gebühr gewürdigt wurde, bildet Ginis „Mittlere Differenz" (mittlere Entfernung) $\varDelta$.[2] Es ist in der Tat einleuchtend, daß die Diversität der Glieder einer Reihe bereits an ihren absoluten Differenzen gemessen werden kann und daß durch die Einführung einer vermittelnden Größe, von der die Abweichungen gerechnet werden (wie etwa des arithmetischen Mittels oder des Medianwertes), eigentlich ein überflüssiges oder doch nicht absolut notwendiges Element in die Rechnung eingeführt wird.

Wir wollen annehmen, daß die Elemente der statistischen Gesamtheit bereits in zunehmender Reihe geordnet sind, so daß

$$x_1 \leqq x_2 \leqq x_3 \leqq \dots \leqq x_N.$$

Dann hat man, nach Gini, folgende Differenzen zu bilden:

---

[1] Es unterliegt kaum einem Zweifel, daß die simplen Formeln (18) und (19), die ich noch als Student vor etwa 25 Jahren abgeleitet habe, nicht neu sein können, und obgleich ich sie bisher nirgends angetroffen habe, werden sie sich sicher in einem vielleicht weniger verbreiteten Werke vorfinden. Ich hatte weder Zeit noch Lust, diesem „Problem" nachzugehen, und erkläre im voraus, daß ich gegenüber (18) und (19) keine „Vaterschaftsansprüche" erhebe.

[2] Vgl. das bereits zitierte Buch von C. Gini: Variabilità e Mutabilità, und ferner z. B. E. Czuber: Beitrag zur Theorie statistischer Reihen, Versicherungswissenschaftliche Mitteilungen, Bd. 9, H. 2, 1914; A. Julin: Principes, S. 467; L. March: Les Principes de la Méthode Statistique avec quelques applications aux sciences naturelles et à la science des affaires, S. 297ff., Paris 1930; A. Bowley: Elements, S. 114 u. 115; Vinci: Manuale, I, S. 111ff.; L. v. Bortkiewicz: Die Disparitätsmasse der Einkommenstatistik, Bulletin de l'Institut International de Statistique, Tome XXV, 3me Livraison, S. 189 bis 298, La Haye 1931, und hierzu noch S. 299—320 + (A—M) „Observations", „Erwiderung" und „Notes" von C. Gini, F. S. Savorgnan, G. Pietra, L. Bortkiewicz, nochmals Gini, nochmals Pietra. Hinweise auf die fernere italienische Literatur kann man auch in verschiedenen Monographien vorfinden, die in Ginis „Metron" veröffentlicht werden.

$$x_N - x_1, \; x_N - x_2, \; x_N - x_3, \ldots, x_N - x_{N-3}, \; x_N - x_{N-2}, \; x_N - x_{N-1},$$

$$x_{N-1} - x_1, \; x_{N-1} - x_2, \; x_{N-1} - x_3, \ldots, x_{N-1} - x_{N-3}, \; x_{N-1} - x_{N-2},$$

$$x_{N-2} - x_1, \; x_{N-2} - x_2, \; x_{N-2} - x_3, \ldots, x_{N-2} - x_{N-3},$$

$$\ldots \ldots \ldots \ldots \ldots \ldots \ldots \ldots \ldots \ldots \ldots$$

$$\ldots \ldots \ldots \ldots \ldots \ldots \ldots \ldots \ldots \ldots \ldots$$

$$x_4 - x_1, \; x_4 - x_2, \; x_4 - x_3,$$

$$x_3 - x_1, \; x_3 - x_2,$$

$$x_2 - x_1.$$

Alle diese Differenzen sind positiv, und ihre Zahl beträgt, wie leicht ersichtlich,

$$(N-1) + (N-2) + (N-3) + \ldots + 3 + 2 + 1 = \frac{N(N-1)}{2}.$$

Bildet man ihre Summe, so wird ein Teil der Summanden weggekürzt und man erhält einfach:

$$\sum = (N-1)(x_N - x_1) + (N-3)(x_{N-1} - x_2) +$$
$$+ (N-5)(x_{N-2} - x_3) + \ldots \quad \ldots \quad (21)$$

Das letzte Glied dieser Reihe wird verschieden ausfallen, je nachdem, ob $N$ gerade oder ungerade ist. Bei $N = 2k$ ist es gleich $1(x_{k+1} - x_k)$ und bei $N = 2k + 1$ ergibt sich dafür $2(x_{k+2} - x_k)$. Der Quotient

$$\varDelta = \frac{\sum}{\dfrac{N(N-1)}{2}} = \frac{2}{N(N-1)} \sum_{i=1}^{k} (N+1-2i)(x_{N-i+1} - x_i) \qquad (22)$$

ist eben die mittlere Differenz von Gini. Ihre Berechnung ist durchaus nicht so schwierig, wie sie Bowley hinstellt, und dürfte in dieser Hinsicht meistens etwa der Berechnung der mittleren quadratischen Abweichung gleichkommen. Man hat die Elemente in zunehmender Reihe zu ordnen und darauf folgende Tabelle auszufüllen:

$$N - 1, \; x_N \quad\;\; - x_1,$$
$$N - 3, \; x_{N-1} - x_2,$$
$$N - 5, \; x_{N-2} - x_3,$$
$$\ldots \ldots \ldots \ldots \ldots$$

usw. Die Reihe der Differenzen ist bei der $k$-ten Zeile abzubrechen, wobei $k$ aus $N = 2k$, bzw. $N = 2k + 1$ bestimmt wird und $N + 1 - 2i$ entweder den Wert 1 oder den Wert 2 erhalten muß. Weiterhin sind die Zahlenwerte beider Kolumnen für jede Zeile zu multiplizieren und die Summe der Produkte durch $\dfrac{N(N-1)}{2}$ zu dividieren. Diese und andere Rechnungsschemen finden sich bei Gini und neuerdings bei Finetti.[1]

---

[1] Vgl. B. de Finetti: Sui metodi proposti per il calcolo della differenza media. „Metron“, Vol. IX, N. 1, S. 47—52. Roma 1. II. 1931.

Abgesehen von Gini, hat sich auch eine Reihe anderer, beinahe ausschließlich italienischer Gelehrter mit dem Ausbau der Theorie der mittleren Differenz und des Konzentrationsverhältnisses befaßt, und die im allgemeinen recht durchsichtigen Beziehungen, die zwischen $\varDelta$, $\sigma$, $\delta$ usw. bestehen, dürften jetzt wohl als in jeder Hinsicht klargestellt betrachtet werden.[1]

---

[1] Das oben bereits zitierte Referat von Bortkiewicz „Die Disparitätsmasse der Einkommenstatistik" hat einen scharfen Protest seitens der Italiener Gini, Savorgnan und Pietra hervorgerufen, dessen dramatische Aufmachung unseres Erachtens keineswegs der wirklichen Wichtigkeit der Sache entsprach. Wir enthalten uns sonst nach Möglichkeit jeglicher Einmischung in wissenschaftliche Polemiken, doch da es sich in diesem Falle um Angriffe gegen einen verstorbenen großen Gelehrten handelt und da, soviel wir wissen, bisher kein einziger deutscher Wissenschaftler seine Stimme zum Schutze Bortkiewicz' erhoben hat, so glauben wir doch, zum Falle Stellung nehmen zu müssen. Es handelt sich im Grunde genommen darum, daß 1. unter den 260 numerierten Formeln des Aufsatzes von Bortkiewicz sich etliche 20 befinden, die entweder bereits von Gini und Pietra abgeleitet worden sind oder sich aus ihren Formeln leicht ableiten lassen; daß 2. eine recht einfache graphische Darstellung Bortkiewicz' jener von Pietra sehr ähnelt (es wäre übrigens recht schwer, sie anders zu zeichnen); daß 3. Bortkiewicz Pietra überhaupt nicht zitiert, und endlich, daß 4. er Gini wohl mehrmals zitiert, sich aber auf seine „Variabilità e Mutabilità" nicht beruft. Angesichts des Umstandes, daß Bortkiewicz des Italienischen fast gar nicht mächtig war und daß außerdem Pietras „Noten" im ersten Kriegsjahre 1914 in einer außerhalb Italiens sehr wenig verbreiteten Zeitschrift veröffentlicht wurden (Akta des „R. Istituto Veneto di Scienze, Lettre ed Arti", T. LXXIV, P. II), könnte die Sache durch die Erklärung Bortkiewicz', er habe die betreffenden Werke von Gini und Pietra überhaupt nicht zu Gesicht bekommen, als erledigt betrachtet werden. Beim geistigen Kaliber eines Bortkiewicz ist es durchaus nicht verwunderlich, daß er, ein Thema behandelnd, welches Gini bereits bearbeitet hat, auch zu ähnlichen Resultaten und zu einigen identischen Formeln gelangt ist. Es wäre im Gegenteil sehr merkwürdig, wenn dies nicht der Fall wäre, um so mehr, als es sich nicht selten um recht einfache Zusammenhänge handelt. Wir haben bereits mehrmals auf solche nachträgliche „Entdeckungen" hingewiesen (vgl. z. B. die Formel von Poisson, diejenige von Helmert usw.). Es ist sicher sehr zu bedauern, daß Bortkiewicz seine letzte Zeit daran verloren hat, bereits vorhandene Formeln nochmals abzuleiten, aber nicht weniger zu beklagen ist es, daß Gelehrte vom Range Ginis und Pietras sich so weit hinreißen ließen, 35 Tage nach dem Tode von Bortkiewicz in sehr scharfen Dupliken auf eine kurze „Erwiderung", die dem sterbenden Mann geradezu abgepreßt wurde (vgl. hierzu den Briefwechsel, welcher im 3. Band des „Nordic Statistical Journal", S. 27—32, 1931, veröffentlicht worden ist), recht durchsichtige Anspielungen darauf zu machen („dans l'intérêt supérieur de la vérité et de la science", wie sich Gini ausdrückt), daß Bortkiewicz einfach bei ihnen abgeschrieben habe, und die Sache so darzustellen, als ob seine Arbeit nur als „un travail de compilation, ou tout au plus coordination", anzusehen sei. Niemand, der Bortkiewicz und seine Art, wenn auch nur oberflächlich, kennt, wird ihnen darin Glauben schenken können! Es überrascht ferner, daß trotz der offiziellen Mitteilung des Generalsekretärs des

## 5. Momente und deren Funktionen.

Eine weitere Fortentwicklung jener Idee, die dem arithmetischen Mittel und der Streuung (d. h. dem Quadrate der mittleren quadratischen Abweichung) zugrunde liegt, bilden die sog. „Momente".[1] Wenn bei dem arithmetischen Mittel die Summe der betreffenden zahlenmäßigen Charakteristiken aller Elemente einer Gesamtheit durch ihre Anzahl dividiert wird, so kann man auch ebenso die Summe ihrer Quadrate, ihrer dritten, vierten usw. Potenzen durch $N$ dividieren. Hierdurch entsteht das System der sog. Momente um Null:

$$m_1 = \frac{1}{N} \sum_{i=1}^{N} x_i, \quad m_2 = \frac{1}{N} \sum_{i=1}^{N} x_i{}^2, \quad m_3 = \frac{1}{N} \sum_{i=1}^{N} x_i{}^3$$

und überhaupt

$$m_j = \frac{1}{N} \sum_{i=1}^{N} x_i{}^j \quad \ldots \ldots \ldots \quad (1)$$

Ist anderseits die Streuung durch die Formel

$$\mu_2 = \frac{1}{N} \sum_{i=1}^{N} (x_i - \overline{x})^2 = \frac{1}{N} \sum_{i=1}^{N} (x_i - m_1)^2 \quad \ldots \ldots \quad (2)$$

definiert, so kann man auch ebensogut die Mittelwerte

$$\mu_3 = \frac{1}{N} \sum_{i=1}^{N} (x_i - m_1)^3, \quad \mu_4 = \frac{1}{N} \sum_{i=1}^{N} (x_i - m_1)^4$$

---

Internat. Statistischen Instituts vom 12. Mai 1931 (vgl. Nordic Stat. Journal, III, S. 30), es werde die Polemik im betreffenden Bande des „Bulletin" mit der Replik Bortkiewicz' abgeschlossen, — man seiner Replik, die knapp 5 Seiten einnimmt, noch die obenerwähnten temperamentvollen Dupliken der Herren Gini und Pietra auf 15 Seiten unmittelbar nachfolgen ließ. Und dies gegenüber einem toten langjährigen Mitgliede des Instituts, der sich überhaupt nicht mehr wehren konnte!

Schließlich sei noch zu bemerken, daß trotz der außerordentlich hohen Anforderungen an die „Pflicht zum Zitieren", die an andere gestellt werden, man sogar in Ginis eigener Zeitschrift leicht gegenteilige Beispiele antreffen kann. So findet sich im 8. Band des „Metron" (H. 4, S. 3—50, 1930) ein sonst ganz ausgezeichneter Aufsatz von M. Fréchet (eines Mitgliedes des Internationalen Statistischen Instituts) „Sur la convergence en probabilité", der den Russen E. Slutsky in einer Weise „zitiert" und die Untersuchungen von Tschebyscheff, Markoff, K. Pearson, Guldberg, Meidell, Mitropolsky, Liapunoff, Bernstein, Khintchine, Kolmogoroff usw. in einer Weise „verschweigt", gegen die Gini sich wohl sehr verwahren würde.

[1] Prof. K. Pearson, der an dem Londoner University College lange Jahre hindurch auch angewandte Mathematik vortrug, entnahm diese Bezeichnung der theoretischen Mechanik, wo sie längst heimisch ist.

und überhaupt

$$\mu_j = \frac{1}{N} \sum_{i=1}^{N} (x_i - m_1)^j \qquad \ldots \ldots \ldots \quad (3)$$

bilden, welche als **Momente um das arithmetische Mittel** bezeichnet werden. Wir haben ferner auf S. 136 bereits festgestellt, daß

$$\mu_1 = \frac{1}{N} \sum_{i=1}^{N} (x_i - m_1) = 0.$$

Wir machen den Leser darauf aufmerksam, daß wir im allgemeinen die Bezeichnungen $m_j$ und $\mu_j$ nur auf Gesamtheiten höherer Ordnungen anwenden, für die Gesamtheiten niederer Ordnung aber entweder $m'_j$ und $\mu'_j$ schreiben oder überhaupt andere Buchstaben einführen. Um nicht unnötigerweise unsere Symbolik an dieser Stelle zu komplizieren, wollen wir vorläufig annehmen, daß Gesamtheiten, von denen man überhaupt nicht aussagt, zu welcher Ordnung sie gehören, als solche höherer Ordnung anzusehen sind.

Die Bedeutung der Momente liegt vorerst darin, daß mit ihrer Hilfe zwei verschiedene Eigenschaften der Verteilungsreihe (vgl. oben S. 130) gemessen werden können: ihre **Symmetrie** (bzw. **Schiefe**) und ihre **Steilheit** (bzw. **Exzeß**). Ist nämlich die Verteilungsreihe symmetrisch, so werden, wie leicht ersichtlich, alle ihre ungeraden Momente um das arithmetische Mittel verschwinden: $\mu_3 = \mu_5 = \mu_7 = \ldots = \mu_{2k+1} = 0$. Und je größer die Asymmetrie ist, desto größere Werte nehmen die ungeraden Momente an. Dies ersieht man leicht aus folgendem kleinen Beispiel. Es seien drei verschiedene statistische Gesamtheiten vom gleichen Umfange $N = 20$ gegeben, deren Merkmale $x$ im ersten Fall eine ganz symmetrische, im zweiten Fall eine gemäßigt asymmetrische und im dritten Fall eine ganz asymmetrische Verteilung ergeben:

I. **Symmetrische Reihe.**

   Werte des Merkmals $x$:  1,  2,  3,  4,  5,  6,  7.
   Zahl der Fälle:     1,  2,  4,  6,  4,  2,  1.
Arithmetisches Mittel: 4.

II. **Gemäßigt asymmetrische Reihe.**

   Werte des Merkmals $x$:  1,  2,  3,  4,  5,  6,  7.
   Zahl der Fälle:     1,  1,  6,  5,  4,  2,  1.
Arithmetisches Mittel: 4.

III. **Ganz asymmetrische Reihe.**

   Werte des Merkmals $x$:  1,  2,  3,  4,  5,  6,  7.
   Zahl der Fälle:     6,  4,  3,  2,  2,  2,  1.
Arithmetisches Mittel: 3.

Wir erhalten hieraus folgende Reihe für die ungeraden Momente um das arithmetische Mittel:

| Momente: | $\mu_1$, | $\mu_3$, | $\mu_5$, | $\mu_7$. |
|---|---|---|---|---|
| I. Reihe: | 0, | 0, | 0, | 0. |
| II. Reihe: | 0, | $+\,0{,}3$, | $+\;1{,}5$, | $+\;\;\;6{,}3$. |
| III. Reihe: | 0, | $+\,4{,}2$, | $+\,69{,}0$, | $+\,1012{,}2$. |

Es ist zu beachten, daß, je höher die Potenzen der Momente genommen werden, desto mehr die Größen der letzteren von den Werten gerade der äußersten Reihenglieder bestimmt werden. Infolge dieser algebraischen Eigenschaft, die die Momente mit allen Potenzsummen gemeinsam haben, ist es auch erklärlich, daß einerseits die Quotienten

$$\frac{\mu_5}{\mu_3}, \quad \frac{\mu_7}{\mu_5}$$

für die zweite Reihe die Werte 5 und 4,2, für die dritte Reihe jedoch die Werte 16,43 und 14,67 ergeben, und daß anderseits die Verhältnisse der Momente der dritten Reihe zu den gleichnamigen Momenten der zweiten ihrerseits eine schnell zunehmende Reihe: 14, 46, 160 $\frac{2}{3}$ usw. ergeben.

Hieraus folgt ferner, daß jedes neue ungerade Moment in der Tat unser Wissen über den Grad der Symmetrie der Verteilungsreihe bereichert. Je nach dem Charakter derselben können die ungeraden Momente um das arithmetische Mittel sowohl positive als auch negative Werte annehmen.

Was die geraden Momente um das arithmetische Mittel anbetrifft, so ist es möglich, mit ihrer Hilfe eine gewisse Vorstellung von der „Steilheit" der Verteilungsreihe zu bekommen. In der Reihe I des obigen Beispiels besitzen wir eine vollkommen symmetrische Verteilung der Elemente einer Gesamtheit vom Umfange 20. Eine ebenfalls symmetrische Verteilung vom selben Umfange 20 würde aber auch folgende Reihe IV ergeben, die auf dem Diagramm durch eine viel flacher verlaufende Verteilungskurve dargestellt wäre.

IV. Flache symmetrische Reihe.

| Werte des Merkmals $x$: | 1, | 2, | 3, | 4, | 5, | 6, | 7. |
|---|---|---|---|---|---|---|---|
| Zahl der Fälle: | 2, | 3, | 3, | 4, | 3, | 3, | 2. |

Arithmetisches Mittel: 4.

Die geraden Momente um das arithmetische Mittel haben in beiden Fällen einen ganz verschiedenen Verlauf:

| Momente: | $\mu_2$, | $\mu_4$, | $\mu_6$. |
|---|---|---|---|
| I. Reihe: | 2,1, | 11,7, | 86,1. |
| IV. Reihe: | 3,3, | 21,3, | 165,3. |

Die Quotienten $\dfrac{\mu_4}{\mu_2}$, $\dfrac{\mu_6}{\mu_4}$ ergeben für die erste Reihe die Werte 5,57 und 7,36, für die vierte Reihe: 6,45 und 7,76. Anderseits erhalten wir für das Verhältnis der gleichnamigen Momente beider Reihen folgende Zahlen:

$$1{,}57; \; 1{,}82; \; 1{,}92.$$

Die Momente der flacheren Reihe wachsen schneller an.

Die Wahl einer Maßeinheit ist immer bis zu einem gewissen Grade willkürlich, und ohne die allgemeine Konvention der Elektriker wären ja auch z. B. die jetzt allen so geläufigen Ohm, Kilowatt, Ampere usw. niemals eingeführt worden. So ist es auch nicht verwunderlich, daß es im Falle der Messung der „Schiefe“ und des „Exzesses“ eine ziemliche Anzahl von konkurrierenden Formeln gibt. Abgesehen von der einfachen Reihe der geraden und ungeraden Momente um Null und vor allem um das arithmetische Mittel, hat K. Pearson noch die Reihe der „$\beta$“-Maß-zahlen:

$$\beta_1 = \frac{\mu_3{}^2}{\mu_2{}^3},\ \beta_2 = \frac{\mu_4}{\mu_2{}^2},\ \beta_3 = \frac{\mu_3\,\mu_5}{\mu_2{}^4},\ \beta_4 = \frac{\mu_6}{\mu_2{}^3},\ \beta_5 = \frac{\mu_3\,\mu_7}{\mu_2{}^5},\ \beta_6 = \frac{\mu_8}{\mu_2{}^4}\ \text{usw.}^{[1]} \qquad (4)$$

eingeführt. Bowley schlägt hingegen seine $k$-Maßzahlen vor:

$$k_1 = \frac{\mu_3}{\sqrt{\mu_2{}^3}} = \sqrt{\beta_1}\ \ \text{und}\ \ k_2 = \frac{\mu_4}{\mu_2{}^2} = \beta_2, \quad \ldots \ldots \qquad (5)$$

was so ziemlich auf dasselbe hinausläuft.

Ein Maß der Schiefe wären ferner die Ausdrücke:

$$\frac{\text{Arithmetisches Mittel} - \text{Dichtester Wert}}{\text{Mittlere quadratische Abweichung}},$$

$$\frac{3\,(\text{Arithmetisches Mittel} - \text{Medianwert})}{\text{Mittlere quadratische Abweichung}}\quad (\text{Y u l e}),$$

$$\frac{\text{Oberes Quartil} - \text{Unteres Quartil}}{\text{Oberes Quartil} + \text{Unteres Quartil}}\quad (\text{B o w l e y}, \text{ s. oben S. 150 Anm.})\ \text{usw.}$$

Ein anderes System stammt von Thiele.[2] Seine „Semiinvarianten“ (Halbinvarianten) bilden die Reihe:

$$\lambda_1 = m_1,\ \ \lambda_2 = \mu_2,\ \ \lambda_3 = \mu_3,\ \ \lambda_4 = \mu_4 - 3\,\mu_2{}^2,\ \ \lambda_5 = \mu_5 - 10\,\mu_3\,\mu_2,$$
$$\lambda_6 = \mu_6 - 15\,\mu_4\,\mu_2 - 10\,\mu_3{}^2 + 30\,\mu_2{}^3,\ \text{usw.}$$

In bezug auf eine Gesamtheit unendlichen Umfanges, $N \to \infty$, stimmen diese mit den „Kumulanten“ $\varkappa$ R. A. Fishers überein.[3] Aus den letzteren können ferner auch die Maßzahlen

$$\gamma_1 = \frac{\mu_3}{\sqrt{\mu_2{}^3}}\ \ \text{und}\ \ \gamma_2 = \frac{\mu_4 - 3\,\mu_2{}^2}{\mu_2{}^2}$$

---

[1] Es bedarf kaum einer besonderen Erklärung, daß bei uns $\mu_2{}^2$ für $(\mu_2)^2$, $\mu_2{}^3$ für $(\mu_2)^3$ und überhaupt $\mu_k{}^i$ für $(\mu_k)^i$ steht.

[2] Vgl. T. N. Thiele: Forelaesninger over Almindelig Jagttagelseslaere, S. 16 ff., Copenhagen 1889; derselbe: Elementaer Jagttagelseslaere, S. 19 ff., Copenhagen 1897; derselbe: Theory of Observations, S. 22 ff., London 1903; ferner Arne Fisher: The mathematical Theory etc., S. 191 ff., und insbesondere Cecil Calvert Craig: An Application of Thiele's Semiinvariants to the Sampling Problem, „Metron“, Vol. VII, N. 4, S. 3—74, 1928; Egon S. Pearson: A Further Development of Tests for Normality, Biometrika, Vol. XXII, S. 239—249 (1930/31).

[3] Vgl. R. A. Fisher: Moments and product moments of sampling distributions, Proceedings of the London Mathematical Society, Ser. 2, Vol. 30,

gebildet werden. Es gibt Fälle, wo auch das System von Morduch, eines Schülers A. A. Tschuprows, mit Vorteil angewandt werden kann.[1]

Was den relativen Wert aller dieser Maßzahlen anbetrifft, so ist es schwer, ein endgültiges Urteil über sie zu fällen, solange man auf dem Boden der „Sylleptik"[2] bleibt, d. h. nur die gegebene statistische Gesamtheit als solche betrachtet. Fragt man jedoch darnach, welche statistischen Parameter der Gesamtheiten höherer Ordnungen aus den Daten der gegebenen Stichproben besser, d. h. leichter und mit einem geringeren Fehler behaftet, errechnet werden können, so kann auf diese Frage bereits eine bestimmtere Antwort gegeben werden. Wir werden uns mit ihr im nächsten Kapitel beschäftigen.

Zum Schlusse sei noch bemerkt, daß die Momente und die Halbinvarianten bzw. die Kumulanten auch dazu verwendet werden können, das ganze Verteilungsgesetz der Reihe darzustellen (vgl. oben S. 132). Wenn das zahlenmäßige Merkmal, welches wir bei den Elementen einer statistischen Gesamtheit beobachten, überhaupt nur wenige verschiedene Werte annehmen kann, so wird sein Verteilungsgesetz durch eine kurze Verteilungsreihe dargestellt, und die Anwendung „höherer" Methoden erscheint sogar dann überflüssig, wenn man, von einer Stichprobe genügenden Umfanges ausgehend, die Annäherungen an die betreffenden statistischen Wahrscheinlichkeiten bestimmen will. Wenn jedoch, was viel häufiger vorkommt, eine solche Ursachenmatrix (vgl. oben S. 135) vorliegt, bei welcher das Merkmal eine sehr große Anzahl verschiedener Werte annehmen kann, so werden einzelne von diesen auch bei sehr hohen Be-

---

Part 3, S. 199—238, 1928; ferner R. A. Fisher: Statistical methods etc., S. 74—77.

Thiele baute sein System hauptsächlich für das Studium des Verteilungsgesetzes eines Merkmals aus, doch kann dasselbe auch auf das gleichzeitige Auftreten mehrerer Merkmale an den Elementen der statistischen Gesamtheit, nach entsprechender Adjustierung, angewandt werden. Als erster scheint dies Hausdorff getan zu haben (vgl. Hausdorff: Beiträge zur Wahrscheinlichkeitslehre, S. 177. Ber. Sächs. Ges. Wiss., 1901). Eine vollständige Analyse des Falles findet sich auch in der eben zitierten Monographie R. A. Fishers: Moments and product moments usw., S. 215ff.

[1] Vgl. J. Morduch: Über verbundene Versuche, die der Bedingung der stochastischen Kommutativität entsprechen (Arbeiten russischer Gelehrter im Auslande, Bd. II, Berlin 1923) (russisch).

[2] Vgl. Bortkiewicz: Die Iterationen, S. IX u. X: „Ich verstehe unter Sylleptik solch eine Betrachtung der (statistischen) Vielheiten, die sich lediglich auf das bezüglich der betreffenden Vielheiten begrifflich Gegebene stützt. Von ‚sylleptischer Methode' spricht gelegentlich Gustav Rümelin (im Artikel ‚Statistik' in Schönebergs Handbuch der politischen Ökonomie, Bd. 2, S. 474, 1882) und meint damit die statistische Methode, das Wort ‚statistisch' im weitesten Sinne genommen. Bei mir bedeutet Sylleptik nicht schon Statistik, sondern erst die Vorbereitung auf eine wissenschaftliche Behandlung statistischer Daten. Die Lehrsätze der Sylleptik sind ‚praecognita' der Statistik."

obachtungszahlen überhaupt nicht in unser Gesichtsfeld gelangen und andere wiederum so selten auftreten, daß ihre relative Häufigkeit in der gegebenen Stichprobe stark von der betreffenden statistischen Wahrscheinlichkeit in der Gesamtheit höherer Ordnung abweichen kann. Der gerade Weg, welcher in der Bestimmung der besten Annäherungen an jene statistischen Wahrscheinlichkeiten besteht, würde also in diesem Falle praktisch zu keinen brauchbaren Ergebnissen führen. Um hier überhaupt vorwärtszukommen, müssen gewisse Umwege beschritten werden, und als solche Umwege treten eben die Methode der Momente und jene der Kumulanten (bzw. Halbinvarianten) auf. Die Grundidee ist sehr einfach. Wenn das fragliche Merkmal im ganzen $m$ verschiedene Werte mit $m$ verschiedenen statistischen Wahrscheinlichkeiten annehmen kann, so hat man bei der Bestimmung ihres Verteilungsgesetzes im ganzen $2\,m$ Unbekannte. Diese können nur aus einem System von mindestens $2\,m$ verschiedenen Gleichungen ermittelt werden. In Wirklich-

keit aber ist uns nur eine einzige Gleichung a priori gegeben: $\sum\limits_{i=1}^{m} p_i = 1$,

und die übrigen $2\,m-1$ Gleichungen müssen aus der Stichprobe selbst herausgeholt werden. Dies geschieht, indem man nach bestimmten Formeln, die wir im nächsten Kapitel darstellen werden, Näherungswerte für die $2\,m-1$ ersten Momente bzw. Kumulanten berechnet.[1] Der Vorteil des Umweges wird darin erblickt, daß die auf solche Weise ermittelten empirischen Annäherungen relativ engere Fehlergrenzen ergeben. Wenn das in bezug auf die höheren Momente im allgemeinen Fall, bei beliebiger Verteilung, sich bereits als ganz unzutreffend erwiesen hat, so scheinen die Kumulanten in dieser Hinsicht zuverlässigere Resultate zu versprechen. Alle derartigen Methoden würden aber einen sehr geringen praktischen Wert besitzen, wenn man tatsächlich gezwungen wäre, alle Momente bis zum $(2\,m-1)$-ten inklusive zu bestimmen. In Wirklichkeit begnügt man sich meistens mit der Errechnung einiger niedrigster Momente oder Kumulanten — in der Hoffnung, daß man an Hand derselben bereits eine gute Näherungsformel für den Zusammenhang zwischen dem numerischen Werte des Merkmals und seiner statistischen Wahrscheinlichkeit erhalten kann — etwa nach dem Typus des Exponentialsatzes im Falle homograder Gesamtheiten. Ob diese Hoffnung sich im gegebenen Fall auch erfüllt, ist eine andere Frage, die wir im nächsten Kapitel zu behandeln haben werden. Jedenfalls aber steht fest, daß bereits die ersten wenigen Momente oder Kumulanten die Möglichkeit

---

[1] Der Fall wird komplizierter, wenn $m$ unendlich groß ist und man eigentlich eine unendliche Zahl von Momenten berechnen müßte. Aber auch diese Frage ist jetzt vornehmlich durch S. Polya geklärt worden (vgl. seinen Aufsatz „Über den zentralen Grenzwertsatz der Wahrscheinlichkeitsrechnung und das Momenteproblem", Mathem. Ztschr., Bd. VIII, 1920). Siehe auch Tschuprow: Aufgaben und Voraussetzungen der Korrelationsmessung, in Nordisk Statistisk Tidskrift, Bd. 2, Nr. 1, S. 35, 1923; ferner Mises: Wahrscheinlichkeitsrechnung, S. 244—250.

·ergeben, sich über die wichtigsten Eigenschaften des Verteilungsgesetzes zu orientieren, d. h. seinen Durchschnitt, seine Variationsbreite, Charakter der Streuung, Schiefe, Exzeß usw. angenähert einzuschätzen; jedes Moment oder jeder Kumulant, der neu berechnet wird, engt bloß noch etwas mehr den Spielraum ein, in dem sich das Verteilungsgesetz des Merkmals befinden muß.

## 6. Zufällige Variable.

In den vorhergehenden Paragraphen wurde eine kurze und bei weitem nicht vollständige Übersicht jener statistischen Maßzahlen oder Parameter gegeben, die zur allgemeinen Charakteristik bestimmter durchschnittlicher Eigenschaften einer heterograden statistischen Gesamtheit dienen können. Unser ferneres Ziel besteht nun darin, die Beziehungen zwischen heterograden statistischen Gesamtheiten verschiedener Ordnungen zu untersuchen, zunächst bei dem direkten Schluß von den statistischen Parametern einer Gesamtheit höherer Ordnung auf diejenigen der Stichprobe und dann, umgekehrt, bei dem Rückschluß von der gegebenen Stichprobe auf die betreffenden Eigenschaften der Gesamtheit höherer Ordnung. Beide Probleme werden zuerst für den Fall eines einzigen Merkmals behandelt. Was das gleichzeitige Auftreten zweier oder mehrerer Merkmale an einem Elemente anbetrifft, so wird der Leser auf das Kapitel IV verwiesen. Zur Erleichterung der nun folgenden, algebraisch durchaus nicht immer einfachen Rechnungen wird es jedoch von Nutzen sein, zuvor einige wichtige Hilfsbegriffe einzuführen.

Eine statistische Gesamtheit besteht aus Einheiten oder Elementen. Jedes Element besitzt gewisse Merkmale, und diese letzteren werden ihrerseits im Falle der heterograden Statistik durch gewisse Zahlen gemessen oder wenigstens vertreten. Mit anderen Worten, in der heterograden Gesamtheit entspricht jedem Merkmal eine Menge von Zahlen, aus der jedem besonderen Element der Gesamtheit eine Zahl zugeordnet ist. Vom Standpunkte der Mathematik ist es somit zulässig, das Merkmal selbst als eine variable Größe oder schlechtweg als eine Variable zu betrachten.[1] Stellt man die Gesamtheit als eine Verteilungsreihe dar (vgl. oben S. 130), so entspricht jedem Werte des Merkmals eine gewisse relative Häufigkeit, die im Grenzfalle entweder gleich 0 ist, wenn das Merkmal überhaupt mit diesem Werte nicht auftritt, oder gleich $\frac{1}{N}$, wenn letzterer nur an einem einzigen Elemente beobachtet wird, wobei $N$, wie gewöhnlich, den Umfang der statistischen Gesamtheit bedeutet. Entnimmt man jetzt der gegebenen Gesamtheit eine Stichprobe, d. h. eine Gesamtheit niederer Ordnung, so verwandeln sich obige relative Häufig-

---

[1] Vgl. z. B. L. Kiepert: Grundriß der Differential- und Integralrechnung, I. Teil, S. 5, Hannover 1912: „Eine Größe heißt variabel oder veränderlich, wenn sie im Verlaufe derselben Untersuchung verschiedene Werte annehmen darf; eine Größe heißt dagegen konstant oder unveränderlich, wenn sie im Verlaufe derselben Untersuchung denselben Wert beibehält.“

keiten gegenüber den Daten der letzteren in statistische Wahrscheinlichkeiten und das Merkmal selbst wird dann zu einer **zufälligen Variablen**.
Anders ausgedrückt: eine Größe, welche mit bestimmten Wahrscheinlichkeiten verschiedene Werte annimmt, wird eine zufällige Variable genannt,
und kann sie hierbei nur $m$ verschiedene Werte annehmen, so heißt sie
**eine zufällige Variable $m$-ter Ordnung**.[1] Die Gesamtheit der
möglichen Werte der zufälligen Variablen und der ihnen zukommenden
statistischen Wahrscheinlichkeiten wird, wie wir bereits wissen, als ihr
**Verteilungsgesetz** bezeichnet.

Die zufällige Variable ist nur der mathematische Vertreter eines
bestimmten Merkmals, welches an den einzelnen Elementen einer heterograden statistischen Gesamtheit beobachtet wird. Besitzen letztere
gleichzeitig mehrere Merkmale, was bekanntlich die Regel ist, so bedeutet
das, daß durch diese mehrere zufällige Variablen miteinander in Verbindung gesetzt oder, wie der technische Ausdruck lautet, **korreliert**
werden. Die Theorie dieses Falles wird uns, wie bereits bemerkt, im Kap. IV
beschäftigen.

Als zufällige Variable können sowohl die ursprünglich gegebenen Werte
des Merkmals angesehen werden als auch beliebige Funktionen derselben.
Nimmt für eine gegebene statistische Gesamtheit das Merkmal $x$ die
Werte $x_1$, $x_2$, $x_3$, ...., $x_m$ mit den statistischen Wahrscheinlichkeiten
(bzw. relativen Häufigkeiten) $p_1$, $p_2$, $p_3$, ...., $p_m$ an, so werden offenbar
die Werte $x_1^2$, $x_2^2$, $x_3^2$, ...., $x_m^2$; $x_1^s$, $x_2^s$, $x_3^s$, .... $x_m^s$; $(x_1-\bar{x})^r$, $(x_2-\bar{x})^r$,
$(x_3-\bar{x})^r$, .... $(x_m-\bar{x})^r$, usw. ebenfalls zufällige Variable sein und, das
Wichtigste, ihre statistischen Wahrscheinlichkeiten bzw. relativen Häufigkeiten werden **für die gegebene Gesamtheit** genau dieselben Werte
$p_1$, $p_2$, $p_3$, ...., $p_m$ beibehalten.

Schließlich sei noch bemerkt, daß, ganz wie die statistischen Gesamtheiten selbst, auch die zufälligen Variablen in solche eingeteilt werden
können, die Resultate von mit Fehlern behafteten Messungen einer
konstanten Größe sind, und in solche, bei denen die statistische Gesamtheit aus Messungen besteht, die an verschiedenen Einheiten unternommen
werden. Außerdem gibt es Variable, denen in Wirklichkeit etwas Reales
entspricht, wie etwa die bebauten Flächen der einzelnen landwirtschaftlichen Betriebe eines Staates, und solche, die nur als statistische Abstraktionen angesehen werden können (Durchschnitte, Verhältniszahlen usw.).

## 7. Mathematische Erwartung (Erwartungswert).

Wenn $x$, eine zufällige Variable $m$-ter Ordnung, $m$ verschiedene Werte:

$$x_1, \ x_2, \ x_3, \ ...., \ x_m$$

---

[1] Vgl. A. A. Tschuprow: Grundbegriffe und Grundprobleme der Korrelationstheorie, S. 20ff., 1925. Dieser technische Ausdruck ist unseres Wissens
zuerst von P. A. Nekrassow benutzt worden (vgl. E. Slutsky: Über
stochastische Asymptoten und Grenzwerte. Metron, Vol. V, Nr. 3, S. 6,
1925); als Grundpfeiler der statistischen Begriffskonstruktionen tritt er aber
erst in den Arbeiten von Tschuprow und Bortkiewicz auf.

mit den Wahrscheinlichkeiten

$$p_1, \; p_2, \; p_3, \; \ldots, p_m$$

annehmen kann, wobei

$$\sum_{i=1}^{m} p_i = 1,$$

so wird die **mathematische Erwartung** von $x$ als

$$p_1 x_1 + p_2 x_2 + p_3 x_3 + \ldots + p_m x_m = \sum_{i=1}^{m} p_i x_i$$

definiert. Die mathematische Erwartung wird jetzt gewöhnlich durch das Symbol $E$ bezeichnet, wobei entweder ein gothisches oder ein lateinisches Schriftzeichen gebraucht wird. Es ist also z. B.

$$E\,x = \sum_{i=1}^{m} p_i x_i \qquad \ldots \ldots \ldots \quad (1)$$

und desgleichen

$$\left.\begin{array}{l} E\,x^2 = \displaystyle\sum_{i=1}^{m} p_i x_i{}^2, \quad E\,x^3 = \displaystyle\sum_{i=1}^{m} p_i x_i{}^3, \quad E\,x^j = \displaystyle\sum_{i=1}^{m} p_i x_i{}^j, \\[2ex] E\,(x - \overline{x})^r = \displaystyle\sum_{i=1}^{m} p_i \,(x_i - \overline{x})^r, \qquad\qquad E\,(x - E\,x)^s = \displaystyle\sum_{i=1}^{m} p_i \,(x_i - E\,x)^s \end{array}\right\} \quad (1\text{a})$$

usw.

Vom Standpunkte der statistischen Wahrscheinlichkeitstheorie betrachtet, ist jede Wahrscheinlichkeit bloß als eine relative Häufigkeit in einer Gesamtheit höherer Ordnung anzusehen. Besitzt diese z. B. den Umfang $N$, wobei das betreffende Merkmal $x$ bei $n_1$ Eelementen die Größe $x_1$, bei $n_2$ Elementen die Größe $x_2$, $\ldots$, bei $n_i$ Elementen die Größe $x_i$ usw. annimmt, und $n_1 + n_2 + n_3 + \ldots + n_i + \ldots + n_m = N$, so ist bekanntlich

$$\left.\begin{array}{l} p_1 = \dfrac{n_1}{N}, \quad p_2 = \dfrac{n_2}{N}, \quad \ldots, p_i = \dfrac{n_i}{N}, \quad \ldots, p_m = \dfrac{n_m}{N}, \\[2ex] \text{und folglich} \\[1ex] E\,x = \dfrac{n_1}{N}\,x_1 + \dfrac{n_2}{N}\,x_2 + \ldots + \dfrac{n_m}{N}\,x_m = \\[2ex] = \dfrac{n_1 x_1 + n_2 x_2 + \ldots + n_m x_m}{N} = \dfrac{n_1 x_1 + n_2 x_2 + \ldots + n_m x_m}{n_1 + n_2 + \ldots + n_m}. \\[2ex] \text{Desgleichen ferner} \\[1ex] E\,x^2 = \dfrac{n_1 x_1{}^2 + n_2 x_2{}^2 + \ldots + n_m x_m{}^2}{n_1 + n_2 + \ldots + n_m}, \\[2ex] E\,(x - E\,x)^r = \dfrac{n_1 (x_1 - E\,x)^r + n_2 (x_2 - E\,x)^r + \ldots + n_m (x_m - E\,x)^r}{n_1 + n_2 + \ldots + n_m} \end{array}\right\} \quad (1\text{b})$$

usw.[1] Somit ergibt es sich, daß die mathematische Erwartung vom Standpunkte der statistischen Wahrscheinlichkeitstheorie einfach als der gewogene arithmetische Durchschnitt aus den Werten des Merkmals oder seiner Funktion für eine Gesamtheit höherer Ordnung angesehen werden kann. Es wäre aber unzulässig, die mathematische Erwartung einfach als einen solchen Durchschnitt zu definieren, denn obige Beziehung gilt nur für den Fall, wenn man wirklich die statistische Wahrscheinlichkeit als eine relative Häufigkeit in einer Gesamtheit höherer Ordnung ansieht. Geht man von einer anderen Definition aus, etwa von der Keynesschen oder von der Kriesschen, welcher sich, wie wir wissen, auch Bortkiewicz und Tschuprow angeschlossen haben (vgl. oben S. 20), so ist die mathematische Erwartung keineswegs mit einem arithmetischen Mittel zu identifizieren: sie  befinden sich sogar in ganz verschiedenen „logischen Ebenen", und im Sinne Tschuprows ist z. B. die erstere als „apriorisch" und die letztere als „aposteriorisch" anzusehen.

Die einzelnen statistischen Gesamtheiten können voneinander abhängig oder auch unabhängig sein. Eine Gesamtheit ist dann von einer anderen abhängig, wenn sich ihr Umfang oder ihre Zusammensetzung je nach dem Umfange und der Zusammensetzung der letzteren ändern. Dementsprechend ist auch eine zufällige Variable nur in dem Falle von einer anderen zufälligen Variablen unabhängig („stochastisch unabhängig", wie sich Tschuprow ausdrückt), wenn ihr Verteilungsgesetz dasselbe bleibt, was für einen Wert die letztere auch annehme. Diese Definition bezieht sich sowohl auf zufällige Variable, die gewisse Merkmale ein und derselben Gesamtheit darstellen, als auch auf solche, die zu verschiedenen Gesamtheiten gehören. Im entgegengesetzten Falle bezeichnet man die betreffenden zufälligen Variablen als voneinander stochastisch abhängig. Aus dem bereits Gesagten geht hervor, daß der Begriff der mathematischen Erwartung in bezug auf die arithmetischen Durchschnitte genau dieselbe Rolle spielt wie der Begriff der statistischen Wahrscheinlichkeit in bezug auf die relativen Häufigkeiten. Wir werden weiter unten noch sehen, daß die statistische Wahrscheinlichkeit einfach als die mathematische Erwartung der betreffenden relativen Häufigkeit definiert werden kann. Das System der Theoreme über die mathematischen Erwartungen umschließt also gleichsam in nuce auch das ganze System der entsprechenden Theoreme über die statistischen Wahrscheinlichkeiten. Die Einführung des Begriffes der mathematischen Erwartung wird noch von dem Umstande begünstigt,

---

[1] Wenn man die Gesamtheit nicht nach der Größe des Merkmals gruppiert, so sind alle $n_i$ gleich 1 und $m$ gleich $N$ zu nehmen, und wir erhalten einfach:

$$E\,x = \frac{1}{N} \sum_{i=1}^{N} x_i, \quad E\,x^2 = \frac{1}{N} \sum_{i=1}^{N} x_i^2, \quad E\,(x_i - E\,x)^2 =$$

$$= \frac{1}{N} \sum_{i=1}^{N} (x_i - E\,x)^2 \text{ usw.} \quad \ldots \ldots \quad (1\,c)$$

daß auch die Technik seiner Anwendung in den einfacheren Fällen leicht zu handhaben ist. Es gelten nämlich für die mathematischen Erwartungen einige sehr allgemeine und gleichzeitig einfache Sätze, die es häufig erlauben, diese nicht als Summe einer großen Anzahl von Produkten von im allgemeinen ganz unbekannten Größen, sondern als einen symbolischen Operator, wie etwa das Integralzeichen, das Vektorzeichen u. dgl., zu behandeln.

Die ersten Hinweise auf den Begriff der mathematischen Erwartung bzw. mathematischen Hoffnung gehen noch auf das 18. Jahrhundert zurück, als er in die Theorie der Glücksspiele eingeführt wurde. Daher stammt auch die sonderbare Bezeichnung, die dem heutigen Inhalte des Begriffes durchaus nicht entspricht und ihm jedenfalls wenig Glück gebracht hat.[1] Die Ausarbeitung einer verzweigten Methode der mathematischen Erwartungen ist das Werk der neuesten Zeit, und zwar haben sich darum vorwiegend russische Mathematiker verdient gemacht. Abgesehen von Tschebyscheff,[2] der sich in der zweiten Hälfte des 19. Jahrhunderts höchst erfolgreich, aber doch nur vorübergehend damit

---

[1] Wenn die Bezeichnung „mathematische Erwartung" nicht bereits so fest in der Literatur der „Kontinentalen Statistischen Schule" durch Markoff, Bortkiewicz, Tschuprow, usw. verankert wäre, so würden wir es entschieden vorziehen, an ihrer Stelle etwa die Misessche Bezeichnung „Erwartungswert" oder sogar „statistischer Erwartungswert" einzusetzen. Ob der Ausdruck „mathematische Hoffnung" wirklich, wie Mises meint (vgl. Wahrscheinlichkeitsrechnung, S. 37), etwas phantastisch klingt, wissen wir nicht, aber jedenfalls flößt er dem Laien mehr Respekt ein, als es für ihn notwendig und nützlich ist.

[2] Die Transkription dieses bekannten Namens, wie auch übrigens desjenigen von Tschuprow, bereitet den Engländern besondere Schwierigkeiten und hat z. B. in der „Biometrika" eine Art Polemik hervorgerufen. Die Sache ist nämlich die, daß er russisch Чебышевъ lautet, und der Anlaut Ч fehlt sowohl im Deutschen, wo er ungefähr durch die Kombination Tsch wiedergegeben wird, als auch im Französischen, wo man für ihn Tch schreibt. Hieraus folgt, daß, je nachdem, in welcher westeuropäischen Sprache der betreffende Autor seine Arbeiten zu veröffentlichen pflegte, er seinen Namen auch entsprechend transkribierte; Tschuprow z. B. gebrauchte beide Schreibweisen. Die englische Buchstabenkombination Ch (wie etwa im Worte Church) klingt genau ebenso wie das russische Ч; daher könnte man auch Chuprow und Chebyshew schreiben. Die wissenschaftliche Transkription, wie sie von Philologen gebraucht wird, ist aber Č: Čuprow. Es besteht ferner eine Unsicherheit, ob man das Ende als -ow, -ew oder -off, -eff zu schreiben hat. Wir glauben, daß es in diesem Falle eigentlich keinen besonderen Sinn hätte, die russische Schreibweise -ow und -ew zu ändern. Daß man im Deutschen diese Endungen manchmal als $\widehat{ou}$, $\widehat{eu}$ auszusprechen geneigt ist, fällt nicht sehr ins Gewicht; was aber die englische Aussprache anbetrifft, so ist bekanntlich der Engländer fähig, sowohl -ow als auch so ziemlich jede andere Buchstabenkombination ganz zu verdrehen. Im weiteren behalten wir die Schreibweise Markoff bei, da sie sich im Westen zu sehr eingebürgert hat, schreiben aber Tschuprow und nicht Tschuproff oder Tchouproff, weil diese Transkription immerhin die häufigere ist.

beschäftigte, sind hier in erster Linie A. Tschuprow, A. Markoff und in Deutschland L. Bortkiewicz zu nennen. Markoff hat auf dem Begriffe der mathematischen Erwartung sein ganzes Lehrbuch der Wahrscheinlichkeitsrechnung aufgebaut und hierbei eine außerordentliche Einheitlichkeit des logischen Aufbaues der Materie und die größte Eleganz der Beweise erzielt. In dieser Hinsicht steht sein Werk ganz einzigartig da. Die zweite Auflage desselben ist von H. Liebmann deutsch herausgegeben worden (Leipzig 1912). Doch bleibt die Übersetzung weit hinter dem Original zurück, insbesondere hinter der posthumen 4. Aufl. (Moskau 1924). Es sei ferner auf die bereits mehrmals zitierten „Iterationen" Bortkiewicz' hingewiesen, in welchen der Methode der mathematischen Erwartungen das zweite Kapitel gewidmet ist, und auf die „Wahrscheinlichkeitsrechnung" von Mises (S. 37—127 passim). Eine elementar gehaltene Darstellung einiger Hauptsätze der Methode der mathematischen Erwartungen findet man auch in den „Grundzügen der Theorie der Statistik" von Westergaard und Nybølle (S. 188ff.). Vgl. ferner noch E. Czuber, Wahrscheinlichkeitsrechnung, I. Bd., S. 72—80.

Des besseren Zusammenhanges wegen lassen wir hier die wichtigsten Sätze über die mathematische Erwartung folgen.[1]

I. Die mathematische Erwartung einer Konstanten ist dieser gleich:

$$E\,c = c. \qquad\qquad\qquad (2)$$

Das leuchtet ohne weiteres ein, denn ein arithmetischer Durchschnitt aus einer Anzahl identischer Größen muß mit diesen zusammenfallen: $\frac{1}{N}\sum c = \frac{N\,c}{N} = c.$ Aus demselben Grunde ist auch

$$E\{E\,x\} = E\,x. \qquad\qquad\qquad (2\,\mathrm{a})$$

II. Die mathematische Erwartung einer mit einer konstanten Größe multiplizierten zufälligen Variablen ist gleich der mit dieser Konstanten multiplizierten mathematischen Erwartung der Variablen:

$$E\{c\,x\} = c\,E\,x. \qquad\qquad\qquad (3)$$

Dieser Satz ergibt sich direkt aus folgender Entwicklung:

$$E\{c\,x\} = \sum_{i=1}^{m} p_i\,c\,x_i = c\sum_{i=1}^{m} p_i\,x_i = c\,E\,x.$$

III. Additionssatz. Die mathematische Erwartung einer algebraischen Summe ist gleich der algebraischen Summe der mathematischen Erwartungen der einzelnen Summanden:

$$E\{x \pm y \pm z \pm \ldots\} = E\,x \pm E\,y \pm E\,z \pm \ldots \qquad (4)$$

Betrachten wir zunächst den Fall von nur zwei Variablen, $x$ und $y$, wobei die Ordnung der ersteren $m$ und diejenige der zweiten $m'$ sei. Damit die

---

[1] Geht man von einem anderen Begriff der mathematischen Erwartung aus als dem unseren, so kann ein Teil dieser Sätze (insbesondere I und II) einfach in die Definition hereingenommen werden.

Frage nach der mathematischen Erwartung ihrer Summe überhaupt statistischen Sinn hat, müssen offenbar diese Variablen entweder zur selben statistischen Gesamtheit oder wenigstens zu einer gemeinsamen statistischen Gesamtheit noch höherer Ordnung gehören. Hieraus folgt, daß für jedes der $m\,m'$ Paare der Werte, die die Summe $x_i + y_j$ überhaupt annehmen kann, eine eigene statistische Wahrscheinlichkeit $p_{ij}$ existiert, welche übrigens den Wert 0 erhält, sobald eine bestimmte Kombination der Wertepaare in der Gesamtheit überhaupt nicht vorkommt. Das Verteilungsgesetz dieser Kombinationen kann durch eine ebensolche „Korrelationstabelle" dargestellt werden, wie wir sie oben in § 1 (S. 133) einführten.

Erste Variable.

|  | | $x_1$ | $x_2$ | $x_3$ | $x_4$ | .... | $x_m$ | Zusammen |
|---|---|---|---|---|---|---|---|---|
| | $y_1$ | $p_{11}$ | $p_{21}$ | $p_{31}$ | $p_{41}$ | .... | $p_{m1}$ | $p_{y_1}$ |
| | $y_2$ | $p_{12}$ | $p_{22}$ | $p_{32}$ | $p_{42}$ | .... | $p_{m2}$ | $p_{y_2}$ |
| Zweite | $y_3$ | $p_{13}$ | $p_{23}$ | $p_{33}$ | $p_{43}$ | .... | $p_{m3}$ | $p_{y_3}$ |
| Variable | $y_4$ | $p_{14}$ | $p_{24}$ | $p_{34}$ | $p_{44}$ | .... | $p_{m4}$ | $p_{y_4}$ |
| | .... | | | | | | | .... |
| | .... | | | | | | | .... |
| | $y_{m'}$ | $p_{1m'}$ | $p_{2m'}$ | $p_{3m'}$ | $p_{4m'}$ | .... | $p_{mm'}$ | $p_{y_{m'}}$ |
| Zusammen . | | $p_{x_1}$ | $p_{x_2}$ | $p_{x_3}$ | $p_{x_4}$ | .... | $p_{x_m}$ | 1 |

Die einzelnen $p_{ij}$ stellen die Wahrscheinlichkeiten bestimmter Kombinationen, d. h. bestimmter Summen dar. So ist z. B. $p_{23}$ die Wahrscheinlichkeit der Summe (Kombination) $x_2 + y_3$, $p_{43}$ die Wahrscheinlichkeit der Summe $x_4 + y_3$, $p_{mm'}$ jene der Summe $x_m + y_{m'}$ usw. Die Summe der ersten Kolumne, $p_{x_1}$, ist gleich der Summe der Wahrscheinlichkeiten aller solcher Fälle, wo überhaupt $x_1$ auftritt, d. h. gleich der totalen statistischen Wahrscheinlichkeit von $x_1$:

$$p_{x_1} = \sum_{j=1}^{m'} p_{1j}.$$

Und überhaupt ist die Summe der Wahrscheinlichkeiten einer beliebigen $i$-ten Kolumne:

$$p_{x_i} = \sum_{j=1}^{m'} p_{ij} \quad\quad\quad\quad\quad (5)$$

gleich der totalen Wahrscheinlichkeit von $x_i$. Deshalb ist auch

$$\sum_{i=1}^{m} p_{x_i} = 1. \quad\quad\quad\quad (6)$$

Aus ganz analogen Überlegungen folgt anderseits, daß die Summe der Wahrscheinlichkeiten der ersten Zeile:

$$p_{y_1} = \sum_{i=1}^{m} p_{i1}$$

die totale Wahrscheinlichkeit von $y_1$ darstellt und daß überhaupt

$$p_{v_j} = \sum_{i=1}^{m} p_{ij} \quad \ldots \ldots \ldots \ldots \quad (7)$$

die totale Wahrscheinlichkeit von $y_j$ ist. Auch hier ist offenbar

$$\sum_{j=1}^{m'} p_{v_j} = 1. \quad \ldots \ldots \ldots \ldots \quad (8)$$

Die mathematische Erwartung der Summe $(x + y)$ ist jetzt durch folgenden Ausdruck gegeben:

$E(x + y) =$

$= p_{11}\ (x_1 + y_1)\ + p_{21}\ (x_2 + y_1)\ + p_{31}\ (x_3 + y_1)\ + \ldots + p_{m1}\ (x_m + y_1)\ +$
$+ p_{12}\ (x_1 + y_2)\ + p_{22}\ (x_2 + y_2)\ + p_{32}\ (x_3 + y_2)\ + \ldots + p_{m2}\ (x_m + y_2)\ +$
$+ p_{13}\ (x_1 + y_3)\ + p_{23}\ (x_2 + y_3)\ + p_{33}\ (x_3 + y_3)\ + \ldots + p_{m3}\ (x_m + y_3)\ +$
$+ p_{14}\ (x_1 + y_4)\ + p_{24}\ (x_2 + y_4)\ + p_{34}\ (x_3 + y_4)\ + \ldots + p_{m4}\ (x_m + y_4)\ +$

$$\ldots\ldots\ldots\ldots\ldots\ldots\ldots\ldots\ldots\ldots\ldots\ldots\ldots$$

$+ p_{1m'}(x_1 + y_{m'}) + p_{2m'}(x_2 + y_{m'}) + p_{3m'}(x_3 + y_{m'}) + \ldots + p_{mm'}(x_m + y_{m'}) \quad (9)$

In der üblichen mathematischen Symbolik wird dieser komplizierte Ausdruck durch die Doppelsumme

$$E(x + y) = \sum_{i=1}^{m} \sum_{j=1}^{m'} p_{ij}(x_i + y_j) \quad \ldots \ldots \quad (9\,a)$$

dargestellt. Betrachten wir ihn genauer, so ersehen wir, daß jedes Produkt vom Typus $p_{ij}(x_i + y_j)$ als die Summe zweier Produkte

$$p_{ij}(x_i + y_j) = p_{ij}\,x_i + p_{ij}\,y_j$$

dargestellt werden kann, und somit ergibt sich, daß man $E(x + y)$ auch als die Summe folgender 2 Summandengruppen schreiben darf:

$$E(x + y) = \left\{ \begin{array}{l} p_{11}\ x_1 + p_{21}\ x_2 + p_{31}\ x_3 + \ldots + p_{m1}\ x_m + \\ + p_{12}\ x_1 + p_{22}\ x_2 + p_{32}\ x_3 + \ldots + p_{m2}\ x_m + \\ + p_{13}\ x_1 + p_{23}\ x_2 + p_{33}\ x_3 + \ldots + p_{m3}\ x_m + \\ + p_{14}\ x_1 + p_{24}\ x_2 + p_{34}\ x_3 + \ldots + p_{m4}\ x_m + \\ \ldots\ldots\ldots\ldots\ldots\ldots\ldots\ldots\ldots \\ + p_{1m'}\ x_1 + p_{2m'}\ x_2 + p_{3m'}\ x_3 + \ldots + p_{mm'}\ x_m \end{array} \right\} +$$

$$+ \left\{ \begin{array}{l} p_{11}\ y_1 + p_{21}\ y_1 + p_{31}\ y_1 + \ldots + p_{m1}\ y_1 + \\ + p_{12}\ y_2 + p_{22}\ y_2 + p_{32}\ y_2 + \ldots + p_{m2}\ y_2 + \\ + p_{13}\ y_3 + p_{23}\ y_3 + p_{33}\ y_3 + \ldots + p_{m3}\ y_3 + \\ + p_{14}\ y_4 + p_{24}\ y_4 + p_{34}\ y_4 + \ldots + p_{m4}\ y_4 + \\ \ldots\ldots\ldots\ldots\ldots\ldots\ldots\ldots\ldots \\ + p_{1m'}\ y_{m'} + p_{2m'}\ y_{m'} + p_{3m'}\ y_{m'} + \ldots + p_{mm'}\ y_{m'} \end{array} \right\} \quad \ldots \quad (10)$$

Symbolisch drückt man diese Beziehung wie folgt aus:

$$E(x+y) = \sum_{i=1}^{m} \sum_{j=1}^{m'} p_{ij}(x_i + y_j) = \sum_{i=1}^{m} \sum_{j=1}^{m'} p_{ij} x_i + \sum_{i=1}^{m} \sum_{j=1}^{m'} p_{ij} y_j. \quad (10\,\text{a})$$

Summiert man nun in (10) die erste Gruppe kolumnenweise, so erhält man für die erste Kolumne mit Rücksicht auf (5):

$$(p_{11}x_1 + p_{12}x_1 + p_{13}x_1 + \ldots + p_{1m'}x_1) = x_1(p_{11} + p_{12} + p_{13} + \ldots$$
$$\ldots + p_{1m'}) = p_{x_1} \cdot x_1.$$

Desgleichen für die zweite Kolumne:

$$p_{21}x_2 + p_{22}x_2 + p_{23}x_2 + \ldots + p_{2m'}x_2 = p_{x_2} \cdot x_2,$$

und überhaupt für die $i$-te Kolumne:

$$p_{i1}x_i + p_{i2}x_i + p_{i3}x_i + \ldots + p_{im'}x_i = p_{x_i}x_i.$$

Hieraus folgt, daß die Summe aller Kolumnen der ersten Gruppe in (10) sich als

$$p_{x_1}x_1 + p_{x_2}x_2 + p_{x_3}x_3 + \ldots + p_{x_m}x_m = \sum_{i=1}^{m} p_{x_i} x_i = E\,x$$

ergibt. Wenn man jetzt die zweite Gruppe im Ausdrucke (10) zeilenweise addiert, so ergibt sich aus ganz analogen Überlegungen, mit Rücksicht auf (7), für die Summe aller Zeilen:

$$p_{y_1}y_1 + p_{y_2}y_2 + p_{y_3}y_3 + \ldots + p_{y_{m'}}y_{m'} = \sum_{j=1}^{m'} p_{y_j} y_j = E\,y.$$

Symbolisch drücken sich diese Transformationen folgendermaßen aus:

$$E(x+y) = \sum_{i=1}^{m} \sum_{j=1}^{m'} p_{ij} x_i + \sum_{i=1}^{m} \sum_{j=1}^{m'} p_{ij} y_j = \sum_{i=1}^{m} x_i \sum_{j=1}^{m'} p_{ij} +$$

$$+ \sum_{j=1}^{m'} y_j \sum_{i=1}^{m} p_{ij} = \sum_{i=1}^{m} x_i p_{x_i} + \sum_{j=1}^{m'} y_j p_{y_j} = E\,x + E\,y, \quad \ldots \quad (10\,\text{b})$$

quod erat demonstrandum.

Wir haben den Rechnungsweg hier deshalb so ausführlich dargestellt, um dem Leser klarzumachen, daß die von den Laien so gefürchtete Doppelsumme eigentlich leicht verständliche und übersichtliche Operationen andeutet.

Wird nach der mathematischen Erwartung einer Summe von drei Größen, $x + y + z$, gefragt, so kann $x + y$ zunächst als eine Größe behandelt und demgemäß nach dem soeben bewiesenen Satz

$$E(x+y+z) = E(x+y) + E\,z$$

geschrieben werden, woraus man unter abermaliger Anwendung des Satzes

$$E(x+y) + E\,z = E\,x + E\,y + E\,z$$

erhält. Dieses Verfahren kann offenbar beliebig fortgesetzt und ferner auf algebraische Summen erweitert werden, bei welchen die Summanden auch mit dem negativen Vorzeichen auftreten können.

Der Additionssatz der mathematischen Erwartungen gilt, wie aus der Beweisführung klar hervorgeht, sowohl für gegenseitig unabhängige als auch für voneinander abhängige zufällige Variablen. Obwohl sein Beweis sich bereits bei Markoff und bei Bortkiewicz in den oben zitierten Werken vorfindet, wird er von manchen Lehrbüchern noch bis auf den heutigen Tag nur auf gegenseitig unabhängige Größen bezogen. Es ist selbstverständlich, daß mit Rücksicht auf Satz I die einzelnen Summanden auch nicht zufällige Variablen sein können.

## IV. Multiplikationssatz.

Auch die Frage nach der mathematischen Erwartung eines Produktes zweier oder mehrerer zufälliger Variablen besitzt nur dann statistischen Sinn, wenn diese Produkte als zu einer Gesamtheit (derselben oder höheren Ordnung) gehörend angesehen werden können. Entweder treten also hierbei die zahlenmäßigen Merkmale, welche den betreffenden zufälligen Variablen entsprechen, zusammen an jedem Elemente auf, oder aber die Gesamtheit höherer Ordnung besteht für uns immer aus Gruppen von Elementen, die jene Merkmale einzeln besitzen. Somit kann wiederum eine bestimmte statistische Wahrscheinlichkeit für jedes konkrete Produkt $x_i\,y_j\,z_h\ldots$ der einzelnen Werte der Variablen angegeben werden. Unter Umständen wird diese Wahrscheinlichkeit natürlich auch den Wert 0 annehmen, was nur bedeutet, daß in der betreffenden Gesamtheit höherer Ordnung eine derartige Kombination überhaupt nicht vorkommt. Wenn wir zuerst den Fall des Produktes von nur zwei Variablen, $x$ und $y$, betrachten, so kann die statistische Wahrscheinlichkeit eines Produktes $x_i\,y_j$, nach dem Multiplikationssatz des § 2 des Kap. I (S. 31), als gleich dem Produkte der statistischen Wahrscheinlichkeit des Merkmals $x_i$ mit der bedingten statistischen Wahrscheinlichkeit des Merkmals $y_j$ angenommen werden, und unter letzterer verstehen wir wiederum die statistische Wahrscheinlichkeit des Elements $y_j$ in jener Gesamtheit, welche nach der Entfernung aller Elemente ohne $x_i$ (bzw. aller Paare ohne $x_i$) entsteht.

Um den Zusammenhang mit dem § 2 des Kap. I klarer hervortreten zu lassen, wollen wir jene bedingte statistische Wahrscheinlichkeit mit $p_{y_j\,(x_i)}$ bezeichnen. Weiter unten, im Kap. IV, wo wir auf diesen Satz zurückgreifen, werden wir jedoch eine andere, für jenen Fall besser passende Symbolik anwenden, die A. Tschuprow vorgeschlagen hat. Es ist also

$$p_{x_i\,y_j} = p_{x_i}\,p_{y_j\,(x_i)},\quad\cdots\cdots\cdots\quad (11)$$

oder auch umgekehrt:

$$p_{x_i\,y_j} = p_{y_j}\,p_{x_i\,(y_j)}.\quad\cdots\cdots\cdots\quad (11\,\text{a})$$

Wie im Falle des Additionssatzes, können wir auch hier das Verteilungsgesetz der Produkte durch eine Korrelationstabelle darstellen:

Erste Variable.

| | $x_1$ | $x_2$ | $x_3$ | $\ldots$ | $x_m$ |
|---|---|---|---|---|---|
| $y_1$ | $p_{x_1} p_{y_1(x_1)},$ | $p_{x_2} p_{y_1(x_2)},$ | $p_{x_3} p_{y_1(x_3)},$ | $\ldots,$ | $p_{x_m} p_{y_1(x_m)}$ |
| $y_2$ | $p_{x_1} p_{y_2(x_1)},$ | $p_{x_2} p_{y_2(x_2)},$ | $p_{x_3} p_{y_2(x_3)},$ | $\ldots,$ | $p_{x_m} p_{y_2(x_m)}$ |
| $y_3$ | $p_{x_1} p_{y_3(x_1)},$ | $p_{x_2} p_{y_3(x_2)},$ | $p_{x_3} p_{y_3(x_3)},$ | $\ldots,$ | $p_{x_m} p_{y_3(x_m)}$ |
| .. | $\ldots$ | $\ldots$ | $\ldots$ | $\ldots$ | $\ldots$ |
| .. | $\ldots$ | $\ldots$ | $\ldots$ | $\ldots$ | $\ldots$ |
| $y_{m'}$ | $p_{x_1} p_{y\,m'(x_1)},$ | $p_{x_2} p_{y\,m'(x_2)},$ | $p_{x_3} p_{y\,m'(x_3)},$ | $\ldots$ | $p_{x_m} p_{y\,m'(x_m)}$ |

(Zweite Variable — Zeilenbeschriftung links)

Die mathematische Erwartung des Produktes ergibt sich aus folgender Formel:

$$E(xy) =$$

$$= p_{x_1} p_{y_1(x_1)}\, x_1 y_1 + p_{x_2} p_{y_1(x_2)}\, x_2 y_1 + p_{x_3} p_{y_1(x_3)}\, x_3 y_1 + \ldots + p_{x_m} p_{y_1(x_m)}\, x_m y_1 +$$

$$+ p_{x_1} p_{y_2(x_1)}\, x_1 y_2 + p_{x_2} p_{y_2(x_2)}\, x_2 y_2 + p_{x_3} p_{y_2(x_3)}\, x_3 y_2 + \ldots + p_{x_m} p_{y_2(x_m)}\, x_m y_2 +$$

$$+ p_{x_1} p_{y_3(x_1)}\, x_1 y_3 + p_{x_2} p_{y_3(x_2)}\, x_2 y_3 + p_{x_3} p_{y_3(x_3)}\, x_3 y_3 + \ldots + p_{x_m} p_{y_3(x_m)}\, x_m y_3 +$$

$$\cdots\cdots\cdots\cdots\cdots\cdots\cdots$$

$$+ p_{x_1} p_{y\,m'(x_1)} x_1 y_{m'} + p_{x_2} p_{y\,m'(x_2)} x_2 y_{m'} + p_{x_3} p_{y\,m'(x_3)} x_3 y_{m'} + \ldots + p_{x_m} p_{y\,m'(x_m)} x_m y_{m'}.$$

Summiert man auch hier kolumnenweise, so erhält man sofort:

$$E(xy) = p_{x_1} x_1 \sum_{j=1}^{m'} p_{y_j(x_1)} y_j + p_{x_2} x_2 \sum_{j=1}^{m'} p_{y_j(x_2)} y_j +$$

$$+ p_{x_3} x_3 \sum_{j=1}^{m'} p_{y_j(x_3)} y_j + \ldots + p_{x_m} x_m \sum_{j=1}^{m'} p_{y_j(x_m)} y_j. \quad\cdots \quad (12)$$

Und führt man die Bezeichnung ein:

$$\sum_{j=1}^{m'} p_{y_j(x_i)} y_j = E^{(i)} y, \qquad\ldots\ldots\ldots (13)$$

so hat man aus (12) endgültig:

$$E(xy) = p_{x_1} x_1 E^{(1)} y + p_{x_2} x_2 E^{(2)} y + p_{x_3} x_3 E^{(3)} y + \ldots + p_{x_m} x_m E^{(m)} y . \quad (14)$$

Da nun offenbar $E^{(i)} y$ als die **bedingte mathematische Erwartung** von $y$ angesehen werden kann — in der Voraussetzung, daß $x$ den Wert $x_i$ erhalten hat, — so ist der Sinn der Formel (14) wie folgt zu deuten: Die mathematische Erwartung eines Produktes von zwei zufälligen Variablen ist gleich der Summe der folgenden Produkte: jeder Wert, den die erste Variable annehmen kann, mal seine statistische Wahrscheinlichkeit, mal die betreffende bedingte mathematische Erwartung der zweiten Variablen. Mit Rücksicht auf (11a) ist es ferner klar, daß man auch die Variable $y$ als erste und $x$ als zweite Variable ansehen kann. Es ist möglich, diesen Satz auf das Produkt einer beliebigen Anzahl von zufälligen Variablen zu verallgemeinern, doch haben die resultierenden komplizierten Formeln für uns, wenigstens in diesem Zusammenhange, kein praktisches Interesse.

Einen sehr wichtigen Sonderfall erhalten wir, wenn die Variablen $x$ und $y$ voneinander stochastisch unabhängig sind (vgl. oben S. 170), d. h. wenn das Verteilungsgesetz von $y$ ganz dasselbe bleibt, was für einen Wert $x$ auch annehme und umgekehrt. In diesem Falle ist, wie leicht ersichtlich,

$$E^{(1)} y = E^{(2)} y = E^{(3)} y = \ldots = E^{(m)} y = E y,$$

und Formel (14) verwandelt sich in

$$E(xy) = E y (p_{x_1} x_1 + p_{x_2} x_2 + p_{x_3} x_3 + \ldots + p_{x_m} x_m) = E x . E y. \qquad (15)$$

**Die mathematische Erwartung des Produktes zweier gegenseitig stochastisch unabhängiger Variablen ist gleich dem Produkt ihrer mathematischen Erwartungen.**

Wird das Produkt nicht von zwei, sondern von mehreren stochastisch unabhängigen Variablen genommen, z. B. von $x$, $y$, $z$, $t$, so kann der soeben bewiesene Satz mehrmals angewandt werden:

$$E(xyzt) = E\{x.(yzt)\} = E x . E(yzt) = E x . E y . E(zt) = E x . E y E z E t. \qquad (15a)$$

Formel (15), bzw. (15 a) ist dann besonders bequem anzuwenden, wenn die mathematische Erwartung irgendeines der Multiplikanden gleich Null wird, wie z. B. etwa die mathematische Erwartung von $(x_i - E x)$: es verschwindet nämlich in diesem Falle auch das ganze Produkt. Nur hat man zuvor sorgfältig nachzuprüfen, ob die einzelnen Variablen wirklich voneinander stochastisch unabhängig sind.

Zum Schlusse sei noch bemerkt, daß es in Anlehnung an Formel (13) nicht schwer ist, die folgende Beziehung abzuleiten, die nicht selten zur Vereinfachung der Rechnungen dienen kann:

$$\sum_{i=1}^{m} p_{x_i} E^{(i)} y = E y. \qquad \ldots \ldots \ldots \qquad (16)$$

Es ist ferner möglich, gewisse Grenzen anzugeben, die die Differenz

$$E(xy) - E x . E y$$

sicher nicht übersteigen wird, doch wir übergehen hier diese Frage, da sie bereits in die Korrelationstheorie gehört.[1]

V. Die mathematische Erwartung aller Ausdrücke, bei welchen eine zufällige Variable im Nenner steht, gestaltet sich viel komplizierter. Worin die Schwierigkeit liegt, kann man aus folgendem kleinen Exempel ersehen. Man nehme an, die Variable $x$ könne nur die Werte $0$, $\frac{1}{2}$, $1$

---

[1] Vgl. z. B. Mises: Wahrscheinlichkeitsrechnung, S. 68. Zur Ableitung seiner Formel (69) ist es gar nicht notwendig, irgendwelche Integrationen vorzunehmen, da sie direkt aus der Beziehung $r_{xy} \leq 1$ folgt.

mit gleichen Wahrscheinlichkeiten annehmen und die Variable $y$ nur die Werte $0$, $\dfrac{1}{100}$, $\dfrac{2}{100}$, ebenfalls mit gleichen Wahrscheinlichkeiten. Dann ist die mathematische Erwartung von $x$ gleich $0 \cdot \dfrac{1}{3} + \dfrac{1}{2} \cdot \dfrac{1}{3} + 1 \cdot \dfrac{1}{3} = \dfrac{1}{2}$, und die mathematische Erwartung von $y$ gleich $0 \cdot \dfrac{1}{3} + \dfrac{1}{100} \cdot \dfrac{1}{3} + \dfrac{2}{100} \cdot \dfrac{1}{3} = \dfrac{1}{100}$. Beide Variablen sind als voneinander stochastisch unabhängig angenommen; folglich ist das Verteilungsgesetz der Kombinationen von $x$ und $y$ durch folgende kleine Tabelle gegeben:

|  | Erste Variable, $x$ | | | |
|  | $0$ | $\dfrac{1}{2}$ | $1$ | |
| --- | --- | --- | --- | --- |
| Zweite Variable, $y$   $0$ | $\dfrac{1}{9}$ | $\dfrac{1}{9}$ | $\dfrac{1}{9}$ | $\dfrac{1}{3}$ |
| $\dfrac{1}{100}$ | $\dfrac{1}{9}$ | $\dfrac{1}{9}$ | $\dfrac{1}{9}$ | $\dfrac{1}{3}$ |
| $\dfrac{2}{100}$ | $\dfrac{1}{9}$ | $\dfrac{1}{9}$ | $\dfrac{1}{9}$ | $\dfrac{1}{3}$ |
| Zusammen.... | $\dfrac{1}{3}$ | $\dfrac{1}{3}$ | $\dfrac{1}{3}$ | $1$ |

Und die mathematische Erwartung des Quotienten $\dfrac{x}{y}$ wird offenbar durch folgenden Ausdruck dargestellt:

$$\frac{1}{9}\left[\frac{0}{0} + \frac{\frac{1}{2}}{0} + \frac{1}{0} + \frac{0}{\frac{1}{100}} + \frac{\frac{1}{2}}{\frac{1}{100}} + \frac{1}{\frac{1}{100}} + \frac{0}{\frac{2}{100}} + \frac{\frac{1}{2}}{\frac{2}{100}} + \frac{1}{\frac{2}{100}}\right].$$

Sogar wenn man $\dfrac{0}{0}$ als $1$ definiert, was aus einigen Überlegungen zulässig erscheint,[1] so ist doch mit $\dfrac{\frac{1}{2}}{0}$ und $\dfrac{1}{0}$ nichts anzufangen, da sie unendlich groß sind. Und man hätte glauben können, daß die mathematische Erwartung des Quotienten wenigstens im Falle stochastischer Unabhängigkeit beider Variablen dem Quotienten ihrer mathematischen Erwartungen, d. h. in unserem Beispiel der Zahl 50, gleich sein müßte! Hieraus folgt, daß die Frage nach der mathematischen Erwartung des Quotienten zweier zufälliger Variablen nur dann statistischen Sinn besitzt, wenn jene Variable, die im Nenner steht, nicht mit v o n  N u l l v e r s c h i e d e n e r  s t a t i s t i s c h e r  W a h r s c h e i n l i c h k e i t den Wert 0 annehmen kann.

---

[1] Vgl. A. Tschuprow: Über die mathematische Erwartung des Quotienten von zwei gegenseitig abhängigen zufälligen Variablen. Arbeiten russischer Gelehrter im Auslande, Bd. I, S. 242 u. 243. Berlin 1922 (russisch).

Betrachten wir zunächst den einfachsten Fall:

$$E\,\frac{1}{x} = \sum_{i=1}^{m} \frac{p_i}{x_i}. \qquad\qquad\qquad (17)$$

Dieser Gleichung entspricht eine solche statistische Gesamtheit höherer Ordnung, in welcher die Werte des Merkmals $x$

$$x_1,\ x_2,\ x_3,\ \ldots,\ x_m$$

je $\qquad\qquad n_1,\ n_2,\ n_3,\ \ldots,\ n_m\ $ mal

vorkommen, wobei $\sum_{i=1}^{m} n_i = N$. Hieraus folgt, daß $p_i = \dfrac{n_i}{N}$ und daß (17)

durch folgenden Ausdruck wiedergegeben werden kann:

$$E\,\frac{1}{x} = \frac{n_1}{N\,x_1} + \frac{n_2}{N\,x_2} + \frac{n_3}{N\,x_3} + \ldots + \frac{n_m}{N\,x_m} =$$

$$= \frac{1}{N}\left(\frac{n_1}{x_1} + \frac{n_2}{x_2} + \frac{n_3}{x_3} + \ldots + \frac{n_m}{x_m}\right) = \frac{\dfrac{n_1}{x_1} + \dfrac{n_2}{x_2} + \dfrac{n_3}{x_3} + \ldots + \dfrac{n_m}{x_m}}{n_1 + n_2 + n_3 + \ldots + n_m}.$$

Und mit Rücksicht auf Formel (2a) des § 3 (S. 145 Anmerkung) ergibt sich hieraus einfach:

$$E\,\frac{1}{x} = \frac{1}{M_h}, \qquad\qquad\qquad (18)$$

wobei $M_h$ das harmonische Mittel der zufälligen Variablen $x$ in der Gesamtheit höherer Ordnung bedeutet. Und da ferner, wenn $x$ nur positive Werte annehmen kann, die Beziehung besteht: $M_a > M_h$, wobei $M_a$ das arithmetische Mittel, d. h. bei uns die mathematische Erwartung von $x$, bedeutet [vgl. oben§ 3, Formel (5)], so folgt hieraus, daß in diesem Falle auch

$$E\,\frac{1}{x} > \frac{1}{E\,x} \qquad\qquad\qquad (19)$$

sein muß.[1]

Wenn wir jetzt die Bezeichnung einführen:

$$x_i - E\,x = \xi_i,\ \text{oder}\ x_i = E\,x + \xi_i, \qquad\qquad (20)$$

so können wir auch schreiben:

$$E\,\frac{1}{x} = \sum_{i=1}^{m} p_i \cdot \frac{1}{E\,x + \xi_i}.$$

Wenn $E\,x \neq 0$ und $|\xi_i| < E\,x$ gilt und man 1 durch $E\,x + \xi_i$ nach den Regeln der elementaren Algebra teilt, gelangt man zu folgender unendlicher Reihe:

---

[1] Andere Eingrenzungen von $E\,\dfrac{1}{x}$ siehe bei Mises: Wahrscheinlichkeits-rechnung, S. 69. Auf S. 68 daselbst wird auch der allgemeine Fall von $E\,\dfrac{x}{y}$ betrachtet, den wir weiter unten behandeln werden.

$$\frac{1}{Ex+\xi_i}=\frac{1}{Ex}-\frac{\xi_i}{(Ex)^2}+\frac{\xi_i^2}{(Ex)^3}-\frac{\xi_i^3}{(Ex)^4}+\frac{\xi_i^4}{(Ex)^5}-+\ldots \qquad (21)$$

Wenn alle $|\xi_i| < Ex$, so ergibt sich hieraus die Gleichung:

$$E\frac{1}{x}=\frac{\sum\limits_{i=1}^{m}p_i}{Ex}-\frac{\sum\limits_{i=1}^{m}p_i\xi_i}{(Ex)^2}+\frac{\sum\limits_{i=1}^{m}p_i\xi_i^2}{(Ex)^3}-\frac{\sum\limits_{i=1}^{m}p_i\xi_i^3}{(Ex)^4}+\frac{\sum\limits_{i=1}^{m}p_i\xi_i^4}{(Ex)^5}-+\ldots \qquad (22)$$

Es ist aber

$$\sum_{i=1}^{m}p_i=1,\ \text{und ferner}\ \sum_{i=1}^{m}p_i\,\xi_i=\sum_{i=1}^{m}p_i\,(x_i-Ex)=$$

$$=\sum_{i=1}^{m}p_i\,x_i-Ex\sum_{i=1}^{m}p_i=Ex-Ex=0.$$

Setzt man noch:

$$\sum_{i=1}^{m}p_i\,\xi_i^2=E\,\xi^2=E\,[x_i-Ex]^2$$

und überhaupt

$$\sum_{i=1}^{m}p_i\,\xi_i^s=E\,\xi^s=E\,[x_i-Ex]^s,{}^1 \quad \ldots \ldots \ldots \qquad (23)$$

so verwandelt sich (22) in

$$E\,\frac{1}{x}=\frac{1}{Ex}+\frac{E\,\xi^2}{(Ex)^3}-\frac{E\,\xi^3}{(Ex)^4}+\frac{E\,\xi^4}{(Ex)^5}-\ldots=$$

$$=\frac{1}{Ex}\left[1+\frac{E\,\xi^2}{(Ex)^2}-\frac{E\,\xi^3}{(Ex)^3}+\frac{E\,\xi^4}{(Ex)^4}-\ldots\right]\ldots \qquad (24)$$

Die Reihe konvergiert, wenn kein einziges der $m$ verschiedenen $\xi_i$ den Wert $Ex$ erreicht [vgl. oben Formel (21)], und bei genügend kleinen $\xi$ im Verhältnis zu $Ex$ ist man berechtigt, ein angenähertes Resultat dadurch zu erhalten, daß man in der Entwicklung von (24) nur einige erste Glieder stehen läßt, die übrigen aber unterdrückt. Falls es jedoch einzelne $\xi_i$ gibt, die größer als $Ex$ sind, so kann man nicht mit Sicherheit auf die Konvergenz der Reihe (24) rechnen, und letztere bleibt dann nur mehr oder weniger wahrscheinlich. Es ist interessant festzustellen, daß gerade für die theoretisch und praktisch so wichtige „normale Verteilung" (vgl. unten Kap. III, § 7) die Reihe (24) nicht konvergiert. Aber in bezug auf die Form, in welcher die zufällige Variable auftritt, sind wir nicht weiter gebunden, d. h. wir können z. B. $x=\sqrt{y}$, $x=y^2$, $x=y^k$, $x= =(z-y)^j$ usw. setzen. Die sich hieraus ergebenden Formeln sind nicht schwer abzuleiten, haben aber für uns an dieser Stelle kein Interesse.

---

[1] Auf die Identität dieser Ausdrücke mit den Momenten einer Gesamtheit höherer Ordnung um das arithmetische Mittel werden wir im nächsten Kapitel noch zurückkommen.

Im allgemeinen Falle, wo die mathematische Erwartung von $\dfrac{x}{y}$ zu bestimmen ist, kann man offenbar ebenfalls von jener Verteilungstabelle, die wir auf S. 177 anführten, ausgehen, denn auch hier hat die Frage nach der mathematischen Erwartung eines Quotienten nur dann statistischen Sinn, wenn diese Quotienten an den einzelnen Elementen einer Gesamtheit höherer Ordnung zu beobachten sind, wobei als einzelnes Element auch ein Elementenpaar aus einer anderen Gesamtheit angesehen werden kann.

Somit ist die allgemeine Formel für $E\dfrac{x}{y}$ durch den Ausdruck

$$E\frac{x}{y} = \sum_{i=1}^{m}\sum_{j=1}^{m'} p_{x_i}\, p_{y_j\,(x_i)} \cdot \frac{x_i}{y_j} = \sum_{i=1}^{m}\sum_{j=1}^{m'} p_{x_i}\, x_i \cdot \frac{p_{y_j\,(x_i)}}{y_j} =$$

$$= \sum_{i=1}^{m} p_{x_i}\, x_i \sum_{j=1}^{m'} \frac{p_{y_j\,(x_i)}}{y_j} \ \ldots \ (25)$$

gegeben. Und führt man, in voller Analogie zu Formel (13) und mit Rücksicht auf (17), die Bezeichnung ein:

$$\sum_{j=1}^{m'} \frac{p_{y_j\,(x_i)}}{y_j} = E^{(i)}\left(\frac{1}{y}\right), \ \ldots \ldots \ldots \ (26)$$

wobei letztere offenbar als die **bedingte mathematische Erwartung** von $\dfrac{1}{y}$ aufzufassen ist, so kommt man auf folgenden Ausdruck:

$$E\frac{x}{y} = p_{x_1}\, x_1\, E^{(1)}\left(\frac{1}{y}\right) + p_{x_2}\, x_2\, E^{(2)}\left(\frac{1}{y}\right) + \ldots + p_{x_m}\, x_m\, E^{(m)}\left(\frac{1}{y}\right) =$$

$$= \sum_{i=1}^{m} p_{x_i}\, x_i\, E^{(i)}\left(\frac{1}{y}\right). \ \ldots \ldots \ldots \ (27)$$

Wenn die Variable $y$ nur positive Werte annehmen kann, so wird nach (19) die Beziehung bestehen:

$$E^{(i)}\left(\frac{1}{y}\right) > \frac{1}{E^{(i)}\, y}$$

und folglich

$$E\frac{x}{y} > \sum_{i=1}^{m} \frac{p_{x_i}\, x_i}{E^{(i)}\, y} \ \ldots \ldots \ldots \ (28)$$

sein. Sind nun $x$ und $y$ voneinander stochastisch unabhängig, so ist offenbar $E^{(i)}\left(\dfrac{1}{y}\right) = E\dfrac{1}{y}$, und (27) verwandelt sich einfach in

$$E\frac{x}{y} = E\,x \cdot E\,\frac{1}{y}. \ \ldots \ldots \ldots \ (29)$$

Es sei aber ausdrücklich davor gewarnt, auch in diesem einfachsten Falle die mathematische Erwartung des Quotienten einfach dem Quotienten der mathematischen Erwartungen von $x$ und $y$ gleichzusetzen: man bedenke, daß, wenn z. B. die Variable $y$ nur positive Werte annehmen kann, aus (28) direkt die Ungleichung folgt:

$$E\frac{x}{y} > \frac{Ex}{Ey}. \quad\ldots\ldots\ldots\ldots\ldots \quad (29\,\text{a})$$

Die Formeln (25) und (27) deuten nur symbolisch jene Operationen an, durch welche man die mathematische Erwartung des Quotienten zweier zufälliger Variablen erhalten könnte, besagen aber durchaus nicht, daß eine derartige Rechung an Hand des vorliegenden Materials auch tatsächlich durchgeführt werden kann. In seiner bereits zitierten Abhandlung „Über die mathematische Erwartung des Quotienten von zwei gegenseitig abhängigen zufälligen Variablen" führt A. A. Tschuprow in einer Reihe von wichtigen Fällen diese Berechnung durch. Man ist aber gewöhnlich doch gezwungen, zu verschiedenen Näherungsformeln zu greifen, die je nach den konkreten Umständen auch ein ganz verschiedenes Äußeres erhalten können. Setzt man z. B. wieder, wie in (20),

$$x_i - Ex = \xi_i, \quad\text{oder}\quad x_i = Ex + \xi_i, \quad\ldots\ldots \quad (30)$$

und ebenso

$$y_i - Ey = \psi_i, \quad\text{oder}\quad y_i = Ey + \psi_i, \quad\ldots\ldots \quad (30\,\text{a})$$

so ist, wenn $Ex \neq 0$, $Ey \neq 0$,

$$E\frac{x}{y} = E\frac{Ex+\xi_i}{Ey+\psi_i} = E\left\{\frac{Ex}{Ey}\cdot\frac{1+\dfrac{\xi_i}{Ex}}{1+\dfrac{\psi_i}{Ey}}\right\} = E\left\{\frac{Ex}{Ey}\left(1+\frac{\xi_i}{Ex}\right)\left(\frac{1}{1+\dfrac{\psi_i}{Ey}}\right)\right\}.$$

Und mit Rücksicht auf (21) und (2a), falls alle $|\psi_i| < Ey$,

$$E\frac{x}{y} =$$

$$= \frac{Ex}{Ey} E\left\{\left(1+\frac{\xi_i}{Ex}\right)\left(1-\frac{\psi_i}{Ey}+\frac{\psi_i^2}{(Ey)^2}-\frac{\psi_i^3}{(Ey)^3}+\frac{\psi_i^4}{(Ey)^4}-+\ldots\right)\right\} =$$

$$= \frac{Ex}{Ey} E\left\{1-\frac{\psi_i}{Ey}+\frac{\psi_i^2}{(Ey)^2}-\left[\frac{\psi_i^3}{(Ey)^3}-\frac{\psi_i^4}{(Ey)^4}+-\ldots\right]+\right.$$

$$\left.+\frac{\xi_i}{Ex}-\frac{\xi_i\psi_i}{Ex\,Ey}+\frac{\xi_i}{Ex}\left[\frac{\psi_i^2}{(Ey)^2}-\frac{\psi_i^3}{(Ey)^3}+\frac{\psi_i^4}{(Ey)^4}-+\ldots\right]\right\}.$$

Es ist aber $E\xi_i = E(x-Ex) = Ex - Ex = 0$ und ebenso $E\psi_i = E(y-Ey) = Ey - Ey = 0$, und daher nach dem Additionssatz über mathematische Erwartungen

$$E\frac{x}{y} = \frac{Ex}{Ey}\left\{1+\frac{E\psi^2}{(Ey)^2}-\frac{E(\xi_i\psi_i)}{Ex\,Ey}-E\left[\frac{\psi_i^3}{(Ey)^3}-\frac{\psi_i^4}{(Ey)^4}+\ldots\right]+\right.$$

$$\left.+E\left[\frac{\xi_i}{Ex}\left(\frac{\psi_i^2}{(Ey)^2}-\frac{\psi_i^3}{(Ey)^3}+\frac{\psi_i^4}{(Ey)^4}-\ldots\right)\right]\right\}. \quad\ldots \quad (31)$$

Sollten nun (was durchaus nicht immer der Fall zu sein braucht) $\dfrac{\xi_i}{Ex}$ und $\dfrac{\psi_i}{Ey}$ so klein sein, daß $\dfrac{E(\xi_i\psi_i)}{Ex\,Ey}$ und $\dfrac{E\psi^2}{(Ey)^2}$ noch berücksichtigt werden müssen, hingegen die mathematischen Erwartungen von $\dfrac{\psi_i^3}{(Ey)^3}$, $\dfrac{\xi_i\,\psi_i^2}{Ex\,(Ey)^2}$ und überhaupt von allen Ausdrücken, die in (31) in den eckigen Klammern stehen, schon nicht mehr, so ergibt sich hieraus die Näherungsformel:

$$E\,\frac{x}{y} \sim \frac{Ex}{Ey}\left[1 - \frac{E(\xi_i\,\psi_i)}{Ex\,Ey} + \frac{E\psi^2}{(Ey)^2}\right]; \quad \ldots \ldots \text{(31 a)}$$

zieht man noch in Betracht, daß

$$E\,\psi^2 = E\,(y - Ey)^2 = E\,[y^2 - 2\,y\,Ey + (Ey)^2] =$$
$$= Ey^2 - 2\,Ey\,Ey + (Ey)^2 = Ey^2 - (Ey)^2 \quad \ldots \quad \text{(32)}$$

und ferner

$$E\,(\xi_i\,\psi_i) = E\,[(x_i - Ex)\,(y_i - Ey)] = E\,[x_i\,y_i - y_i\,Ex - x_i\,Ey + Ex\,Ey] =$$
$$= E\,(x_i\,y_i) - Ey\,.\,Ex - Ex\,.\,Ey + Ex\,.\,Ey = E\,(x_i\,y_i) - Ex\,Ey, \quad . \quad \text{(32 a)}$$

so kann man (31 a) angenähert auch in folgenden zwei Formen schreiben:

$$E\,\frac{x}{y} \sim \frac{Ex}{Ey}\left\{\frac{Ey^2}{(Ey)^2} - \frac{E\,[(x_i - Ex)\,(y_i - Ey)]}{Ex\,.\,Ey}\right\} \quad \ldots \quad \text{(33)}$$

oder

$$E\,\frac{x}{y} \sim \frac{Ex}{Ey}\left\{\frac{Ey^2}{(Ey)^2} - \frac{E\,(x_i\,y_i)}{Ex\,Ey} + 1\right\}. \quad \ldots \ldots \text{(33 a)}$$

In der Sprache der mathematischen Erwartungen stellt (33) dieselbe Formel dar, die K. Pearson bereits im Jahre 1897 abgeleitet hat.[1] Ihr Nachteil besteht darin, daß der Grad ihrer Annäherung an $E\,\dfrac{x}{y}$ ganz unklar bleibt und daß ferner die Bedingung, die Quotienten $\dfrac{\xi_i}{Ex}$ und $\dfrac{\psi_i}{Ey}$ seien sehr klein, eine bedeutende Einschränkung ihrer Anwendungsmöglichkeiten bedeutet. Geht man aber von der genauen Formel (31) aus und läßt in ihr auch einige höhere Potenzen und Produkte stehen, so muß man immer darauf achten, daß unter den unterdrückten Gliedern nicht solche von derselben Größenordnung wie die beibehaltenen sich befinden. Im allgemeinen enthält die mathematische Erwartung einer geraden Potenz Glieder von derselben Größenordnung wie die mathematische Erwartung der vorhergehenden ungeraden Potenz. Die Nichtbeachtung dieser Regel hat die englische biometrische Schule zu gewissen Rechenfehlern verleitet, die von Tschuprow aufgezeigt wurden und die Redaktionserklärung „Peccavimus" in der „Biometrika" hervorriefen.[2]

Und schließlich sei noch besonders vermerkt, daß (31) nur dann konvergiert, wenn ausnahmslos und für ein beliebiges $i$ die Ungleichungen

---

[1] Vgl. K. Pearson: On a form of spurious correlation which may arise when indices are used in the measurement of organs. Proceed. Roy. Soc., Vol. LX, London 1897; derselbe: On the constants of index-distributions as deduced from the like constants for the components of ratio, with special reference to the opsonic index. Biometrika, Vol. VII.

[2] Biometrika, Vol. XII, S. 259—281, 1918/19.

$|\xi_i| < Ex$ und $|\psi_i| < Ey$ erfüllt sind. Ist dies nicht der Fall, so kann es vorkommen, wie z. B. im Falle einer „normalen Korrelation" zwischen $x$ und $y$, daß (31) auch nicht konvergiert.

Infolge dieser Nachteile der Näherungsformeln (31) und (33) ist es notwendig, andere Näherungsformeln zu suchen und vor allen Dingen die möglichen Grenzen der Abweichung $E\dfrac{x}{y} - \dfrac{Ex}{Ey}$ festzusetzen. Zu diesem Zwecke kann eine Formel ausgenützt werden, die A. A. Tschuprow vorgeschlagen hat.[1] Es besteht nämlich, falls $Ey \neq 0$, die Identität

$$\frac{1}{y} = \frac{1}{Ey} - \frac{y - Ey}{y\,Ey} \qquad \ldots \ldots \ldots \quad (34)$$

(der Leser kann sich von ihrer Richtigkeit sofort überzeugen, wenn er in der rechten Seite $\dfrac{y - Ey}{y\,Ey}$ als $\dfrac{1}{Ey} - \dfrac{1}{y}$ darstellt). Multipliziert man beide Seiten dieser Identität mit $x$, so erhält man hieraus

$$\frac{x}{y} = \frac{x}{Ey} - \frac{x\,(y - Ey)}{y\,Ey} = \frac{x}{Ey} - \frac{x\,(y - Ey)}{Ey} \cdot \frac{1}{y}.$$

Setzt man hier in der rechten Seite an Stelle von $\dfrac{1}{y}$ wieder seinen Wert aus (34) ein, so verwandelt sie sich in[2]

$$\frac{x}{y} = \frac{x}{Ey} - \frac{x\,(y - Ey)}{Ey} \left( \frac{1}{Ey} - \frac{y - Ey}{y\,Ey} \right) =$$

$$= \frac{x}{Ey} - \frac{x\,(y - Ey)}{(Ey)^2} + \frac{x\,(y - Ey)^2}{(Ey)^2} \cdot \frac{1}{y}. \qquad \ldots \quad (35)$$

Setzt man im letzten Gliede rechts abermals an Stelle von $\dfrac{1}{y}$ seinen Wert aus (34), so erhält man:

$$\frac{x}{y} = \frac{x}{Ey} - \frac{x\,(y - Ey)}{(Ey)^2} + \frac{x\,(y - Ey)^2}{(Ey)^3} - \frac{x\,(y - Ey)^3}{(Ey)^3} \cdot \frac{1}{y}.$$

Wiederholt man diesen Prozeß $(2\,t - 1)$mal, so ergibt sich hieraus schließlich die Identität

$$\frac{x}{y} = \frac{x}{Ey} + \sum_{i=1}^{2t-1} \frac{(-1)^i\,x\,(y - Ey)^i}{(Ey)^{i+1}} + \frac{x\,(y - Ey)^{2t}}{y\,(Ey)^{2t}}, \qquad (35\,\mathrm{a})$$

wobei zu bemerken ist, daß im letzten Gliede rechts der Quotient

$$\frac{(y - Ey)^{2t}}{(Ey)^{2t}} \qquad \ldots \ldots \ldots \ldots \quad (35\,\mathrm{b})$$

bei beliebigen Werten von $(y - Ey)$ und $Ey$ positiv bleibt. Wenn wir

---

[1] Vgl. A. A. Tschuprow: Zur Theorie der Stabilität statistischer Reihen, S. 239, ferner derselbe: Über die mathematische Erwartung des Quotienten usw., S. 251 ff.

[2] Diese Identität gebraucht Mises in seiner Wahrscheinlichkeitsrechnung, S. 68, zu einem ähnlichen Zwecke.

jetzt annehmen, daß der Quotient $\dfrac{x}{y}$ eine feste obere Schranke $A$ und eine ebensolche untere Schranke $B$ besitzt, so daß immer und in allen Fällen

$$A \geqq \frac{x}{y} \geqq B, \qquad \ldots \ldots \ldots \qquad (36)$$

so werden wir nach Multiplikation mit dem immer positiven Quotienten (35b) die Ungleichung

$$\frac{A\,(y - E\,y)^{2\,t}}{(E\,y)^{2\,t}} \geqq \frac{x\,(y - E\,y)^{2\,t}}{y\,(E\,y)^{2\,t}} \geqq \frac{B\,(y - E\,y)^{2\,t}}{(E\,y)^{2\,t}}$$

erhalten, und ferner, wenn wir sie mit (35a) kombinieren, zu folgenden Ungleichungen kommen:

$$\frac{x}{E\,y} + \sum_{i=1}^{2t-1} \frac{(-1)^i\,x\,(y - E\,y)^i}{(E\,y)^{i+1}} + \frac{A\,(y - E\,y)^{2\,t}}{(E\,y)^{2\,t}} \geqq \frac{x}{y} \geqq \frac{x}{E\,y} +$$

$$+ \sum_{i=1}^{2t-1} \frac{(-1)^i\,x\,(y - E\,y)^i}{(E\,y)^{i+1}} + \frac{B\,(y - E\,y)^{2\,t}}{(E\,y)^{2\,t}}.$$

Zur mathematischen Erwartung übergehend, erhalten wir mit Rücksicht auf (2a) und (4) hieraus folgendes Resultat, welches natürlich an die Bedingung gebunden ist, daß die statistische Wahrscheinlichkeit des Wertes $y = 0$ gleich Null ist (vgl. oben S. 179):

$$\frac{E\,x}{E\,y} + \sum_{i=1}^{2t-1} \frac{(-1)^i\,E\,[x\,(y - E\,y)^i]}{(E\,y)^{i+1}} + \frac{A\,E\,(y - E\,y)^{2\,t}}{(E\,y)^{2\,t}} \geqq E\,\frac{x}{y} \geqq \frac{E\,x}{E\,y} +$$

$$+ \sum_{i=1}^{2t-1} \frac{(-1)^i\,E\,[x\,(y - E\,y)^i]}{(E\,y)^{i+1}} + \frac{B\,E\,(y - E\,y)^{2\,t}}{(E\,y)^{2\,t}}. \quad \ldots \quad (37)$$

Die praktische Anwendbarkeit dieser Formel hängt davon ab, wie groß die Differenz zwischen $A$ und $B$ ist und wie klein anderseits $\dfrac{E\,(y - E\,y)^{2\,t}}{(E\,y)^{2\,t}}$ werden kann.

Es ist nämlich durchaus nicht gesagt, daß letzterer Ausdruck bei $2\,t \to \infty$ gegen 0 geht. Wir werden z. B. unten im Kap. III, § 3 und 7, die sog. „normale Verteilung" behandeln. Für diese besteht die Beziehung:

$$E\,(y - E\,y)^{2\,t} = 1 \cdot 3 \cdot 5 \cdot 7 \ldots (2\,t - 1)\,[E\,(y - E\,y)^2]^t, \quad . \quad (38)$$

und wie klein auch der Quotient

$$\frac{E\,(y - E\,y)^2}{(E\,y)^2} = \frac{1}{k}$$

sei, der Ausdruck

$$\frac{E\,(y - E\,y)^{2\,t}}{(E\,y)^{2\,t}} = \frac{1}{k} \cdot \frac{3}{k} \cdot \frac{5}{k} \cdot \frac{7}{k} \ldots \frac{2\,t - 1}{k}$$

wird nur so lange abnehmen, als $\dfrac{2\,t-1}{k} \leq 1$; ist diese Grenze über-schritten, so wird er wieder anfangen, unbegrenzt zuzunehmen, so daß er bei $2\,t \to \infty$ ebenfalls gegen $\infty$ geht. Es kommt häufig vor, daß $\dfrac{x}{y}$ sich in den Schranken von 0 bis $+\,1$ oder von $-\,1$ bis $+\,1$ befindet; in diesem Falle läßt sich die Tschuprowsche Formel gut anwenden und ergibt praktisch genügend enge Grenzen. Um zu zeigen, welcher Art die Ungleichungen sind, die aus ihr entstehen, wollen wir noch den einfachsten (Misesschen) Fall untersuchen, der aus (35) abgeleitet wird. Geht man hier nämlich zur mathematischen Erwartung über, so erhält man mit Rücksicht auf (36) das folgende Resultat:

$$\frac{E\,x}{E\,y} + A\,\frac{E\,(y-E\,y)^2}{(E\,y)^2} - \frac{E\,(x\,y)-E\,x\,E\,y}{(E\,y)^2} \geqq E\,\frac{x}{y} \geqq \frac{E\,x}{E\,y} +$$
$$+ B\,\frac{E\,(y-E\,y)^2}{(E\,y)^2} - \frac{E\,(x\,y)-E\,x\,E\,y}{(E\,y)^2} \quad . \quad . \quad . \quad (39)$$

Greift man jetzt auf (32) zurück, so kommt man nach einigen einfachen Umformungen zu einer etwas anderen Darstellungsweise desselben Ungleichungssystems:

$$\frac{2\,E\,x\,E\,y - E\,(x\,y)}{(E\,y)^2} + A\left(\frac{E\,y^2}{(E\,y)^2} - 1\right) \geqq E\,\frac{x}{y} \geqq \frac{2\,E\,x\,E\,y - E\,(x\,y)}{(E\,y)^2} +$$
$$+ B\left(\frac{E\,y^2}{(E\,y)^2} - 1\right). \quad . \quad . \quad . \quad (39\,\mathrm{a})$$

Der praktische Wert der Ungleichungen (39) und (39a) hängt, abgesehen von der Differenz $A - B$, noch davon ab, wie groß $\dfrac{E\,y^2}{(E\,y)^2}$ ist.

Abschließend können wir nur feststellen, daß trotz allen Näherungs-formeln, die bisher abgeleitet worden sind, die Frage nach der mathemati-schen Erwartung eines Quotienten zweier zufälliger Variablen immer recht schwierig bleibt. Wenn man nicht direkt das Verteilungsgesetz des Quotienten $\dfrac{x}{y}$ ableiten kann, sollte man sich daher der Einführung derartig konstruierter Maßzahlen tunlichst enthalten. Übrigens sei gleich bemerkt, daß die Verteilungsgesetze einer Anzahl solcher Quotienten, wie z. B. der Lexisschen Zahl $Q^2$, des Korrelationskoeffizienten u. dgl., bereits bekannt sind. Die Ableitung der meisten von diesen verdanken wir Prof. R. A. Fisher und der von ihm gehandhabten geometrischen Methode, welche von der Vorstellung eines $n$-dimensionalen Raumes ausgeht.

## 8. Markoffsche Ungleichungen.

Wir schließen unsere Ausführungen über die Methode der mathemati-schen Erwartungen mit der Darstellung eines Satzes, der trotz seiner außerordentlichen Einfachheit von größter theoretischer Bedeutung für die gesamte mathematische Statistik ist und überall dort angewandt werden kann, wo uns das Verteilungsgesetz der Variablen unbekannt

bleibt. Dieser Satz wurde zuerst vom russischen Mathematiker A. A.
Markoff bewiesen, und zwar bezeichnete er ihn als Lemma, weil er
anfänglich nur dazu dienen sollte, die bekannte „Ungleichung von
Bienaimé-Tschebyscheff"[1] abzuleiten. In Wirklichkeit besitzt jedoch
„Markoffs Lemma" oder „Markoffs Ungleichung" eine viel größere
Tragweite, und es dürfte daher eher das Tschebyscheffsche Theorem
mit allen seinen Verallgemeinerungen als ein Sonderfall des Markoffschen
angesehen werden. Diesen Sachverhalt hat unseres Wissens zuerst
Bortkiewicz in seinen „Iterationen" klargelegt.

Wir werden hier die Markoffsche Ungleichung in einer solchen Form
ableiten, daß aus ihr alle ihre Verallgemeinerungen und Sonderfälle
sofort folgen. Diese Form entspricht nicht der Markoffschen, der Beweis
bewegt sich jedoch ganz in den von ihm gewiesenen Bahnen.[2]

Gegeben sei eine Gesamtheit vom Umfange $N$ und es sei angenommen,
daß ein gewisses Merkmal der Elemente derselben die positiven oder
negativen Werte

$$x_1, \; x_2, \; x_3, \; \ldots, \; x_m$$

mit den absoluten Häufigkeiten

$$n_1, \; n_2, \; n_3, \; \ldots, \; n_m$$

annehmen könne, wobei

$$\sum_{i=1}^{m} n_i = N. \qquad \ldots \ldots \qquad (1)$$

Laut Definition (§ 6) ist dieses Merkmal dann eine zufällige Variable,
die wir fernerhin einfach mit $x$ (ohne Index) bezeichnen werden. Wenn
wir von jedem der einzelnen Werte, die $x$ überhaupt erhalten kann, eine
und dieselbe konstante positive oder negative Größe $x_0$ abziehen, so wird
die Differenz $x_1 - x_0$ die absolute Häufigkeit $n_1$, die Differenz $x_2 - x_0$
die absolute Häufigkeit $n_2$, und überhaupt die Differenz $x_i - x_0$ die
absolute Häufigkeit $n_i$ besitzen. Es sei ferner vorausgesetzt, daß die
ursprüngliche Reihe der $x$ derart gruppiert ist, daß

$$0 \leqq |x_1 - x_0| \leqq |x_2 - x_0| \leqq |x_3 - x_0| \leqq \ldots \leqq |x_m - x_0|, \; . \; . \quad (2)$$

wobei die senkrechten Striche wiederum bedeuten, daß jede Differenz
nach ihrem absoluten Werte, d. h. positiv genommen wird. Erhebt man

---

[1] A. A. Markoff: Wahrscheinlichkeitsrechnung, 4. posthume Aufl.,
S. 92. Moskau 1924: „Wir verbinden mit dieser bemerkenswerten und einfachen Ungleichung zwei Namen, Bienaimé und Tschebyscheff, aus dem
Grunde, weil sie von Tschebyscheff klar ausgesprochen und bewiesen
wurde, Bienaimé jedoch viel früher auf den Grundgedanken des Beweises
hingewiesen hat, in dessen Memoire ‚Considérations à l'appui de la découverte
de Laplace sur la loi de probabilité dans la méthode des moindres carrés'
(Compt. rend. XXXVII, 1853, Journ. de Liouv., 2ᵉ série, XII, 1867) man
auch die Ungleichung selbst finden kann, aber nur durch gewisse zusätzliche
Annahmen begrenzt."

[2] Ziemlich ähnlich bei A. Guldberg: Über Markoffs Ungleichung. Metron,
Vol. III, Nr. 1, S. 3—5, 1923.

jetzt jede von diesen Differenzen in eine beliebige positive Potenz $s$, wobei $s \geqq 1$, so erhält man das neue Ungleichungssystem:

$$0 \leqq |x_1 - x_0|^s \leqq |x_2 - x_0|^s \leqq |x_3 - x_0|^s \leqq \;\ldots\; \leqq |x_m - x_0|^s \; . \; . \quad (3)$$

Die absoluten Häufigkeiten dieser neuen Ausdrücke bleiben offenbar die alten: $n_1, \; n_2, \; n_3, \; \ldots, \; n_m.$[1]

Wir wählen jetzt eine beliebige positive Zahl $a$, die größer als $|x_1 - x_0|$ und kleiner als $|x_m - x_0|$ ist. Es sei z. B. angenommen, daß

$$|x_k - x_0| \leqq a < |x_{k+1} - x_0| \;.\;.\;.\;.\;.\;.\;.\;.\;.\; (3)$$

Hieraus folgt, daß auch

$$|x_k - x_0|^s \leqq a^s < |x_{k+1} - x_0|^s .\;.\;.\;.\;.\;.\;.\;.\; (3\,a)$$

sein muß. Mit Rücksicht auf diese Ungleichung können wir die gewogene Summe der Ausdrücke (3) wie folgt darstellen:

$$\sum_{i=1}^{m} n_i |x_i - x_0|^s = \sum_{i=1}^{k} n_i |x_i - x_0|^s + \sum_{i=k+1}^{m} n_i |x_i - x_0|^s ,$$

wobei in der ersten Summe der rechten Seite alle Potenzenwerte $|x_i - x_0|^s$ **nicht größer** als $a^s$ und in der zweiten **größer** als $a^s$ sein werden. Ersetzen wir sie in der letzteren durch $a^s$, so wird hierdurch die zweite Summe der rechten Seite **kleiner**, da ja ihre Summanden positiv sind, und wir erhalten die Ungleichung

$$\sum_{i=1}^{m} n_i |x_i - x_0|^s > \sum_{i=1}^{k} n_i |x_i - x_0|^s + a^s \sum_{i=k+1}^{m} n_i .$$

Dividiert man beide Seiten der Ungleichung durch $a^s N$, so ergibt sich hieraus

$$\frac{1}{a^s} \cdot \frac{\sum\limits_{i=1}^{m} n_i |x_i - x_0|^s}{N} > \frac{1}{a^s} \cdot \frac{\sum\limits_{i=1}^{k} n_i |x_i - x_0|^s}{N} + \frac{\sum\limits_{i=k+1}^{m} n_i}{N} \;.\;.\quad (4)$$

Nun ist aber

$$\frac{\sum\limits_{i=k+1}^{m} n_i}{N} = \frac{n_{k+1}}{N} + \frac{n_{k+2}}{N} + \frac{n_{k+3}}{N} + \cdots + \frac{n_m}{N}$$

gleich der Summe der relativen Häufigkeiten aller jener $|x_i - x_0|$, die größer als $a$ sind, d. h. gleich der totalen relativen Häufigkeit aller $|x_i - x_0| > a$. Wir wollen diese relative Häufigkeit durch das Symbol

$$P'\{ |x_i - x_0| > a \}$$

---

[1] Ist $s$ eine ganze und dabei gerade Zahl, so wird natürlich $|x_i - x_0|^s = (x_i - x_0)^s$ sein, denn auch eine negative Differenz ergibt bei geradem $s$ eine positive Potenz.

bezeichnen. Anderseits würde

$$P'\{|x_i - x_0| \leqq a\}$$

die totale relative Häufigkeit aller jener $|x_i - x_0|$ bedeuten, die nicht größer als $a$ sind. Und da nach dem Additionssatz von § 2, Kap. I offenbar

$$P'\{|x_i - x_0| > a\} + P'\{|x_i - x_0| \leqq a\} = 1,$$

so folgt daraus, daß

$$\frac{1}{N}\sum_{i=k+1}^{m} n_i = 1 - P'\{|x_i - x_0| \leqq a\} \quad \ldots \ldots \quad (5)$$

ist. Die Ungleichung $|x_i - x_0| \leqq a$ kann übrigens auch in der mehr entwickelten Form

$$- a \leqq x_i - x_0 \leqq + a$$

dargestellt werden. Somit können wir an Stelle von (5) auch die Gleichung

$$\frac{1}{N}\sum_{i=k+1}^{m} n_i = 1 - P'\{-a \leqq x_i - x_0 \leqq a\} \quad \ldots \ldots \quad (5\,\mathrm{a})$$

setzen, und Formel (4) verwandelt sich dann in

$$\frac{1}{a^s} \cdot \frac{\sum\limits_{i=1}^{m} n_i\,|x_i - x_0|^s}{N} > \frac{1}{a^s} \cdot \frac{\sum\limits_{i=1}^{k} n_i\,|x_i - x_0|^s}{N} + 1 - P'\{-a \leqq x_i - x_0 \leqq a\},$$

woraus

$$P'\{-a \leqq x_i - x_0 \leqq a\} > 1 - \frac{1}{a^s} \cdot \frac{\sum\limits_{i=1}^{m} n_i\,|x_i - x_0|^s}{N} +$$

$$+ \frac{1}{a^s} \cdot \frac{\sum\limits_{i=1}^{k} n_i\,|x_i - x_0|^s}{N} \quad \ldots \quad (6)$$

und a fortiori

$$P'\{-a \leqq x_i - x_0 \leqq a\} > 1 - \frac{1}{a^s} \cdot \frac{\sum\limits_{i=1}^{m} n_i\,|x_i - x_0|^s}{N} \quad \ldots \quad (7)$$

folgt. Formeln (6) und (7) bilden die Matrix, aus welcher sich nicht nur die ursprünglichen Theoreme von Tschebyscheff und Markoff, sondern auch ihre Verallgemeinerungen unmittelbar ergeben. Wir lassen hier einige von diesen Formeln folgen (ihre theoretische Ausbeute bildet den Gegenstand des nächsten Kapitels). Setzt man in (7):

$$x_0 = 0,\ s = 1,\ a = t\frac{\sum\limits_{i=1}^{m} n_i\,|x_i|}{N},$$

so erhält man unmittelbar:

$$P'\left\{-t\,\frac{\sum\limits_{i=1}^{m} n_i\,|\,x_i\,|}{N} \leqq x_i \leqq +\,t\,\frac{\sum\limits_{i=1}^{m} n_i\,|\,x_i\,|}{N}\right\} > 1 - \frac{1}{t}.$$

Nimmt man nun an, daß die gegebene Gesamtheit eine Gesamtheit höherer Ordnung ist, die nur positive Werte von $x$ enthält, so ist offenbar

$$\frac{1}{N}\sum_{i=1}^{m} n_i\,|\,x_i\,| = E\,x \quad \text{und}$$

$$P\{-t\,E\,x \leqq x_i \leqq +\,t\,E\,x\} > 1 - \frac{1}{t} \quad \ldots \ldots \quad (8)$$

(der Akzent bei $P$ verschwindet, da wir es jetzt mit einer statistischen Wahrscheinlichkeit zu tun haben). Dies ist die ursprüngliche Form von „Markoffs Lemma". Setzt man aber

$$x_0 = M_e\,(= \text{Medianwert}),\quad s = 1,\quad \frac{\sum\limits_{i=1}^{m} n_i\,|\,x_i - x_0\,|}{N} = \delta\,(= \text{durchschnitt-}$$

liche Abweichung), $a = t\,\delta$, so erhält man ganz ebenso

$$P'\{-t\,\delta \leqq x_i - M_e \leqq +\,t\,\delta\} > 1 - \frac{1}{t}. \quad \ldots \ldots \quad (9)$$

Nimmt man wiederum an, daß die Gesamtheit eine Gesamtheit höherer Ordnung sei, bei welcher es sich nicht um relative Häufigkeiten, sondern um statistische Wahrscheinlichkeiten handelt, und setzt

$$x_0 = E\,x,\quad s = 2,\quad \frac{1}{N}\sum_{i=1}^{m} n_i\,(x_i - E\,x)^2 = \mu_2 = E\,(x - E\,x)^2,\quad a = t\,\sqrt{\mu_2},$$

so ergibt sich

$$P\{-t\,\sqrt{\mu_2} \leqq x_i - E\,x \leqq +\,t\,\sqrt{\mu_2}\} > 1 - \frac{1}{t^2}. \quad \ldots \quad (10)$$

(Bortkiewicz' Fassung des Markoffschen Theorems, welches jetzt gewöhnlich als Tschebyscheffs Ungleichung bezeichnet wird, was eigentlich nicht ganz korrekt ist.[1])

---

[1] Vgl. Bortkiewicz: Iterationen, S. 37. Tschebyscheffs Ungleichung (P. L. de Tchébycheff: Des valeurs moyennes. Journ. de mathématiques pures et appliquées publié par J. Liouville, Tome XII, S. 177—184, Paris 1867) besagte eigentlich, daß $1 - \frac{1}{t^2}$ kleiner als die Wahrscheinlichkeit dafür ist, daß

$$x + y + z + \ldots - E\,x - E\,y - E\,z - \ldots \leqq$$
$$\leqq t\,\sqrt{E\,x^2 + E\,y^2 + E\,z^2 + \ldots - (E\,x)^2 - (E\,y)^2 - (E\,z)^2 - \ldots}$$

Dieser Satz ist eine Kombination des Markoffschen Theorems mit einem Theorem über die mittlere quadratische Abweichung einer Summe gegenseitig unabhängiger Variablen, das wir bereits oben in Formel (13a) des § 4 abgeleitet haben.

Setzt man überhaupt

$$x_0 = E\,x,\quad \frac{1}{N}\sum_{i=1}^{m} n_i\,|\,x_i - E\,x\,|^s = \mu_{|s|} = E\,|\,x_i - E\,x\,|^s \quad \text{und}\quad a = t\,\sqrt[s]{\mu_{|s|}},$$

so ergibt sich

$$P\left\{-t\,\sqrt[s]{\mu_{|s|}} \leqq x_i - E\,x \leqq +t\,\sqrt[s]{\mu_{|s|}}\right\} > 1 - \frac{1}{t^s}, \quad \ldots \quad (11)$$

A. Guldbergs erste Verallgemeinerung.[1] Und wenn man

$$a = t\,\sqrt[r]{\mu_{|r|}}$$

setzt, so erhält man Prof. Guldbergs zweite Verallgemeinerung:

$$P\left\{-t\,\sqrt[r]{\mu_{|r|}} \leqq x_i - E\,x \leqq +t\,\sqrt[r]{\mu_{|r|}}\right\} > 1 - \frac{1}{t^s}\left(\frac{\sqrt[s]{\mu_{|s|}}}{\sqrt[r]{\mu_{|r|}}}\right)^s. \quad (12)$$

Nimmt man an, es sei in (12) $s = 2\,k$, $r = 2$, so ergibt sich hieraus die Formel von K. Pearson[2]:

$$P\left\{-t\,\sqrt{\mu_2} \leqq x_i - E\,x \leqq +t\,\sqrt{\mu_2}\right\} > 1 - \frac{1}{t^{2k}}\left(\frac{\mu_{2k}}{\mu_2^k}\right); \quad \ldots \quad (13)$$

bei anderen Substitutionen erhalten wir die Formeln von Lurquin, Cantelli usw.[3]

Weitere Verallgemeinerungen, die aber gleichzeitig gewisse Einengungen des Problems bedeuten, ergeben sich, wenn man gewisse zusätzliche Annahmen über den Charakter der Reihen der $x$ und der $n$ einführt, z. B. daß die eine konvex und die andere konkav ist. Dann ist es möglich, unter Hinzusetzung des Ergänzungsgliedes von (6) oder auch ohne dieses, die untere Grenze von $P$ noch etwas zu erhöhen. Bemerkenswerte Resultate haben in dieser Beziehung Meidell,[4] B. H. Camp,[5]

---

[1] Alf Guldberg: Über ein Theorem von Tchebycheff. Skand. Aktuarietidskrift 1922; derselbe: Sur quelques inégalités dans le calcul des probabilités (Compt. rend. usw., T. 175, S. 1382, Paris 1922); derselbe: Sur un théorème de M. Markoff (ibidem, S. 679); derselbe: Sur le théorème de M. Tchebycheff (ibidem, S. 418). Vgl. ferner auch Mazurkiewicz: O pewnej nowej formie nogólnienia twerdzenia Bernoulliego (Wiadomosci Aktuarjalne, 1922), polnisch.

[2] Karl Pearson: On generalised Tchebycheff Theorems in the Mathematical Theory of Statistics. Biometrika, Vol. XII, S. 284—296, 1918/19.

[3] Constant Lurquin: Sur le critérium de Tchebycheff. Compt. rend. etc., T. 175, S. 681, 1922. Cantelli: Rendiconti delle Reale Academia dei Lincei, 1916.

[4] Birger Meidell: Sur une problème de calcul des probabilités et les statistiques mathématiques. Compt. rend. etc., T. 175, S. 263, 1922, und „Sur la probabilité des erreurs", ibidem, T. 176, S. 280, 1923.

[5] B. H. Camp: A new Generalization of Tchebycheff's statistical Inequality. Bulletin of the American Mathematical Society, Vol. XXVIII, S. 427—432.

Seimatsu Narumi[1] u. a. erreicht.[2] Ihre Ausführungen können jedoch allein mit den Mitteln der elementaren Algebra nicht dargestellt werden, und wir wollen daher hier nur Kenntnis von ihrer Existenz nehmen.

## Drittes Kapitel.

# Der direkte und der umgekehrte (inverse) Schluß in der heterograden Theorie.

## 1. Einleitendes.

Ehe wir unsere Darstellung beginnen, glauben wir nochmals die Aufmerksamkeit des Lesers darauf lenken zu müssen, daß die statistischen Gesamtheiten, mit denen es die heterograde Theorie zu tun bekommt, unvergleichlich bunter und komplizierter sind als diejenigen, die in der homograden Theorie auftreten. Vom Standpunkte des Mathematikers bestehen ja die letzteren nur aus Nullen und Einsen, die in der Proportion $\frac{M}{N} = p$ und $\frac{N-M}{N} = q$ miteinander vermengt sind (vgl. oben § 2, Kap. II), während die ersteren aus beliebigen, positiven oder negativen ganzen oder nicht ganzen Zahlen bestehen können, irrationale Zahlen durchaus nicht ausgeschlossen. Es wird hieraus ersichtlich, daß auch die Sätze, welche verschiedene allgemeine Beziehungen zwischen solchen Gesamtheiten ausdrücken, einerseits viel komplizierter und anderseits viel unbestimmter sein müssen. Wenn man im Falle der homograden Gesamtheiten eigentlich mit den Quotienten $p$ und $p'$ auskommen und alle übrigen sonst auftretenden statistischen Parameter einfach als Funktionen von $p$, $p'$, $N$ und $n$ darstellen kann, so hat man es bei den heterograden statistischen Gesamtheiten mit einer unendlichen Folge von statistischen Parametern zu tun: die Reihe der $m_i$, der $\mu_i$, der Produktmomente, der Semiinvarianten, der Kumulanten usw. (vgl. oben Kap. II, § 5). Und solange man über den Charakter des Verteilungsgesetzes der zufälligen Variablen keine zusätzlichen Annahmen macht, kann die Stelle des genauen Binomialsatzes (Kap. I § 3) und der angenäherten Exponentialsätze von De Moivre-Laplace (Kap. I, § 4—6) und Poisson (Kap. I, § 12) nur die Markoffsche verallgemeinerte Ungleichung einnehmen (Kap. II, § 8), welche jedoch, wie wir später sehen werden, eine viel größere Variationsbreite für die betreffenden Wahrscheinlichkeiten zuläßt und in dieser Hinsicht bedeutend weniger vor-

---

[1] Seimatsu Narumi: On further inequalities with possible application to problems in the Theory of Probability. Biometrika, Vol. XV, S. 245—253, 1923.

[2] Vgl. hierzu noch Mises: Wahrscheinlichkeitsrechnung, S. 61—73; R. Frisch: Sur les semi-invariants et moments employés dans l'étude des distributions statistiques, Oslo 1926 (Det Norske Videnskabs-Akademis Skrifter, II, Nr. 3), und J. F. Steffensen: On the Sum or Integral of the Product of two Functions. Skandinavisk Aktuarietidskrift. Uppsala 1927.

teilhaft ist. Will man das Verteilungsgesetz der statistischen Gesamtheit
genauer präzisieren, so bewirkt gerade ihre Variabilität, daß je nach den
konkreten Umständen eine sehr große Zahl von Näherungsformeln angewandt werden kann und daß es, wie sich herausstellt, unter diesen keine
einzige gibt, die in der Praxis auf alle Fälle passen würde, denn Formeln,
die das Verteilungsgesetz durch eine unendliche Folge von statistischen
Parametern darstellen, sind nur vom abstrakt mathematischen und nicht
vom praktisch-statistischen Standpunkt als „Lösungen" aufzufassen.

Aus unseren weiteren Ausführungen wird sich ergeben, daß jener
Begriff der statistischen Wahrscheinlichkeit, auf welchem wir die homograde Theorie aufbauten, auch auf die heterograde Theorie verallgemeinert
werden kann, und daß man hier ebenfalls ohne die tieferen Auffassungen
von Kries, Mises oder Keynes auskommen kann. Wie wir bereits
einmal erwähnt haben, harmoniert unsere Auffassung am besten mit jener,
die in Frankreich durch L. March[1] vertreten wird, obgleich wir uns seiner
Theorie durchaus nicht in allen Stücken anschließen können.

## 2. Arithmetisches Mittel und Streuung.

Gegeben sei eine statistische Gesamtheit vom Umfange $N$, deren
Elemente nach dem Merkmale $x$ gemessen werden:

$$x_1, \ x_2, \ x_3, \ x_4, \ldots, \ x_N. \qquad\qquad (1)$$

Die Zahlen sind beliebig, es können auch mehrere $x$ denselben Wert
besitzen. Aus dieser Gesamtheit wird — auf beliebige Weise — eine Stichprobe, d. h. eine Gesamtheit niederer Ordnung, vom Umfange $n$ entnommen,
und es wird gefragt, wie sich das arithmetische Mittel und die Streuung der
letzteren durch jene der ersteren ausdrücken lassen.

Für die Gesamtheit höherer Ordnung gelten, wie wir bereits wissen
(vgl. Kap. II, § 7, S. 170), die folgenden Bezeichnungen:

$$\left. \begin{aligned} &\frac{1}{N}\sum_{i=1}^{N} x_i = E\,x, \quad \frac{1}{N}\sum_{i=1}^{N} x_i{}^2 = E\,x^2, \quad \frac{1}{N}\sum_{i=1}^{N} (x_i - E\,x)^2 = \\ &= \frac{1}{N}\sum_{i=1}^{N} x_i{}^2 - (E\,x)^2 = E\,(x - E\,x)^2 = E\,x^2 - (E\,x)^2 = \mu_2. \end{aligned} \right\} \quad \ldots \quad (2)$$

Das Quadrat der Summe aller $x$, die in (1) enthalten sind:

$$\left(\sum_{i=1}^{N} x_i\right)^2 = (N\,E\,x)^2 = (x_1 + x_2 + x_3 + x_4 + \ldots + x_N)(x_1 + x_2 + x_3 + x_4 + \ldots + x_N),$$

---

[1] Vgl. L. March: L'analyse de la variabilité, Metron VI; ferner z. B.
T. Jerneman: On the Substitution of constants in Sampling formulae with
special reference to the theory of the too small values. Nordic Statistical
Journal, Vol. 3, S. 85—112. Stockholm 1931. Beide Autoren, insbesondere
Jerneman, ignorieren fast ganz ihre Vorgänger.

läßt sich nach den Regeln der elementaren Algebra wie folgt entwickeln:

$$\left(\sum_{i=1}^{N} x_i\right)^2 = \left\{\begin{aligned}
&\phantom{+} x_1^2 + x_1 x_2 + x_1 x_3 + x_1 x_4 + \ldots + x_1 x_N + \\
&+ x_1 x_2 + x_2^2 \phantom{+} + x_2 x_3 + x_2 x_4 + \ldots + x_2 x_N + \\
&+ x_1 x_3 + x_2 x_3 + x_3^2 \phantom{+} + x_3 x_4 + \ldots + x_3 x_N + \\
&+ x_1 x_4 + x_2 x_4 + x_3 x_4 + x_4^2 \phantom{+} + \ldots + x_4 x_N + \\
&\phantom{+}\cdots \cdots \cdots \cdots \cdots \cdots \cdots \cdots \cdots \\
&\phantom{+}\cdots \cdots \cdots \cdots \cdots \cdots \cdots \cdots \cdots \\
&+ x_1 x_N + x_2 x_N + x_3 x_N + x_4 x_N + \ldots + x_N^2
\end{aligned}\right\} \quad . \quad (3)$$

Die Anzahl der Glieder in der rechten Seite ist $N^2$, und da in jeder Zeile je ein Glied vom Typus $x_i^2$ auftritt, so ist deren Zahl gleich $N$, und die Zahl der übrigen Produkte, vom Typus $x_i x_j$, ist offenbar gleich $N^2 - N = N(N-1)$. Hierbei ist noch zu beachten, daß die Quadrate $x_1^2, x_2^2, x_3^2,$ $\ldots x_N^2$ auf einer Diagonale liegen, die das ganze quadratische Schema der Produkte in zwei symmetrische Hälften mit ganz gleicher Zusammensetzung teilt. Somit kommt in der Entwicklung von (3) jedes einzelne Produkt $x_i x_j$ genau zweimal vor. In der uns bereits bekannten Symbolik des §7 Kap. II können wir (3) auch wie folgt ausdrücken:

$$N^2 (E\,x)^2 = \left(\sum_{i=1}^{N} x_i\right)^2 = \sum_{i=1}^{N} x_i^2 + \sum_{i=1}^{N} \sum_{j \neq i}^{N} x_i x_j, \quad \ldots \quad (4)$$

wobei die Doppelsumme der rechten Seite aus $N(N-1)$ Summanden besteht und natürlich $j$ nicht gleich $i$ sein darf, was eben das Symbol $j \neq i$ unter dem zweiten Summenzeichen auszudrücken hat. Dividiert man nun beide Seiten der Gleichung (4) durch $N(N-1)$ und führt hierbei die Bezeichnung ein

$$\frac{1}{N(N-1)} \sum_{i=1}^{N} \sum_{j \neq i} x_i x_j = E\,x_i x_j, (i \neq j), \quad \ldots \quad (5)$$

so erhält man ferner:

$$\frac{N}{N-1} (E\,x)^2 = \frac{1}{N-1} E\,x^2 + E\,x_i x_j, \; (i \neq j) \quad \ldots \quad (6)$$

und hieraus, mit Rücksicht auf (2)

$$E\,x_i x_j = \frac{N}{N-1} (E\,x)^2 - \frac{1}{N-1} [\mu_2 + (E\,x)^2] = (E\,x)^2 - \frac{\mu_2}{N-1}, \; \cdot \; (7)$$

oder auch[1]:

$$E\,x_i x_j - (E\,x)^2 = - \frac{\mu_2}{N-1}, \; (i \neq j). \quad \ldots \quad (7\,\mathrm{a})$$

Wenn man einer Gesamtheit vom Umfang $N$ eine Stichprobe von $n$ Elementen $\dot{x}_i$ „ohne Zurücklegen" entnimmt, so können sich letztere, wie

---

[1] A. A. Tschuprow leitet diese Formel aus seiner Definition der „uniformen Reihen" ab (vgl. seine Abhandlung „Zur Theorie der Stabilität statistischer Reihen", Skandinavisk Aktuarietidskrift, S. 216—219, 1918), wo-

wir bereits wissen (vgl. Kap. I, § 3), in $N \, (N-1) \, (N-2) \, (N-3) \ldots$
$N - n + 1) = \dfrac{N!}{(N-n)!}$ verschiedenen Weisen kombinieren, und diese
Kombinationen können ihrerseits als Elemente einer Gesamtheit noch
höherer Ordnung vom Umfange $\dfrac{N!}{(N-n)!}$ aufgefaßt werden. Betrachtet
man aber nur eine gewisse Stichprobe vom Umfange $n$, so läßt sich für
sie auf ganz dieselbe Weise, wie oben für (4), die Beziehung

$$\left( \sum_{i=1}^{n} \dot{x}_i \right)^2 = \sum_{i=1}^{n} \dot{x}_i{}^2 + \sum_{i|=1}^{n} \sum_{i \neq j} \dot{x}_i \, \dot{x}_j \quad \ldots \ldots \quad (8)$$

ableiten, wobei die Doppelsumme der rechten Seite aus $n \, (n-1)$
Gliedern besteht und jede gegebene Kombination $\dot{x}_i \, \dot{x}_j$ ebenfalls
genau zweimal auftreten wird. Es ist selbstverständlich, daß die einzelnen Werte von $\dot{x}$ in dieser Formel wohl alle aus derselben Gesamtheit
höherer Ordnung vom Umfange $N$ „ohne Zurücklegen" entnommen
worden sind, keineswegs aber mit den $n$ ersten Werten der Reihe (1)
identifiziert werden können. Um dies anzudeuten, haben wir nach dem
Vorschlage von L. Isserlis[1] über jedem $x_i$ der Stichprobe einen Punkt
gesetzt, um es von $x_i$ in der Reihe (1) gleich unterscheiden zu können.
Die Anzahl solcher Gleichungen, die nach dem Muster von (8) aufgestellt
werden, ist offenbar gleich der Zahl der Stichproben vom Umfange $n$,
d. h. gleich $\dfrac{N!}{(N-n)!}$. Summiert man sie alle gliedweise, so kommt man
zum Ausdruck:

$$\sum \left( \sum_{i=1}^{n} \dot{x}_i \right)^2 = \sum \left( \sum_{i=1}^{n} \dot{x}_i{}^2 \right) + \sum \left( \sum_{i=1}^{n} \sum_{j \neq i} \dot{x}_i \, \dot{x}_j \right) . \, . \, . \quad (9)$$

Und als Ergebnis der vollständigen Symmetrie aller Elemente in (4), (8)
und (9) stellt es sich hierbei heraus, daß in jedem der einzelnen Summenausdrücke von (9) jedes bestimmte $x_i$ aus der Reihe (1), oder $x_i^2$ oder auch

---

bei er zuerst die Beziehungen $E \, x_1 x_2 = E \, x_2 x_3 = \ldots = E \, x_i \, x_{i+1} = E \, x_i \, x_j, \, (i \neq j)$
nachweist. Betrachtet man jedoch seine Formeln genauer, so bemerkt man,
daß sie im Nenner das Produkt $N \, (N-1)$ aufweisen, d. h. sich auf alle überhaupt möglichen Kombinationen von $x_i$ und $x_j$ beziehen. Und aus ihnen
folgt jedenfalls nicht, daß z. B. der Ausdruck $\dfrac{1}{N-1} \sum\limits_{i=1}^{N-1} x_i \, x_{i+1}$, welchen
man auch als $E \, x_i \, x_{i+1}$ auffassen könnte, dem Ausdruck $\dfrac{1}{N-2} \sum\limits_{i=1}^{N-2} x_i \, x_{i+2}$,
der als $E \, x_i \, x_{i+2}$ angesehen werden könnte, gleich sein müsse. Man vermag
sogar unschwer den Beweis zu erbringen, daß dies **nicht** der Fall ist.

[1] L. Isserlis: On the Moment Distributions of Moments in the Case of
Samples Drawn from a Limited Universe (Proceed. of the Roy. Soc., A,
Vol. 131, 1931), S. 587.

$x_i\,x_j$, genau gleich häufig auftreten wird. Und dies hat wiederum zur Folge, daß man, wenn man die Gleichung (9) gliedweise durch $\dfrac{N!}{(N-n)!}$ dividiert, durchwegs mathematische Erwartungen erhält:

$$E\left(\sum_{i=1}^{n}\dot x_i\right)^2 = E\left(\sum_{i=1}^{n}\dot x_i{}^2\right) + E\left(\sum_{i=1}^{n}\sum_{j\neq i}\dot x_i\,\dot x_j\right),$$

und mit Rücksicht auf den Additionssatz des § 7 Kap. II (S. 172) ergibt sich hieraus ferner[1]:

$$E\left(\sum_{i=1}^{n}\dot x_i\right)^2 = nEx^2 + n(n-1)Ex_i x_j,\quad (i\neq j)\ \ .\ \ .\ \ .\ \ (10)$$

Der allgemeine Beweis dieses Satzes dürfte für den mathematischen Laien etwas zu schwer sein, da die Beziehungen, mit welchen man es hier zu tun bekommt, oblgeich sie vollkommen elementar sind, doch recht verwickelt werden; es wird ihnen nur jener leicht folgen können, der bereits eine ausgearbeitete mathematische Abstraktionsgabe besitzt. Um aber wenigstens eine gewisse Vorstellung zu geben, worum es sich eigentlich handelt, wollen wir hier den Fall von $N = 5$ und $n = 3$ ausführlich durchrechnen. Es sei uns also die Reihe

$$x_1,\ x_2,\ x_3,\ x_4,\ x_5$$

gegeben. Es ist dann

$$\left(\sum_{i=1}^{5}x_i\right)^2 = \left\{\begin{array}{l}x_1{}^2 + x_1 x_2 + x_1 x_3 + x_1 x_4 + x_1 x_5 +\\ + x_1 x_2 + x_2{}^2\ \ + x_2 x_3 + x_2 x_4 + x_2 x_5 +\\ + x_1 x_3 + x_2 x_3 + x_3{}^2\ \ + x_3 x_4 + x_3 x_5 +\\ + x_1 x_4 + x_2 x_4 + x_3 x_4 + x_4{}^2\ \ + x_4 x_5 +\\ + x_1 x_5 + x_2 x_5 + x_3 x_5 + x_4 x_5 + x_5{}^2\end{array}\right\} =$$

$$= \sum_{i=1}^{5}x_i{}^2 + \sum_{i=1}^{5}\sum_{j\neq i}x_i x_j = 5Ex^2 + 20Ex_i x_j,\quad (i\neq j).$$

Die Anzahl der Stichproben vom Umfange 3, die man einer Gesamtheit vom Umfange 5 ohne Zurücklegen entnehmen kann, ist $\dfrac{5!}{2!} = 5\cdot 4\cdot 3 = 60$, und zwar können diese Stichproben aus obigem Schema dadurch abgeleitet werden, daß man die Diagonale (die Quadrate) streicht (dasselbe Element kann ja nicht der Gesamtheit höherer Ordnung zweimal entnommen werden) und dann die übrigen Produkte zuerst mit $x_1$ und dann sukzessive mit $x_2$, $x_3$, $x_4$ und $x_5$ multipliziert (richtiger: verbindet), wobei man für jede der so erhaltenen Gruppen je eine Zeile und je eine Kolumne streichen muß, welche Quadrate derselben Zahlen enthalten. Man kommt dann zu folgenden Ergebnissen:

---

[1] Vgl. oben Formel (5). Hier, wie auch weiter unten, bedeutet $Ex_i x_j$ die mathematische Erwartung des Produkts $x_i x_j$; es ist also $Ex_i x_j = E(x_i x_j)$.

### Gruppe I

| | | | | |
|---|---|---|---|---|
| $*$ | $*$ | $*$ | $*$ | $*$ |
| $*$ | $*$ | $x_1 x_2 x_3$ | $x_1 x_2 x_4$ | $x_1 x_2 x_5$ |
| $*$ | $x_1 x_2 x_3$ | $*$ | $x_1 x_3 x_4$ | $x_1 x_3 x_5$ |
| $*$ | $x_1 x_2 x_4$ | $x_1 x_3 x_4$ | $*$ | $x_1 x_4 x_5$ |
| $*$ | $x_1 x_2 x_5$ | $x_1 x_3 x_5$ | $x_1 x_4 x_5$ | $*$ |

### Gruppe II

| | | | | |
|---|---|---|---|---|
| $*$ | $*$ | $x_1 x_2 x_3$ | $x_1 x_2 x_4$ | $x_1 x_2 x_5$ |
| $*$ | $*$ | $*$ | $*$ | $*$ |
| $x_1 x_2 x_3$ | $*$ | $*$ | $x_2 x_3 x_4$ | $x_2 x_3 x_5$ |
| $x_1 x_2 x_4$ | $*$ | $x_2 x_3 x_4$ | $*$ | $x_2 x_4 x_5$ |
| $x_1 x_2 x_5$ | $*$ | $x_2 x_3 x_5$ | $x_2 x_4 x_5$ | $*$ |

### Gruppe III

| | | | | |
|---|---|---|---|---|
| $*$ | $x_1 x_2 x_3$ | $*$ | $x_1 x_3 x_4$ | $x_1 x_3 x_5$ |
| $x_1 x_2 x_3$ | $*$ | $*$ | $x_2 x_3 x_4$ | $x_2 x_3 x_5$ |
| $*$ | $*$ | $*$ | $*$ | $*$ |
| $x_1 x_3 x_4$ | $x_2 x_3 x_4$ | $*$ | $*$ | $x_3 x_4 x_5$ |
| $x_1 x_3 x_5$ | $x_2 x_3 x_5$ | $*$ | $x_3 x_4 x_5$ | $*$ |

### Gruppe IV

| | | | | |
|---|---|---|---|---|
| $*$ | $x_1 x_2 x_4$ | $x_1 x_3 x_4$ | $*$ | $x_1 x_4 x_5$ |
| $x_1 x_2 x_4$ | $*$ | $x_2 x_3 x_4$ | $*$ | $x_2 x_4 x_5$ |
| $x_1 x_3 x_4$ | $x_2 x_3 x_4$ | $*$ | $*$ | $x_3 x_4 x_5$ |
| $*$ | $*$ | $*$ | $*$ | $*$ |
| $x_1 x_4 x_5$ | $x_2 x_4 x_5$ | $x_3 x_4 x_5$ | $*$ | $*$ |

### Gruppe V

| | | | | |
|---|---|---|---|---|
| $*$ | $x_1 x_2 x_5$ | $x_1 x_3 x_5$ | $x_1 x_4 x_5$ | $*$ |
| $x_1 x_2 x_5$ | $*$ | $x_2 x_3 x_5$ | $x_2 x_4 x_5$ | $*$ |
| $x_1 x_3 x_5$ | $x_2 x_3 x_5$ | $*$ | $x_3 x_4 x_5$ | $*$ |
| $x_1 x_4 x_5$ | $x_2 x_4 x_5$ | $x_3 x_4 x_5$ | $*$ | $*$ |
| $*$ | $*$ | $*$ | $*$ | $*$ |

Jede Gruppe enthält $3 \times 4 = 12$ „Komplexionen", wie der technische Ausdruck aus der Theorie der Kombinatorik lautet, und da die Anzahl der Gruppen 5 ist, so verfügen wir in der Tat im Ganzen über $12 \times 5 = 60$ solcher „Komplexionen". Im Falle mit Zurücklegen würden auch an Stelle der Sternchen ebenfalls Komplexionen (mit Wiederholungen) stehen, und ihre Anzahl wäre dann $5 \times 5 \times 5 = 5^3 = 125$. Zählen wir jetzt, wie oft dieselben Kombinationen von Buchstaben (Indizes) auftreten, so stellt es sich heraus, daß dies in jeder Gruppe zweimal geschieht und daß sich immer je 3 Gruppen vorfinden, die dieselben Komplexionspaare aufweisen: einem jeden $x_i$ entspricht ja seine eigene Gruppe, in welcher es in allen Komplexionen vorkommt. Somit treten die $\dfrac{5!}{2!\,3!} = 10$ möglichen Kombinationen ohne Wiederholungen:

$$x_1\, x_2\, x_3,\ \ x_1, x_2\, x_4,\ \ x_1\, x_2\, x_5,\ \ x_1\, x_3\, x_4,\ \ x_1\, x_3\, x_5$$
$$x_1\, x_4\, x_5,\ \ x_2\, x_3\, x_4,\ \ x_2\, x_3\, x_5,\ \ x_2\, x_4\, x_5,\ \ x_3\, x_4\, x_5$$

je sechsmal auf. Betrachtet man jede von diesen zehn Kombinationen als Summe und erhebt man sie ins Quadrat, so kommt man zu folgenden Ausdrücken:

$$(x_1 + x_2 + x_3)^2 = x_1^2 + x_2^2 + x_3^2 + 2\,x_1 x_2 + 2\,x_1 x_3 + 2\,x_2 x_3$$
$$(x_1 + x_2 + x_4)^2 = x_1^2 + x_2^2 + x_4^2 + 2\,x_1 x_2 + 2\,x_1 x_4 + 2\,x_2 x_4$$
$$(x_1 + x_2 + x_5)^2 = x_1^2 + x_2^2 + x_5^2 + 2\,x_1 x_2 + 2\,x_1 x_5 + 2\,x_2 x_5$$
$$(x_1 + x_3 + x_4)^2 = x_1^2 + x_3^2 + x_4^2 + 2\,x_1 x_3 + 2\,x_1 x_4 + 2\,x_3 x_4$$
$$(x_1 + x_3 + x_5)^2 = x_1^2 + x_3^2 + x_5^2 + 2\,x_1 x_3 + 2\,x_1 x_5 + 2\,x_3 x_5$$
$$(x_1 + x_4 + x_5)^2 = x_1^2 + x_4^2 + x_5^2 + 2\,x_1 x_4 + 2\,x_1 x_5 + 2\,x_4 x_5$$
$$(x_2 + x_3 + x_4)^2 = x_2^2 + x_3^2 + x_4^2 + 2\,x_2 x_3 + 2\,x_2 x_4 + 2\,x_3 x_4$$
$$(x_2 + x_3 + x_5)^2 = x_2^2 + x_3^2 + x_5^2 + 2\,x_2 x_3 + 2\,x_2 x_5 + 2\,x_3 x_5$$
$$(x_2 + x_4 + x_5)^2 = x_2^2 + x_4^2 + x_5^2 + 2\,x_2 x_4 + 2\,x_2 x_5 + 2\,x_4 x_5$$
$$(x_3 + x_4 + x_5)^2 = x_3^2 + x_4^2 + x_5^2 + 2\,x_3 x_4 + 2\,x_3 x_5 + 2\,x_4 x_5.$$

Und summiert man jetzt diese 10 Gleichungen kolumnenweise, so ergibt sich aus ihnen, wenn man die Resultate noch mit 6 multipliziert, um wieder auf die Zahl 60 zu kommen:

$$\sum \left( \sum_{i=1}^{3} \dot{x}_i \right)^2 = 36\,(x_1^2 + x_2^2 + x_3^2 + x_4^2 + x_5^2) + 18\,(2\,x_1 x_2 + 2\,x_1 x_3 +$$

$$+ 2\,x_1 x_4 + 2\,x_1 x_5 + 2\,x_2 x_3 + 2\,x_2 x_4 + 2\,x_2 x_5 + 2\,x_3 x_4 + 2\,x_3 x_5 + 2\,x_4 x_5). \ . \quad (11)$$

$\sum \left( \sum_{i=1}^{3} \dot{x}_i \right)^2$ ist die Summe aller überhaupt möglichen 60 Quadrate der

Summen zu 3 Elementen aus 5 im Falle ohne Zurücklegen. Man kann also

$$\frac{\sum \left( \sum_{i=1}^{3} \dot{x}_i \right)^2}{60} = E \left( \sum_{i=1}^{3} \dot{x}_i \right)^2, \text{ oder } \sum \left( \sum_{i=1}^{3} \dot{x}_i \right)^2 = 60\,E \left( \sum_{i=1}^{3} \dot{x}_i \right)^2$$

setzen. Es ist ferner aus der Definition der mathematischen Erwartung in Kap. II, § 7, Formel (1c) ersichtlich, daß

$$x_1^2 + x_2^2 + x_3^2 + x_4^2 + x_5^2 = 5\,E\,x^2$$

und daß die Summe in der letzten Klammer der rechten Seite von (11), die aus $10 \times 2 = 20$ Summanden besteht, mit $20\,E\,x_i x_j$, $(i \neq j)$, bezeichnet werden kann. Somit ergibt sich:

$$60\,E \left( \sum_{i=1}^{3} \dot{x}_i \right)^2 = 180\,E\,x^2 + 360\,E\,x_i x_j, \ \ (i \neq j),$$

oder

$$E \left( \sum_{i=1}^{3} \dot{x}_i \right)^2 = 3\,E\,x^2 + 6\,E\,x_i x_j, \ \ (i \neq j).$$

Es ist jedoch bei uns $n = 3$ und daher $6 = n\,(n-1)$; somit haben wir in der Tat für den Fall $N = 5$ und $n = 3$ die Richtigkeit der Formel (10) nachgewiesen.

Dividiert man (10) durch $n^2$, so erhält man ferner:

$$E \left( \frac{\sum\limits_{i=1}^{n} \dot{x}_i}{n} \right)^2 = \frac{E\,x^2}{n} + \frac{n-1}{n}\,E\,x_i x_j, \ \ (i \neq j),$$

und mit Rücksicht auf (7) und (2):

$$E \left( \frac{\sum\limits_{i=1}^{n} \dot{x}_i}{n} \right)^2 = \frac{E\,x^2}{n} + \frac{n-1}{n} \left[ (E\,x)^2 - \frac{\mu_2}{N-1} \right] =$$

$$= (E\,x)^2 + \frac{N-n}{n\,(N-1)}\,\mu_2 = (E\,x)^2 + \left( 1 - \frac{n-1}{N-1} \right) \frac{\mu_2}{n}. \ . \ . \ . \quad (12)$$

Es ist außerdem bekannt (vgl. oben Kap. II, § 4, Formel 7), daß

$$\frac{1}{n}\sum_{i=1}^{n}(\dot{x}_i-\overline{x})^2 = \frac{1}{n}\sum_{i=1}^{n}\dot{x}_i^2 - \left(\frac{1}{n}\sum_{i=1}^{n}\dot{x}_i\right)^2 \qquad \ldots \ldots \quad (13)$$

Wenn man nun, um eine größere Symmetrie der Formeln zu erhalten, das Symbol

$$v'_{2,(n)} = \frac{1}{n}\sum_{i=1}^{n}(\dot{x}_i-\overline{x})^2 \qquad \ldots \ldots \ldots \quad (14)$$

einführt[1] und auch hier zur mathematischen Erwartung für eine Gesamtheit höherer Ordnung vom Umfange $\dfrac{N!}{(N-n)!}$ übergeht, so erhält man, mit Rücksicht auf (12) und (13):

$$E v'_{2,(n)} = \frac{1}{n} E \sum_{i=1}^{n}\dot{x}_i^2 - (E x)^2 - \frac{N-n}{n(N-1)}\mu_2 =$$

$$= E x^2 - (E x)^2 - \frac{N-n}{n(N-1)}\mu_2 = \mu_2 - \frac{N-n}{n(N-1)}\mu_2 =$$

$$= \frac{N}{N-1}\cdot\frac{n-1}{n}\cdot\mu_2. \qquad \ldots \ldots \quad (15)$$

Hieraus folgt, daß umgekehrt

$$\mu_2 = \frac{N-1}{N}\cdot\frac{n}{n-1}\cdot E v'_{2,(n)} =$$

$$= E\left\{\frac{N-1}{N}\cdot\frac{\sum_{i=1}^{n}(\dot{x}_i-\overline{x})^2}{n-1}\right\} = E\left\{\left(1-\frac{1}{N}\right)\frac{\sum_{i=1}^{n}(\dot{x}_i-\overline{x})^2}{n-1}\right\}. \quad \ldots \quad (16)$$

Und ist $N \to \infty$, was, wie wir wissen, dem Falle „mit Zurücklegen" gleichkommt, so ergibt sich hieraus einfach:

$$E\left\{\frac{\sum_{i=1}^{n}(\dot{x}_i-\overline{x})^2}{n-1}\right\} = \mu_2. \qquad \ldots \ldots \quad (16\,\text{a})$$

---

[1] Dies ist das Symbol, welches Tschuprow in seiner Untersuchung „On the mathematical expectation of the moments of frequency distributions" (Biometrika, Vol. XII u. XIII, 1918—1921) anwendet (vgl. Biometrika, Vol. XII, Nr. 3 u. 4, S. 187, Formel (9), 1919), wobei zu berücksichtigen ist, daß Tschuprows $N$ unserem $n$ entspricht. In der Fortsetzung derselben Untersuchung, die unter dem Namen „On the mathematical expectation of the moments of frequency distributions in the case of correlated observations" in Metron, Vol. II, Nr. 3 u. 4, 1929, erschien, wird auf S. 48 hierfür die Bezeichnung $v'_{[2,n]}$ gebraucht, die auf eine Formel von S. 292 (Biometrika, Vol. XIII) zurückgeht und eigentlich einer etwas anderen Anfangskonstruktion entspricht, bei welcher jede der Größen $x_i$ ihrem eigenen Verteilungsgesetze folgt (vgl. daselbst S. 283).

(Dieses Resultat kann auch unschwer durch direkte Rechnung ermittelt werden.)

Wir haben somit festgestellt, daß sowohl im Falle „ohne Zurücklegen" als auch im Falle „mit Zurücklegen" $\mu_2$, die Streuung der Gesamtheit höherer Ordnung, nicht der mathematischen Erwartung von $\nu'_{2,(n)}$, der Streuung der Stichprobe, sondern der mathematischen Erwartung einer etwas anderen Maßzahl gleichkommt.

Betrachten wir jetzt ein anderes, etwas komplizierteres Problem. Aus derselben Gesamtheit vom Umfange $N$ werden mehrmals nacheinander je $n$ Elemente „ohne Zurücklegen" entnommen und jedesmal das arithmetische Mittel des Merkmales $x$ (d. h. der zufälligen Variablen) in der Stichprobe berechnet. Gefragt wird nach der Streuung dieser Größen, d. h. nach dem Werte von

$$\mu_{2,(n)} = E\left\{\frac{\sum_{i=1}^{n}\dot{x}_i}{n} - E\frac{\sum_{i=1}^{n}\dot{x}_i}{n}\right\}^2 . \quad\ldots\ldots (17)$$

Wenn wir von einer mathematischen Erwartung sprechen, so müssen wir sofort auch jene Gesamtheit höherer Ordnung angeben, auf die sich die mathematische Erwartung bezieht: sonst haben unsere Ausführungen überhaupt keinen statistischen Sinn. Es sei also angenommen, daß in unserem Falle die mathematische Erwartung wiederum den betreffenden arithmetischen Durchschnitt in jener Gesamtheit höherer Ordnung vom Umfange $\dfrac{N!}{(N-n)!}$ bedeutet, die entsteht, wenn wir alle überhaupt möglichen Gruppierungen zu $n$ aus $N$ ohne Zurücklegen bilden. Wenn wir auf diesen Fall Satz I des § 7, Kap. II, anwenden, so können wir wiederum schreiben:

$$\mu_{2,(n)} = E\left\{\left(\frac{\sum_{i=1}^{n}\dot{x}_i}{n}\right)^2 - 2\frac{\sum_{i=1}^{n}\dot{x}_i}{n} E\frac{\sum_{i=1}^{n}\dot{x}_i}{n} + \left(E\frac{\sum_{i=1}^{n}\dot{x}_i}{n}\right)^2\right\} =$$

$$= E\left(\frac{\sum_{i=1}^{n}\dot{x}_i}{n}\right)^2 - \left(E\frac{\sum_{i=1}^{n}\dot{x}_i}{n}\right)^2 . \quad\ldots\ldots (18)$$

Es ist nun nach dem Additionssatz von Kap. II, § 7:

$$E\frac{\sum_{i=1}^{n}\dot{x}_i}{n} = \frac{1}{n}E\sum_{i=1}^{n}\dot{x}_i = \frac{1}{n}\sum_{i=1}^{n}E\dot{x}_i = \frac{n}{n}Ex = Ex. \quad\ldots (19)$$

Und greift man noch auf Formel (12) zurück, so verwandelt sich (18) in:

$$\mu_{2,(n)} = E\left\{\frac{1}{n}\sum_{i=1}^{n}\dot{x}_i - E\left[\frac{1}{n}\sum_{i=1}^{n}\dot{x}_i\right]\right\}^2 = \frac{N-n}{n(N-1)}\mu_2 = \left(1 - \frac{n-1}{N-1}\right)\frac{\mu_2}{n}. \quad (20)$$

Diese wichtige Formel, die eine der Grundformeln der Stichprobenmethode ist, scheint zuerst von K. Pearson angegeben worden zu sein.[1]

Nimmt man jetzt an, daß, bei endlichem $n$, $N \to \infty$, so erhält man aus (20) für den Fall „ohne Zurücklegen" die einfache Beziehung:

$$\mu_{2,(n)} = \frac{\mu_2}{n}. \qquad \ldots \ldots \ldots \quad (20\,a)$$

Die Formeln (15), (16) (16a) und (20) haben auch für die homograde Theorie gewisse Bedeutung. Wir wissen bereits, daß man jede Formel der heterograden Theorie in eine solche der homograden Theorie verwandeln kann, wenn man nur annimmt, die zufällige Variable $x$ könne überhaupt nur 2 Werte, 1 und 0, mit den relativen Häufigkeiten $p'$ und $q'$, bzw. mit den statistischen Wahrscheinlichkeiten $p$ und $q$, annehmen. Es sei also angenommen, daß die Gesamtheit höherer Ordnung aus $N$ Elementen besteht, von denen $M$ das Merkmal 1 und $N - M$ das Merkmal 0 besitzen. Es ist dann offenbar $p = \dfrac{M}{N}$ und

$$E\,x = p \cdot 1 + q \cdot 0 = p,$$
$$E\,x^2 = p \cdot 1^2 + q \cdot 0^2 = p,$$

und überhaupt:

$$E\,x^h = p \cdot 1^h + q \cdot 0 = p. \qquad \ldots \ldots \ldots \quad (21)$$

Man hat ferner:

$$\mu_2 = E\,x^2 - (E\,x)^2 = p - p^2 = p\,(1 - p) = pq. \quad \ldots \quad (22)$$

Anderseits ist aber

$$\frac{\sum\limits_{i=1}^{n} x_i}{n} = \frac{m}{n} = p' \quad [\text{vgl. oben Kap. I, § 11, Formel (8), S. 113}] \; . \quad (23)$$

und

---

[1] Vgl. L. Isserlis: On the Conditions under which the „Probable Errors" of Frequency Distributions have a real significance, Proceed. of the Roy. Soc., A, Vol. 92, S. 23—41, 1915; derselbe: On the Value of a Mean as Calculated from a Sample, Journ. of the Royal Statistical Society, Vol. LXXXI, Part I, S. 75—81, January 1918; G. Mortara: Elementi di Statistica, S. 356, Roma 1917; A. A. Tschuprow: Zur Theorie der Stabilität statistischer Reihen, S. 219; S. S. Kohn: Zur Frage der Anwendung der Stichprobenmethode auf die Aufarbeitung landwirtschaftlicher Erhebungen, Petrograd 1917 (offizielle Denkschrift des Landw. Ministeriums; russisch); M. Greenwood and L. Isserlis: A Historical Note on the Problem of Small Samples, Journ. of the Roy. statist. Soc., Vol. XC, S. 347—352, 1927; K. Pearson: Another „historical note on the problem of small samples", Biometrika, Vol. XIX, S. 207—210, 1927. Zur letzteren wäre übrigens zu bemerken, daß jenes Manuskript Tschuprows, welches im „Metron" erschien, zuerst der „Biometrika" angeboten, aber aus Raummangel abgelehnt wurde. — Diese Literaturhinweise beziehen sich auch auf die Formeln des nächsten Paragraphen.

$$E\,p' = E\,\frac{\sum\limits_{i=1}^{n} \dot{x}_i}{n} = \frac{n\,E\,x}{n} = E\,x = p. \qquad (24)$$

Berücksichtigt man wieder, daß $x$ nur die Werte 1 und 0 annehmen kann und daß $1^2 = 1$, $0^2 = 0$, so hat man ferner:

$$\frac{\sum\limits_{i=1}^{n} \dot{x}_i{}^2}{n} = \frac{\sum\limits_{i=1}^{n} \dot{x}_i}{n} = p', \qquad (25)$$

und hieraus

$$\frac{\sum\limits_{i=1}^{n} \dot{x}_i{}^2}{n} - \left(\frac{\sum\limits_{i=1}^{n} \dot{x}_i}{n}\right)^2 = p' - p'^2 = p'\,(1 - p') = p'q'. \qquad (26)$$

Greift man jetzt auf (15) zurück, so erhält man nach Einsetzung der betreffenden Werte aus (22), (25) und (21):

$$E\,\nu'_{2,(n)} = E\,p'q' = \frac{N}{N-1} \cdot \frac{n-1}{n}\,p\,q, \qquad (27)$$

oder auch umgekehrt:

$$p\,q = \left(1 - \frac{1}{N}\right)\frac{n}{n-1}\,E\,p'q' \qquad (27\,\mathrm{a})$$

und folglich

$$\frac{p\,q}{n} = \left(1 - \frac{1}{N}\right)E\,\frac{p'q'}{n-1}. \qquad (27\,\mathrm{b})$$

Wendet man sich zu Formel (20), so ergibt sich aus ihr mit Rücksicht auf (22), (23) und (24):

$$\mu_{2,(n)} = E\,(p' - p)^2 = \left(1 - \frac{n-1}{N-1}\right)\frac{p\,q}{n}, \qquad (28)$$

oder

$$E\,(n\,p' - n\,p)^2 = \left(1 - \frac{n-1}{N-1}\right)n\,p\,q. \qquad (28\,\mathrm{a})$$

Und bei $N \to \infty$ für den Fall „mit Zurücklegen" aus (27 b), (28) und (28 a):

$$\left.\begin{aligned}
\frac{p\,q}{n} &= E\,\frac{p'q'}{n-1} \\
E\,(p' - p)^2 &= \frac{p\,q}{n}, \quad \text{oder}\quad E\,(n\,p' - n\,p)^2 = n\,p\,q.
\end{aligned}\right\} \qquad (29)$$

Die erste der Formeln (29) sowie auch (27 b) sind wenig bekannt, obgleich sie bei Tschuprow vorkommen. Aus ihnen läßt sich z. B. ebenso wie aus Formel (28) für $E\,(p')^2$ der folgende Ausdruck ableiten, der bereits im Jahre 1899 durch Pearson in die statistische Praxis eingeführt wurde:[1]

$$E\,(p')^2 = p^2 + \frac{N-n}{N-1}\,\frac{p\,q}{n}, \qquad (30)$$

---

[1] Vgl. K. Pearson: On certain Properties of the Hypergeometrical Series. Phil. Magaz., S. 236—246, 1899.

was im Falle „mit Zurücklegen“ zu

$$E\,(p')^2 = p^2 + \frac{p\,q}{n} \quad\ldots\ldots\ldots\ldots\ldots \quad (30\,\mathrm{a})$$

führt.[1]

Oben in Kap. I § 4, Formel (38) und (45) haben wir beim Exponentialsatz den statistischen Parameter

$$\sigma = \sqrt{\left(1 - \frac{n}{N}\right) n\,p\,q}$$

für den Fall „ohne Zurücklegen“ und

$$\sigma = \sqrt{n\,p\,q}$$

für den Fall „mit Zurücklegen“ eingeführt. Vergleichen wir diese Formeln mit (28a) und (29), so überzeugen wir uns, daß im ersten Falle $\sigma^2$ sich von $E\,(n\,p' - n\,p)^2$ nur um den ganz minimalen Betrag

$$\left(1 - \frac{n}{N}\right) \frac{n\,p\,q}{N-1} \quad\ldots\ldots\ldots\ldots \quad (31)$$

unterscheidet, im zweiten Falle jedoch eine vollkommene Übereinstimmung herrscht. Eine Abweichung von der Größenordnung (31) ist, wie wir bereits oben im Kap. I, § 4 (S. 56) und § 11 (S. 118) erwähnt haben, kleiner als jene Größenordnungen, die wir bei der Ableitung des Exponentialsatzes vernachlässigten, und deshalb ist es vollkommen zulässig, für $\sigma$ den Wert

$$\sigma = \sqrt{\frac{N-n}{N-1}\,n\,p\,q} = \sqrt{\left(1 - \frac{n-1}{N-1}\right) n\,p\,q}$$

einzusetzen. Die Annahme, $\sigma$ sei einfach gleich der mathematischen Erwartung der quadratischen Abweichung der Größe $i = n\,p'$ von ihrer mathematischen Erwartung $n\,p$, bietet gewisse theoretische Vorteile und erlaubt es auch, wie wir später sehen werden, die Formel der sogenannten „normalen Verteilung“ in der heterograden Theorie mit der Exponentialformel in der homograden Theorie, unter Einführung gewisser zusätzlicher Bedingungen, zu vergleichen und zu identifizieren.

## 3. Die Momente und Kumulanten für eine zufällige Variable.

Die ausführlichen Darstellungen des vorhergehenden Paragraphen hatten zur Aufgabe, nicht nur mehrere praktisch wichtige statistische Formeln abzuleiten, sondern auch an einigen leichteren Beispielen die Anwendung der Methode der mathematischen Erwartungen aufzuzeigen; im weiteren werden wir unsere mathematischen Rechnungen etwas kürzer fassen können. Im allgemeinen Falle, zu welchem wir jetzt übergehen, müssen in bezug auf statistische Gesamtheiten verschiedener Ordnungen mehrere Typen von Momenten scharf unterschieden werden.

---

[1] Alle diese Sätze lassen sich auch direkt aus der Entwicklung des Binoms $(p+q)^n$ ableiten, doch ist dies sogar bei $N = \infty$ bedeutend komplizierter; vgl. z. B. die Rechnungen auf S. 263ff. von B o w l e y s Elements of Statistics.

Wir führen sie hier in der Schreibweise A. Tschuprows ein, da diese ein einheitliches System bildet und aus derjenigen Pearsons entstanden ist, obgleich zugegeben werden muß, daß seine Symbolik manchmal recht kompliziert aussieht.

Ein anderes System bildet die Symbolik R. A. Fishers, ein drittes etwa die von L. Isserlis vorgeschlagene Notation.[1]

Gegeben sei wiederum eine Gesamtheit höherer Ordnung vom Umfange $N$, in welcher das Merkmal $x$, welches an jedem Elemente auftritt (aber gelegentlich auch gleich 0 werden kann), folgende Werte ergibt:

$$x_1, \ x_2, \ x_3, \ldots, x_N. \qquad \qquad (1)$$

Einzelne $x_i$ können hierbei einander gleich sein, bei einem endlichen $N$ ist jedoch für sie der Wert $\infty$ ausgeschlossen.[2] Dieser Gesamtheit wird auf beliebige Weise eine Stichprobe vom Umfange $n$:

$$\dot{x}_1, \ \dot{x}_2, \ \dot{x}_3, \ldots, \dot{x}_n \qquad \qquad (2)$$

entnommen. Es werden jetzt folgende Bezeichnungen eingeführt.

### A. Für die Gesamtheit höherer Ordnung.

1.
$$m_r = E\,x^r = \frac{1}{N} \sum_{i=1}^{N} x_i^{\,r}, \qquad \qquad (3)$$

und folglich

$$m_1 = E\,x = \frac{1}{N} \sum_{i=1}^{N} x_i; \qquad \qquad (3\,\mathrm{a})$$

2.
$$\mu_r = E\,(x - E\,x)^r = \frac{1}{N} \sum_{i=1}^{N} (x_i - m_1)^r, \qquad \qquad (4)$$

und folglich

$$\mu_2 = E\,(x - E\,x)^2 = \frac{1}{N} \sum_{i=1}^{N} (x_i - m_1)^2; \qquad \qquad (4\,\mathrm{a})$$

3.
$$m_{r_1, r_2, r_3, \ldots, r_h} = E\,x_i^{r_1}\,x_j^{r_2}\,x_k^{r_3}\,\ldots\,x_l^{r_h} =$$

$$= \frac{\displaystyle\sum_{i=1}\sum_j\sum_k \ldots \sum_l x_i^{r_1}\,x_j^{r_2}\,x_k^{r_3}\,\ldots\,x_l^{r_h}}{N\,(N-1)\,(N-2)\,\ldots\,(N-h+1)}, \qquad (5)$$

wobei keine zwei der Indizes $i, j, k, \ldots, l$ im selben Produkt denselben

---

[1] Vgl. z. B. seine bereits zitierte Monographie „On the Moment Distributions etc.".

[2] Diese letzte Voraussetzung ist selbstverständlich nur ein Tribut an die mathematische Rigorosität, bildet aber durchaus keine irgendwie fühlbare Einschränkung für die Anwendbarkeit der nun folgenden Formeln im Bereiche der statistischen Praxis.

Wert annehmen können. Wir wollen diese Bedingung von nun an symbolisch wie folgt ausdrücken:

$$i \neq j \neq k \neq \ldots \neq l. \qquad\qquad\qquad (5\,\mathrm{a})$$

(Das Zeichen $\neq$ ist also bei uns transitiv.) Es ist daher

$$m_{1,\,1} = E\, x_i\, x_j = \frac{\displaystyle\sum_{i=1}^{N} \sum_{j \neq i} x_i\, x_j}{N\,(N-1)}, \qquad\qquad (5\,\mathrm{b})$$

$$m_{2,\,1,\,1} = E\, x_i{}^2\, x_j\, x_k = \frac{\displaystyle\sum_{i=1}^{N} \sum_{j} \sum_{k} x_i{}^2\, x_j\, x_k}{N\,(N-1)\,(N-2)}, \quad (i \neq j \neq k) \quad (5\,\mathrm{c})$$

usw.

4. $\mu_{r_1,\,r_2,\,r_3,\,\ldots\,r_h} =$

$$E\left\{(x_i - E\,x)^{r_1}\,(x_j - E\,x)^{r_2}\,(x_k - E\,x)^{r_3}\ldots(x_l - E\,x)^{r_h}\right\} =$$

$$= \frac{\displaystyle\sum_{i=1}^{N} \sum_{j} \sum_{k} \ldots \sum_{l} (x_i - m_1)^{r_1}\,(x_j - m_1)^{r_2}\,(x_k - m_1)^{r_3}\ldots(x_l - m_1)^{r_h}}{N\,(N-1)\,(N-2)\ldots(N-h+1)}, \qquad (6)$$

wobei wiederum $i \neq j \neq k \neq \ldots \neq l$,
und folglich

$$\mu_{1,\,1} = E\,(x_i - E\,x)\,(x_j - E\,x) = \frac{\displaystyle\sum_{i=1}^{N} \sum_{j \neq i} (x_i - E\,x)\,(x_j - E\,x)}{N\,(N-1)}, \qquad (6\,\mathrm{a})$$

$$\mu_{2,\,1,\,1} = E\left\{(x_i - E\,x)^2\,(x_j - E\,x)\,(x_k - E\,x)\right\} =$$

$$= \frac{\displaystyle\sum_{i=1}^{N} \sum_{j} \sum_{k} (x_i - E\,x)^2\,(x_j - E\,x)\,(x_k - E\,x)}{N\,(N-1)\,(N-2)}, \quad (i \neq j \neq k) \quad (6\,\mathrm{b})$$

usw. Die statistischen Parameter $m_r$ und $\mu_r$ beziehen sich auf die gegebene Gesamtheit vom Umfange $N$; die Parameter $m_{r_1,\,r_2,\,r_3,\,\ldots,\,r_h}$ und $\mu_{r_1,\,r_2,\,r_3,\,\ldots,\,r_h}$ sind **Produktmomente** und beziehen sich bereits auf die Gesamtheit vom Umfange $\dfrac{N!}{(N-h)!}$, die aus allen möglichen Produkten von $h$ Elementen aus $N$ „ohne Zurücklegen" gebildet werden kann.

In den vorhergehenden Paragraphen haben wir bereits abgeleitet[1, 2]:

$$\left.\begin{aligned} &\mu_1 = 0,\quad \mu_2 = E\,x^2 - (E\,x)^2 = m_2 - m_1{}^2, \\ &m_{1,\,1} = m_1{}^2 - \frac{\mu_2}{N-1}, \quad \mu_{1,\,1} = -\frac{\mu_2}{N-1}. \end{aligned}\right\} \qquad (7)$$

---

[1] $m_1{}^2$ bedeutet selbstverständlich $(m_1)^2$, das Quadrat von $m_1$.

[2] Es ist nämlich

$$\mu_{1,\,1} = E\,(x_i - E\,x)\,(x_j - E\,x) = E\,[x_i\, x_j - x_j\,E\,x - x_i\,E\,x + (E\,x)^2] = E\,x_i\,x_j -$$

$$- E\,x\,E\,x - E\,x\,E\,x + (E\,x)^2 = E\,x_i\,x_j - (E\,x)^2 = \left[m_1{}^2 - \frac{\mu_2}{N-1}\right] - m_1{}^2 = -\frac{\mu_2}{N-1}.$$

Eine rekurrente Formel zur Bestimmung der höheren Momente ergibt sich aus der Formel für $\mu_r$. Entwickelt man nämlich das Binom $(x_i - Ex)^r = (x_i - m_1)^r$ nach der Newtonschen Formel, so erhält man sofort:

$$E\,(x_i - m_1)^r = E\left\{ x_i^{\,r} - \frac{r}{1}\,x_i^{\,r-1}\,m_1 + \right.$$
$$\left. + \frac{r\,(r-1)}{1\,.\,2}\,x_i^{\,r-2}\,m_1^{\,2} - \frac{r\,(r-1)\,(r-2)}{1\,.\,2\,.\,3}\,x_i^{\,r-3}\,m_1^{\,3} + \ldots \right\}$$

und mit Rücksicht auf den Additionssatz der mathematischen Erwartungen und darauf, daß sowohl $r$ als auch $m_1$ hier Konstante sind, ferner:

$$\mu_r = m_r - \frac{r}{1}\,m_{r-1}\,m_1 + \frac{r\,(r-1)}{1\,.\,2}\,m_{r-2}\,m_1^{\,2} -$$
$$- \frac{r\,(r-1)\,(r-2)}{1\,.\,2\,.\,3}\,m_{r-3}\,m_1^{\,3} + \ldots . \qquad (8)$$

Es ist hierbei zu beachten, daß das vorletzte und letzte Glied dieser Reihe immer miteinander verschmelzen:

$$\pm \frac{r}{1}\,m_{r-(r-1)}\,m_1^{\,r-1} \mp m_1^{\,r} = \pm \frac{r}{1}\,m_1^{\,r} \mp m_1^{\,r} = \pm\,(r-1)\,m_1^{\,r}. \quad . \quad (8\,a)$$

Setzt man in (8) sukzessive $r = 2, 3, 4, 5$ usw., so erhält man die Formeln:

$$\left. \begin{aligned}
\mu_2 &= m_2 - m_1^{\,2}, \\
\mu_3 &= m_3 - 3\,m_2\,m_1 + 2\,m_1^{\,3}, \\
\mu_4 &= m_4 - 4\,m_3\,m_1 + 6\,m_2\,m_1^{\,2} - 3\,m_1^{\,4}, \\
\mu_5 &= m_5 - 5\,m_4\,m_1 + 10\,m_3\,m_1^{\,2} - 10\,m_2\,m_1^{\,3} + 4\,m_1^{\,5}\ \text{usw.}
\end{aligned} \right\} \quad . \quad . \quad (9)$$

Diese Formeln gelten in gleicher Weise sowohl für den Fall „ohne Zurücklegen" als auch für jenen „mit Zurücklegen". Es sei noch bemerkt, daß sie für die homograden Gesamtheiten, für welche die Beziehung

$$m_1 = m_2 = m_3 = \ldots . = m_h = p$$

besteht (vgl. oben § 2, Formel 21), folgende Werte annehmen:

$$\left. \begin{aligned}
\mu_2 &= p - p^2 = pq, \\
\mu_3 &= p - 3\,p^2 + 2\,p^3 = pq\,(1 - 2\,p) = pq\,(q - p), \\
\mu_4 &= p - 4\,p^2 + 6\,p^3 - 3\,p^4 = pq\,(1 - 3\,pq)\ \text{usw.}
\end{aligned} \right\} \quad . \quad . \quad (10)$$

Im allgemeinen Fall ergibt sich für $\mu_r$ der folgende Ausdruck:

$$\mu_r = p\,(1 - p)^r + (-1)^r\,p^r\,(1 - p) = pq^r + (-1)^r\,p^r\,q =$$
$$= pq\,[q^{r-1} + (-1)^r\,p^{r-1}]. \ldots . \quad (10\,a)$$

Es wäre ein leichtes, aus der Entwicklung des Binoms

$$m_r = [(x_i - m_1) + m_1]^r$$

umgekehrt Rekursionsformeln zur Berechnung der $m_i$ aus den $\mu_i$ und $m_1$ zu erhalten, doch haben diese beinahe gar keine praktische Bedeutung für den Statistiker. Der Leser würde aber gut daran tun, diese Formeln zur Übung in der Anwendung der Methode der mathematischen Erwartungen selbst abzuleiten.

Die Produktmomente $m_{r_1, r_2, r_3, \dots}$ und $\mu_{r_1, r_2, r_3, \dots}$ haben keine selbständige Bedeutung, doch sind sie, wie wir bereits bei $m_{1,1}$ und $\mu_{1,1}$ gesehen haben, für die Berechnung der mathematischen Erwartungen der Momente der Stichproben notwendig. Solange man auf dem Boden der elementaren Algebra bleibt, wird ihre Darstellung durch die einfachen Momente vom Typus $m_h$ desto verwickelter, je höher die Ordnung des Produktmoments genommen wird, doch hört sie nicht auf, im Prinzip ganz elementar zu bleiben. Um noch ein weiteres Beispiel für die Berechnung zu geben, wollen wir das Produktmoment dritter Ordnung $m_{1,1,1} =$ $= E x_i\, x_j\, x_k$, $(i \neq j \neq k)$, bestimmen. Wir gehen von der Identität aus:

$$(N\, E\, x)^3 = N^3\, (E\, x)^3 = \left(\sum_{i=1}^{N} x_i\right)^3 =$$

$$= (x_1 + x_2 + x_3 + \dots + x_N)^2\, (x_1 + x_2 + x_3 + \dots + x_N) =$$

$$= \left\{ \begin{aligned}
& x_1^2 + x_1 x_2 + x_1 x_3 + x_1 x_4 + \dots + x_1 x_N + \\
& + x_1 x_2 + x_2^2 + x_2 x_3 + x_2 x_4 + \dots + x_2 x_N + \\
& + x_1 x_3 + x_2 x_3 + x_3^2 + x_3 x_4 + \dots + x_3 x_N + \\
& + x_1 x_4 + x_2 x_4 + x_3 x_4 + x_4^2 + \dots + x_4 x_N + \\
& \dots\dots\dots\dots\dots\dots\dots\dots\dots\dots\dots\dots \\
& \dots\dots\dots\dots\dots\dots\dots\dots\dots\dots\dots\dots \\
& + x_1 x_N + x_2 x_N + x_3 x_N + x_4 x_N + \dots + x_N^2
\end{aligned} \right\} \times$$

$$\times\, (x_1 + x_2 + x_3 + x_4 + \dots + x_N).$$

Wenn man die $N^2$ Produkte, welche in der ersten Klammer der rechten Seite stehen, mit der Summe der $N$ Glieder in der zweiten Klammer multipliziert, so wird zuerst jedes der $N^2$ Produkte mit $x_1$, darauf wiederum jedes der $N^2$ Produkte mit $x_2$ multipliziert, dann mit $x_3$ usw.; schließlich werden die sich ergebenden $N$ Gruppen zu $N^2$ Elementen zusammenaddiert. Betrachten wir z. B. die dritte Gruppe, die aus der Multiplikation mit $x_3$ entsteht:

$$x_1^2 x_3 + x_1 x_2 x_3 + x_1 x_3^2 + x_1 x_3 x_4 + \dots + x_1 x_3 x_N +$$
$$+ x_1 x_2 x_3 + x_2^2 x_3 + x_2 x_3^2 + x_2 x_3 x_4 + \dots + x_2 x_3 x_N +$$
$$+ x_1 x_3^2 + x_2 x_3^2 + x_3^3 + x_3^2 x_4 + \dots + x_3^2 x_N +$$
$$+ x_1 x_3 x_4 + x_2 x_3 x_4 + x_3^2 x_4 + x_3 x_4^2 + \dots + x_3 x_4 x_N +$$
$$\dots\dots\dots\dots\dots\dots\dots\dots\dots\dots\dots\dots$$
$$\dots\dots\dots\dots\dots\dots\dots\dots\dots\dots\dots\dots$$
$$+ x_1 x_3 x_N + x_2 x_3 x_N + x_3^2 x_N + x_3 x_4 x_N + \dots + x_3 x_N^2.$$

Die Gruppe enthält im Ganzen $N^2$ Produkte, wobei höhere Potenzen als die erste nur in der dritten Kolumne, in der dritten Zeile und in der einen Diagonale vorkommen. Man hat hierbei: eine einzige dritte Potenz, $x_3^3$, in der Kreuzung der drei genannten Linien, außerdem zweimal das

Produkt von $x_3{}^2$ mit jedem der übrigen $(N-1)$ Elemente der Reihe (1) — in der 3. Reihe und in der 3. Kolumne — und einmal das Produkt von $x_3$ mit dem Quadrate jedes der übrigen $(N-1)$ Elemente — in der Diagonale. Die noch übrig bleibenden

$$N^2 - 1 - 3\,(N-1) = N^2 - 3\,N + 2 = (N-1)\,(N-2)$$

Produkte bestehen aus je drei verschiedenen Multiplikanden. Symbolisch läßt sich die Summe der Produkte der dritten Gruppe wie folgt ausdrücken:

$$x_3\left(\sum_{i=1}^{N} x_i\right)^2 = x_3{}^3 + 2\,x_3{}^2\left(\sum_{i=1}^{N} x_i - x_3\right) + x_3\left(\sum_{i=1}^{N} x_i{}^2 - x_3{}^2\right) +$$
$$+ x_3 \sum_{i \neq 3} \sum_{j \neq 3} x_i\, x_j,\ (i \neq j).$$

Und infolge der Symmetrie aller Gruppen ergibt sich schließlich für ihre Summe:

$$\left(\sum_{i=1}^{N} x_i\right)^3 = \sum_{i=1}^{N} x_i{}^3 + 2 \sum_{i=1}^{N} \sum_{j \neq i} x_i{}^2\, x_j + \sum_{i=1}^{N} \sum_{j \neq i} x_i\, x_j{}^2 +$$
$$+ \sum_{i=1}^{N} \sum_{j \neq i} \sum_{h \neq i \neq j} x_i\, x_j\, x_h = \sum_{i=1}^{N} x_i{}^3 + 3 \sum_{i=1}^{N} \sum_{j \neq i} x_i\, x_j{}^2 +$$
$$+ \sum_{i=1}^{N} \sum_{j} \sum_{h} x_i\, x_j\, x_h,\ (i \neq j \neq h).$$

Es ist klar, daß in jeden der Summenausdrücke hier alle überhaupt möglichen Verbindungen verschiedener $x$ vom gegebenen Typus eingehen, und daher sind wir auch berechtigt zu schreiben:

$$N^3\, m_1{}^3 = N\, m_3 + 3\, N\,(N-1)\, m_{1,\,2} + N\,(N-1)\,(N-2)\, m_{1,\,1,\,1}. \quad (11)$$

Die Summe der Koeffizienten der rechten Seite:

$$N + 3\, N\,(N-1) + N\,(N-1)\,(N-2)$$

ergibt, wie es auch sein muß, genau $N^3$.

Es bleibt nur noch das Produktmoment $m_{1,2}$ zu bestimmen, was viel leichter zu bewerkstelligen ist. Aus der Identität

$$N^2\, E\, x^2 . E\, x = \sum_{i=1}^{N} x_i{}^2 . \sum_{i=1}^{N} x_i = \sum_{i=1}^{N} x_i{}^3 + \sum_{i=1}^{N} \sum_{j \neq i} x_i\, x_j{}^2$$

ergibt sich nämlich sofort:

$$N^2\, m_2\, m_1 = N\, m_3 + N\,(N-1)\, m_{1,2},\ \text{oder}$$
$$N\,(N-1)\, m_{1,2} = N^2\, m_2\, m_1 - N\, m_3. \quad \ldots \ldots \ldots (12)$$

Setzt man diesen Ausdruck in (11) ein und dividiert beide Seiten durch $N\,(N-1)\,(N-2)$, so erhält man endgültig

$$m_{1,1,1} = \frac{N^2\,m_1{}^3 - 3\,N\,m_1\,m_2 + 2\,m_3}{(N-1)\,(N-2)}. \qquad (13)$$

Durch ähnliche Überlegungen könnten auch die Ausdrücke für alle anderen Momente gefunden werden, wenn nur nicht die sich hierbei ergebenden Formeln sehr bald äußerst schwerfällig würden. Mit Hilfe der sogenannten symmetrischen Funktionen, die zum Rüstzeug der höheren Algebra gehören,[1] kann man die Berechnungen noch um einige Stufen weiter bringen, doch schließlich wird man bei vielgliederigen und komplizierten Formeln anlangen, welche den praktischen Gebrauch fast unmöglich machen und daher durch angenäherte Ausdrücke ersetzt werden müssen, — ganz aus demselben Grunde, aus welchem in der homograden Theorie die genaue binomische Formel der bloß angenähert richtigen exponentialen weichen muß. Ohne uns mit der Ableitung der weiteren Produktmomente zu befassen, wollen wir hier die wenigen ersten Momente sowohl für den Fall ohne Zurücklegen als auch für jenen mit Zurücklegen hinschreiben. Soweit sie oben nicht bereits abgeleitet wurden, entnehmen wir sie der noch immer maßgebenden Untersuchung Tschuprows.[2]

### a) Ohne Zurücklegen.

$$m_{1,1} = \frac{N\,m_1{}^2 - m_2}{N-1} \quad [\text{vgl. oben Formel (7)}],$$

$$m_{1,2} = m_{2,1} = \frac{N\,m_1\,m_2 - m_3}{N-1} \quad [\text{vgl. oben Formel (12)}],$$

$$m_{1,1,1} = \frac{N^2\,m_1{}^3 - 3\,N\,m_1\,m_2 + 2\,m_3}{(N-1)\,(N-2)} \quad [\text{vgl. oben Formel (13)}],$$

$$m_{1,1,1,1} = \frac{N^3\,m_1{}^4 - 6\,N^2\,m_1{}^2\,m_2 + 8\,N\,m_1\,m_3 + 3\,N\,m_2{}^2 - 6\,m_4}{(N-1)\,(N-2)\,(N-3)},$$

$$m_{2,1,1} = m_{1,2,1} = m_{1,1,2} = \frac{N^2\,m_1{}^2\,m_2 - 2\,N\,m_1\,m_3 - N\,m_2{}^2 + 2\,m_4}{(N-1)\,(N-2)},$$

$$m_{3,1} = m_{1,3} = \frac{N\,m_1\,m_3 - m_4}{N-1},$$

$$m_{2,2} = \frac{N\,m_2{}^2 - m_4}{N-1},$$

$$\left.\vphantom{\begin{matrix}1\\1\\1\\1\\1\\1\\1\end{matrix}}\right\} \quad (14)$$

und überhaupt, für beliebiges $r$:

$$m_{r,r} = \frac{N\,m_r{}^2 - m_{2r}}{N-1}.$$

---

[1] Vgl. insbesondere die bereits zitierte Monographie von L. Isserlis: „On the Moment Distributions of Moments" usw., welche unseres Erachtens die Frage endgültig abschließt.

[2] A. A. Tschuprow: On the mathematical expectation etc., Metron, Vol. II, S. 656 ff.

Ferner für die Produktmomente um die mathematische Erwartung:

$$\left.\begin{aligned}
\mu_{1,1} &= -\frac{\mu_2}{N-1} \quad \text{[vgl. oben Formel (7)],}\\[4pt]
\mu_{1,1,1} &= \frac{2\,\mu_3}{(N-1)\,(N-2)}\,,\\[4pt]
\mu_{2,1} = \mu_{1,2} &= -\frac{\mu_3}{N-1}\,,\\[4pt]
\mu_{1,1,1,1} &= \frac{-6\,\mu_4 + 3\,N\mu_2{}^2}{(N-1)\,(N-2)\,(N-3)}\,,\\[4pt]
\mu_{2,1,1} = \mu_{1,2,1} = \mu_{1,1,2} &= \frac{2\,\mu_4 - N\mu_2{}^2}{(N-1)\,(N-2)}\,,\\[4pt]
\mu_{3,1} = \mu_{1,3} &= -\frac{\mu_4}{N-1}\,,\\[4pt]
\mu_{2,2} &= \frac{-\mu_4 + N\mu_2{}^2}{N-1}\,, \quad \text{und überhaupt für beliebiges } r:\\[4pt]
\mu_{r,r} &= \frac{-\mu_{2r} + N\mu_r{}^2}{N-1} \quad \text{usw.}
\end{aligned}\right\} \quad \cdots \quad (15)$$

### b) Mit Zurücklegen, d. h. bei $N \to \infty$.

$$\left.\begin{aligned}
m_{1,1} &= m_1{}^2,\\[4pt]
m_{1,2} = m_{2,1} = m_1 m_2, & \quad m_{1,1,1} = m_1{}^3,\\[4pt]
m_{1,1,1,1} = m_1{}^4, \; m_{2,1,1} &= m_{1,2,1} = m_{1,1,2} = m_1{}^2 m_2,\\[4pt]
m_{3,1} = m_{1,3} = m_1 m_3, & \quad m_{2,2} = m_2{}^2 \text{ usw.;}\\
\text{und anderseits:} & \\[4pt]
\mu_{1,1} = \mu_{2,1} = \mu_{1,2} = \mu_{1,1,1} = \mu_{1,1,1,1} &= \mu_{2,1,1} = \mu_{1,2,1} = \mu_{1,1,2} =\\
&= \mu_{3,1} = \mu_{1,3} = 0;\\[4pt]
\mu_{2,2} = \mu_2{}^2 \text{ usw.} &
\end{aligned}\right\} \quad (16)$$

Aus dem Vergleich der Formeln (16) mit (14) und (15) wird leicht ersichtlich, um wieviel leichter und mathematisch einfacher es ist, mit dem Fall „mit Zurücklegen" und überhaupt mit unbegrenzt großen Gesamtheiten höherer Ordnung zu tun zu haben, und es ist ohne Zweifel sehr bedauerlich, daß wenigstens in der Wirtschaftsstatistik derartige Fälle nicht die Regel bilden.

### B. Für die Gesamtheit niederer Ordnung.

Es können für diese dieselben 4 Gruppen von Parametern aufgestellt werden wie für die Gesamtheit höherer Ordnung (vgl. oben S. 205 bis 206). Um sie jedoch von der ersteren zu unterscheiden, sollen etwas andere Symbole eingeführt werden.

$$1. \quad m'_r = \frac{1}{n}\sum_{i=1}^{n} \dot{x}_i{}^r, \quad \cdots\cdots\cdots\cdots\cdots\cdots \quad (17)$$

und folglich

$$m'_1 = \frac{1}{n} \sum_{i=1}^{n} \dot{x}_i; \quad \ldots \ldots \ldots \quad (17\,\mathrm{a})$$

(man bezeichnet auch, wie wir wissen, $m'_1$ mit $\bar{x}$ oder $\dot{x}_{(n)}$).

$$2. \quad v'_{r,(n)} = \frac{1}{n} \sum_{i=1}^{n} (\dot{x}_i - m'_1)^r = \frac{1}{n} \sum_{i=1}^{n} (\dot{x}_i - \bar{x})^r, \quad \ldots \ldots \quad (18)$$

und folglich

$$v'_{2,(n)} = \frac{1}{n} \sum_{i=1}^{n} (\dot{x}_i - m'_1)^2 = \frac{1}{n} \sum_{i=1}^{n} (\dot{x}_i - \bar{x})^2 \quad (\text{vgl. } \S\,2, \text{ Formel } 14) \quad (18\,\mathrm{a})$$

$$3. \quad m'_{r_1, r_2, r_3, \ldots, r_h} =$$

$$= \frac{\sum_{i=1}^{n} \sum_{j} \sum_{k} \ldots \sum_{l} \dot{x}_i^{r_1} \dot{x}_j^{r_2} \dot{x}_k^{r_3} \ldots \dot{x}_l^{r_h}}{n(n-1)(n-2) \ldots (n-h+1)}, \quad (i \neq j \neq k \neq \ldots \neq l) \quad (19)$$

und folglich

$$m'_{1,1} = \frac{\sum_{i=1}^{n} \sum_{j \neq i} \dot{x}_i \dot{x}_j}{n(n-1)} \quad \text{usw.} \ldots \ldots \ldots \ldots \quad (19\,\mathrm{a})$$

$$4. \quad v'_{r_1, r_2, r_3, \ldots, r_h, (n)} =$$

$$= \frac{\sum_{i=1}^{n} \sum_{j} \sum_{k} \ldots \sum_{l} (\dot{x}_i - m'_1)^{r_1} (\dot{x}_j - m'_1)^{r_2} (\dot{x}_k - m'_1)^{r_3} \ldots (\dot{x}_l - m'_1)^{r_h}}{n(n-1)(n-2) \ldots (n-h+1)} \quad (20)$$

Auch für diesen Parameter gilt ebenso wie für (19), (5) und (6) die Bedingung: $i \neq j \neq k \neq \ldots \neq l$, wobei das Symbol $\neq$ hier ebenfalls als transitiv angesehen wird.

Es ist z. B.

$$v'_{1,1,(n)} = \frac{\sum_{i=1}^{n} \sum_{j \neq i} (\dot{x}_i - m'_1)(\dot{x}_j - m'_1)}{n(n-1)} \quad \ldots \ldots \quad (20\,\mathrm{a})$$

usw.

Die Beziehungen dieser vier Parametergruppen untereinander sind genau dieselben wie diejenigen zwischen (3), (4), (5) und (6), und sobald der Gesamtheit vom Umfange $n$ eine andere von noch kleinerem Umfange entnommen wird, spielen sie ja gegenüber der letzteren auch dieselbe Rolle: es genügt, die Symbole $m'$ durch $m$, $v'$ durch $\mu$ und $n$ durch $N$ zu ersetzen. Hieraus folgt, daß auch die Formeln (7), (8), (8a), (9), (10), (14) und (15) unter denselben Substitutionen für die Gesamtheit niederer Ordnung gültig sind. So ist z. B.

$$\left.\begin{array}{l}
v'_{1,\,(n)} = 0, \quad v'_{2,\,(n)} = m'_2 - m'^2_1, \\[4pt]
v'_{3,\,(n)} = m'_3 - 3\,m'_2\,m'_1 + 2\,m'^3_1, \\[4pt]
v'_{4,\,(n)} = m'_4 - 4\,m'_3\,m'_1 + 6\,m'_2\,m'^2_1 - 3\,m'^4_1
\end{array}\right.$$

usw.

$$\left.\begin{array}{l}
v'_{1,1,\,(n)} = -\,\dfrac{v'_{2,\,(n)}}{n-1}, \\[14pt]
v'_{1,1,1,\,(n)} = \dfrac{2\,v'_{3,\,(n)}}{(n-1)\,(n-2)}, \\[14pt]
v'_{2,1,\,(n)} = v'_{1,2,\,(n)} = -\,\dfrac{v'_{3,\,(n)}}{n-1}
\end{array}\right\} \quad \cdot\;\cdot\;(21)$$

usw.

## C. Für kombinierte Momente.

Unter diesen verstehen wir solche, die eine Verbindung zwischen den Parametern der Gesamtheit niederer Ordnung und jenen der Gesamtheit höherer Ordnung herstellen. Zu dieser Gruppe gehört zunächst

$$1.\ \ \mu'_r = \frac{1}{n}\sum_{i=1}^{n}(\dot{x}_i - E\,x)^r = \frac{1}{n}\sum_{i=1}^{n}(\dot{x}_i - m_1)^r \ \ldots\ \ldots\ \ldots\ (22)$$

Ferner gehören hierher alle mathematischen Erwartungen der Momente der Gesamtheit niederer Ordnung, d. h.

2.  $E\,m'_r$,

3.  $E\,m'_{r_1, r_2, r_3, \ldots, r_h}$,

4.  $E\,v'_{r,\,(n)}$,

5.  $E\,v'_{r_1, r_2, r_3, \ldots, r_h,\,(n)}$.

Außerdem kommen zwei statistische Parameter hinzu, die sich auf das arithmetische Mittel beziehen:

$$6.\ \ m_{r,\,(n)} = E\left(\frac{1}{n}\sum_{i=1}^{n}\dot{x}_i\right)^r = E\,(m'_1)^r = E\,(\bar{x})^r = E\,(x_{(n)})^r \ \cdot\ \cdot\ \cdot\ (23)$$

und

$$7.\ \ \mu_{r,\,(n)} = E\left[\frac{1}{n}\sum_{i=1}^{n}\dot{x}_i - E\left(\frac{1}{n}\sum_{i=1}^{n}\dot{x}_i\right)\right]^r = E\,(m'_1 - m_{1,\,(n)})^r \ \cdot\ \cdot\ (24)$$

Schließlich sind noch die Parameter vom Typus

8.  $E\,(m'_r - E\,m'_r)^s$,

9.  $E\,(\mu'_r - E\,\mu'_r)^s$,

10.  $E\,(v'_{r,\,(n)} - E\,v'_{r,\,(n)})^s$

von Interesse. Nehmen wir diese Parametertypen der Reihe nach durch, so bemerken wir sofort, daß mit Rücksicht auf die Sätze des § 7, Kap. II und auf (4):

$$E\,\mu'_r = E\left\{\frac{1}{n}\sum_{i=1}^{n}(\dot{x}_i - E\,x)^r\right\} = \frac{1}{n}\sum_{i=1}^{n} E\,(x_i - E\,x)^r = \frac{1}{n}\,(n\,\mu_r),\ \text{d. h.}$$

$$1.\ E\,\mu'_r = \mu_r. \quad \cdots \cdots \cdots \cdots \cdots \quad (25)$$

Ferner ist offenbar mit Rücksicht auf (3):

$$E\,m'_r = E\,\frac{1}{n}\sum_{i=1}^{n}\dot{x}_i^{\,r} = \frac{1}{n}\sum_{i=1}^{n} E\,x_i^{\,r} = \frac{1}{n}\,(n\,E\,x^r),\ \text{oder}$$

$$2.\ E\,m'_r = m_r. \quad \cdots \cdots \cdots \cdots \cdots \quad (26)$$

Desgleichen ist

$$E\,m'_{r_1, r_2, r_3, \ldots, r_h} =$$

$$= \frac{\displaystyle\sum_{i=1}^{n}\sum_{j}\sum_{k}\cdots\sum_{l} E\,(\dot{x}_i^{\,r_1}\cdot\dot{x}_j^{\,r_2}\cdot\dot{x}_k^{\,r_3}\cdots\dot{x}_l^{\,r_h})}{n\,(n-1)\,(n-2)\cdots(n-h+1)},$$

$$(i \neq j \neq k \neq \cdots \neq l,\ \text{im transitiven Sinne})$$

und folglich:

$$3.\ E\,m'_{r_1, r_2, r_3, \ldots, r_h} = m_{r_1, r_2, r_3, \ldots, r_h}. \quad \cdots \cdots \cdots \quad (27)$$

Bei allen weiteren kombinierten Momenten wird jedoch die Sachlage weit komplizierter. So haben wir z. B. bereits oben auf S. 200 eine Formel der Gruppe 4 abgeleitet [vgl. § 2, Formel (15)],

$$E\,v'_{2,(n)} = \frac{N}{N-1}\cdot\frac{n-1}{n}\,\mu_2 = v_{2,(n)}, \quad \cdots \cdots \quad (28)$$

wenn wir hier die allgemeine Bezeichnung

$$E\,v'_{r,(n)} = v_{r,(n)} \quad \cdots \cdots \cdots \cdots \quad (29)$$

einführen. Mit Hilfe der Produktmomente (14) und (15) läßt sich ganz auf dieselbe Weise, aber freilich durch viel umfangreichere algebraische Transformationen, nachweisen, daß ferner[1]

$$E\,v'_{3,(n)} = v_{3,(n)} = \frac{(n-1)\,(n-2)}{n^2}\cdot\frac{N^2}{(N-1)\,(N-2)}\,\mu_3. \quad (30)$$

$$E\,v'_{4,(n)} = v_{4,(n)} = \frac{(n-1)\,(n-2)\,(n-3)}{n^3}\cdot\frac{N}{(N-1)\,(N-2)\,(N-3)}\times$$

$$\times\,[(N^2 - 2N + 3)\,\mu_4 - 3\,(2N - 3)\,\mu_2^2] +$$

$$+\,\frac{(n-1)\,(2n-3)}{n^3}\cdot\frac{N}{N-1}\,[\mu_4 + 3\,\mu_2^2]. \quad \cdots \quad (31)$$

Die genauen Ausdrücke für die mathematischen Erwartungen der höheren Momente der vierten Gruppe, also $E\,v'_{5,(n)}$, $E\,v'_{6,(n)}$ usw.; sind noch unvergleichlich komplizierter. Infolgedessen begnügt man sich hier durchwegs mit Näherungsformeln (wenn man überhaupt am Parametertypus $v'_{r,(n)}$ festhält). Wird z. B. angenommen, daß $n$ und $N$ bereits

---

[1] Vgl. Tschuprow: On the Mathematical Expectation etc., Metron, Vol. II, S. 660.

so groß seien, daß man für die Quotienten $n \pm i \sim n$, $N \pm i \sim N$ setzen kann, wobei $i$ eine kleine Zahl (etwa 1, 2, 3, ....) bedeutet, so ergeben sich aus (28), (30) und (31) die viel einfacheren Formeln:

$$\left.\begin{aligned}
\nu_{2,(n)} &\sim \mu_2, \\
\nu_{3,(n)} &\sim \mu_3, \\
\nu_{4,(n)} &\sim \mu_4 + 2\left(\frac{1}{n} - \frac{1}{N}\right)(\mu_4 + 3\mu_2^2)
\end{aligned}\right\} \quad \ldots \ldots \quad (32)$$

oder sogar einfach: $\nu_{4,(n)} \sim \mu_4$, usw. Und bei sehr großen $n$ und $N$ kann man auch angenähert setzen: $\nu_{r,(n)} \sim \mu_r$.

Es ist ferner sehr wichtig, festzustellen, daß man wohl eine Funktion von $\nu'_{2,(n)}$ oder von $\nu'_{3,(n)}$ angeben kann, deren mathematische Erwartungen genau gleich dem betreffenden Momente in der Gesamtheit höherer Ordnung, d. h. $\mu_2$ bzw. $\mu_3$ ist, denn es ist in der Tat

$$E\,\frac{n}{n-1}\cdot\frac{N-1}{N}\,\nu'_{2,(n)} = E\left\{\left(1 - \frac{1}{N}\right)\frac{\sum\limits_{i=1}^{n}(\dot{x}_i - \bar{\bar{x}})^2}{n-1}\right\} = \mu_2$$

und

$$E\,\frac{n^2}{(n-1)(n-2)}\cdot\frac{(N-1)(N-2)}{N^2}\,\nu'_{3,(n)} =$$

$$= E\left\{\frac{(N-1)(N-2)}{N^2}\cdot\frac{n}{n-1}\cdot\frac{\sum\limits_{i=1}^{n}(\dot{x}_i - \bar{\bar{x}})^3}{n-2}\right\} = \mu_3,$$

aber für $\nu'_{4,(n)}$ und die weiteren Momente, in deren mathematischen Erwartungen verschiedene Ordnungen der Größen $\mu_2$, $\mu_3$, $\mu_4$, $\mu_5$ usw. auftreten, kann man das nicht mehr, sogar dann nicht, wenn man zum Falle „ohne Zurücklegen", d. h. zu $N \to \infty$ übergeht. Es entsteht nun die Frage, ob man hier nicht an Stelle der höheren Momente $\mu_4, \mu_5, \ldots$ der Gesamtheit höherer Ordnung solche Funktionen derselben einführen könnte, welche genau die mathematischen Erwartungen ähnlicher Funktionen der $\nu'$-Werte ergeben würden. Für den Fall „mit Zurücklegen" ist diese Frage durch R. A. Fisher bereits gelöst.[1] Es stellt sich heraus, daß die Rolle eines solchen Systems von Funktionen der Momente in der Gesamtheit höherer Ordnung vom Umfange $N \to \infty$ den Thieleschen Halbinvarianten (Semiinvarianten)

$$\left.\begin{aligned}
\varkappa_1 &= m_1, \quad \varkappa_2 = \mu_2, \quad \varkappa_3 = \mu_3, \quad \varkappa_4 = \mu_4 - 3\mu_2^2, \quad \varkappa_5 = \mu_5 - 10\mu_3\mu_2, \\
\varkappa_6 &= \mu_6 - 15\mu_4\mu_2 - 10\mu_3^2 + 30\mu_2^3,
\end{aligned}\right\} \quad (33)$$

usw. zukommt (vgl. oben Kap. II, § 5, S. 164; die Bezeichnung der Halbinvarianten durch den Buchstaben $\varkappa$ stammt übrigens von R. A. Fisher, Thiele gebrauchte durchwegs das Symbol $\lambda$). Wenn wir nun mit Fisher die folgenden Symbole einführen:

---

[1] Vgl. R. A. Fisher: Moments and Product Moments etc., S. 203 ff.; derselbe: Statistical Methods etc., S. 74—78.

$$s_1 = \sum_{i=1}^{n} \dot{x}_i, \quad s_r = \sum_{i=1}^{n} \dot{x}_i^r \quad \ldots \ldots \ldots \quad (34)$$

(es ist also $s_r = n\, m'_r$) und

$$S_2 = \sum_{i=1}^{n} (\dot{x}_i - \bar{x})^2, \quad S_r = \sum_{i=1}^{n} (\dot{x}_i - \bar{x})^r \quad \ldots \ldots \quad (34\,\mathrm{a})$$

(es ist also $S_r = n\, v'_{r,\,(n)}$), so drücken sich seine „$k$-Parameter" für die Gesamtheit niederer Ordnung durch die folgenden Formeln aus:

$$k_1 = \frac{1}{n}\, s_1,$$

$$k_2 = \frac{1}{n-1}\, S_2,$$

$$k_3 = \frac{n}{(n-1)\,(n-2)}\, S_3,$$

$$k_4 = \frac{n}{(n-1)\,(n-2)\,(n-3)} \left\{ (n+1)\, S_4 - 3\,\frac{n-1}{n}\, S_2^2 \right\},$$

$$k_5 = \frac{n^2}{(n-1)\,(n-2)\,(n-3)\,(n-4)} \left\{ (n+5)\, S_5 - 10\,\frac{n-1}{n}\, S_2 S_3 \right\},$$

$$k_6 = \frac{n}{(n-1)\,(n-2)\,(n-3)\,(n-4)\,(n-5)} \times$$

$$\times \left\{ (n+1)\,(n^2 + 15\,n - 4)\, S_6 - 15\,(n-1)^2\,\frac{n+4}{n}\, S_2 S_4 - \right.$$

$$\left. - 10\,(n^2 - n + 4)\,\frac{n-1}{n}\, S_3^2 + 30\,(n-2)\,\frac{n-1}{n}\, S_2^3 \right\}$$

$$(35)$$

usw. Selbstverständlich kann man an Stelle der $S_r$ überall die ihnen entsprechenden $n\, v'_{r,\,(n)}$ einsetzen, desgleichen auch das Ganze durch die Momente $m'_r$ ausdrücken, was aber zu komplizierteren Beziehungen führt.[1] Es kann auch eine allgemeine Formel für die Bildung sowohl der Kumulanten $\varkappa$ als auch der Parameter $k$ angegeben werden, doch ist sie mit den Mitteln der elementaren Algebra allein nicht verständlich zu machen. Das, worauf es uns hier ankommt, ist festzustellen, daß bei $N \to \infty$ zwischen den Systemen (33) und (35) eine ganz allgemeine Beziehung besteht. Es ist nämlich für ein beliebiges $r$:

$$E\,k_r = \varkappa_r. \quad \ldots \ldots \ldots \ldots \ldots \quad (36)$$

So ist z. B.

$$E\,k_4 = \frac{n}{(n-1)\,(n-2)\,(n-3)} \left\{ (n+1)\, E\,S_4 - 3\,\frac{n-1}{n}\, E\,S_2^2 \right\} . \quad (37)$$

---

[1] Ganz nebenbei sei noch bemerkt, daß man als Gegenstück zu den auf S. 164 erwähnten Maßzahlen vom Typus $\gamma_1 = \dfrac{\mu_3}{\sqrt{\mu_2^3}} = \dfrac{\varkappa_3}{\sqrt{\varkappa_2^3}}$, $\gamma_2 = \dfrac{\mu_4 - 3\mu_2^2}{\mu_2^2} = \dfrac{\varkappa_4}{\varkappa_2^2}$ usw. auch die Größen $g_1 = \dfrac{k_3}{\sqrt{k_2^3}}$, $g_2 = \dfrac{k_4}{k_2^2}$ usw. einführen kann.

Wenn man für die Formel (31) annimmt, es sei $N \to \infty$, so verwandelt sich diese in

$$E\,v'_{4,\,(n)} = \frac{1}{n}\,E\,S_4 = \frac{(n-1)(n-2)(n-3)}{n^3}\,\mu_4 + \frac{(n-1)(2\,n-3)}{n^3}(\mu_4 + 3\,\mu_2^2),$$

woraus

$$E\,S_4 = \frac{(n-1)}{n^2}\,[(n^2 - 3\,n + 3)\,\mu_4 + 3\,(2\,n - 3)\,\mu_2^2] \quad . \quad . \quad (38)$$

folgt. Anderseits geben wir weiter unten auf S. 224 die Formel (59) für $E\,[v'_{2,\,(n)}]^2$, aus welcher bei $N \to \infty$ unmittelbar

$$E\,S_2^2 = \frac{n-1}{n}\left\{(n-1)\,\mu_4 + (n^2 - 2\,n + 3)\,\mu_2^2\right\} \quad . \quad . \quad (39)$$

abgeleitet werden kann.[1] Setzt man nun (38) und (39) in (37) ein, so erhält man nach allen Wegkürzungen in der Tat ganz einfach

$$E\,k_4 = \mu_4 - 3\,\mu_2^2 = \varkappa_4.$$

Die ersten fünf $k$-Parameter sind, wie aus (35) ersichtlich, nicht viel schwerer zu berechnen als die ersten fünf $v'_{r,\,(n)}$-Parameter, besitzen aber vor diesen den Vorzug, daß bei $N \to \infty$ ihre mathematischen Erwartungen sehr einfache Ausdrücke erhalten, die außerdem, wie wir weiter unten sehen werden, noch von beträchtlicher Bedeutung für die Darstellung des Verteilungsgesetzes der Variablen $x$ sein können. Ferner besitzen die $k$-Parameter auch die interessante Eigenschaft, daß im Falle „ohne Zurücklegen", bei endlichem $N$, ihre mathematische Erwartung ganz einfach dadurch erhalten werden kann, daß man in (35) den Buchstaben $n$ durch den Buchstaben $N$ ersetzt. So ist z. B.

$$\left.\begin{aligned}
E\,k_1 &= \frac{1}{N}\,s_1 = E\,x = m_1, \\[4pt]
E\,k_2 &= \frac{1}{N-1}\,S_2 = \frac{N}{N-1}\,\mu_2, \\[4pt]
E\,k_3 &= \frac{N}{(N-1)(N-2)}\,S_3 = \frac{N^2}{(N-1)(N-2)}\,\mu_3, \\[4pt]
E\,k_4 &= \frac{N}{(N-1)(N-2)(N-3)}\left\{(N+1)\,S_4 - 3\,\frac{N-1}{N}\,S_2^2\right\} = \\[2pt]
&= \frac{N^2}{(N-1)(N-2)(N-3)}\left\{(N+1)\,\mu_4 - 3\,(N-1)\,\mu_2^2\right\}, \\[4pt]
E\,k_5 &= \frac{N^3}{(N-1)(N-2)(N-3)(N-4)}\times \\[2pt]
&\qquad \times\left\{(N+5)\,\mu_5 - 10\,(N-1)\,\mu_2\mu_3\right\}, \\[4pt]
E\,k_6 &= \frac{N^2}{(N-1)(N-2)(N-3)(N-4)(N-5)}\times \\[2pt]
&\quad \times\left\{(N+1)(N^2+15\,N-4)\,\mu_6 - 15\,(N-1)^2\,(N+4)\,\mu_2\mu_4\right. - \\[2pt]
&\quad \left. - 10\,(N-1)(N^2-N+4)\,\mu_3^2 + 30\,N\,(N-1)(N-2)\,\mu_2^3\right\}
\end{aligned}\right\} \quad (40)$$

---

[1] Vgl. auch **Tschuprow**: On the Mathematical Expectation etc., Biometrika, Vol. XII, S. 192, Formel (3), 1919.

usw.[1] Auch diese Ausdrücke sind beträchtlich einfacher als jene für $E\,v'_{4,(n)}$, $E\,v'_{5,(n)}$, $E\,v'_{6,(n)}$ usw. Es ist ferner möglich, an Hand derselben auch die Momente $\mu_2$, $\mu_3$, $\mu_4$ usw. durch $E\,k_2$, $E\,k_3$, $E\,k_4$ usw. auszudrücken. Zu den Formeln (35) und (40) werden wir später noch einmal zurückkehren.

Die Ausdrücke vom Typus 5 (vgl. oben S. 213) besitzen für uns kein selbständiges Interesse, und da die höheren unter ihnen ebenfalls außerordentlich komplizierte Ausdrücke ergeben, so können sie hier ganz übergangen werden. Was die Formeln vom Typus 6 anbetrifft, so erhalten wir für sie die folgenden Werte:

$$m_{1,(n)} = \frac{1}{n}\,E\sum_{i=1}^{n}\dot{x}_i = E\,x = m_1,$$

$$m_{2,(n)} = \frac{1}{n^2}\,E\left(\sum_{i=1}^{n}\dot{x}_i\right)^2 = m_1{}^2 + \frac{N-n}{N-1}\cdot\frac{\mu_2}{n} =$$

$$= m_1{}^2 + \left(1 - \frac{n-1}{N-1}\right)\frac{\mu_2}{n}$$

[vgl. oben § 2, Formel (12)]

$$m_{3,(n)} = \frac{1}{n^3}\,E\left(\sum_{i=1}^{n}\dot{x}_i\right)^3 = m_1{}^3 + 3\,\frac{N-n}{(N-1)\,n}\,m_1\,\mu_2 +$$

$$+ \frac{1}{n^2}\left[1 - 3\,\frac{n-1}{N-1} + 2\,\frac{(n-1)\,(n-2)}{(N-1)\,(N-2)}\right]\mu_3 = m_1{}^3 +$$

$$+ \frac{3}{n}\left(1 - \frac{n-1}{N-1}\right)m_1\,\mu_2 + \frac{1}{n^2}\left[1 - 3\,\frac{n-1}{N-1} + 2\,\frac{(n-1)\,(n-2)}{(N-1)\,(N-2)}\right]\mu_3,$$

$$m_{4,(n)} = m_1{}^4 + \frac{6}{n}\left(1 - \frac{n-1}{N-1}\right)m_1{}^2\,\mu_2 +$$

$$+ \frac{4}{n^2}\left[1 - 3\,\frac{n-1}{N-1} + 2\,\frac{(n-1)\,(n-2)}{(N-1)\,(N-2)}\right]m_1\,\mu_3 + 3\,\frac{N}{N-1}\times$$

$$\times\frac{n-1}{n^3}\left[1 - 2\,\frac{n-2}{N-2} + \frac{(n-2)\,(n-3)}{(N-2)\,(N-3)}\right]\mu_2{}^2 + \frac{1}{n^3}\left[1 - 7\,\frac{n-1}{N-1} + \right.$$

$$\left. + 12\,\frac{(n-1)\,(n-2)}{(N-1)\,(N-2)} - 6\,\frac{(n-1)\,(n-2)\,(n-3)}{(N-1)\,(N-2)\,(N-3)}\right]\mu_4.$$

$$(41)$$

Die weiteren Momente von diesem Typus sind noch unvergleichlich komplizierter als das vierte, und daher begnügt sich sogar Tschuprow mit Näherungsformeln für sie, die nur bei sehr großen $N$ und $n$ gültig sind (vgl. Metron, Vol. II, S. 659, Anmerkung).

---

[1] Prof. R. A. Fisher hatte die Liebenswürdigkeit, auf meine Anfrage hin mir einen ganz allgemeinen Beweis für diesen eleganten Satz mitzuteilen. Der Beweis geht von der Theorie der symmetrischen Funktionen aus und kann deshalb hier nicht wiedergegeben werden. Dem Leser wird jedoch empfohlen, die Richtigkeit des Satzes wenigstens für die ersten 4 bis 6 Glieder der Reihe der $E\,k_r$ selbständig an Hand der Formeln dieses Paragraphen nachzuprüfen.

Und für die Formeln vom 7. Typus (vgl. oben S. 213) ergeben sich folgende Ausdrücke:

$$\left. \begin{aligned}
&\mu_{1,(n)} = E\,(m'_1 - m_1) = 0, \\[4pt]
&\mu_{2,(n)} = \left(1 - \frac{n-1}{N-1}\right) \frac{\mu_2}{n} \ \text{[vgl. oben § 2, Formel (20), S. 201]}, \\[4pt]
&\mu_{3,(n)} = \frac{(N-n)(N-2n)}{(N-1)(N-2)} \cdot \frac{\mu_3}{n^2} = \left[1 - 3\frac{n-1}{N-1} + 2\frac{(n-1)(n-2)}{(N-1)(N-2)}\right]\frac{\mu_3}{n^2}, \\[4pt]
&\mu_{4,(n)} = \frac{N-n}{n^3} \times \\[4pt]
&\times \left\{\frac{(N-2n)(N-3n)-N(n-1)}{(N-1)(N-2)(N-3)}\,\mu_4 + 3\frac{N(n-1)(N-n-1)}{(N-1)(N-2)(N-3)}\,\mu_2{}^2\right\} = \\[4pt]
&= \left[1 - 7\frac{n-1}{N-1} + 12\frac{(n-1)(n-2)}{(N-1)(N-2)} - 6\frac{(n-1)(n-2)(n-3)}{(N-1)(N-2)(N-3)}\right]\frac{\mu_4}{n^3} + \\[4pt]
&\qquad + 3\frac{N(n-1)}{N-1}\left[1 - 2\frac{n-2}{N-2} + \frac{(n-2)(n-3)}{(N-2)(N-3)}\right]\frac{\mu_2{}^2}{n^3} \ \text{usw.}
\end{aligned} \right\} \tag{42}$$

Ist $n$ sehr groß und $N$ noch größer, aber von derselben Größenordnung, so können wir wiederum, wie oben auf S. 215, für die Quotienten angenähert setzen: $n \pm i \sim n$, $N \pm i \sim N$, wobei $i$ eine kleine Zahl (1, 2, 3 usw.) bedeutet, und es ergibt sich dann einfach:

$$\left. \begin{aligned}
&\mu_{2,(n)} \sim \left(1 - \frac{n}{N}\right)\frac{\mu_2}{n} = \left(\frac{1}{n} - \frac{1}{N}\right)\mu_2, \\[4pt]
&\mu_{3,(n)} \sim \left(\frac{1}{n} - \frac{1}{N}\right)\left(\frac{1}{n} - \frac{2}{N}\right)\mu_3, \\[4pt]
&\mu_{4,(n)} \sim \left(\frac{1}{n} - \frac{1}{N}\right)\left\{\left[\left(\frac{1}{n} - \frac{2}{N}\right)\left(\frac{1}{n} - \frac{3}{N}\right) - \frac{1}{Nn}\right]\mu_4 + 3\left(\frac{1}{n} - \frac{1}{N}\right)\mu_2{}^2\right\}
\end{aligned} \right\} \tag{43}$$

und überhaupt:[1]

$$\left. \begin{aligned}
&\mu_{2r,(n)} = 1.3.5\ldots(2r-1)\frac{1}{n^r}\left(1 - \frac{n}{N}\right)^r \mu_2{}^r + \\[4pt]
&\qquad\qquad\qquad + \text{höhere Kleinheitsordnungen,} \\[4pt]
&\mu_{2r+1,(n)} = 1.3.5\ldots(2r+1)\frac{r}{3}\cdot\frac{1}{n^{r+1}}\left(1 - \frac{n}{N}\right)^r\left(1 - \frac{2n}{N}\right)\mu_2{}^{r-1}\mu_3 + \\[4pt]
&\qquad\qquad\qquad + \text{höhere Kleinheitsordnungen.}
\end{aligned} \right\} \tag{44}$$

Ist jedoch $N \to \infty$, so erhält man noch einfacher:

$$\left. \begin{aligned}
&\mu_{2,(n)} = \frac{\mu_2}{n}, \\[4pt]
&\mu_{3,(n)} = \frac{\mu_3}{n^2}, \\[4pt]
&\mu_{4,(n)} = \frac{\mu_4}{n^3} + \frac{3\mu_2{}^2}{n^2} \ \text{usw.}
\end{aligned} \right\} \quad \cdots\cdots \tag{45}$$

---

[1] Vgl. A. Tschuprow: On the Mathematical Expectation etc., Metron, Vol. II, S. 662.

Oben auf S. 164, § 5, Kap. 2, Formel (4), haben wir die Pearsonschen „$\beta$-Maßzahlen":

$$\beta_1 = \frac{\mu_3^2}{\mu_2^3}, \quad \beta_2 = \frac{\mu_4}{\mu_2^2}, \quad \beta_3 = \frac{\mu_3\mu_5}{\mu_2^4}, \quad \beta_4 = \frac{\mu_6}{\mu_2^3}$$

usw. eingeführt. Hierbei bedeuteten die Symbole $\mu$ Momente einer gewissen Gesamtheit — ganz unabhängig davon, zu welcher Ordnung sie gehört. Wir können diese Maßzahlen daher auch auf die Reihe der Größen

$$m'_1 = \frac{1}{n}\sum_{i=1}^{n}\dot{x}_i$$ anwenden, die offenbar vom Umfange $\dfrac{N!}{(N-n)!}$ ist, und

erhalten dann aus (43) nach einigen leichten Umformungen:

$$\beta_1 = \frac{\mu_{3,\,(n)}^2}{\mu_{2,\,(n)}^3} = \frac{1}{n}\cdot\frac{\left(1-\dfrac{2n}{N}\right)^2}{\left(1-\dfrac{n}{N}\right)}\cdot\frac{\mu_3^2}{\mu_2^3},$$

$$\beta_2 = \frac{\mu_{4,\,(n)}}{\mu_{2,\,(n)}^2} = 3 + \frac{1}{n}\cdot\frac{\left(1-\dfrac{2n}{N}\right)\left(1-\dfrac{3n}{N}\right)-\dfrac{n}{N}}{\left(1-\dfrac{n}{N}\right)}\cdot\frac{\mu_4}{\mu_2^2}.$$

Bleibt nun, wie wir annehmen, der Quotient $\dfrac{n}{N}$ ein echter Bruch, der sich von 1 um eine endliche Größe unterscheidet, so geht, wie leicht ersichtlich, bei $n\to\infty$ die Maßzahl $\beta_1$ gegen 0 und $\beta_2$ gegen 3, — vorausgesetzt natürlich, daß die Quotienten

$$\frac{\mu_3^2}{\mu_2^3} \quad \text{und} \quad \frac{\mu_4}{\mu_2^2}$$

nicht außerordentlich groß sind. Die letzte Voraussetzung ist wieder ein typisches Beispiel für jene Einschränkungen, die die Mathematiker im Interesse der vollkommenen Strenge und Allgemeingültigkeit ihrer Beweise einführen und die den Laien häufig so stutzig machen. Insofern es sich um das Bereich jener endlichen Zahlen handelt, mit denen es der Statistiker in seiner Praxis nur zu tun bekommt, werden für alle seine statistischen Gesamtheiten $\mu_2$ und überhaupt alle geraden Momente endliche Zahlen bleiben und größer als 0, denn den Wert 0 erhält man nur dann, wenn die Variable $x$ absolut konstant ist und wenn also kein Statistiker, der noch zurechnungsfähig ist, überhaupt auf den Gedanken kommen wird, die Momente zu berechnen oder die Maßzahlen $\beta$ anzuwenden. Was die ungeraden Momente anbetrifft, die aber nur in den Zählern der $\beta$ auftreten, so können sie sehr wohl für symmetrische Verteilungen nahe an 0 herankommen.

Es läßt sich ferner an Hand der Formeln (44) nachweisen, daß unter derselben Bedingung, daß die Differenz $\left(1-\dfrac{n}{N}\right)$ eine endliche und nicht zu kleine Größe ist, ganz allgemein bei $n\to\infty$ sich die Beziehung ergibt:

$$\beta_{2r}-2 = \frac{\mu_{2r,\,(n)}}{\mu_{2,\,(n)}^r} \to 1.3.5\ldots(2r-1). \quad\ldots\ldots\quad (46)$$

und

$$\frac{\mu_{2r+1,\,(n)}}{\sqrt{\mu_{2,\,(n)}^{2r+1}}} \to 0. \qquad\cdots\cdots\cdots\cdots (47)$$

Die Einschränkung, daß dieser Satz nur gültig sei, solange $\dfrac{\mu_i}{\sqrt{(n\,\mu_2)^i}}$ bei $n \to \infty$ gegen 0 gehe, gehört ebenfalls zu den für den praktischen Statistiker nur scheinbaren Einschränkungen. Zu den wichtigen Formeln (46) und (47) werden wir weiter unten bei der Behandlung des sog. „normalen Verteilungsgesetzes" noch zurückkehren.[1]

[1] Die Formeln (46) und (47) können gewissermaßen als Beispiel dafür dienen, wie sich bei unserer Definition der statistischen Wahrscheinlichkeit die „stochastischen Asymptoten" von Slutsky stellen. Vgl. E. Slutsky, „Über stochastische Asymptoten und Grenzwerte", Metron, Vol. V, S. 9—10: „Es sei $x$ eine zufällige Variable, die mit einer unabhängigen Variablen $\varphi$ stochastisch verbunden ist, und es sei $v = f(\varphi)$ eine eindeutige Funktion derselben. Wir wollen bei verschiedenen Werten von $\varphi$ die Wahrscheinlichkeit betrachten, daß $x$ die Werte annehme, deren Abweichungen von $v$, ihren absoluten Größen nach, eine beliebige positive Größe $\varepsilon$ nicht übertreffen. Es sei: $\varphi_1, \varphi_2, \ldots \varphi_i, \ldots$ eine unbegrenzte Folge von $\varphi$-Werten und

$$\overset{(\varepsilon)}{\underset{(0)}{P}} |x - v_1|, \quad \overset{(\varepsilon)}{\underset{(0)}{P}} |x - v_2|, \ldots \quad \overset{(\varepsilon)}{\underset{(0)}{P}} |x - v_i|, \ldots$$

die ihr entsprechende unbegrenzte Folge von Wahrscheinlichkeiten [daß die absolute Differenz $x - v_i$ die Grenze $\varepsilon$ nicht überschreite]. Wenn bei beliebig kleinen Werten $\varepsilon$ und $\eta$ es ein $\varphi_i$ gibt, so daß bei allen weiteren $\varphi_k$, $(k > i)$, die Ungleichung

$$1 - \overset{(\varepsilon)}{\underset{(0)}{P}} |x - v| < \eta$$

gilt, so läßt sich sagen, daß, bei jedem gegebenen beliebig kleinen positiven $\varepsilon$,

$$\lim_{\varphi_1,\,\varphi_2,\,\ldots} \overset{(\varepsilon)}{\underset{(0)}{P}} |x - v| = 1$$

ist. Die Größe $v = f(\varphi)$, die diesen Bedingungen genügt, nenne ich die stochastische oder die Bernoullische Asymptote der zufälligen Variablen $x$ für die gegebene Folge: $\varphi_1, \varphi_2, \ldots$ und schreibe

$$as_B(x) = v, \quad (\varphi_1, \varphi_2, \ldots),$$

wo das Symbol $as_B$ eine Verkürzung von ,asymptota Bernoulliana' ist, die Bezeichnung aber der unbegrenzten Folge: $\varphi_1, \varphi_2, \ldots$ in entsprechenden Fällen auch durch Symbole $\varphi \to \infty$ bzw. $\varphi \to \varphi_0$ ersetzt oder, wenn kein Mißverständnis zu befürchten ist, auch gänzlich weggelassen werden kann. Ist $v = f(\varphi) = c$ (const.), so nenne ich die entsprechende stochastische Asymptote den stochastischen oder Bernoullischen Grenzwert und schreibe

$$\lim_B(x) = c,$$
$$\varphi_1,\,\varphi_2,\,\ldots$$

wo das Symbol $\lim_B$ die Abkürzung von ,limes Bernoullianus' ist."

Derartige Konstruktionen sind zuerst von F. P. Cantelli untersucht worden. Einen bemerkenswerten Beitrag zum selben Problem hat neulich M. Fréchet gegeben (vgl. seine bereits zitierte Arbeit „Sur la convergence ,en probabilité' ", Metron, Vol. VIII).

Wir gehen jetzt zu dem achten Formeltypus von S. 213 über.

Es besteht ganz allgemein die Beziehung:

$$E\,(m'_r - E\,m'_r)^2 = E\,(m'_r - m_r)^2 = E\,(m'_r)^2 - m_r^2\,. \ . \ . \quad (48)$$

Nun ist aber, wie leicht nachzuweisen,

$$E\,(m'_r)^2 = \frac{m_{2\,r} + (n-1)\,m_{r,\,r}}{n}\,, \ . \ . \ . \ . \ . \ . \quad (49)$$

und nach Einsetzung dieses Wertes in (48) erhält man hieraus mit Rücksicht auf die letzte der Formeln (14):

$$E\,(m'_r - m_r)^2 = \left(1 - \frac{n-1}{N-1}\right)\frac{m_{2\,r} - m_r^2}{n}\,. \ . \ . \ . \quad (50)$$

Dieser Ausdruck gilt für $r = 1, 2, 3, 4, \ldots$ usw.

So ist z. B.

$$\left.\begin{aligned} E\,(m'_1 - m_1)^2 &= \left(1 - \frac{n-1}{N-1}\right)\frac{m_2 - m_1^2}{n} = \left(1 - \frac{n-1}{N-1}\right)\frac{\mu_2}{n} = \\ &= \mu_{2\,(n)} \ [\text{vgl. Formel (42)}] \\ E\,(m'_2 - m_2)^2 &= \left(1 - \frac{n-1}{N-1}\right)\frac{m_4 - m_2^2}{n} \ \text{usw.} \end{aligned}\right\} \ . \quad (50\,\text{a})$$

Ferner ist ganz allgemein:

$$E\,(m'_r - m_r)^s = E\left\{\frac{1}{n}\sum_{i=1}^{n}\dot{x}_i^{\,r} - E\,x^r\right\}^s .$$

Setzen wir hier

$$\dot{x}_i^{\,r} = \dot{y}_i,\quad x^r = y,$$

so verwandelt sich dieser Ausdruck in

$$E\,(m'_r - m_r)^s = E\left\{\frac{1}{n}\sum_{i=1}^{n}\dot{y}_i - E\,y\right\}^s . \ . \ . \ . \ . \ . \quad (51)$$

Vergleicht man ihn mit den Formeln (24) und (42), so ersieht man leicht, daß man mit ihrer Hilfe direkt schreiben kann:

$$\left.\begin{aligned} E\,(m'_r - m_r)^2 &= \left(1 - \frac{n-1}{N-1}\right)\frac{\mu\,(y)_2}{n}, \\ E\,(m'_r - m_r)^3 &= \frac{(N-n)\,(N-2\,n)}{(N-1)\,(N-2)}\cdot\frac{\mu\,(y)_3}{n^2}, \\ E\,(m'_r - m_r)^4 &= \frac{N-n}{n^3}\left\{\frac{(N-2\,n)\,(N-3\,n) - N\,(n-1)}{(N-1)\,(N-2)\,(N-3)}\,\mu\,(y)_4 + \right.\\ &\quad\left. + 3\,\frac{N\,(n-1)\,(N-n-1)}{(N-1)\,(N-2)\,(N-3)}\,\mu\,(y)_2^2\right\} \end{aligned}\right\} . \quad (52)$$

usw.

Hierbei ist mit Rücksicht auf (9):

$$\left.\begin{aligned} \mu\,(y)_2 &= E\,(y - E\,y)^2 = E\,y^2 - (E\,y)^2 = E\,(x^r)^2 - (E\,x^r)^2 = m_{2\,r} - m_r^2, \\ \mu\,(y)_3 &= m_{3\,r} - 3\,m_{2\,r}\,m_r + 2\,m_r^3 \\ \mu\,(y)_4 &= m_{4\,r} - 4\,m_{3\,r}\,m_r + 6\,m_{2\,r}\,m_r^2 - 3\,m_r^4 \ \text{usw.} \end{aligned}\right\} \quad (53)$$

Und nach Einsetzung der Größen (53) in (52) ergibt sich endgültig:

$$\left.\begin{array}{l} E\,(m'_r - m_r)^2 = \left(1 - \dfrac{n-1}{N-1}\right)\dfrac{m_{2r} - m_r^2}{n}, \\[4mm] E\,(m'_r - m_r)^3 = \dfrac{(N-n)\,(N-2n)}{(N-1)\,(N-2)}\cdot\dfrac{m_{3r} - 3\,m_{2r}\,m_r + 2\,m_r^3}{n^2}\quad\text{usw.} \end{array}\right\}\cdot \quad (54)$$

Was die kombinierten Momente vom Typus (9) anbetrifft (vgl. oben S. 213), die, wie wir später sehen werden, für die Umkehrung der Markoffschen Ungleichungen benutzt werden können, so sind sie mit jenen vom Typus (8) sehr nahe verwandt. Auch hier haben wir ganz allgemein:

$$E\,(\mu'_r - \mu_r)^2 = E\,(\mu'_r)^2 - \mu_r^2$$

und folglich

$$E\,(\mu'_2 - \mu_2)^2 = E\,(\mu'_2)^2 - \mu_2^2.$$

Es ist aber

$$E\,(\mu'_2)^2 = E\left\{\frac{1}{n}\sum_{i=1}^{n}(\dot{x}_i - E\,x)^2\right\}^2 = \left(1 - \frac{n-1}{N-1}\right)\frac{\mu_4}{n} + \frac{n-1}{n}\cdot\frac{N}{N-1}\,\mu_2^2 \quad (54)$$

und daher

$$E\,(\mu'_2 - \mu_2)^2 = \left(1 - \frac{n-1}{N-1}\right)\frac{\mu_4 - \mu_2^2}{n}\ \ldots\ldots\ (55)$$

[man vergleiche diese Formel mit (50a)]; ferner mit Rücksicht auf die letzte der Formeln (15) (S. 211), überhaupt

$$E\,(\mu'_r - \mu_r)^2 = \left(1 - \frac{n-1}{N-1}\right)\frac{\mu_{2r} - \mu_r^2}{n}\ \ldots\ldots\ (56)$$

[vgl. hierzu Formel (50)]. Die allgemeine Formel für $E\,(\mu'_r - \mu_r)^s$ kann ganz auf dieselbe Weise abgeleitet werden wie jene für $E\,(m'_r - m_r)^s$. Es ist nämlich laut Definition

$$E\,(\mu'_r - \mu_r)^s = E\left\{\frac{1}{n}\sum_{i=1}^{n}(\dot{x}_i - E\,x)^r - E\left[\frac{1}{n}\sum_{i=1}^{n}(\dot{x}_i - E\,x)^r\right]\right\}^s.$$

Führt man die Bezeichnung ein

$$\dot{y}_i = (\dot{x}_i - E\,x)^r,\ \ y = (x - E\,x)^r$$

so erhält man hieraus mit Rücksicht auf (25):

$$E\,(\mu'_r - \mu_r)^s = E\left\{\frac{1}{n}\sum_{i=1}^{n}\dot{y}_i - E\,y\right\}^s,$$

d. h. wieder dieselbe Formel (51).

Hieraus folgt, daß auch die Formeln (52) auf den Fall anwendbar sind, nur hat man jetzt folgende Werte für die Momente von $y$ zu setzen:

$$\left.\begin{array}{l} \mu\,(y)_2 = E\,y^2 - (E\,y)^2 = E\,(x - E\,x)^{2r} - [E\,(x - E\,x)^r]^2 = \mu_{2r} - \mu_r^2, \\[2mm] \mu\,(y)_3 = \mu_{3r} - 3\mu_{2r}\mu_r + 2\mu_r^3, \\[2mm] \mu\,(y)_4 = \mu_{4r} - 4\mu_{3r}\mu_r + 6\mu_{2r}\mu_r^2 - 3\mu_r^4 \end{array}\right\}\ (57)$$

usw. Und nach Einsetzung der Ausdrücke (57) in die rechte Seite von (52) erhalten wir endgültig

$$\left.\begin{aligned}
E\,(\mu'_r-\mu_r)^2 &= \left(1-\frac{n-1}{N-1}\right)\frac{\mu_{2r}-\mu_r^2}{n}\,[\text{vgl. oben (56)}],\\
E\,(\mu'_r-\mu_r)^3 &= \frac{(N-n)\,(N-2\,n)}{(N-1)\,(N-2)}\,\frac{\mu_{3r}-3\,\mu_{2r}\,\mu_r+2\,\mu_r^3}{n^2}\ \text{usw.}
\end{aligned}\right\} \quad (58)$$

Wir gehen jetzt zur letzten, 10. Gruppe der kombinierten Momente über, nämlich zu den Ausdrücken vom Typus

$$E\,[\nu'_{r,\,(n)}-E\,\nu'_{r,\,(n)}]^s.$$

Wie überhaupt alles, was auf $\nu'_{r,\,(n)}$ Bezug hat, sind auch diese außerordentlich kompliziert.

So ist z. B.

$$E\,(\nu'_{2,\,(n)})^2 = \frac{(n-1)\,N\,(N-n)\,[n\,N-N-n-1]}{n^3\,(N-1)\,(N-2)\,(N-3)}\,\mu_4 +$$
$$+\ \frac{(n-1)\,N\,[n\,(n+1)\,N^2-3\,(N-1)\,(n^2+n\,N-N+n)]}{n^3\,(N-1)\,(N-2)\,(N-3)}\,\mu_2^2\ . \quad (59)$$

und

$$E\,[\nu'_{2,\,(n)}-E\,\nu'_{2,\,(n)}]^2 = \frac{(n-1)\,N\,(N-n)}{n^3\,(N-1)\,(N-2)\,(N-3)}\ \times$$
$$\times\ \left\{[n\,N-N-n-1]\,\mu_4-\frac{1}{N-1}\,[n\,N^2-3\,N^2+6\,N-3\,n-3]\,\mu_2^2\right\} =$$
$$= \frac{(n-1)\,N\,(N-n)}{n^3\,(N-1)\,(N-2)\,(N-3)}\ \times$$
$$\times\left\{[n\,N-N-n-1]\,[\mu_4-3\,\mu_2^2]+\frac{2}{N-1}\,[n\,N^2-3\,(n+1)\,(N-1)]\,\mu_2^2\right\}.\ (60)$$

Auf S. 200, § 2, Formel (16), haben wir bereits festgestellt, daß

$$E\left[\frac{N-1}{N}\cdot\frac{n}{n-1}\,\nu'_{2,\,(n)}\right] = E\left[\frac{N-1}{N}\cdot\frac{\displaystyle\sum_{i=1}^{n}(\dot{x}_i-\bar{x})^2}{n-1}\right] = \mu_2.$$

Es ist nun aus (60) leicht abzuleiten, daß

$$E\left[\frac{N-1}{N}\cdot\frac{\displaystyle\sum_{i=1}^{n}(\dot{x}_i-\bar{x})^2}{n-1}-\mu_2\right]^2 = \frac{n^2\,(N-1)^2}{(n-1)^2\,N^2}\,E\,[\nu'_{2,\,(n)}-E\,\nu'_{2,\,(n)}]^2 =$$
$$= \frac{(N-n)\,(N-1)}{n\,(n-1)\,N\,(N-2)\,(N-3)}\ \times$$
$$\times\left\{[n\,N-N-n-1]\,\mu_4-\frac{1}{N-1}\,[n\,N^2-3\,N^2+6\,N-3\,n-3]\,\mu_2^2\right\}=$$
$$= \frac{(N-n)\,(N-1)}{n\,(n-1)\,N\,(N-2)\,(N-3)}\left\{[n\,N-N-n-1]\,[\mu_4-3\,\mu_2^2]+\right.$$
$$\left.+\ \frac{2}{N-1}\,[n\,N^2-3\,(n+1)\,(N-1)]\,\mu_2^2\right\}.\ \ .\ \ .\ \ .\ \ (61)$$

Bei $N \to \infty$ verwandelt sich (61) einfach in

$$E\left[\frac{\sum\limits_{i=1}^{n}(\dot{x}_i - \bar{x})^2}{n-1} - \mu_2\right]^2 = \frac{\mu_4}{n} - \frac{(n-3)\,\mu_2{}^2}{n\,(n-1)} =$$

$$= \frac{\mu_4 - 3\,\mu_2{}^2}{n} + \frac{2\,\mu_2{}^2}{n-1} = \frac{\mu_4 - \mu_2{}^2}{n} + \frac{2\,\mu_2{}^2}{n\,(n-1)}\,, \quad \cdot \; \cdot \quad (62)$$

während wir im selben Falle für (60) den etwas komplizierteren Ausdruck

$$E\left[\nu'_{2,(n)} - E\,\nu'_{2,(n)}\right]^2 = \frac{(n-1)\,[(n-1)\,\mu_4 - (n-3)\,\mu_2{}^2]}{n^3} =$$

$$= \frac{(n-1)^2\,(\mu_4 - 3\,\mu_2{}^2)}{n^3} + \frac{2\,(n-1)\,\mu_2{}^2}{n^2} =$$

$$= \frac{(n-1)^2\,(\mu_4 - \mu_2{}^2)}{n^3} + \frac{2\,(n-1)\,\mu_2{}^2}{n^3} \quad \cdot \; \cdot \; \cdot \quad (62\,\mathrm{a})$$

erhalten. Es ist ferner zu beachten, daß man ganz allgemein

$$E\left[\frac{N-1}{N} \cdot \frac{\sum\limits_{i=1}^{n}(\dot{x}_i - \bar{x})^2}{n-1} - \mu_2\right]^2 = \left(\frac{1}{n} - \frac{1}{N}\right)(\mu_4 - \mu_2{}^2) + \varepsilon\,. \quad (63)$$

schreiben kann, wobei $\varepsilon$ nur aus solchen $\mu_4$ und $\mu_2$ besteht, die im Nenner die Größen $n^2$, $n\,N$, $N^2$ oder $N^3$ aufweisen, d. h. bei beträchtlichen $n$ und $N$ sehr klein im Vergleich zum ersten Gliede werden. Auf Formel (63) werden wir bei der Umkehrung der Markoffschen Ungleichungen noch zurückgreifen.

Im Falle „mit Zurücklegen", d. h. bei $N \to \infty$, werden die Formeln etwas einfacher, die höheren Momente bleiben aber trotzdem schwerfällig genug.[1]

Die Tschuprowsche Formel für $E\left[\nu'_{2,(n)} - E\,\nu'_{2,(n)}\right]^4$, bei $N \to \infty$, enthält einen Fehler, den Church berichtigte;[2] bei seinem Versuch, eine genaue Formel für denselben Fall bei endlichem $N$ zu geben, hat aber Church selbst einen Fehler begangen, der seinerseits durch Isserlis berichtigt wurde,[3] — ein neuer Beleg dafür, wie wünschenswert es wäre, das System der $\nu'$ durch das handlichere System der $k$- und $g$-Parameter zu ersetzen. Es müßten freilich zuvor für diese ihr Verteilungsgesetz oder zumindest ihre mittleren quadratischen Abweichungen eingehend untersucht und auf handliche Formeln gebracht werden.

---

[1] Vgl. A. Tschuprow: On the Mathematical Expectation usw., Biometrika, Vol. XII, S. 194.

[2] Vgl. A. E. R. Church: On the Moments of the Distribution of squared standard Deviations for samples of $N$ drawn from an indefinitely large Population, Biometrika, Vol. XVII, S. 79—83, 1925; derselbe: On the Means and squared standard deviations of small samples from any population, Biometrika, Vol. XVIII, S. 321—394, 1926; derselbe: Note on a Memoir by A. E. R. Church, Biometrika, Vol. XXIV, S. 292, 1932.

[3] L. Isserlis: On the Moment Distributions usw., S. 604.

Zum Schlusse seien noch die Formeln des vorliegenden Paragraphen auf den Fall homograder Gesamtheiten angewandt. Auf S. 202 f. [(§ 2, Formel (21) bis (30)] und dann nochmals auf S. 207 [§ 3, Formel (10)] haben wir bereits eine Reihe von solchen Formeln gegeben und darauf hingewiesen, daß für die homograden Gesamtheiten ganz allgemein die Beziehungen gelten: $m'_i = p'$, $m_i = p$, wobei $i = 1, 2, 3, 4, \ldots$ und $p'$ die relative Häufigkeit, $p$ die ihr entsprechende statistische Wahrscheinlichkeit bedeuten. Die Konstanz der Momente um 0 ist ja eben jene wichtigste Eigenschaft aller homograden Gesamtheiten, die die Vereinfachung der auf sie bezüglichen Formeln bewirkt. Unter Anwendung der Formeln (10) und (10 a) ist es möglich, alle Formeln dieses Paragraphen sofort für den Fall homograder Statistik zu adjustieren.

So erhalten wird z. B. aus (14):

$$m_{1,1} = \frac{Np^2 - p}{N - 1}; \quad m_{1,2} = m_{2,1} = \frac{Np^2 - p}{N - 1} \quad \text{usw.};$$

aus (15):

$$\mu_{1,1} = \frac{pq}{N-1}, \quad \mu_{2,1} = \mu_{1,2} = -\frac{pq(q-p)}{N-1} \quad \text{usw.};$$

aus (24):

$$\mu_{r,(n)} = E(p' - p)^r$$

und aus (42):

$$E(p' - p)^2 = \left(1 - \frac{n-1}{N-1}\right)\frac{pq}{n},$$

$$E(p' - p)^3 = \frac{(N-n)(N-2n)}{(N-1)(N-2)} \cdot \frac{pq(q-p)}{n^2},$$

$$E(p' - p)^4 = \frac{(N-n)}{n^3}\left\{ \frac{(N-2n)(N-3n) - N(n-1)}{(N-1)(N-2)(N-3)} \cdot pq(1 - 3pq) + \right.$$

$$\left. + 3\frac{N(n-1)(N-n-1)}{(N-1)(N-2)(N-3)} p^2 q^2 \right\},$$

welch letzterer Ausdruck noch verschiedene Umformungen zuläßt, usw.

Ist aber $N \to \infty$, so ergibt sich hieraus einfach:

$$E(p' - p)^2 = \frac{pq}{n},$$

$$E(p' - p)^3 = \frac{pq(q-p)}{n^2},$$

$$E(p' - p)^4 = \frac{3(n-2)p^2 q^2 + pq}{n^3}$$

usw.[1]

---

[1] Zur Frage der Bestimmung der höheren Momente für eine homograde Gesamtheit vgl. noch: V. Romanovsky: Note on the Moments of a Binomial $(p + q)^n$ about its mean, Biometrika, Vol. XV, S. 410—412, 1923; K. Pearson: On the Moments of the hypergeometrical series, Biometrika, Vol. XVI, S. 157—162, 1924; V. Romanovsky: On the Moments of the hypergeo-

Zum besseren Verständnis des Kumulantensystems sei hier noch eine kurze Tabelle angeführt, die wir Fishers Lehrbuch „Statistical Methods" (S. 77) entnehmen und die die Werte der Kumulanten für einige spezielle Verteilungsgesetze bringt.

| | Symbol | Binomische Verteilung | Poissonsche Verteilung | „Normale" Verteilung |
|---|---|---|---|---|
| Arithmetisches Mittel . | $\varkappa_1$ | $np$ | $m_1$ | $m_1$ |
| Streuung | $\varkappa_2$ | $npq$ | $m_1$ | $\mu_2$ |
| Dritter Kumulant | $\varkappa_3$ | $npq(q-p)$ | $m_1$ | $0$ |
| Vierter Kumulant | $\varkappa_4$ | $npq(1-6pq)$ | $m_1$ | $0$ |

Es läßt sich in der Tat ganz streng nachweisen, daß für das Poissonsche Verteilungsgesetz (vgl. oben Kap. I, § 12) alle Kumulanten denselben konstanten Wert $m_1$ erhalten; was das sog. „normale Verteilungsgesetz" anbetrifft, für welches alle Kumulanten, angefangen vom dritten, den Wert 0 erhalten, so verweisen wir den Leser auf § 7 dieses Kapitels.[1]

metrical series, Biometrika, Vol. XVII, S. 57—60, 1925; Ragnar Frish: Recurrence formulae for the moments of the point binomial, Biometrika, Vol. XVII, S. 165—171, 1925 (mit einem Hinweis darauf, daß die Formel Romanovskys zuerst von Bohlmann abgeleitet worden sei); A. A. Krishnaswami Ayyangar: Note on the Recurrence Formulae for the Moments of the Point Binomial, Biometrika, Vol. XXVI, S. 262 bis 264, 1934.

[1] Abgesehen von jenen Monographien, die in Fußnoten an verschiedenen Stellen dieses Paragraphen angegeben werden, sowie von jenen Untersuchungen, welche, einst bahnbrechend, jetzt bereits durch andere überholt worden sind, seien hier noch folgende Arbeiten über die Momente angeführt (die Liste ist bei weitem nicht vollständig): E. S. Littlejohn: On an elementary method of finding the moments of the terms of a multiple hypergeometrical series, Metron, Vol. I, Nr. 4, S. 49—56, 1921; J. Splawa-Neyman: Contribution to the theory of small samples drawn from a finite population, Biometrika, Vol. XVII, S. 472—479, 1925; V. Romanovsky: On the moments of standard deviations and of correlation coefficients in samples from normal population, Metron, Vol. V, Nr. 4, S. 3—46, 1925; derselbe: Über die Verteilung des arithmetischen Mittels in Serien von unabhängigen Versuchen, Bulletin de l'Acad. des Sciences de l'U.R.S.S., S. 1087—1106, 1926 (russisch); derselbe: On the moments of means of functions of one and more random variables, Metron, Vol. VIII, Nr. 1 u. 2, S. 251—289, 1929; Samuel S. Wilks: On the distribution of statistics in samples from a normal population of two variables with matched sampling of one variable, Metron, Vol. IX, Nr. 3 u. 4, S. 87—126, 1932; William Dowell Baten: Frequency Laws for the Sum of n variables which are subject to given frequency laws, Metron, Vol. X, Nr. 3, S. 75—91, 1932; J. M. le Roux: A Study of the Distribution of the Variance in small samples, Biometrika, Vol. XXIII, S. 134—190, 1931; N. St. Georgescu: Further Contributions to the Sampling Problem, Biometrika, Vol. XXIV, S. 65 bis 107, 1932.

## 4. Das Prinzip der großen Zahlen bei beliebigem Verteilungsgesetz der Variablen.

Der ermüdende Formelwald des vorhergehenden Paragraphen war notwendig, um die mathematische Grundlage für die Anwendung des Prinzips der großen Zahlen auf den Fall heterograder statistischer Gesamtheiten zu schaffen.

Gegeben sei eine heterograde statistische Gesamtheit höherer Ordnung vom Umfange $N$, deren Elemente in bezug auf das Merkmal $x$ folgende Reihe ergeben:

$$x_1, \ x_2, \ x_3, \ x_4, \ \ldots, x_N \tag{1}$$

Diese Größen können hierbei beliebige endliche positive oder negative, gleiche oder nicht gleiche Zahlenwerte annehmen, den Wert 0 miteingeschlossen; **über das Verteilungsgesetz der Reihe der $x$ wird überhaupt keine Aussage gemacht.** Dieser Gesamtheit wird nun auf beliebige Weise eine Gesamtheit niederer Ordnung vom Umfange $n$ entnommen:

$$\dot{x}_1, \ \dot{x}_2, \ \dot{x}_3, \ \dot{x}_4, \ \ldots, \dot{x}_n \tag{2}$$

(über die Bedeutung der Punkte über $x$ siehe oben S. 196), und es wird gefragt, was man über das Merkmal $x$ in dieser Stichprobe auf Grund einer vollkommenen Kenntnis der Reihe (1) aussagen kann. Falls alle Werte der Reihe (1) positiv sind, so erhalten wir eine erste Antwort auf diese Frage bereits aus der ersten der Ungleichungen Markoffs [vgl. § 8 des II. Kap., Formel (8), S. 191]:

$$P\left\{\dot{x}_i \leqq t \, Ex\right\} > 1 - \frac{1}{t}, \tag{3}$$

wobei $t > 1$ ist. In Worten ausgedrückt besagt diese Ungleichung, daß im vorliegenden Falle die statistische Wahrscheinlichkeit dafür, ein solches einzelnes $\dot{x}_i$ in der Stichprobe anzutreffen, welches kleiner als das $t$fache seiner mathematischen Erwartung ist, jedenfalls größer als $1 - \frac{1}{t}$ ist.

Ist z. B. $Ex = 5$ und $t = 100$, so kann die Gesamtheit höherer Ordnung bei beliebigem Verteilungsgesetz (aber bei nur positiven Elementen) nicht weniger als 99% solcher Elemente enthalten, die kleiner als 500 sind. Infolge der sehr weiten Grenzen, die sich hieraus für die Variationsbreite des Merkmales $x$ in der Stichprobe ergeben, besitzt der Satz nur sehr selten irgendeine praktische Bedeutung für den Statistiker. Prinzipiell ist er insofern interessant, als aus ihm auch direkt seine Umkehrung (vgl. § 5, S. 235—236) folgt:

$$P\left\{\frac{\dot{x}_i}{t} \leqq Ex\right\} > 1 - \frac{1}{t}. \tag{4}$$

Wir wissen bereits, daß die statistische Betrachtungsweise darin besteht, daß man entweder die Zahl der Elemente mit einem gewissen Merkmal in einer Gesamtheit feststellt (dann gehört der Fall überhaupt nur in das Bereich der homograden Theorie) oder aber die zahlenmäßigen

Merkmale dieser Gesamtheit addiert, und dies ist gerade der uns hier interessierende Fall. Statt einfach die Summen der Merkmale in die statistischen Tabellen einzusetzen, kann man sie zuvor auch durch die Zahl der betreffenden Elemente der Gesamtheit dividieren, d. h. man kann für die Stichprobe vom Umfange $n$, in bezug auf $x$ oder auf eine gewisse Funktion von $x$ (z. B. auf: $x^2$, $x^n$, $\lg x$, $\sqrt{x}$, $(x - E x)^s$, $(x - \bar{x})^r$ usw.), ein arithmetisches Mittel bilden. Und im Hinblick auf dieses arithmetische Mittel kann man ferner die Frage aufwerfen, wie es sich zu dem einen oder anderen der statistischen Parameter der Gesamtheit höherer Ordnung verhält und wie weit es sich in der Stichprobe von diesem entfernen kann. Bezeichnen wir das einfache arithmetische Mittel wiederum durch $\bar{x}$ oder $m'_1$:

$$\bar{x} = m'_1 = \frac{1}{n} \sum_{i=1}^{n} \dot{x}_i, \quad \ldots \ldots \ldots \quad (5)$$

so können wir die Summe der $\dot{x}$ in der Stichprobe offenbar durch

$$\sum_{i=1}^{n} \dot{x}_i = n\, m'_1$$

darstellen. Wenn wir uns jetzt eine neue Gesamtheit höherer Ordnung denken, die aus allen $\dfrac{N!}{(N-n)!}$ möglichen Gruppen zu $n$ Elementen aus $N$ besteht, und, wie üblich, durch $E\, m'_1$ das arithmetische Mittel aus den arithmetischen Mitteln aller dieser Gruppen bezeichnen, so ist letzteres durch

$$E\, m'_1 = m_1 = E\, x = \frac{1}{N} \sum_{i=1}^{N} x_i$$

gegeben [vgl. oben § 3, Formel (26)]. Ferner haben wir hierfür bereits abgeleitet [vgl. § 3, Formel (42)]:

$$E\, (m'_1 - m_1)^2 = \mu_{2,\,(n)} = \left(1 - \frac{n-1}{N-1}\right) \frac{\mu_2}{n}, \quad \ldots \ldots \quad (6)$$

wobei

$$\mu_2 = \frac{1}{N} \sum_{i=1}^{N} (x_i - m_1)^2 = E\, (x - E\, x)^2$$

ist. Und sollten wir uns einfach für die Summe $\displaystyle\sum_{i=1}^{n} \dot{x}_i$ interessieren, so folgt aus (6) unmittelbar, daß

$$E\, (n m'_1 - n m_1)^2 = \left(1 - \frac{n-1}{N-1}\right) n\, \mu_2. \quad \ldots \ldots \quad (6\,\mathrm{a})$$

Wir können jetzt auf die Markoffsche Ungleichung

$$P\left\{ -t \sqrt{\mu_2} \leqq x_i - E\, x \leqq + t \sqrt{\mu_2} \right\} > 1 - \frac{1}{t^2} \quad \ldots \ldots \quad (7)$$

zurückgreifen [vgl. Kap. II, § 8, Formel (10), S. 191]. Jene $x$, welche in ihr vorkommen, sind nur Repräsentanten der Werte einer ganz beliebigen statistischen Variablen. Wir sind daher berechtigt, unter der Reihe der $N$ unterscheidbaren $x_i$ auch die Reihe der $\dfrac{N!}{(N-n)!}$ unterscheidbaren $m'_1$ zu verstehen; dann verwandelt sich das Markoffsche $\sqrt{\mu_2}$ in unser

$$\sqrt{E\,(m'_1 - Em'_1)^2} = \sqrt{\mu_{2,(n)}} = \sqrt{\left(1 - \frac{n-1}{N-1}\right)\frac{\mu_2}{n}}$$

[vgl. oben § 3, Formel (24), S. 213, und Formel (42), S. 219], und wir erhalten:

$$P\left\{ -t\sqrt{\left(1 - \frac{n-1}{N-1}\right)\frac{\mu_2}{n}} \le \frac{1}{n}\sum_{i=1}^{n} \dot{x}_i - Ex \le \right.$$
$$\left. \le + t\sqrt{\left(1 - \frac{n-1}{N-1}\right)\frac{\mu_2}{n}} \right\} > 1 - \frac{1}{t^2} \cdot \cdot \cdot \cdot \quad (8)$$

Aus dieser Ungleichung ergeben sich bereits beträchtlich engere Grenzen für die mögliche Abweichung des arithmetischen Mittels der Stichprobe von der ihm entsprechenden mathematischen Erwartung in der Gesamtheit höherer Ordnung.

Nehmen wir z. B. an, die Reihe der $x$ sei durch die natürliche Zahlenreihe:

$$1,\ 2,\ 3,\ 4,\ 5,\ \ldots,\ 99,\ 100,\ 101$$

gegeben, wobei also $N = 101$ ist. Mit Rücksicht auf die bekannte Formel für die Summe einer arithmetischen Reihe wird dann die mathematische Erwartung von $x$ durch den Ausdruck

$$Ex = m_1 = \frac{101+1}{2} \cdot \frac{101}{101} = 51$$

dargestellt. Und da bekanntlich die Summe der Quadrate der Reihe der $n$ ersten natürlichen Zahlen durch

$$S_2 = \frac{n\,(n+1)\,(2\,n+1)}{6}$$

gegeben ist, so wird das zweite Moment um 0 bei uns den Wert

$$m_2 = \frac{1^2 + 2^2 + 3^2 + \ldots + 101^2}{101} = 3451$$

erhalten. Somit ergibt sich hieraus

$$\mu_2 = m_2 - m_1^2 = 3451 - 51^2 = 850;\ \sqrt{\mu_2} = 29{,}15.$$

Setzt man jetzt die Werte:

$$N = 101,\ \mu_2 = 850$$

in die Ungleichung (8) ein, so kann man für beliebige $t > 1$ und $n < 101$ die **untere Grenze** jener statistischen Wahrscheinlichkeit angeben, die den Ungleichungen

$$-t\sqrt{\left(1-\frac{n-1}{100}\right)\frac{850}{n}} \leqq \frac{1}{n}\sum_{i=1}^{n}\dot{x}_i - 51 \leqq +t\sqrt{\left(1-\frac{n-1}{100}\right)\frac{850}{n}} \quad (9)$$

entspricht, und zwar wird diese Wahrscheinlichkeit jedenfalls größer als $1-\frac{1}{t^2}$ sein. Aber ganz ebenso wie im Falle der homograden Gesamtheiten besagt diese statistische Wahrscheinlichkeit noch gar nichts darüber, wie weit sich in Wirklichkeit $\frac{1}{n}\sum_{i=1}^{n}\dot{x}_i$ von 51 entfernen wird, wenigstens solange man keine zusätzliche Annahme über den Charakter der Stichprobenentnahme aus der Gesamtheit höherer Ordnung macht. Wir haben diese Frage bereits eingehend in den §§ 8 und 11 des ersten Kapitels behandelt (S. 77—89 und 105—119) und können uns daher hier kurz fassen: als solche zusätzliche Annahme führen wir die Hypothese ein, daß die Gesamtheit höherer Ordnung ein **statistisches Kollektiv** sei, oder daß wenigstens die Stichproben in einer Weise entnommen werden, welche ein ähnliches Resultat ergibt. Wir beschreiten also wieder die „Cournotsche Brücke" und nehmen an, daß unsere „fiduziäre Grenze" (vgl. oben S. 116) etwa durch die statistische Wahrscheinlichkeit $0{,}04 = \frac{1}{25} = \frac{1}{5^2}$ bestimmt wird, so daß Ereignisse, deren statistische Wahrscheinlichkeiten nicht größer als 0,04 sind, von uns als „sehr selten" betrachtet werden. Dieser Grenze entspricht, wie wir sehen, ein $t = 5$, denn $\frac{1}{5^2} = 0{,}04$, und $1-\frac{1}{5^2} = 0{,}96$. Setzen wir jetzt $n=5, t=5$ in (9) ein, so erhalten wir hieraus:

$$P\left\{-63{,}88 \leqq \frac{1}{5}\sum_{i=1}^{5}\dot{x}_i - 51 \leqq +63{,}88\right\} > 0{,}96.$$

Wenn die Differenz

$$\frac{1}{5}\sum_{i=1}^{5}\dot{x}_i - 51$$

in den Grenzen $-63{,}88$ und $+63{,}88$ liegt, so bedeutet das, daß das arithmetische Mittel $\frac{1}{5}\sum_{i=1}^{5}\dot{x}_i$ selbst sich zwischen $-63{,}88+51$ und $+63{,}88+51$, oder zwischen $-12{,}88$ und $+114{,}88$ befinden muß. Wenn wir diese Rechnung für $n = 10, 20, 50, 100, 101$ wiederholen, so erhalten wir für die möglichen Variationsbreiten des arithmetischen Mittels die folgende Tabelle:

| $n$ | Nach der Ungleichung von Markoff bei $P > 0{,}96$ | | In Wirklichkeit äußerste mögliche Werte | |
|---|---|---|---|---|
| 5 | von $-12{,}88$ bis | $+114{,}88$ | von $+\ 3{,}0$ bis | $+99{,}0$ |
| 10 | „ $+\ 7{,}02$ „ | $+\ 94{,}98$ | „ $+\ 5{,}5$ „ | $+96{,}5$ |
| 20 | „ $+21{,}66$ „ | $+\ 80{,}34$ | „ $+10{,}5$ „ | $+91{,}5$ |
| 50 | „ $+36{,}28$ „ | $+\ 65{,}72$ | „ $+25{,}5$ „ | $+76{,}5$ |
| 100 | „ $+49{,}54$ „ | $+\ 52{,}46$ | „ $+50{,}5$ „ | $+51{,}5$ |
| 101 | „ $+51{,}00$ „ | $+\ 51{,}00$ | „ $+51{,}0$ „ | $+51{,}0$ |

Die letzten zwei Kolumnen der Tabelle sind aus der Überlegung entstanden, daß den kleinsten möglichen Wert von $\frac{1}{n}\sum_{i=1}^{n}\dot{x}_i$ das arithmetische Mittel der $n$ ersten Zahlen der natürlichen Reihe darstellt und den größten möglichen Wert das arithmetische Mittel aus den letzten $n$ Zahlen der Reihe, also z. B. bei $n = 5$: $\frac{1+2+3+4+5}{5} = 3$ und $\frac{101+100+99+98+97}{5} = 99$. Es stellt sich hierbei heraus, daß bei der Annahme $t = 5$ die Markoffsche Ungleichung sowohl im Falle $n = 5$ als auch im Falle $n = 100$ weitere Grenzen ergibt, als es überhaupt möglich ist, und daher für uns wertlos wird.

Bei größeren $n$, sofern sie nicht zu nahe an $N$ liegen, bedeutet jedoch die Ungleichung (9), wie aus obiger Tabelle ersichtlich, eine gewisse zusätzliche Erkenntnis über die Variationsbreite des arithmetischen Mittels, die nicht ganz auf der Hand liegt und jedenfalls sogar in unserem einfachen Beispiel nicht so leicht auf dem direkten Wege über die Formeln der Kombinatorik abzuleiten wäre. Man darf hierbei auch nicht außer Acht lassen, daß die Markoffschen Ungleichungen überhaupt keinen Bezug auf das Verteilungsgesetz der Variablen nehmen.

Wir wollen jetzt untersuchen, welche Resultate unser Zahlenbeispiel unter Anwendung der ersten Guldbergschen Verallgemeinerung ergibt [vgl. oben § 8 des II. Kap., Formel (11), S. 192]:

$$P\left\{ -t\sqrt[s]{\mu_{|s|}} \leq x_i - Ex \leq +t\sqrt[s]{\mu_{|s|}} \right\} > 1 - \frac{1}{t^s}.$$

In unserem Falle haben wir offenbar $x_i$ durch $\frac{1}{n}\sum_{i=1}^{n}\dot{x}_i = m'_1$ und $\sqrt[s]{\mu_{|s|}}$ durch $\sqrt[s]{E\,|m'_1 - E\,m'_1|^s}$ zu ersetzen.

Nehmen wir z. B. für $s$ den Wert 4 an, so ist die vierte Potenz einer Differenz immer positiv, und wir erhalten für Guldbergs $\sqrt[s]{\mu_{|s|}}$ einfach den Wert $\sqrt[4]{E\,(m'_1 - E\,m'_1)^4} = \sqrt[4]{\mu_{4,\,(n)}}$ [vgl. § 3, Formel (24), S. 213 und Formel (42), S. 219], wobei

$$\mu_{4,(n)} = \frac{N-n}{n^3}\left\{ \frac{(N-2n)(N-3n)-N(n-1)}{(N-1)(N-2)(N-3)}\,\mu_4 + \right.$$
$$\left. + 3\,\frac{N(n-1)(N-n-1)}{(N-1)(N-2)(N-3)}\,\mu_2^2\right\} \quad \dots \quad (10)$$

Die Ungleichung selbst bekommt dann die folgende Gestalt:

$$P\left\{ -t_1\sqrt[4]{\mu_{4,(n)}} \leqq \frac{1}{n}\sum_{i=1}^{n}\dot x_i - Ex \leqq t_1\sqrt[4]{\mu_{4,(n)}}\right\} > 1 - \frac{1}{t_1^4} \quad . \quad (11)$$

Will man nun dieselbe fiduziäre Grenze 0,04 für die statistische Wahrscheinlichkeit beibehalten, so muß man offenbar $t_1^4 = 5^2$ setzen, woraus $t_1 = \sqrt{5} = 2{,}236$ folgt. Was $\mu_4$ anbetrifft, so ergibt sich sein Wert zu

$$\mu_4 = \frac{1}{101}\sum_{i=1}^{100}(i-51)^4 = \frac{2}{101}\sum_{i=1}^{50}i^4 = 1\,300\,330.[1]$$

Setzt man die Werte für $\mu_4$, $\mu_2^2 = 850^2 = 722\,500$, $N = 101$ und $n = 5$ in (10) ein, so erhält man hieraus: $\mu_{4,(n)} = 73\,490{,}92$ und $\sqrt[4]{\mu_{4,(n)}} = 16{,}46$. Setzt man diese Zahl und die Werte für $t_1$, $Ex = 51$, wiederum in die Ungleichung (11) ein, so verwandelt sich letztere in

$$P\left\{ -2{,}236 \cdot 16{,}46 \leqq \frac{1}{5}\sum_{i=1}^{5}\dot x_i - 51 \leqq +2{,}236 \cdot 16{,}46\right\} > 0{,}96,$$

woraus sich für das arithmetische Mittel folgende Eingrenzung ergibt:

$$P\left\{ +14{,}2 \leqq \frac{1}{5}\sum_{i=1}^{5}\dot x_i \leqq +87{,}8\right\} > 0{,}96.$$

Vergleicht man dieses Resultat mit der ersten Zeile unserer Tabelle auf S. 232, so ersieht man, daß im vorliegenden Falle die Guldbergsche Verallgemeinerung zu einer beträchtlichen Verbesserung geführt hat. Und bei $n = 50$ erhalten wir

$$\mu_{4,(n)} = 228{,}23; \quad \sqrt[4]{\mu_{4,(n)}} = 3{,}89,$$

und hieraus

$$P\left\{ +42{,}3 \leqq \frac{1}{50}\sum_{i=1}^{50}\dot x_i \leqq +59{,}7\right\} > 0{,}96.$$

Auch dies ist eine sehr beträchtliche Verbesserung des ursprünglichen Resultats von S. 232.

---

[1] Bekanntlich ist $S_4 = \sum_{i=1}^{n}i^4 = \dfrac{n(n+1)(2n+1)(3n^2+3n-1)}{30}$. Die Summen der Potenzen der natürlichen Zahlenreihe finden sich auch fertig in verschiedenen mathematischen Tabellenwerken, so z. B. in Pearsons Tables for Statisticians etc.

Die **Pearson**sche Verallgemeinerung [vgl. oben Kap. II, § 8, Formel (13), S. 192] stellt sich für unser Beispiel wie folgt dar:

$$P\left\{-t_2 \sqrt{\mu_{2,(n)}} \leqq \frac{1}{n}\sum_{i=1}^{n} \dot{x}_i - E\,x \leqq + t_2 \sqrt{\mu_{2,(n)}}\right\} > 1 - \frac{1}{t_2^4}\cdot\frac{\mu_{4,(n)}}{\mu_{2,(n)}^2}. \quad (12)$$

Es ist nun $\mu_{2,(n)}$ gleich 163,2, wenn $n = 5$, und gleich 8,67, wenn $n = 50$. Bleiben wir bei der alten fiduziären Grenze $0{,}04 = \frac{1}{25}$, so müssen wir bei $n = 5$ setzen:

$$\frac{1}{25} = \frac{1}{t_2^4}\cdot\frac{\mu_{4,(n)}}{\mu_{2,(n)}^2} = \frac{1}{t_2^4}\cdot\frac{73\,490{,}92}{(163{,}2)^2},$$

und hieraus:

$$t_2^4 = 68{,}98,\ t_2 = 2{,}88;$$

bei $n = 50$ aber:

$$\frac{1}{25} = \frac{1}{t_2^4}\cdot\frac{228{,}23}{8{,}67^2};\ t_2^4 = 75{,}906,\ t_2 = 2{,}95.$$

Diese Zahlen ergeben folgende 2 Ungleichungen:

$$P\left\{-2{,}88 \sqrt{163{,}2} \leqq \frac{1}{5}\sum_{i=1}^{5} \dot{x}_i - 51 \leqq + 2{,}88 \sqrt{163{,}2}\right\} > 0{,}96$$

und

$$P\left\{-2{,}95 \sqrt{8{,}67} \leqq \frac{1}{50}\sum_{i=1}^{50} \dot{x}_i - 51 \leqq + 2{,}95 \sqrt{8{,}67}\right\} > 0{,}96,$$

oder endgültig:

$$P\left\{+14{,}2 \leqq \frac{1}{5}\sum_{i=1}^{5} \dot{x}_i \leqq + 87{,}8\right\} > 0{,}96$$

und

$$P\left\{+42{,}3 \leqq \frac{1}{50}\sum_{i=1}^{50} \dot{x}_i \leqq + 59{,}7\right\} > 0{,}96,$$

d. h. ganz dasselbe Resultat wie oben bei **Guldberg**.

Scheut man nicht die Kompliziertheit der Rechnungen oder hat man es mit dem einfacheren Falle $N \to \infty$ zu tun, so kann man auf dieselbe Weise auch $\sqrt[6]{\mu_{6,(n)}}$, $\sqrt[8]{\mu_{8,(n)}}$ usw. bestimmen und die weiteren **Guldberg**schen Formeln anwenden, die noch engere Variationsbreiten ergeben. Jedenfalls ist aber ersichtlich, daß die Variationsbreite desto enger wird, (1) je größer $n$ und (2) je kleiner $\mu_2$, $\mu_4$ usw. sind, d. h. je kleiner die Variationsbreite der Variablen $x$ in der Gesamtheit höherer Ordnung ist. Dieses zweite Moment kommt im Falle der homograden Gesamtheiten gar nicht in Betracht, denn dann ist ja bekanntlich immer $m_1 = m_2 = = m_3 = \ldots = m_i$.

Die nächste Frage, welche man sich gegenüber einer Gesamtheit höherer Ordnung stellen kann, lautet: wie groß ist die Variationsbreite ihres zweiten Moments, d. h. die Variationsbreite von $m'_2$ oder $v'_{2,(n)}$ [vgl. oben § 3, Formel (17) und (18), S. 211 f]. Man denkt sich hierbei wiederum eine Gesamtheit vom Umfange $\dfrac{N!}{(N-n)!}$, die aus allen überhaupt möglichen Gruppierungen zu $n$ Elementen (aus $N$) besteht, und fragt nach der statistischen Wahrscheinlichkeit jener $m'_2$, deren Werte innerhalb gewisser im voraus angesetzter Grenzen liegen. Auch in diesem Falle können offenbar Markoffs Ungleichungen angewandt werden, nur besteht jetzt seine Reihe $x$ aus $\dfrac{N!}{(N-n)!}$ verschiedenen Werten von $m'_2$ (bzw. $v'_{2,(n)}$) und sein $\mu_k$ entspricht daher unserem $E\,(m'_2-Em'_2)^k$, bzw. $E\,(v'_{2,(n)} - E\,v'_{2,(n)})^k$. Die Werte für die ersteren sind oben im § 3 durch die Formeln (51) bis (54) gegeben, und für die letzteren, im Sonderfalle $k=2$, durch Formel (60).

Die genaue Formel für $E\,(v'_{2,(n)} - Ev'_{2,(n)})^4$, die Church berechnet und Isserlis berichtigt hat, ist bereits so kompliziert, daß ein praktischer Statistiker sie nur ganz ausnahmsweise gebrauchen wird; dasselbe gilt für die höheren Momente überhaupt. Aber im Prinzip erlaubt das System der Markoffschen Ungleichungen in allen Fällen und für beliebige Verteilungsgesetze die Variationsbreite aller statistischen Parameter vom Momentetypus für ein gegebenes Stichprobensystem mit vorgegebenen „fiduziären Wahrscheinlichkeitsgrenzen" zu bestimmen — vorausgesetzt, daß man die betreffenden Momente für die Gesamtheit höherer Ordnung kennt. Somit spielt das Markoffsche Ungleichungssystem in der heterograden Theorie dieselbe Rolle wie der Binomialsatz in der homograden.

## 5. Umkehrung der Markoffschen Ungleichungen.

Ganz ebenso, wie es mit dem Laplaceschen Integral der Fall war, können wir auch für das System der Markoffschen Ungleichungen das umgekehrte Problem aufstellen, welches ja dasjenige ist, das den praktischen Statistiker am meisten interessiert. Gegeben sei eine heterograde Gesamtheit vom Umfange $n$, die aus einer anderen statistischen Gesamtheit (bzw. Kollektiv) höherer Ordnung entstanden ist oder ihr entnommen wurde. Der Umfang der letzteren, $N$, kann sowohl endlich als auch unendlich angenommen werden. Es werden die folgenden zwei Fragen gestellt: a) In welchen Grenzen befinden sich die uns unbekannten statistischen Parameter der Gesamtheit (bzw. des Kollektivs) höherer Ordnung, d. h. wie groß ist die Variationsbreite derselben? und b) was kann als der „beste" Wert für diese Parameter angesehen werden? Die Variationsbreite wird hierbei mit Hilfe unserer „fiduziären Wahrscheinlichkeitsgrenze" festgestellt, die ihrerseits durch den Ausdruck $1-\dfrac{1}{k^2}$ bestimmt ist.

Die erste Lösung der ersten Frage ergibt jenes Markoffsche Lemma, welches oben im § 4 als Formel (4) angeführt wurde.

Die zweite, bereits etwas bessere Lösung erhält man aus folgender Überlegung. Formel (8) des vorhergehenden § 4 läßt sich nach Gleichsetzung $t = k_1$ in der etwas veränderten Gestalt:

$$P\left\{ Ex - k_1 \sqrt{\left(1 - \frac{n-1}{N-1}\right)\frac{\mu_2}{n}} \leqq \frac{1}{n}\sum_{i=1}^{n}\dot{x}_i \leqq \right.$$

$$\left. \leqq Ex + k_1 \sqrt{\left(1 - \frac{n-1}{N-1}\right)\frac{\mu_2}{n}} \right\} > 1 - \frac{1}{k_1{}^2} \quad \cdots \quad (1)$$

schreiben. Die Wahrscheinlichkeit bezieht sich hierbei auf eine Gesamtheit höherer Ordnung vom Umfange $\dfrac{N!}{(N-n)!}$, die aus allen möglichen Gruppierungen zu $n$ verschiedenen Elementen aus $N$ besteht. Es ist andererseits einleuchtend, daß, falls eine bestimmte Stichprobe vom Umfange $n$ bereits vorliegt, für diese die Markoffsche Ungleichung

$$P\left\{\left|\dot{x}_j - \frac{1}{n}\sum_{i=1}^{n}\dot{x}_i\right| \leqq k_2 \sqrt{v'_{2,(n)}}\right\} > 1 - \frac{1}{k_2{}^2} \quad \cdots \quad (2)$$

bestehen muß [vgl. oben Kap. II, § 8, Formel (11)], wobei letztere Wahrscheinlichkeit gegenüber der ersteren als bedingte Wahrscheinlichkeit angesehen werden kann. Kombiniert man (2) mit (1), d. h. bestimmt man die Wahrscheinlichkeit dafür, daß die Ungleichungen der linken Seiten von (2) und (1) gleichzeitig bestehen, so erhält man nach dem Multiplikationssatz:

$$P\left\{\dot{x}_j - k_2\sqrt{v'_{2,(n)}} - k_1\sqrt{\left(1 - \frac{n-1}{N-1}\right)\frac{\mu_2}{n}} \leqq Ex \leqq\right.$$

$$\left. \leqq \dot{x}_j + k_2\sqrt{v'_{2,(n)}} + k_1\sqrt{\left(1 - \frac{n-1}{N-1}\right)\frac{\mu_2}{n}}\right\} > \left(1 - \frac{1}{k_1{}^2}\right)\left(1 - \frac{1}{k_2{}^2}\right). \quad (3)$$

Es ist zu bemerken, daß, falls $n$ (und folglich auch $N$) unbegrenzt zunehmen und sowohl $k_1$ als auch $\mu_2$ endlich bleiben, der Ausdruck

$$k_1\sqrt{\left(1 - \frac{n-1}{N-1}\right)\frac{\mu_2}{n}} = k_1\sqrt{\frac{N-n}{n(N-1)}\mu_2}$$

gegen 0 geht. Nimmt man jetzt an, daß die Genauigkeitsgrenze unserer Berechnungen bei $\dfrac{1}{b}$ liegt, wobei $b$ eine größere Zahl ist, so daß alle Summanden, die nach ihrem absoluten Werte kleiner als $\dfrac{1}{b}$ sind, einfach vernachlässigt werden können, so folgt hieraus, wenn

$$\frac{1}{b} > k_1\sqrt{\left(1 - \frac{n-1}{N-1}\right)\frac{\mu_2}{n}}, \quad \cdots \cdots \quad (4)$$

daß man an Stelle von (3) auch einfach

$$P\left\{\dot{x}_j - k_2\sqrt{\nu'_{2,(n)}} \leqq E\,x \leqq \dot{x}_j + k_2\sqrt{\nu'_{2,(n)}}\right\} > \left(1 - \frac{1}{k_1{}^2}\right)\left(1 - \frac{1}{k_2{}^2}\right) \qquad (5)$$

schreiben kann. Formel (5), die offenbar nur für ein genügend großes $n$ gilt, kann als eine Umkehrung der betreffenden Markoffschen Ungleichung gelten, denn sie enthält nur eine einzige unbekannte Größe $E\,x$ und gibt eine untere Grenze der Wahrscheinlichkeit dafür an, daß diese Unbekannte sich in gewissen, aus der Stichprobe direkt errechenbaren Grenzen befindet. Letztere Grenzen sind jedoch noch so breit, daß sie für den Statistiker nur in den seltensten Fällen von praktischem Interesse sein werden. Und trotzdem ergeben sich aus der Ungleichung (4) recht hohe Werte für ein solches $n$, welches wir wirklich als „genügend groß" ansehen können. Nehmen wir z. B. an (um den unbekannten Wert von $\mu_2$ aus der Bedingungsungleichung zu eliminieren), daß für uns nur solche Summanden in Betracht kommen, deren absoluter Wert größer als ein gewisser kleiner Bruchteil von $\sqrt{\mu_2}$ ist, setzen wir also etwa:

$$\frac{1}{b} = \frac{\sqrt{\mu_2}}{100}, \quad k_1 = 3, \quad N \to \infty,$$

so folgt hieraus für $n$ aus (4) der Wert:

$$n > 90\,000,$$

und sogar bei $\dfrac{1}{b} = \dfrac{\sqrt{\mu_2}}{10}$ ergibt sich für $n$ noch 900 als untere Grenze. Dieses kleine Rechenexempel zeigt bereits zur Genüge, um wieviel größer die Unsicherheit des umgekehrten Schlusses sein kann als jene des direkten und wie vorsichtig man hierbei vorzugehen hat.

Eine viel vorteilhaftere Umkehrung des Markoffschen Theorems, welche dem praktisch wichtigsten Fall entspricht und jener des Laplaceschen Theorems mehr oder weniger adäquat ist, erhält man aus folgenden Überlegungen.

Die Matrix der Markoffschen Ungleichungen [vgl. oben Kap. II, § 8, Formel (7), S. 190] kann in folgender Form dargestellt werden:

$$P\left\{-a \leqq y_i - y_0 \leqq a\right\} > 1 - \frac{1}{a^s} \cdot \sum_{i=1}^{m} p_i\,|y_i - y_0|^s, \;\cdot\;\cdot \qquad (6)$$

wobei $p_i$ die relative Häufigkeit (bzw. die statistische Wahrscheinlichkeit) des Ausdruckes $|y_i - y_0|$ bedeutet und $\sum\limits_{i=1}^{m} p_i = 1$ ist. Setzt man:

$$s = 2,\, y_i = \frac{1}{n}\sum_{i=1}^{n}\dot{x}_i, \quad y_0 = E\left\{\frac{1}{n}\sum_{i=1}^{n}\dot{x}_i\right\} = E\,x \;\cdot\;\cdot \qquad (7)$$

und nimmt hierbei an, daß die relativen Häufigkeiten $p_i$ sich auf die Gesamtheit aller $\dfrac{N!}{(N-n)!}$ möglichen Stichproben vom Umfange $n$ beziehen, so ergibt sich mit Rücksicht auf Formel (20) des Kap. III, § 2 (S. 201):

$$\sum_{i=1}^{m} p_i\,(y_i - y_0)^2 = E\left(\frac{1}{n}\sum_{i=1}^{n}\dot{x}_i - E\,x\right)^2 = \mu_{2,(n)} =$$

$$= \frac{N-n}{n\,(N-1)}\,\mu_2 = \left(1 - \frac{n-1}{N-1}\right)\frac{\mu_2}{n}, \quad \ldots \quad (7\,\mathrm{a})$$

und die Ungleichung (6) verwandelt sich in folgenden Ausdruck:

$$P\left\{-a \leqq \frac{1}{n}\sum_{i=1}^{n}\dot{x}_i - E\,x \leqq a\right\} > 1 - \frac{1}{a^2}\cdot\frac{N-n}{n\,(N-1)}\,\mu_2. \quad (8)$$

Es ist hierbei besonders zu beachten, daß wir hinsichtlich der Wahl des Wertes für $a$ nur durch die eine Bedingung gebunden sind, daß $a$ nicht kleiner als der kleinste Wert in der Reihe der absoluten Differenzen $\left|\dfrac{1}{n}\sum_{i=1}^{n}\dot{x}_i - E\,x\right|$ und nicht größer als der größte Wert in derselben Reihe sei. Mit dieser Einschränkung sind wir auch zur Substitution

$$a^2 = k_1^{\,2}\,\frac{N-n}{n\,(N-1)}\,v''_{2,\,(n)}$$

berechtigt, wobei

$$\left. \begin{aligned} v''_{2,\,(n)} &= \frac{N-1}{N}\cdot\frac{\displaystyle\sum_{i=1}^{n}(\dot{x}_i - \overline{x})^2}{n-1} \\[2em] E\,v''_{2,\,(n)} &= \mu_2 \end{aligned} \right\} \quad \ldots\ldots \quad (9)$$

und folglich

[vgl. oben Kap. III, § 2, Formel (16), S. 200]. Wir lenken die Aufmerksamkeit des Lesers darauf, daß hier durchaus nicht vorausgesetzt wird, die Größe $v''_{2,\,(n)}$ beziehe sich auf dieselbe Stichprobe, zu der $\dfrac{1}{n}\sum_{i=1}^{n}\dot{x}_i$ gehört: im Gegenteil, es wird angenommen, daß $v''_{2,\,(n)}$ sukzessive alle jene $\dfrac{N!}{(N-n)!}$-Werte erhält, die es überhaupt erhalten kann. Mit Rücksicht auf (9) ergibt sich dann für (8) der folgende Ausdruck:

$$P\left\{-k_1\sqrt{\frac{N-n}{n\,(N-1)}\,v''_{2,\,(n)}} \leqq \frac{1}{n}\sum_{i=1}^{n}\dot{x}_i - E\,x \leqq \right.$$

$$\left. \leqq k_1\sqrt{\frac{N-n}{n\,(N-1)}\,v''_{2,\,(n)}}\right\} > 1 - \frac{1}{k_1^{\,2}}\cdot\frac{\mu_2}{v''_{2,\,(n)}}\ldots\ldots \quad (10)$$

Der Quotient $\dfrac{\mu_2}{v''_{2,(n)}}$ kann seinerseits wie folgt dargestellt werden:

$$\frac{\mu_2}{v''_{2,(n)}} = \frac{\mu_2}{\mu_2 + (v''_{2,(n)} - \mu_2)} = 1 - \frac{v''_{2,(n)} - \mu_2}{\mu_2\left(1 + \dfrac{v''_{2,(n)} - \mu_2}{\mu_2}\right)},$$

was nach Einführung der Bezeichnung

$$z = \frac{v''_{2,(n)} - \mu_2}{\mu_2} \quad \ldots \ldots \ldots \ldots \quad (11)$$

zur Identität

$$\frac{1}{k_1{}^2} \cdot \frac{\mu_2}{v''_{2,(n)}} = \frac{1}{k_1{}^2} - \frac{z}{k_1{}^2(1+z)}$$

führt. Nimmt man ferner an, daß die Genauigkeitsgrenze unserer Berechnungen wiederum bei $\dfrac{1}{b}$ liegt, so folgt hieraus, daß man, wenn

$$\frac{1}{b} > \frac{|z|}{k_1{}^2 |1+z|}, \quad \ldots \ldots \ldots \ldots \quad (12)$$

auch einfach

$$\frac{1}{k_1{}^2} \cdot \frac{\mu_2}{v''_{2,(n)}} \sim \frac{1}{k_1{}^2}$$

und

$$P\left\{ -k_1 \sqrt{\frac{N-n}{n(N-1)} v''_{2,(n)}} \leqq \frac{1}{n} \sum_{i=1}^{n} \dot{x}_i - Ex \leqq \right.$$
$$\left. \leqq k_1 \sqrt{\frac{N-n}{n(N-1)} v''_{2,(n)}} \right\} > 1 - \frac{1}{k_1{}^2},$$

oder, was dasselbe ist,

$$P\left\{ \frac{1}{n} \sum_{i=1}^{n} \dot{x}_i - k_1 \sqrt{\frac{N-n}{n(N-1)} v''_{2,(n)}} \leqq Ex \leqq \frac{1}{n} \sum_{i=1}^{n} \dot{x}_i + \right.$$
$$\left. + k_1 \sqrt{\frac{N-n}{n(N-1)} v''_{2,(n)}} \right\} > 1 - \frac{1}{k_1{}^2} \quad \ldots \quad (13)$$

schreiben kann. Die Bedingungsungleichung (12) ist, wie leicht ersichtlich,
eine Folge der schärferen Ungleichung

$$|z| < \frac{k_1{}^2}{b + k_1{}^2},$$

oder, mit Rücksicht auf (11), der Ungleichung

$$\frac{\left| v''_{2,(n)} - \mu_2 \right|}{\mu_2} < \frac{k_1{}^2}{b + k_1{}^2}. \quad \ldots \ldots \ldots \quad (14)$$

Wir wissen anderseits [vgl. Kap. II, § 8, Formel (10), S. 191], daß auch die folgende Ungleichung besteht:

$$P\left\{-k_2\sqrt{E\,(v''_{2,(n)}-\mu_2)^2}\leqq v''_{2,(n)}-\mu_2\leqq\right.$$
$$\left.\leqq k_2\sqrt{E\,(v''_{2,(n)}-\mu_2)^2}\right\}\geqq 1-\frac{1}{k_2{}^2}\quad\ldots\quad(15)$$

und daß ferner [vgl. Kap. III, § 3, Formel (63), S. 225] für $E\,(v''_{2,(n)}-\mu_2)^2$ der Ausdruck

$$E\,(v''_{2,(n)}-\mu_2)^2=\left(\frac{1}{n}-\frac{1}{N}\right)(\mu_4-\mu_2{}^2)+\varepsilon$$

gesetzt werden kann, wobei das Restglied $\varepsilon$ nur aus solchen $\mu_4$ und $\mu_2{}^2$ besteht, die im Nenner die Größen $n^2$, $nN$, $N^2$ oder $N^3$ aufweisen, d. h. bei beträchtlichen $n$ und $N$ sehr klein im Vergleich zum ersten Gliede der rechten Seite sind. Mit Rücksicht hierauf verwandelt sich (15) in die Ungleichung:

$$P\left\{-k_2\sqrt{\left(\frac{1}{n}-\frac{1}{N}\right)(\mu_4-\mu_2{}^2)+\varepsilon}\leqq v''_{2,(n)}-\mu_2\leqq\right.$$
$$\left.\leqq k_2\sqrt{\left(\frac{1}{n}-\frac{1}{N}\right)(\mu_4-\mu_2{}^2)+\varepsilon}\right\}>1-\frac{1}{k_2{}^2},$$

oder, wenn man alle Glieder, die sich in den großen Klammern der linken Seite befinden, durch die Konstante $\mu_2$ dividiert, wodurch offenbar die untere Grenze der Wahrscheinlichkeit nicht verändert wird, in die Ungleichung:

$$P\left\{-k_2\sqrt{\left(\frac{1}{n}-\frac{1}{N}\right)\frac{\mu_4-\mu_2{}^2}{\mu_2{}^2}+\frac{\varepsilon}{\mu_2{}^2}}\leqq\frac{v''_{2,(n)}-\mu_2}{\mu_2}\leqq\right.$$
$$\left.\leqq k_2\sqrt{\left(\frac{1}{n}-\frac{1}{N}\right)\frac{\mu_4-\mu_2{}^2}{\mu_2{}^2}+\frac{\varepsilon}{\mu_2{}^2}}\right\}>1-\frac{1}{k_2{}^2}.\quad\ldots\quad(16)$$

Auf (14) zurückgreifend, ersehen wir hieraus, daß unter der Voraussetzung:

$$k_2\sqrt{\left(\frac{1}{n}-\frac{1}{N}\right)\frac{\mu_4-\mu_2{}^2}{\mu_2{}^2}+\frac{\varepsilon}{\mu_2{}^2}}<\frac{k_1{}^2}{b+k_1{}^2}\quad\ldots\ldots\quad(17)$$

man in der Tat in $100\left(1-\dfrac{1}{k_2{}^2}\right)$ Fällen von 100 die Größe

$$\frac{v''_{2,(n)}-\mu_2}{\mu_2}=\frac{v''_{2,(n)}}{\mu_2}-1$$

vernachlässigen kann und dann die Ungleichung (13) zu Recht besteht. Es ist aber offensichtlich, daß man, wenn $\mu_4$ und $\mu_2{}^2$ endliche Größen sind (was in der statistischen Praxis immer der Fall ist), bei beliebig großem endlichem $k_2$ den Wert für $n$ so zu wählen vermag, daß mit Sicherheit die Bedingung (17) erfüllt wird. (Ist $N$ relativ so klein, daß hierdurch eine zu tiefe obere Schranke für $n$ entsteht, so verschwindet die linke Seite der Ungleichung (17) jedenfalls bei $n=N$.) Wenn jedoch $n$ so groß ist, daß nicht nur der Bedingung (17) genügt wird, sondern auch die untere Wahrscheinlichkeitsgrenze $1 - \dfrac{1}{k_2{}^2}$ in (16) die von uns angenommene fiduziäre Grenze übersteigt und folglich für uns als sehr nahe bei 1 erscheint, so kann Formel (13), aus welcher die Variationsbreite von $E\,x$ sich unmittelbar ergibt, ebenfalls als eine Umkehrung der entsprechenden Markoffschen Ungleichung angesehen werden.

Eine andere Form für dieselbe Umkehrung, welche sich mehr der Formel (5) nähert, erhält man aus folgenden Überlegungen. Wie wir oben bei Ableitung der Ungleichung (10) festgestellt haben, ist unter allen $\dfrac{N!}{(N-n)!}$ Stichproben die relative Häufigkeit solcher, für welche die Ungleichung

$$\left| \frac{1}{n} \sum_{i=1}^{n} \dot{x}_i - E\,x \right| \leqq k_1 \sqrt{\frac{N-n}{n\,(N-1)}\, v''_{2,(n)}} \quad \ldots \ldots \quad (18)$$

besteht, jedenfalls größer als $1 - \dfrac{1}{k_1{}^2} \cdot \dfrac{\mu_2}{v''_{2,(n)}}$, wobei $v''_{2,(n)}$ seinerseits, für jede Ungleichung vom Typus (10), $\dfrac{N!}{(N-n)!}$ verschiedene Werte annehmen kann. Setzt man nun voraus, $n$ sei bereits so groß, daß die Bedingung (17) erfüllt ist, so wird die relative Häufigkeit solcher $v''_{2,(n)}$, für welche der Ausdruck $1 - \dfrac{1}{k_1{}^2} \cdot \dfrac{\mu_2}{v''_{2,(n)}}$ sich einfach in $1 - \dfrac{1}{k_1{}^2}$ verwandelt [was, wie wir wissen, direkt zu Formel (13) führt], ihrerseits größer als $1 - \dfrac{1}{k_2{}^2}$ sein. Hieraus folgt, daß die relative Häufigkeit solcher Stichproben, bei denen sowohl $\dfrac{1}{n} \sum_{i=1}^{n} \dot{x}_i$ als auch $v''_{2,(n)}$ obigen Bedingungen genügen, größer als das Produkt $\left(1 - \dfrac{1}{k_1{}^2}\right)\left(1 - \dfrac{1}{k_2{}^2}\right)$ sein muß. Und dies führt uns zu folgender Umkehrung der Markoffschen Ungleichung:

$$P\left\{ \frac{1}{n} \sum_{i=1}^{n} \dot{x}_i - k_1 \sqrt{\frac{N-n}{n\,(N-1)}\, v''_{2,(n)}} \leqq E\,x \leqq \frac{1}{n} \sum_{i=1}^{n} \dot{x}_i + \right.$$

$$\left. + k_1 \sqrt{\frac{N-n}{n\,(N-1)}\, v''_{2,(n)}} \right\} > \left(1 - \frac{1}{k_1{}^2}\right)\left(1 - \frac{1}{k_2{}^2}\right). \quad \ldots \quad (19)$$

Zum Unterschiede von der Formel (5) bezieht sich die hier auftretende relative Häufigkeit (bzw. statistische Wahrscheinlichkeit) $P$ bereits auf eine Gesamtheit vom Umfange $\left[\dfrac{N!}{(N-n)!}\right]^2$, die dadurch entsteht, daß jede der $\dfrac{N!}{(N-n)!}$ unterscheidbaren Stichproben vom Umfange $n$ mit jedem der $\dfrac{N!}{(N-n)!}$ unterscheidbaren Werte des Parameters $v_{2,(n)}''$ kombiniert

wird. Es wird also angenommen, daß das arithmetische Mittel $\dfrac{1}{n}\sum\limits_{i=1}^{n}\dot{x}_i$

sowohl zusammen mit jenem $v_{2,(n)}''$, welches aus derselben Stichprobe errechnet wird, als auch zusammen mit jedem anderen $v_{2,(n)}''$ auftreten kann, wenn nur dieses letztere zur selben Gesamtheit höherer Ordnung gehört und sich auf eine Stichprobe vom Umfange $n$ bezieht.

Wollte man die Ungleichung (19) bloß für die Gesamtheit der $\dfrac{N!}{(N-n)!}$ Stichproben ableiten, so müßte man wie folgt verfahren. Man müßte zunächst eine Teilgesamtheit von solchen Stichproben bilden, für die die Ungleichung (18) gilt und deren Umfang natürlich kleiner als $\dfrac{N!}{(N-n)!}$ ist.

Wenn es gelänge, auch für diese eingeschränkte Gesamtheit zu zeigen, daß die relative Häufigkeit jener $v_{2,(n)}''$, für die $1-\dfrac{1}{k_1{}^2}\cdot\dfrac{\mu_2}{v_{2,(n)}''}$ durch

$1-\dfrac{1}{k_1{}^2}$ ersetzt werden kann, größer ist als $1-\dfrac{1}{k_2{}^2}$, so würde sich hieraus nach dem Multiplikationssatz ebenfalls die Ungleichung (19) ergeben; diese wäre aber auf eine Gesamtheit bloß vom Umfange $\dfrac{N!}{(N-n)!}$ be-

zogen. Die Schwierigkeit der Rechnung besteht darin, daß $\dfrac{1}{n}\sum\limits_{i=1}^{n}\dot{x}_i$

und $v_{2,(n)}''$ dann immer zur selben Stichprobe gehören und miteinander stochastisch verbunden sein würden.[1]

Die Ungleichung (17) bildet die Voraussetzung für die Gültigkeit der Umkehrungsformel (19), und man darf nicht vergessen, daß sich aus ihr — je nach der Wahl der Genauigkeitsgrenze $\dfrac{1}{b}$, der Zahlen $k_1$ und $k_2$, die wiederum von unserer fiduziären Grenze abhängen, und je nach dem gegenseitigen Verhältnis der im allgemeinen ganz unbekannten Momente $\mu_4$ und $\mu_2{}^2$ — auch verschiedene, aber immer recht hohe untere Grenzen

---

[1] Es läßt sich z. B. nachweisen, daß der Zähler des sog. Korrelations-koeffizienten von $\dfrac{1}{n}\sum\limits_{i=1}^{n}\dot{x}_i$ und $v_{2,(n)}''$ (vgl. unten Kap. IV, § 1) durch den Ausdruck

$$E\left\{\left(\frac{1}{n}\sum_{i=1}^{n}\dot{x}_i-E\,x\right)(v_{2,(n)}''-\mu_2)\right\}=\frac{N-n}{n\,(N-2)}\,\mu_3$$

gegeben ist, wobei $\mu_3=E\,(x-E\,x)^3$. Wie wir bereits wissen, verschwindet $\mu_3$ nur bei symmetrischen Verteilungsgesetzen und kann im allgemeinen Falle sowohl positive als auch negative Werte annehmen.

für den Umfang der Stichprobe $n$ ergeben werden. So stellt es sich z. B. heraus, daß bei $k_1 = k_2 = 3$, $b = 100$, $N \to \infty$ und $\dfrac{\mu_4 - \mu_2^2}{\mu_2^2} = 2$ die Zahl $n$ jedenfalls größer als 2640 sein muß. Und die untere Grenze der betreffenden Wahrscheinlichkeit, wie sie durch die rechte Seite von (19) bestimmt wird, ergibt sich hierbei bloß als $\dfrac{64}{81} = 0{,}79$.

Wie dem auch sei, es steht für uns fest, daß Formel (19) es ermöglicht, an Hand des arithmetischen Mittels und der empirischen Streuung einer genügend großen Stichprobe die Grenzen festzustellen, in denen sich der unbekannte Parameter $Ex$ befinden muß. Die Voraussetzungen für die Existenz der „Cournotschen Brücke“, die wir oben bereits mehrmals ausführlich behandelt haben, bleiben hierbei selbstverständlich nach wie vor bestehen. Da man ferner in Formel (6) an Stelle von $y_i$ die

$$\text{Werte}\quad \frac{1}{n}\sum_{i=1}^{n}\dot{x}_i{}^2,\ \ \frac{1}{n}\sum_{i=1}^{n}(\dot{x}_i - \bar{x})^2,\ \ \frac{1}{n}\sum_{i=1}^{n}(\dot{x}_i - \bar{x})^3\ \text{usw. und an Stelle von } y_0$$

deren mathematische Erwartungen einsetzen kann, so folgt hieraus, daß dieselbe Matrix (6) auch bei der Berechnung der Momente $m_2, \mu_2, \mu_3$ usw. angewandt werden kann. Desgleichen stünden auch der Umkehrung der Guldbergschen Verallgemeinerungen (vgl. oben Kap. II, § 8, S. 192) keine namhaften theoretischen Hindernisse im Wege. Eine praktische Grenze findet jedoch dieses Verfahren in der außerordentlichen Kompliziertheit der betreffenden Formeln. Da es uns in dieser Einführung mehr aufs Prinzipielle ankommt, so können wir von der weiteren Verfolgung des eingeschlagenen Weges hier absehen und uns anderen Gegenständen zuwenden, indem wir es dem Leser überlassen, zu seiner Übung etwa die Umkehrung der Markoffschen Ungleichung für das zweite Moment $\mu_2$ zu versuchen. Wir haben uns jedenfalls überzeugen können, daß man bei allen solchen Umkehrungen auch ohne Hinzuziehung des Bayesschen Theorems auskommen kann, daß man aber gleichzeitig bei heterograden Gesamtheiten viel vorsichtiger vorgehen muß, als es tatsächlich seitens solcher Gelehrter geschieht, welche an Hand von Stichproben, die kaum aus 20—30 Einheiten bestehen, und ohne vom Verteilungsgesetz der betreffenden Gesamtheit höherer Ordnung eine Ahnung zu haben, sehr kühne Schlüsse über die statistischen Parameter der letzteren zu ziehen bereit sind. Unsere Bemerkung bezieht sich in erster Linie auf die sog. Konjunkturprognose.

## 6. Abschließendes über die Bedeutung der Markoffschen Ungleichungen.

Oben auf S. 220 haben wir bereits festgestellt, daß bei $n \to \infty$ für alle geraden Momente

$$\mu_{2,(n)},\ \ \mu_{4,(n)},\ \ \mu_{6,(n)} \cdots \mu_{2s,(n)}$$

die Beziehung

$$\mu_{2s,(n)} \sim 1.3.5 \cdots (2s-3)(2s-1)\,\mu^s{}_{2,(n)} \quad \cdots \quad (1)$$

gilt. Setzt man voraus, daß dieselben Beziehungen auch für die statistischen Parameter $\mu_2$, $\mu_4$, $\mu_6$, $\ldots\ldots\mu_{2s}$ gelten — eine Annahme, zu der wir im nächsten Paragraphen noch zurückkehren werden, — so kann man eine Berechnung darüber aufstellen, bis zu welcher Potenz der Guldbergschen Verallgemeinerung (vgl. oben S. 192) es überhaupt Sinn hat, vorzudringen. Aus der Matrix der Markoffschen Ungleichungen (S. 190) folgt:

$$P\left\{-a \leqq x_i - m_1 \leqq a\right\} > 1 - \frac{\mu_{2s}}{a^{2s}},$$

und für die erste Guldbergsche Formel hat man hier nur noch $a = t_{2s}\sqrt[2s]{\mu_{2s}}$ einzusetzen (wir versehen $t$ mit dem Index $2s$, um anzudeuten, daß dieses $t$ für jedes Moment einen anderen Wert erhält):

$$P\left\{-t_{2s}\sqrt[2s]{\mu_{2s}} \leqq x_i - m_1 \leqq t_{2s}\sqrt[2s]{\mu_{2s}}\right\} > 1 - \frac{1}{t_{2s}^{2s}}. \quad \ldots \quad (2)$$

Will man dieselbe fiduziäre Grenze (etwa $\varepsilon$) beibehalten, so muß für je zwei beliebige sukzessive Guldbergsche Formeln mit den Potenzen $2k-2$ und $2k$ die Beziehung bestehen:

$$\frac{1}{t_{2k-2}^{2k-2}} = \frac{1}{t_{2k}^{2k}} = \varepsilon, \quad \text{oder:} \quad t_{2k-2}^{2k-2} = t_{2k}^{2k} = \frac{1}{\varepsilon}. \quad \ldots \quad (3)$$

Ferner ist ersichtlich, daß die Guldbergschen Verallgemeinerungen nur solange mit zunehmender Potenz $2s$ eine wirkliche Verbesserung darstellen, als hierbei die Variationsbreite von $x_i - m_1$ enger wird, d. h. solange

$$t_{2s}\sqrt[2s]{\mu_{2s}} < t_{2s-2}\sqrt[2s-2]{\mu_{2s-2}} \ldots \ldots \ldots \ldots \quad (4)$$

bleibt. Erhebt man beide Seiten dieser Ungleichung in die Potenz $2s(2s-2)$, so kommt man, mit Rücksicht auf (3), sofort zur Ungleichung

$$\varepsilon^2 \mu_{2s}^{2s-2} < \mu_{2s-2}^{2s}. \ldots \ldots \ldots \ldots \ldots \quad (5)$$

Bestehen aber die Beziehungen (1), so ergibt sich hieraus einfach:

$$\varepsilon^2 (2s-1)^{2s-2} < 1^2 . 3^2 . 5^2 \ldots (2s-3)^2. \ldots \ldots \quad (6)$$

Ist z. B. $\varepsilon = 0{,}04 = \frac{1}{25}$ und folglich $\varepsilon^2 = \frac{1}{625}$, so entwickelt sich aus (6) das folgende System von Ungleichungen:

bei $2s = 4$,   $3^2 < 1^2 . 625$, oder $9 < 625$;

„ $2s = 6$,   $5^4 < 1^2 . 3^2 . 625$, oder $625 < 5625$;

„ $2s = 8$,   $7^6 < 1^2 . 3^2 . 5^2 . 625$, oder $117\,649 < 140\,625$.

Aber bei $2s = 10$ erhalten wir bereits umgekehrt:

$$9^8 > 1^2 . 3^2 . 5^2 . 7^2 . 625, \quad \text{oder} \quad 43\,046\,721 > 6\,890\,625.$$

Es ist also bei der gegebenen fiduziären Grenze 0,04 unvorteilhaft, $\sqrt[10]{\mu_{10}}$ einzuführen. Wäre $\varepsilon = \dfrac{1}{10}$, $\varepsilon^2 = \dfrac{1}{100}$, so würde schon $\sqrt[8]{\mu_8}$ eine Verschlechterung ergeben usw.

Geht man umgekehrt von einem konstanten $t$ aus, welches für alle Potenzen denselben Wert beibehält, so wird bei den verschiedenen Guldbergschen Annäherungen die Größe $P\{\ \}$ variabel, und wir erhalten dann, mit K. Pearson,[1] die folgende Tabelle:

| $t$ | 1,5 | 2 | 3 | 4 | 5 |
|---|---|---|---|---|---|
| $P_2$ | 0,5556 | 0,7500 | 0,8889 | 0,9375 | 0,9600 |
| $P_4$ | 0,4074 | 0,8125 | 0,9630 | 0,9883 | 0,9952 |
| $P_6$ | — | 0,7656 | 0,9794 | 0,9963 | 0,9990 |
| $P_8$ | — | 0,5898 | 0,9840 | 0,9984 | 0,9997 |
| $P_{10}$ | — | 0,0771 | 0,9840 | 0,9991 | 0,9999 |
| „Normal" | 0,8664 | 0,9545 | 0,9970 | 0,99994 | 0,9999994 |

Die letzte Zeile bezieht sich auf einen speziellen Typus des Verteilungsgesetzes, welches mit der Formel (1) korrespondiert und im nächsten Paragraphen genauer behandelt werden soll. Aus dem Vergleich der Zahlen jeder Kolumne mit jenen der letzten Zeile wird sofort ersichtlich, daß bei kleineren Werten von $t$ die „normale" Verteilung viel vorteilhaftere Wahrscheinlichkeitsgrenzen ergibt als die Guldbergschen Formeln, insbesondere fällt dies bei $t = 1,5$ bis $t = 3$ auf. Wenn aber K. Pearson, auf diesen Umstand hinweisend, in der soeben zitierten Monographie zu dem Schlusse gelangt, daß die Ungleichungen von Tschebyscheff (wie er sie nennt) von keinem besonderen Nutzen für die praktische Statistik seien und daß ihre Bedeutung stark übertrieben worden sei, so können wir seinem Urteil nicht beipflichten, wenigstens so lange es sich um das Bereich der ökonomischen Statistik handelt.

Zunächst wäre da zu bemerken, daß wir in der Wirtschaftsstatistik nur recht selten auf solche Reihen stoßen, die ein ausgesprochenes und in der Zeit stabiles Verteilungsgesetz aufweisen. Außerdem sind auch die betreffenden Gesamtheiten höherer Ordnungen häufig durchaus nicht als unendlich anzusehen. Der große Vorzug sowohl der Markoffschen, oder, wenn man will, der Markoff-Tschebyscheffschen Theoreme, als auch ihrer Umkehrungen liegt ja gerade darin, daß wir hinsichtlich des Verteilungsgesetzes und teilweise auch hinsichtlich des Umfanges der Gesamtheit an gar keine Voraussetzungen gebunden sind. Es sei gerne zugegeben, daß man bei Kenntnis des wahren Verteilungsgesetzes zu engeren Grenzen der Unsicherheit in der Bestimmung der betreffenden mathematischen Erwartungen kommen würde, doch ist diese etwas größere Sicherheit nicht allzuhoch einzuschätzen, denn ein Moment der Willkür bleibt immer

---

[1] Vgl. K. Pearson: On generalized Tchebycheff Theorem in the Mathematical Theory of Statistics, Biometrika, Vol. XII, S. 284—296.

noch übrig, und zwar besteht es in der Wahl der fiduziären Grenze, d. h. jener Wahrscheinlichkeit, die man bereits als praktische Gewißheit anzusehen bereit ist. So hat man z. B. bei der fiduziären Grenze $1 - 0{,}95$ in der „normalen Verteilung" $t = 2$ zu nehmen und bei Guldberg $\mu_4$ und $t = 3$ oder $\mu_2$ und $t = 5$; bei der Grenze $1 - 0{,}996$ ergibt die „normale Verteilung" $t = 3$ und Guldberg $\mu_6$ mit $t = 4$ oder beinahe $\mu_4$ mit $t = 5$. Andererseits könnte man bei falscher Annahme über das Verteilungsgesetz der betreffenden Gesamtheit höherer Ordnung zu ganz fehlerhaften Schlüssen kommen. Die Bedeutung der feineren mathematischen Methoden liegt ja oftmals nicht darin, daß man aus zweifelhaftem Material Schlüsse abzuleiten vermag, sondern gerade in der Möglichkeit, festzustellen, daß das Material zu unsicher, zu ungenügend ist, um aus ihm überhaupt etwas Bestimmtes deduzieren zu können. Wenn Markoffs Ungleichungen durch ihre breiteren Variationsgrenzen hier zu größerer Vorsicht zwingen, so ist dies oftmals eher als ein Vorzug zu werten. Auf die Gedankengänge von E. Pearson und J. Neyman[1] Bezug nehmend, würden wir sagen, daß es im Bereiche sehr vieler wirtschaftsstatistischer Anwendungen vorteilhafter ist, zu riskieren, eine richtige Hypothese als falsch zu verwerfen, als eine falsche als richtig anzunehmen. Nur in einer Hinsicht besteht unzweifelhaft ein gewisses Bedürfnis nach einer genaueren Kenntnis der wahren Verteilungsgesetze: nämlich in der Einschätzung der Variationsbreite der verschiedenen mathematisch-statistischen Maßzahlen, oder Parameter, wie z. B. der arithmetischen Durchschnitte, der mittleren Fehler, Momente, Korrelationskoeffizienten usw. Zum Glücke für die statistische Theorie ist gerade diese Frage im Laufe der letzten zwei Jahrzehnte hauptsächlich durch R. A. Fisher gründlich untersucht und in vielen Fällen bereits zu einer endgültigen Lösung gebracht worden (vgl. unten § 7).

Es wäre schließlich zu bemerken, daß die Markoffschen Ungleichungen noch eine gewisse Einengung erhalten können, wenn man von bestimmten plausiblen Vorstellungen über den allgemeinen Charakter des Verteilungsgesetzes der betreffenden Variablen ausgeht. Diese Vorstellungen dürfen aber nicht zu konkret gefaßt sein und müßten etwa in der Annahme bestehen, daß das Verteilungsgesetz nur einen

---

[1] Vgl. E. S. Pearson und J. Neyman: On the Use and Interpretation of Certain Test Criteria for Purposes of statistical Inference, Biometrika, Vol. XX, A, S. 175—240, 264—294; J. Neyman: Contribution to the Theory of Certain Test Criteria, Bull. de l'Inst. Internat. de Stat., 1929; derselbe: On methods of testing hypotheses: Atti del Congresso Internazionale dei Matematici, Bologna 3—10. IX. 1928, S. 35—41; E. S. Pearson und J. Neyman: On the Problem of Two Samples, Bull. de l'Académie Polonaise des Sciences et des Lettres, Classe des Sc. Math. et Nat., Série A, Cracovie 1930; J. Neyman and E. S. Pearson: On the Problem of k Samples, Ibidem 1931; dieselben: On the Problem of the most efficient tests of statistical hypotheses, Phil. Trans. of the Royal Society of London, Series A, Vol. 231, S. 289—327, 1932; dieselben: The Testing of statistical hypotheses in relation to probabilities a priori, Proc. of the Cambridge Philos. Society, Vol. XXIX, Part 4, Cambridge 1933.

einzigen, klar hervortretenden dichtesten Wert aufweise. In manchen Fällen (aber durchaus nicht in allen: man denke z. B. an die Angebots- und Nachfragekurven!) ließe sich ferner noch annehmen, daß der dichteste Wert nicht am äußersten Ende der „Verteilungskurve" liege.

Ein guter Ansatz zur Lösung derartiger Probleme findet sich, wie wir wissen, in den Arbeiten von Meidell (vgl. oben S. 192). Wenn das Verteilungsgesetz der Variablen nur einen dichtesten Wert aufweist und $m_{2n}$ das $2n$te Moment der Variablen $x$ um ihren dichtesten Wert $x_0$ bedeutet, so besteht nach Meidell eine Wahrscheinlichkeit

$$P > 1 - \frac{1}{\left(1 + \frac{1}{2n}\right)^{2n} \lambda^{2n}}$$

dafür, daß $x_i - x_0$ sich in den Grenzen

$$- \lambda \sqrt[2n]{m_{2n}} \leq x_i - x_0 \leq \lambda \sqrt[2n]{m_{2n}}$$

befinde. Um eine Vorstellung von den Vorzügen der Meidellschen Formel zu bekommen, wollen wir $n = 1$ setzen und annehmen, das Verteilungsgesetz sei symmetrisch, so daß $m_2 = \mu_2$ und $x_0 = Ex$. Die Wahrscheinlichkeit für die Beziehungen

$$- \lambda \sqrt{\mu_2} \leq x_i - Ex \leq \lambda \sqrt{\mu_2}$$

ist dann durch die folgende Ungleichung begrenzt:

$$P > 1 - \frac{4}{9 \lambda^2},$$

während wir bei Markoff-Tschebyscheff einfach

$$P > 1 - \frac{1}{\lambda^2}$$

zu schreiben hätten. Bei $\lambda = 3$ erhalten wir sodann:

$$\begin{aligned}
\text{nach Markoff:} \quad & P > 0{,}889, \\
\text{„ Meidell:} \quad & P > 0{,}951, \\
\text{bei normaler Verteilung:} \quad & P = 0{,}997.
\end{aligned}$$

Die Meidellsche Formel ist bis jetzt viel zu wenig von der statistischen Theorie beachtet worden, und es unterliegt kaum einem Zweifel, daß ihre Einführung in manchen Fällen eine beträchtliche Verschärfung der Formeln erlauben würde. Sie ist leider auf elementar-algebraischem Wege nicht abzuleiten.

## 7. Einige wichtige Verteilungsgesetze.

Wir haben bereits mehrmals darauf hingewiesen, daß keine Formel angegeben werden kann, welche nach dem Muster des Binomialsatzes alle überhaupt möglichen Verteilungsgesetze heterograder Gesamtheiten in sich schlösse und hierbei wenige statistische Parameter enthielte.

Gehört die zufällige Variable zur Ordnung $m$, d. h. treten in der betreffenden Gesamtheit höherer Ordnung nur $m$ verschiedene Werte des Merkmales $x$ auf, so besteht das Verteilungsgesetz, wie wir wissen, aus diesen $m$ Werten und den zugehörigen $m$ statistischen Wahrscheinlichkeiten derselben, die nur durch die einzige Bedingungsgleichung $\sum\limits_{i=1}^{m} p_i = 1$ miteinander verbunden sind. Die Methode der Momente, bzw. der Kumulanten, erlaubt es wohl, mit wenigen statistischen Parametern die Haupteigenschaften des Verteilungsgesetzes zu umschreiben, aber für die genaue Feststellung seiner $2\,m$ unbekannten Werte muß man offenbar zu obiger Bedingungsgleichung noch $2\,m - 1$ andere Gleichungen hinzufügen, die verschiedene Beziehungen zwischen den Momenten verschiedener Ordnungen zahlenmäßig darstellen. Und ist vollends $m \to \infty$, so müßte die Anzahl jener Gleichungen unendlich werden.[1]

Immerhin existiert aber auch im Bereiche der heterograden Gesamtheiten ein Verteilungsgesetz, welches eine ganz besondere Stellung einnimmt, da es die „stochastische Asymptote" (vgl. oben S. 221) sehr vieler Verteilungsgesetze im Falle $n \to \infty$ ergibt, d. h. im Falle, daß der Umfang der Gesamtheit niederer Ordnung unbegrenzt zunimmt, wobei selbstverständlich zuvor auch $N$ gegen $\infty$ gehen muß. Wir sind dieser stochastischen Asymptote bereits mehrmals begegnet, so z. B. auf S. 220, als wir feststellten, daß ganz allgemein bei $n \to \infty$ die Beziehungen bestehen:[2]

$$\frac{\mu_{2k,\,(n)}}{\mu_{2,\,(n)}^{k}} \to 1 \cdot 3 \cdot 5 \ldots (2k-1) \quad\ldots\ldots \quad (1)$$

und

$$\frac{\mu_{(2k+1),\,(n)}}{\sqrt{\mu_{2,\,(n)}^{2k+1}}} \to 0. \quad\ldots\ldots\ldots\ldots \quad (1a)$$

Im Grenzfall, als Limes, ergibt sich hieraus einfach:

$$\left.\begin{aligned}\mu_{4,\,(n)} = 3\,\mu_{2,\,(n)}^{2}, \;\; \mu_{6,\,(n)} = 15\,\mu_{2,\,(n)}^{3}, \;\; \mu_{8,\,(n)} = 105\,\mu_{2,\,(n)}^{4} \text{ usw.},\\[4pt] \mu_{1,\,(n)} = \mu_{3,\,(n)} = \mu_{5,\,(n)} = \mu_{7,\,(n)} = \ldots = 0.\end{aligned}\right\} \;\ldots\; (2)$$

---

[1] Die Literatur über das schwierige „Momenteproblem" ist recht umfangreich. Wir verweisen den Leser zunächst auf Tschuprows „Aufgaben und Voraussetzungen der Korrelationsmessung" (Nordisk Statistisk Tidskrift, Bd. 2, Nr. 1, S. 35, 1923), dann auf §§ 8 und 9 von Mises' Wahrscheinlichkeitsrechnung (insbesondere S. 249) und auf S. Polyas hervorragende Untersuchung „Über den zentralen Grenzwertsatz der Wahrscheinlichkeitsrechnung und das Momenteproblem" (Mathem. Ztschr., Bd. VIII, 1920).

[2] Vgl. hierzu die wichtigen Literaturhinweise bei Tschuprow: On the mathematical expectation of the Moments usw., Biometrika, Vol. XII, S. 157, 1918. Die Druckfehler in diesen Hinweisen sind auf S. 210 desselben Bandes (1919) berichtigt.

Betrachtet man die Reihe der Werte, die das arithmetische Mittel $\bar{x}$ bei den $\dfrac{N!}{(N-n)!}$ unterscheidbaren Gruppen (aus $n$ Elementen) annimmt, zu denen sich die Werte der ursprünglichen Gesamtheit kombinieren können, als die Elemente $x'_1$, $x'_2$, $x'_3$, .... einer neuen Gesamtheit vom Umfange $N' = \dfrac{N!}{(N-n)!}$, so würden für die Momente dieser Gesamtheit — unter der Voraussetzung eines genügend großen $n$ — die einfachen Beziehungen bestehen:

$$\mu_{2k} = 1 \cdot 3 \cdot 5 \dots (2k-1)\,\mu_2^k \quad \text{und} \quad \mu_1 = \mu_3 = \mu_5 = \dots = \mu_{(2k+1)} = 0.$$

Ein Verteilungsgesetz, welches vom Anfange an solche Beziehungen ergibt, wird in der angelsächsischen Literatur nach dem Vorschlage K. Pearsons[1] als normales Verteilungsgesetz bezeichnet (vgl. oben S. 181, 204 und 227). Auf dem Kontinente nennt man es gewöhnlich Gaußsches oder Gauß-Laplacesches Fehlergesetz. In der Wahrscheinlichkeitsrechnung wird bewiesen, daß jedes solche Verteilungsgesetz die Form

$$P_x = \frac{1}{\sqrt{\mu_2}\,\sqrt{2\pi}}\, e^{-\dfrac{(x_i-m_1)^2}{2\mu_2}} \quad \dots \dots \quad (3)$$

besitzt. Vergleicht man diesen Ausdruck mit Formel 9 des § 6, Kap. I (S. 68) und berücksichtigt man, daß dort $x^2$ an Stelle von $(i-np)^2$ steht, wobei $i$ die tatsächlich in der Stichprobe beobachtete Zahl der Elemente mit dem Merkmal $A$ bedeutet, so bemerkt man sofort, daß die beiden Formeln identisch sind, insofern man $x_i$ an Stelle von $i$, $m_1$ an Stelle von $np$ und $\sqrt{\mu_2}$ an Stelle von $\sigma$ setzt. Und wir haben oben auf S. 227 bereits festgestellt, daß für die homograden Gesamtheiten in der Tat $m_1 = np$ und $\sqrt{\mu_{2,(n)}} = \sigma = \sqrt{npq}$ ist. Greift man noch auf Formel (39) auf S. 56 (Kap. I, § 4) zurück, so kann man ferner behaupten, daß die normale Verteilung in der heterograden Statistik dem Falle $p = q$ für die Formel des Exponentialsatzes in der homograden entspricht.

Somit ist ein außerordentlich bemerkenswerter Zusammenhang zwischen homograden und heterograden Verteilungsgesetzen hergestellt. Und ganz ebenso wie auf S. 69 das sog. Laplacesche Integral aus Formel (14) des § 6 (Kap. I) abgeleitet worden ist, kann es auch für die normale Verteilung abgeleitet werden. Es ist augenscheinlich, daß hierbei dieselbe Formel herauskommen muß und daß folglich die Tab. 3 der Werte von $\dfrac{1}{2} + \dfrac{a}{2}$ (s. oben S. 75) auch auf die normale Verteilung angewandt werden kann. Diese Feststellung ist für die Praxis insofern von großer Wichtigkeit, als sie uns in einer Reihe von Fällen das Recht gibt, die weiten fiduziären Grenzen der Markoff-Tschebyscheffschen Ungleichungen durch die engeren Grenzen der Laplaceschen Verteilung zu ersetzen. Auch die Umkehrung der Formel für das Bayessche Problem

---

[1] K. Pearson: Historical Note on the Origin of the Normal Curve of Errors, Biometrika, Vol. XVI.

kann hier mit einem geringeren Verlust an Genauigkeit durchgeführt werden. Wir dürfen aber anderseits nicht vergessen, daß das Verteilungsgesetz für die Summen und Potenzensummen der Stichproben nur bei „genügend großem" Umfange derselben als mit dem „normalen" Verteilungsgesetze identisch angesehen werden kann, und wie groß dieser Umfang $n$ in der Praxis anzusetzen ist, hängt erstens von der Streuung der ursprünglichen Gesamtheit höherer Ordnung und zweitens vom angenommenen Genauigkeitsgrad ab. Die Sachlage ist hier ungefähr dieselbe, wie beim Einstellen des Objektivs eines photographischen Apparates auf die Entfernung vom aufzunehmenden Bilde: bei dem „Zeiß-Ikon" des Anfängers beginnt die „Unendlichkeit" bereits mit 5 Metern, für einen Apparat $9 \times 12$ cm mit einem mittelmäßigen Objektiv von der Lichtstärke $1:6,3$ fängt die „Unendlichkeit" etwa bei 20 Metern an usw.

Es sei noch bemerkt, daß unsere Ableitung des normalen Verteilungsgesetzes keineswegs seinem historischen Werdegang entspricht. Das Gesetz wurde zuerst von Laplace und besonders von Gauß in Anwendung auf gewisse Probleme der Fehlertheorie festgestellt, und der Umstand, daß in der Praxis überhaupt alle Verteilungsgesetze für Durchschnitte aus großen Stichproben angenähert „normal" werden, d. h. gegen die normale Verteilung als ihre stochastische Asymptote (vgl. oben S. 221) tendieren, wurde erst viel später bemerkt und gewürdigt. In erster Reihe wären hier die Untersuchungen Edgeworths zu nennen.[1]

Außer dem normalen Verteilungsgesetz sind noch eine Reihe anderer Verteilungsgesetze vorgeschlagen worden. Abgesehen von jener Gruppe, die aus Verallgemeinerungen des ersteren besteht und auf die nicht weiter eingegangen werden soll, sei hier nur kurz erwähnt, daß die Einführung der Thieleschen Halbinvarianten für die Gesamtheit höherer Ordnung (bzw. der Fisherschen Kumulanten; vgl. oben S. 164) eine sehr bemerkenswerte Formel ergibt. Von H. Bruns rührt eine dritte Formel her,[2] von Charlier eine vierte[3] usw. Das zur Zeit bekannteste dürfte das System der Pearsonschen Verteilungskurven sein, über die sich der Leser in jedem größeren englischen Lehrbuch informieren kann (die besten deutschen Darstellungen sind diejenigen von Czuber und Mises).[4]

So wichtig diese Verteilungsgesetze in einzelnen Fällen auch sein können und so interessant sie vom theoretischen Standpunkte auch er-

---

[1] Vgl. F. Y. Edgeworth: The Law of Error, Cambridge Philosophical Transactions, XX (1904—1908); derselbe: The Generalized Law of Error etc., Journ. Roy. Statist. Soc., Vol. 69, S. 497—530; ferner R. Mises: Wahrscheinlichkeitsrechnung, insbes. S. 197—224 („Erster Fundamentalsatz").

[2] Vgl. H. Bruns: Wahrscheinlichkeitsrechnung und Kollektivmaßlehre, S. 39ff., Leipzig u. Berlin 1906; ferner Mises: Wahrscheinlichkeitsrechnung, S. 250ff.

[3] Am besten bei Mises: Wahrscheinlichkeitsrechnung, S. 265ff., nachzuschlagen.

[4] Vgl. z. B. Mises: Wahrscheinlichkeitsrechnung, S. 269ff.

scheinen, — für den Sozial- und insbesondere für den Wirtschaftsstatistiker besitzen sie kein nennenswertes praktisches Interesse, da seine Gesamtheiten gewöhnlich in der Zeit viel zu wenig stabil sind und daher auch keine in der Zeit genügend stabilen statistischen Parameter besitzen. Infolgedessen übergehen wir hier auch ihre Darstellung. Praktisch wichtiger sind für den Sozialstatistiker jene Verteilungsgesetze, welchen die statistischen Parameter der Stichproben bei beliebigen Verteilungsgesetzen der ursprünglichen Gesamtheiten höherer Ordnung unterliegen können. Ist der Umfang der Stichprobe genügend groß, so gehen, wie wir wissen, sehr viele dieser Verteilungsgesetze gegen das normale, doch gerade im Bereiche der wirtschaftlichen Massenerscheinungen hat man es nicht selten mit nicht genügend großen Stichproben zu tun.

Zunächst müssen wir untersuchen, was eigentlich die Pearsonsche Maßzahl $\chi^2$ im Falle der heterograden Statistik bedeutet. Für homograde Gesamtheiten geht man bei der Ableitung bekanntlich (vgl. oben S. 95) davon aus, daß bei den Elementen einer gegebenen Gesamtheit höherer Ordnung vom Umfange $N$ im ganzen $m$ verschiedene einander ausschließende Merkmale unterschieden werden. Die relative Häufigkeit (bzw. statistische Wahrscheinlichkeit) des ersten Merkmales sei $p_1$, des zweiten $p_2$ usw., wobei $\sum\limits_{i=1}^{m} p_i = 1$. Es wird vorausgesetzt, daß dieser Gesamtheit eine Stichprobe vom Umfange $n$ entnommen worden sei, wobei die relative Häufigkeit des ersten Merkmals sich als $p'_1$, des zweiten als $p'_2$ usw. herausgestellt habe. Dann erhält die Maßzahl $\chi^2$ die folgende Gestalt:

$$\chi^2 = \sum_{i=1}^{m} \frac{(n\,p'_i - n\,p_i)^2}{n\,p_i}.$$

Die mathematische Erwartung dieses Ausdruckes ergibt sich offenbar als

$$E\,\chi^2 = \sum_{i=1}^{m} \frac{E\,(n\,p'_i - n\,p_i)^2}{n\,p_i} = \sum_{i=1}^{m} \frac{n\,E\,(p'_i - p_i)^2}{p_i}.$$

Und mit Rücksicht auf die Formel 27, § 2, Kap. III, (S. 202) erhalten wir hieraus sofort:

$$E\,\chi^2 = \sum_{i=1}^{m} \frac{n\left(1 - \dfrac{n-1}{N-1}\right)\dfrac{p_i\,q_i}{n}}{p_i} = \left(1 - \frac{n-1}{N-1}\right)\sum_{i=1}^{m} q_i =$$

$$= \left(1 - \frac{n-1}{N-1}\right)\sum_{i=1}^{m}(1 - p_i) = \left(1 - \frac{n-1}{N-1}\right)\left(m - \sum_{i=1}^{m} p_i\right) =$$

$$= \left(1 - \frac{n-1}{N-1}\right)(m-1). \quad \ldots \quad (4)$$

Ist jedoch $N \to \infty$, so verwandelt sich dieser Ausdruck ganz einfach in

$$E \chi^2 = m - 1; \quad \ldots \ldots \ldots \ldots \quad (5)$$

$m - 1$ ist zugleich die Zahl der „Freiheitsgrade". Im Falle der heterograden Statistik können wir offenbar die $m$ verschiedenen numerischen Werte einer zufälligen Variablen von der Ordnung $m$ als $m$ verschiedene Merkmale ansehen. Und somit ist es auch zulässig, auf diesen Fall direkt die Maßzahl $\chi^2$ anzuwenden.

Werden jedoch derselben Gesamtheit vom Umfange $N$ mehrmals Stichproben vom Umfange $n$ entnommen, so ist es möglich, sich auch hier — nach altem Muster — eine Gesamtheit noch höherer Ordnung vorzustellen, deren Elemente aus den $\dfrac{N!}{(N-n)!}$ überhaupt unterscheidbaren Gruppierungen zu $n$ Einheiten bestehen, und hierauf die Verteilung der Ausdrücke vom Typus $n\,\bar{x} = \sum\limits_{i=1}^{n} \dot{x}_i$ zu betrachten. Für eine homograde Gesamtheit, die nur aus Nullen und Einsen besteht, ergibt sich bekanntlich der Wert $n\bar{x} = np'_i$. Es sei angenommen, daß die $\dfrac{N!}{(N-n)!}$ verschiedenen Ausdrücke $n\,\bar{x}$ nach ihrer Größe im ganzen in $m'$ Gruppen eingeteilt sind, und es nehme hierbei $\bar{x}$ für die $j$-te Gruppe den Wert $\bar{x}_j$ an. Da nun $E\,(n\,p'_i) = np_i$ ist, so wird die mathematische Erwartung des Ausdruckes

$$\sum_{j=1}^{m'} S_j = \sum_{j=1}^{m'} \frac{(n\,\bar{x}_j - E\,n\,\bar{x}_j)^2}{E\,n\,\bar{x}_j} \quad \ldots \ldots \ldots \quad (6)$$

in der Tat gleich

$$\sum_{i=1}^{m'} \frac{(n\,p'_i - n\,p_i)^2}{n\,p_i},$$

also gleich der Maßzahl $\chi^2$ für $m' - 1$ Freiheitsgrade. Doch diese Beziehung gilt nicht für eine heterograde Gesamtheit, denn aus

$$S_j = \frac{(n\,\bar{x}_j - E\,n\,\bar{x}_j)^2}{E\,n\,\bar{x}_j} = \frac{n\,(\bar{x}_j - E\,\bar{x}_j)^2}{E\,\bar{x}_j} \quad \ldots \ldots \quad (7)$$

folgt, nach Einführung der Bezeichnungen von Seite 201, der Ausdruck:

$$E\,S_j = \frac{n\,\mu_{2,(n)}}{m_1} = \left(1 - \frac{n-1}{N-1}\right) \frac{\mu_2}{m_1},$$

und der Quotient $\dfrac{\mu_2}{m_1}$, welcher für eine homograde Gesamtheit den Wert $q_i = 1 - p_i$ ergibt, ist für eine heterograde im allgemeinen nicht mehr reduzierbar.

Wenn wir aber in $S_j$ den Zähler

$$n\,(\bar{x}_j - E\,\bar{x}_j)^2 \text{ durch } \sum_{i=1}^{n} (\dot{x}_i - \bar{x}_j)^2 = n\,\nu'_{2,(n)}$$

und ebenso $E\,\bar{x}_j$ durch $\dfrac{N}{N-1}\mu_2$ ersetzen, so ergibt sich hieraus der Ausdruck:

$$S'_j = \frac{N-1}{N} \cdot \frac{n\,v'_{2,(n)}}{\mu_2}, \quad \ldots \ldots \ldots \ldots \quad (8)$$

dessen mathematische Erwartung laut Formel (15) des § 2 (S. 200) gleich $\dfrac{N-1}{N}\,(n-1)$ ist, was bei $N\to\infty$ einfach zu $(n-1)$ führt, d. h. zum Werte, den die mathematische Erwartung von $\chi^2$ bei $n-1$ Freiheitsgraden annimmt. Diese Übereinstimmung könnte zufällig und belanglos sein, ist es aber in Wirklichkeit nicht. Es bedeutete einen beträchtlichen Fortschritt in der statistischen Theorie, als der Anonymus „Student" im Jahre 1908 den ersten, wenn auch mathematisch nicht ganz strengen Nachweis erbrachte, daß in der Tat im Falle eines normalen Verteilungsgesetzes der Gesamtheit höherer Ordnung das Verteilungsgesetz von $\dfrac{n\,v'_{2,(n)}}{\mu_2}$ bei $N\to\infty$ mit dem Verteilungsgesetz von $\chi^2$ bei $n-1$ Freiheitsgraden identisch ist.[1] Dieser Beweis wurde nach 7 Jahren durch R. A. Fisher vervollständigt und auf eine mathematisch korrekte Form gebracht. Aus ihm ergab sich auch, daß das Verteilungsgesetz von $\dfrac{n\,v'_{2,(n)}}{(n-1)\,\mu_2}$, wie leicht zu erraten, demjenigen von $\dfrac{\chi^2}{n-1}$ gleich ist. Es wurde später nachgewiesen, daß jene Verteilungsgesetze auch unmittelbar aus gewissen Formeln von Helmert (1876) abgeleitet werden könnten. In Wirklichkeit wurde aber diese Ableitung erst von Bortkiewicz im Jahre 1917 flüchtig angedeutet und im Jahre 1922 endgültig gegeben. Seine Monographie blieb leider infolge ihrer für deutsche Verhältnisse viel zu „hohen" mathematischen Form wenig beachtet. Letzterer Umstand ist um so bemerkenswerter, als die Helmertsche Formel auch das Verteilungsgesetz des Lexisschen Divergenzkoeffizienten $Q_n$ wiedergibt, freilich mit einigen Komplikationen, auf die Bortkiewicz selbst hingewiesen hat.[2] R. A. Fisher hat ferner auch das Verteilungsgesetz von $Q$ für den Poissonschen Fall (vgl. oben S. 119 f.) abgeleitet, für welchen, wie wir wissen, die Beziehung $\mu_2 = m_1$ besteht.[3]

---

[1] Vgl. „Student": The probable Error of a Mean, Biometrika, Vol. VI, S. 1—25, 1908.

[2] Vgl. L. Bortkiewicz: Das Helmertsche Verteilungsgesetz usw., S. 374. (Diese Arbeit wurde oben auf S. 99 besprochen.) Aus ihr folgt, daß die Behauptung R. A. Fishers, es habe vor ihm noch niemand die Beziehung zwischen $\chi^2$ und $Q$ bemerkt (vgl. seinen Vortrag „On a distribution yielding the error functions of several well-known statistics", Proceedings of the International Mathematical Congress, S. 807, Toronto 1924; ferner „Statistical Methods usw.", 4. Aufl., S. 82), dennoch nicht ganz den Tatsachen entspricht, obgleich nicht geleugnet werden kann, daß die Helmert-Bortkiewiczschen Ausführungen von den Fachleuten seinerzeit ganz übersehen worden sind.

[3] Vgl. wiederum seine „Statistical Methods", S. 17, und „On a distribution usw.", S. 807.

Das Verteilungsgesetz des Quotienten $\dfrac{n\,v'_{2,\,(n)}}{\mu_2}$ tendiert auch dann, bei zunehmendem $n$, gegen das normale, wenn das Verteilungsgesetz der ursprünglichen Gesamtheit vom Umfange $N \rightarrow \infty$ nicht normal ist: bereits bei $n > 30$ sind beide schwer voneinander zu unterscheiden.

Es ist ferner interessant festzustellen, daß man mit Hilfe desselben Verteilungsgesetzes (wie auch desjenigen, zu welchem wir gleich unten übergehen werden) unschwer eine „Umkehrung" im Sinne des Bayesschen Problems vornehmen kann, denn das Verteilungsgesetz des Quotienten $\dfrac{n\,v'_{2,\,(n)}}{\mu_2}$ wird durch eine Formel dargestellt, in die keine uns unbekannten Parameter der Gesamtheit höherer Ordnung eingehen. Die Anwendbarkeit des kürzlich von R. A. Fisher ausgearbeiteten Verfahrens wird bis zu einem gewissen Grade durch den Umstand eingeengt, daß die betreffende Gesamtheit höherer Ordnung nicht nur vom Umfange $N \rightarrow \infty$ sein muß, sondern auch ein normales Verteilungsgesetz aufweisen muß. Es ist jedoch Prof. Egon S. Pearson gelungen, an Hand einer Experimentenreihe aufzuzeigen, daß dasselbe Verteilungsgesetz in einer Reihe von Fällen unter der Voraussetzung eines nicht zu kleinen $n$ (sagen wir $n = 15$ und darüber) auch für eine nicht normal verteilte Gesamtheit gilt.[1] Eine etwas andere Lösung desselben Problems ist neulich von Neyman vorgeschlagen worden, der auch das baldige Erscheinen einer diesbezüglichen speziellen Monographie angekündigt hat.[2] Wir übergehen hier diese theoretisch höchst interessanten Ausführungen, da nach unserer Meinung die Umkehrung der Markoffschen Ungleichungen, die wir bereits oben in § 5 behandelt haben, größere Allgemeingültigkeit beanspruchen kann. Es sei aber jedenfalls nochmals festgestellt, daß die Fishersche Schule das Bayessche Theorem aus dem Gebäude der theoretischen Statistik ganz entfernen will.

Ein anderer lehrreicher Fall, der auch für den nationalökonomisch orientierten Statistiker von Interesse ist, entsteht, wenn man das Verteilungsgesetz von $\dfrac{(\overline{x}_j - m_1)\,\sqrt{n-1}}{\sqrt{v'_{2,\,(n)}}}$ oder, was im Grunde genommen

---

[1] Vgl. R. A. Fisher: Inverse probability, Proceed. Camb. Phil. Soc., Vol. XXVI, Part 4, 1930; derselbe: Inverse Probability and the use of likelihood, ibidem, Vol. XXVIII, Part 3, 1932; derselbe: The Concepts of Inverse Probability and Fiducial Probability referring to unknown Parameters, Proceed. Roy. Soc., A, Vol. 139, 1933; ferner E. S. Pearson in Journ. Roy. Statist. Soc., Vol. XCVI, Part 1.

[2] Vgl. Jerzy Neyman: On the Two Different Aspects of the Representative Method: the Method of Stratified Sampling and the Method of Purposive Selection; Journ. of the Royal Statistical Society, Vol. XCVII, 1934. Vgl. hierzu auch die sehr interessanten Debatten, an denen u. a. Prof. Bowley, R. A. Fisher, Dr. L. Isserlis und Prof. E. S. Pearson teilgenommen haben. Der Standpunkt R. A Fishers ist seitdem nochmals in seinem bereits zitierten Referat „The Logic of Inductive Inference" (Ibiden Vol. XCVIII, 1935) festgelegt worden.

zum selben Resultat führt, von $\dfrac{\overline{x}_j}{\sqrt{v'_{2,(n)}}}$ bestimmt. Wir wissen bereits,
daß das Verteilungsgesetz von $\dfrac{\overline{x}_j}{\sqrt{\mu_2}}$ normal ist — immer, d. h. bei beliebigem $n$, wenn die Gesamtheit höherer Ordnung normal ist, und we-
nigstens als stochastische Asymptote, wenn $n$, der Umfang der Stichprobe,
genügend groß genommen wird. Wir können also für die Wahrscheinlich-
keit $P\left\{\dfrac{\overline{x}_j}{\sqrt{\mu_2}}\right\}$ dafür, daß in einer Stichprobe der Quotient $\dfrac{\overline{x}_j}{\sqrt{\mu_2}}$ einen
bestimmten Wert angenommen hat, eine Formel angeben. Es ist aber
anderseits

$$P\left\{\frac{\overline{x}_j}{\sqrt{\mu_2}}\right\} = P\left\{\frac{\overline{x}_j}{\sqrt{v'_{2,(n)}}} \cdot \frac{\sqrt{v'_{2,(n)}}}{\sqrt{\mu_2}}\right\},$$

und das Verteilungsgesetz von $\dfrac{v'_{2,(n)}}{\mu_2}$ gehört, wie wir eben festgestellt
haben, zum $\chi^2$-Typus. Diese Beziehung ermöglicht es uns, auch das
Verteilungsgesetz von

$$t = \frac{(\overline{x}_j - m_1)\sqrt{n-1}}{\sqrt{v'_{2,(n)}}} \qquad \ldots \ldots \ldots \quad (9)$$

abzuleiten. Die Ableitung ist selbstverständlich allein mit den Mitteln
der elementaren Algebra nicht zu bewerkstelligen, doch ist es durchaus
nicht unbedingt notwendig, hierbei von der Vorstellung eines $n$-dimensio-
nalen euklidischen Raumes auszugehen, die R. A. Fisher an dieser Stelle
eingeführt hat und die auf den mathematischen Laien einen überaus un-
heimlichen Eindruck macht.

Das Verteilungsgesetz von (9) ergibt die in der angelsächsischen Schule
unter dem Namen „Studentsche Verteilung" bekannte Verteilung, die
„Student" selbst mit dem Buchstaben $z$ bezeichnete, die aber jetzt gewöhnlich, nach dem Vorschlage von R. A. Fisher, $t$-Verteilung genannt
wird. Auf die $t$-Verteilung läßt sich unter anderem auch das Verteilungsgesetz jener Regressionskoeffizienten zurückführen, die eine so große
Rolle in der Korrelationstheorie spielen. Auch die $t$-Verteilung tendiert
mit zunehmendem $n$ gegen die normale. Die „Student"schen Tafeln,
die sich in umgearbeiteter Form in den Fisherschen „Statistical Methods"
vorfinden, gehen daher nur bis $n = 30$. Mit freundlicher Erlaubnis
Fishers lassen wir hier einen kurzen Auszug aus seiner Tabelle folgen.

Die letzte Zeile, für $n = \infty$, entspricht dem Falle normaler Verteilung. (Siehe nächste Seite.)

Ein drittes, noch allgemeineres Verteilungsgesetz, aus welchem man
als Sonderfälle die normale, die Studentsche und die $\chi^2$-Verteilung
erhalten kann, ist die sog. „$z$"-Verteilung R. A. Fishers.[1]

---

[1] Es seien $s_1{}^2 = \dfrac{1}{n_1}\displaystyle\sum_{i=1}^{n_1} (x_i - \overline{x})^2$ und $s_2{}^2 = \dfrac{1}{n_2}\displaystyle\sum_{j=1}^{n_2} (x_j - \overline{x})^2$ zwei empirische Momente zweiter Ordnung für zwei Gesamtheiten vom Umfange

Tabelle 7. $t$-Verteilung.

| $n$ | $P = 0,90$ | $P = 0,50$ | $P = 0,05$ | $P = 0,02$ | $P = 0,01$ |
|---|---|---|---|---|---|
| 1 | 0,16 | 1,000 | 12,71 | 31,82 | 63,66 |
| 2 | 0,14 | 0,82 | 4,30 | 6,97 | 9,93 |
| 3 | 0,14 | 0,77 | 3,18 | 4,54 | 5,84 |
| 4 | 0,13 | 0,74 | 2,78 | 3,75 | 4,60 |
| 5 | 0,13 | 0,73 | 2,57 | 3,37 | 4,03 |
| 6 | 0,13 | 0,72 | 2,45 | 3,14 | 3,71 |
| 7 | 0,13 | 0,71 | 2,37 | 3,00 | 3,50 |
| 8 | 0,13 | 0,71 | 2,31 | 2,90 | 3,36 |
| 9 | 0,13 | 0,70 | 2,26 | 2,82 | 3,25 |
| 10 | 0,13 | 0,70 | 2,23 | 2,76 | 3,17 |
| 11 | 0,13 | 0,70 | 2,20 | 2,72 | 3,11 |
| 12 | 0,13 | 0,70 | 2,18 | 2,68 | 3,06 |
| 13 | 0,13 | 0,69 | 2,16 | 2,65 | 3,01 |
| 14 | 0,13 | 0,69 | 2,15 | 2,62 | 2,98 |
| 15 | 0,13 | 0,69 | 2,13 | 2,60 | 2,95 |
| 16 | 0,13 | 0,69 | 2,12 | 2,58 | 2,92 |
| 17 | 0,13 | 0,69 | 2,11 | 2,57 | 2,90 |
| 18 | 0,13 | 0,69 | 2,10 | 2,55 | 2,88 |
| 19 | 0,13 | 0,69 | 2,09 | 2,54 | 2,86 |
| 20 | 0,13 | 0,69 | 2,09 | 2,53 | 2,85 |
| 21 | 0,13 | 0,69 | 2,08 | 2,52 | 2,83 |
| 22 | 0,13 | 0,69 | 2,07 | 2,51 | 2,82 |
| 23 | 0,13 | 0,69 | 2,07 | 2,50 | 2,81 |
| 24 | 0,13 | 0,69 | 2,06 | 2,49 | 2,80 |
| 25 | 0,13 | 0,68 | 2,06 | 2,49 | 2,79 |
| 26 | 0,13 | 0,68 | 2,06 | 2,48 | 2,78 |
| 27 | 0,13 | 0,68 | 2,05 | 2,47 | 2,77 |
| 28 | 0,13 | 0,68 | 2,05 | 2,47 | 2,76 |
| 29 | 0,13 | 0,68 | 2,05 | 2,46 | 2,76 |
| 30 | 0,13 | 0,68 | 2,04 | 2,46 | 2,75 |
| $\infty$ | 0,12566 | 0,67449 | 1,95996 | 2,32634 | 2,57582 |

Die $z$-Verteilung gilt für die sog. „Intraclass"- und vielfachen („multiple") Korrelationskoeffizienten, für das Korrelationsverhältnis und für

$n_1$ bzw. $n_2$, und die ihnen entsprechenden mathematischen Erwartungen seien $\sigma_1^2$ und $\sigma_2^2$. Dann ergibt sich das Fishersche $z$ aus der Gleichung:

$$e^{2z} = \frac{\sigma_1^2}{\sigma_2^2} \cdot \frac{n_2 \sum\limits_{i=1}^{n_1} (x_i - \overline{x})^2}{n_1 \sum\limits_{j=1}^{n_2} (x_i - \overline{x})^2}.$$

(Vgl. R. A. Fisher: On a distribution yielding the error functions etc., S. 808 u. 809.) Bei $n_2 \to \infty$ erhalten wir hieraus die $\chi^2$-Verteilung, bei $n_1 \to \infty$ ihre Umkehrung, bei $n_1 = 1$ die Studentsche Verteilung $t$, und wenn gleichzeitig $n_1 = 1$, $n_2 \to \infty$, so ergibt sich die normale Verteilung.

eine Reihe anderer Maßzahlen der Korrelationstheorie, ferner für Vergleiche von Streuungen (diese Vergleiche spielen eine große Rolle in der Analyse der Stabilität statistischer Gesamtheiten).

Im allgemeinen muß man sagen, daß die $\chi^2$-, $t$- und $z$-Verteilungsgesetze nur auf jene Fälle anzuwenden sind, wo die Gesamtheit höherer Ordnung einen unendlichen oder praktisch so gut wie unendlichen Umfang besitzt (obgleich, wie oben bemerkt, nicht zu vergessen ist, daß die „statistische Unendlichkeit", gleich der „Unendlichkeit" des Photographen, nicht selten bereits bei recht kleinen Zahlen anfängt). Eine weitere wichtige Einschränkung besteht darin, daß obige Gesamtheit selbst normal oder nahezu normal verteilt sein muß, während umgekehrt der Umfang der Stichprobe $n$ als sehr klein angenommen wird (etwa von 5 bis 30—40). Ist $n$ groß, so tendieren, wie oben bereits mitgeteilt wurde, die Verteilungsgesetze von $\chi^2$ und $t$ gegen das normale. Somit ergibt sich für diese Verteilungsgesetze ein weites Anwendungsgebiet im Bereiche der biologischen, technischen und insbesondere agronomischen statistischen Forschung. Was aber die sozialen Massenerscheinungen anbetrifft, so hat man es hier, abgesehen von einigen Gebieten der Wirtschaftsstatistik, mit solchen $n$ zu tun, die jedenfalls die Zahl 30—40 bei weitem übersteigen. Und sogar dort, wo, wie etwa in manchen Stichprobenerhebungen der Konjunkturbeobachtung, der Umfang der Stichprobe sehr klein ist, wird das Verteilungsgesetz der betreffenden Gesamtheit höherer Ordnung häufig einen so unsymmetrischen Charakter aufweisen, daß es keineswegs, auch in erster Annäherung nicht, als „normal" angesehen werden kann. Man denke etwa an die Angebots- und Nachfrage-Verteilungen (-„Kurven").

Aus dem Gesagten geht hervor, daß man bei der statistischen Erforschung der sozialen Massenerscheinungen in der Regel sein Auskommen entweder in der Annahme finden kann, $n$ sei bereits so groß, daß die Verteilungen von $\bar{x}$, $\nu'_{2,(n)}$ usw. nahezu normal geworden seien, oder aber, was in zweifelhaften Fällen bei weitem vorzuziehen ist, man geht zur Anwendung der Markoffschen Ungleichungen und deren Derivate über. Die Variationsbreiten der letzteren sind freilich um einiges weiter, doch kommt dieser Umstand, wie gesagt, angesichts der Willkür, die bei der Festsetzung der „fiduziären Grenze" unabwendbar ist, relativ wenig in Betracht. Es gibt in der Wirtschaftspolitik und in der Konjunkturprognose Fälle, wo die wissenschaftliche Voraussage eines Ereignisses sehr schwerwiegende praktische Konsequenzen bewirken kann, und da sollte der Forscher — im Interesse des Rufes seiner Wissenschaft — mit besonderer Vorsicht vorgehen, d. h. die fiduziären Grenzen weiter ziehen als es etwa in der Agronomie geschieht; und bei breiten fiduziären Grenzen ist, wie wir wissen, der Unterschied zwischen den Ergebnissen der Markoffschen Ungleichungen und der genaueren Rechnungen nicht groß. Die Mißerfolge der Wirtschaftspropheten der letzten sieben Jahre sollten uns doch endlich gelehrt haben, daß es bei Prognosen vorteilhafter ist, das Risiko zu übernehmen, eine richtige Hypothese als unbewiesen zu verwerfen, statt eine falsche als bewiesen anzuerkennen.

„Im Falle des Zweifels enthalte dich der Aussage" — sollte die Devise des Theoretikers sein. Der praktische Wirtschaftspolitiker möge darüber anders denken, dafür aber auch die Verantwortung für die möglichen Mißerfolge selbst übernehmen.

Einerseits infolge obiger Überlegungen, anderseits aber mit Rücksicht darauf, daß eine genaue Darstellung der Theorie und der praktischen Anwendungen der $\chi^2$-, $t$- und $z$-Verteilungstabellen viel Raum erfordern würde, begnügen wir uns hier mit den bisherigen, recht summarischen Ausführungen. Der Leser, der sich für diesen theoretisch höchst interessanten Abschnitt der statistischen Methodik interessieren sollte, in welchem jetzt sehr intensiv und sehr erfolgreich von R. A. Fisher und seiner Schule gearbeitet wird, wird auf das bekannte Lehrbuch R. A. Fishers „Statistical Methods for Research Workers" verwiesen. Er darf sich aber durch die scheinbare Einfachheit der Darstellung nicht täuschen lassen: das Buch ist durchaus keine leichte Lektüre, wenn man es mit ihm so ernst meint, wie es verdient: jedes Wort ist hier sorgfältig abgewogen und muß vom Leser richtig verstanden und verarbeitet werden, denn ihm entsprechen sehr komplizierte, sehr scharfsinnige und sehr weittragende mathematische Untersuchungen des Verfassers. Es ist lebhaft zu bedauern, daß abgesehen von den ersten Annäherungsformeln für die Verteilungsgesetze der meisten statistischen Parameter, welche von K. Pearson und seinen nächsten Schülern dargestellt wurden,[1] bis jetzt keine rechte „Mittelstufe" existiert zwischen den mathematisch außerordentlich „hohen" Untersuchungen Fishers und den „elementaren" Darstellungen seines Lehrbuches, aus welchen beinahe jeder Beweis fortgelassen worden ist.

## 8. Der Rückschluß im Falle heterograder Statistik überhaupt.

Oben im § 5 haben wir die Frage des Rückschlusses im Falle der Markoffschen Ungleichungen behandelt und festgestellt, daß es möglich ist, an Hand dieser gewisse Grenzen aufzuzeigen, in denen sich der gesuchte statistische Parameter der Gesamtheit höherer Ordnung befinden muß, falls man über die Ergebnisse einer Stichprobe verfügt und bestimmte Zuverlässigkeitsgrenzen („fiduziäre Grenzen") eingesetzt hat. Für die Bedürfnisse der statistischen Praxis genügt dies jedoch noch nicht, denn es ist in der Regel notwendig, auch einen bestimmten Wert auszusuchen, der sich in den angegebenen Grenzen befindet und als der „beste", der „plausibelste", der „Präsumtiv"-Wert des unbekannten statistischen Parameters angesehen werden darf. Als ein solcher wird jetzt meist eine Zahl betrachtet, die sich bei zunehmendem $n$ (Umfang der Stichprobe) immer mehr dem gesuchten Parameter als „stochastischer Grenze" nähert, um diese bei $n = N$ (Umfang der Gesamtheit höherer Ordnung) zu erreichen. Es gibt ferner Fälle, wie z. B. beim Korrelationskoeffizienten, wo man sich damit begnügen muß, daß die

---

[1] Vgl. etwa die redaktionellen Aufsätze „On the Probable Errors and Frequency constants" in der Biometrika (Vol. II, Vol. IX, Vol. XIII usw.)

genannte Zahl sich nur der „stochastischen Asymptote" des Parameters
nähert. Beide Verfahren sind selbstverständlich ebenfalls willkürlich.
Begründet werden sie damit, daß bei wiederholten unabhängigen Schätzun-
gen der arithmetische Durchschnitt solcher Präsumtivwerte an den gesuchten Parameter immer mehr herankommt.[1] Auf die Terminologie des
Kap. II, § 7, zurückgreifend, können wir uns auch so ausdrücken: Der
plausibelste Wert ist eine aus den Daten der Stichprobe berechnete Zahl,
deren mathematische Erwartung genau das gesuchte Ergebnis liefert.
R. A. Fisher, der gerne neue Definitionen in die Theorie einführt, bezeichnet solche Zahlen als „consistent" (d· h. etwa übereinstimmend,
folgerichtig, konsequent). Da es aber im allgemeinen verschiedene
statistische Parameter geben kann, die dieselbe mathematische
Erwartung aufweisen (man bedenke z. B., daß sowohl $E\dot{x}_i$ als auch

$$E \frac{1}{n} \sum_{i=1}^{n} \dot{x}_i \text{ denselben Wert } m_1 \text{ besitzen: vgl. oben S. 201), so muß noch ein}$$

weiteres Kriterium eingeführt werden, welches es erlaubt, zwischen einigen
konkurrierenden „folgerichtigen" Koeffizienten den relativ besten herauszufinden. Als dieses zweite Kriterium tritt nun bei R. A. Fisher der
Begriff der „efficiency". Als „efficient", d. h. „wirksam" oder „leistungsfähig", bezeichnet er jenen Koeffizienten, der nicht nur in der mathematischen Erwartung bei zunehmendem $n$ die gesuchte Maßzahl ergibt,
sondern auch noch zwei zusätzliche Eigenschaften besitzt: a) ein Verteilungsgesetz aufweist, welches bei zunehmendem $n$ gegen das normale
tendiert, und b) um seine mathematische Erwartung mit der relativ
kleinsten Streuung schwankt.[2] So wird z. B. bei einer Stichprobe vom
Umfange $n$:

$$\dot{x}_1, \ \dot{x}_2, \ \dot{x}_3, \ \ldots \ \dot{x}_n,$$

sowohl $\dot{x}_1$, als auch $\dfrac{\dot{x}_1 + \dot{x}_2}{2}, \dfrac{\dot{x}_1 + \dot{x}_2 + \dot{x}_3}{3}, \ \ldots \ \dfrac{1}{n-1} \sum\limits_{i=1}^{n-1} \dot{x}_i$ und $\dfrac{1}{n} \sum\limits_{i=1}^{n} \dot{x}_i$

dieselbe mathematische Erwartung, $E\,x$, aufweisen und „consistent"
sein, doch ist:

$$E\,(\dot{x}_1 - E\,x)^2 = \mu_2, \qquad E\left(\frac{\dot{x}_1 + \dot{x}_2}{2} - E\,x\right)^2 = \left(1 - \frac{1}{N-1}\right)\frac{\mu_2}{2},$$

$$E\left(\frac{\dot{x}_1 + \dot{x}_2 + \dot{x}_3}{3} - E\,x\right)^2 = \left(1 - \frac{2}{N-1}\right)\frac{\mu_2}{3}, \qquad E\left(\frac{1}{n-1} \sum_{i=1}^{n-1} \dot{x}_i - E\,x\right)^2 =$$

$$= \left(1 - \frac{n-2}{N-1}\right)\frac{\mu_2}{n-1}, \ \text{ und } E\left(\frac{1}{n} \sum_{i=1}^{n} \dot{x}_i - E\,x\right)^2 = \left(1 - \frac{n-1}{N-1}\right)\frac{\mu_2}{n}.$$

---

[1] Vgl. Al. A. Tschuprow: Ziele und Wege der stochastischen Grundlegung der statistischen Theorie. Nordisk Statistisk Tidskrift, Bd. 3, H. 4,
S. 468, 1924.

[2] Vgl. R. A. Fisher: Statist. Methods for Research Workers, Intro-
ductory, § 3.

Somit besitzt in dieser Reihe das arithmetische Mittel $\dfrac{1}{n}\sum\limits_{i=1}^{n}\dot{x}_i$, als empirische Annäherung an $Ex$ betrachtet, die relativ kleinste Streuung. Und
da sein Verteilungsgesetz bei zunehmendem $n$ gegen das normale tendiert,
so ist es im Sinne Fishers „efficient", d. h. „leistungsfähig". Die
„Leistungsfähigkeit" der übrigen Konkurrenten wird nach dem umgekehrten Verhältnis ihrer Streuung zur Streuung des leistungsfähigsten
Koeffizienten gemessen. So wird z. B. die „efficiency" von $\dot{x}_1$ im Vergleich zu $\dfrac{1}{n}\sum\limits_{i=1}^{n}\dot{x}_i$ nur den Bruch

$$\left(1-\frac{n-1}{N-1}\right)\frac{\mu_2}{n} : \mu_2 = \frac{N-n}{(N-1)\,n}$$

ausmachen. In diesem Sinne kann man auch sagen, daß $\dfrac{1}{n}\sum\limits_{i=1}^{n}\dot{x}_i$ im Vergleich zu allen anderen Maßzahlen, die aus den Daten der gegebenen
Stichprobe vom Umfange $n$ berechnet werden können (insbesondere
wenn die Gesamtheit höherer Ordnung selbst normal verteilt ist), die
vollste denkbare Information über die mathematische Erwartung $Ex$
enthält, und daß die Berechnung von $\dfrac{1}{n-1}\sum\limits_{i=1}^{n-1}\dot{x}_i,\ \dfrac{1}{n-2}\sum\limits_{i=1}^{n-2}\dot{x}_i$ usw. zu
dieser Information nichts Neues beitragen kann. Maßzahlen von einem
solchen Charakter nennt Fisher „sufficient", d. h. „hinreichend".

Als ein anderes Beispiel für denselben Gedankengang können wir auf das
Verhältnis der durchschnittlichen Abweichung $\delta$ (vgl. oben S. 149) zur Qua-
dratwurzel aus dem empirischen zweiten Moment $\sqrt{\dfrac{N-1}{N\,(n-1)}\sum\limits_{i=1}^{n}(\dot{x}_i-\overline{x})^2}$
hinweisen. Beide Parameter besitzen dasselbe Ziel, die Streuung der
Gesamtheit höherer Ordnung zu schätzen; R. A. Fisher hat jedoch
nachgewiesen,[1] daß die „Leistungsfähigkeit" des zweiten im Falle normaler Verteilung um 12% höher ist als die des ersten, und somit kommt
dieser, trotz seiner rechnerischen Vorzüge, bei genaueren mathematisch-
statistischen Berechnungen nicht mehr in Betracht. Es ist nämlich
vorteilhafter, etwas mehr Arbeit auf die Berechnung von $\dfrac{N-1}{N}\cdot\dfrac{n}{n-1}\,v'_{2,(n)}$
zu verwenden, als die Beobachtungszahl um rund 14% zu vergrößern, was
notwendig wäre, wenn man mit der durchschnittlichen Abweichung
denselben Genauigkeitsgrad zu erreichen wünschte.

Eine weitere Komplikation ergibt sich daraus, daß die mathematischen
Erwartungen der einzelnen Merkmale der Elemente in der Gesamtheit

---

[1] R. A. Fisher: A mathematical examination of determining the accuracy
of an observation by the mean error and by the mean square error. Monthly
Notices of the Royal Astronomical Society, LXXX, S. 758—770 (1920).

höherer Ordnung einen Widerspruch ergeben können, worauf meines Erachtens die Bedenken von Bertelsen und Steffensen gegen den Begriff der mathematischen Erwartung zurückgeführt werden können.[1] Betrachten wir etwa folgenden einfachen Fall: Jedes Element der Gesamtheit besitze die beiden Merkmale $x$ und $y$, welche miteinander durch die feste Beziehung $x \cdot y = 120$ verbunden sind. Man kann hier etwa an verschieden dimensionierte Rechtecke denken, die alle dieselbe Fläche 120 cm² besitzen und bei welchen $x$ die Basis und $y$ die Höhe bedeuten. Eine Stichprobe vom Umfange 5 habe nun das folgende Ergebnis hervorgebracht:

$$
\begin{array}{llccccc}
x = & & 1, & 2, & 3, & 4, & 5 \\
y = & & 120, & 60, & 40, & 30, & 24 \\
\text{Produkt:} & & 120, & 120, & 120, & 120, & 120.
\end{array}
$$

Die beste Annäherung an die mathematische Erwartung von $x$ ergibt sich nun aus dem arithmetischen Mittel

$$\frac{1 + 2 + 3 + 4 + 5}{5} = 3,$$

und die beste Annäherung an $E\,y$ aus dem Mittel:

$$\frac{120 + 60 + 40 + 30 + 24}{5} = 54{,}8.$$

Doch das Produkt beider Präsumtivwerte, d. h. von 3 und 54,8, ergibt 164,4 und nicht mehr 120! Hierbei bleibt noch eine ganz offene Frage, welches Resultat das genaue Produkt $Ex\,Ey$ ergeben würde. Diese „Antinomie" ist natürlich ziemlich leicht mit Hilfe mehr adäquater Mittel der mathematischen Statistik zu lösen, und wir haben sie nur deshalb angeführt, um zu zeigen, daß die Kriterien der mathematischen Erwartung und der „Leistungsfähigkeit" noch an und für sich nicht genügen, eine immer widerspruchslose Wahl der besten Annäherungswerte für die unbekannten statistischen Parameter zu treffen.

Im allgemeinen Falle kann unser Problem wie folgt dargestellt werden. Es sei bekannt, daß die vorliegende Gesamtheit vom Umfange $n$ eine Stichprobe aus einem statistischen Kollektiv höherer Ordnung darstellt, dessen Umfang gegeben oder auch unbestimmt sein kann. Bei diesem Kollektiv interessieren uns gewisse statistische Parameter $\theta_1, \theta_2, \theta_3, \ldots$ (etwa Momente oder Kumulanten), die miteinander durch gewisse Beziehungen verbunden sind oder wenigstens verbunden sein können — schon allein deshalb, weil sie alle auf dieselbe Gesamtheit bezogen werden. Die Zahl dieser Parameter sei nicht groß und jedenfalls kleiner als $n$, der Umfang der Stichprobe. Die Aufgabe besteht nun darin, aus der letzteren die besten Annäherungen an die ersteren zu finden. Da die Zahl

---

[1] Vgl. N. P. Bertelsen: On the Compatibility of frequency Constants, and the presumtive laws of error, Skandinavisk Aktuarietidskrift, Uppsala 1927; J. F. Steffensen: Some recent researches in the theory of statistics and actuarial science, Cambridge 1930 (Published for the Institute of Actuaries).

der Unbekannten, wie wir annehmen, kleiner ist als die Zahl $n$ der Elemente der Stichprobe, aus denen man Gleichungen zur Berechnung der Unbekannten bilden kann, so ist die Aufgabe im Prinzip immer lösbar, doch läßt sie eben verschiedene Lösungen zu, die gegenseitig unvereinbar sein können. Selbstverständlich nehmen wir hierbei an, daß die mathematische Formel für die existierenden Beziehungen zwischen den Parametern $\theta_1$, $\theta_2$, $\theta_3$, .... uns bereits bekannt ist. Ist dies nicht der Fall, so können wir gewöhnlich von dem Umstande Gebrauch machen, daß die Wahl des Systems der Parameter bis zu einem gewissen Grade von unserer Willkür abhängt und einfach das gegebene System durch ein anderes, handlicheres, ersetzen. In der Regel werden wir hierbei solche Parameter bevorzugen, deren Annäherungen ein Verteilungsgesetz besitzen, das entweder normal ist oder wenigstens bei zunehmendem $n$ gegen das normale strebt. Es ist gewöhnlich vorteilhaft, die Formel des Verteilungsgesetzes des Kollektivs als jene Formel einzuführen, die die einzelnen $\theta$ miteinander verbindet, denn ist einmal das volle Verteilungsgesetz der Variablen gegeben, so können aus ihm alle statistischen Parameter unmittelbar abgeleitet werden. Für ein normales Verteilungsgesetz bestehen z. B., wie wir bereits oben im § 7 ausgeführt haben, die folgenden einfachen Beziehungen:

$$\mu_{2k} = 1 . 3 . 5 \ldots (2\,k - 1)\,\mu_2^{\,k} \text{ und } \mu_{2k+1} = 0,$$

bei beliebigem ganzen positiven $k$.

Die Wahl der besten Werte für die Parameter $\theta_1$, $\theta_2$, $\theta_3$, .... gehört bei einer derartigen Problemstellung eigentlich in den Kreis der sog. Fehlertheorie. Es können hierbei angewandt werden: die klassische Methode der kleinsten Quadrate, welche in jedem Lehrbuche der Wahrscheinlichkeitstheorie eingehend behandelt wird (am besten und mathematisch strengsten wohl bei Markoff),[1] dann die Pearsonsche Methode der Momente, welche jetzt schweren Angriffen seitens R. A. Fishers ausgesetzt ist,[2] die Methode des minimalen $\chi^2$ usw.[3] Die Darstellung dieser Methoden geht bereits über den Kreis jener Themen heraus, die wir in unserem Buch behandeln können, und jener Leser, der mathematisch genügend vorgebildet ist, wird auf die einschlägige Fachliteratur verwiesen.

Wir halten es jedoch für notwendig, an dieser Stelle wenigstens kurz zu erwähnen, daß R. A. Fisher hierfür eine besondere Methode vorgeschlagen hat, die er selbst als „Method of maximum likelihood" bezeichnet.[4] Die Parameter, die an Hand dieser Methode berechnet werden,

---

[1] A. A. Markoff: Wahrscheinlichkeitsrechnung, Kap. VII. Moskau 1924 (russisch).

[2] Vgl. z. B. R. A. Fisher: On the mathematical Foundation of Theoretical Statistics. Phil. Trans. Roy. Soc., A, Vol. 222, S. 355.

[3] Ibidem S. 357ff.

[4] In buchstäblicher Übersetzung ist „likelihood" gleichbedeutend mit „Wahrscheinlichkeit". Doch da eine solche Übertragung aus dem Englischen zu großen Mißverständnissen führen könnte, so muß hierfür ein anderes Wort

besitzen den Vorzug, daß sie immer „sufficient" sind (falls dies überhaupt möglich ist), also, von einem gewissen Standpunkte aus gesehen, die denkbar vorteilhafteste Lösung darstellen, vorausgesetzt, daß diese Lösung mathematisch durchführbar ist. In den einfacheren Anwendungsfällen ergibt die Methode Fishers ganz dieselben Werte, wie auch ihre „Konkurrenten"; diese Feststellung bezieht sich insbesondere auf die $\chi^2$-Methode, die mit ihr manches Gemeinsame besitzt.

Gegeben sei wiederum eine Stichprobe vom Umfange $n$ mit dem Merkmale $x$:

$$\dot{x}_1, \ \dot{x}_2, \ \dot{x}_3, \ldots, \dot{x}_n, \quad \cdots\cdots\cdots \quad (1)$$

die einem Kollektiv vom Umfange $N \to \infty$ entnommen ist. Die statistische Wahrscheinlichkeit von $x_1$ sei $p_1$, die von $x_2$ sei $p_2$ usw. Falls die einzelnen Werte der zufälligen Variablen gegenseitig stochastisch unabhängig sind, was bei einem statistischen Kollektiv vom Umfange $N \to \infty$ immer der Fall sein muß, so wird die statistische Wahrscheinlichkeit des gleichzeitigen Auftretens gerade von $\dot{x}_1, \dot{x}_2, \dot{x}_3, \ldots, \dot{x}_n$ in der gegebenen Reihenfolge und in der gegebenen Stichprobe nach dem Multiplikationssatz (vgl. oben Kap. I, § 2) durch das Produkt

$$p_1\,p_2\,p_3 \cdots p_n$$

gegeben. Wenn uns die Reihenfolge, in welcher die einzelnen $x$ auftreten, gleichgültig ist, so brauchen wir die verschiedenen Permutationen derselben nicht zu unterscheiden, und die Wahrscheinlichkeit des Erscheinens gerade der Stichprobe (1) verwandelt sich in

$$P = C p_1\,p_2\,p_3 \cdots p_n, \quad \cdots\cdots\cdots \quad (2)$$

wobei $C$ eine ganze und aus der Kombinatorik genau bestimmbare Zahl ist. Nehmen wir jetzt an, daß wir jedes $p_i$ durch das ihm entsprechende $x_i$ und die betreffenden statistischen Parameter des Kollektivs ausdrücken können. Ist z. B. das Verteilungsgesetz der $x$ ein normales, so treten in der Formel

$$p_i = \frac{1}{\sqrt{2\,\pi\,\mu_2}} \, e^{-\frac{(x_i - m_1)^2}{2\,\mu_2}}$$

zwei solche Konstanten, $m_1$ und $\mu_2$, auf; bei einer binomialen Verteilung erscheinen $p$ und $q$, die miteinander durch die Beziehung $p + q = 1$ verbunden sind; wenn zwei korrelierte Variable vorliegen (vgl. oben S. 168), so müssen bereits 5 Konstanten: $m(x)_1$, $m(y)_1$, $\mu(x)_2$, $\mu(y)_2$ und $\mu(x,y)_{1,1}$ eingeführt werden usw. Es sei angenommen, daß in unserem Falle das System derartiger Konstanten durch die Parameter $\theta_1, \theta_2, \theta_3, \ldots$ dargestellt werde. Bezeichnet man, wie es in der Mathematik üblich ist, die uns bekannte Formel, die $p_i$ mit $x_i, \theta_1, \theta_2, \theta_3, \ldots$ verbindet, symbolisch durch

$$p_i = f(x_i, \theta_1, \theta_2, \theta_3, \ldots), \quad \cdots\cdots\cdots \quad (3)$$

geprägt werden. In Betracht käme etwa „Probabilität", was jedoch bei der Rückübersetzung ins Englische irreleitend wäre, oder „Possibilität".

so kann (2) folgendermaßen ausgedrückt werden:

$$P = C f(x_1, \theta_1, \theta_2, \theta_3, \ldots) \cdot f(x_2, \theta_1, \theta_2, \theta_3, \ldots) \times$$
$$\times f(x_3, \theta_1, \theta_2, \theta_3 \ldots) \ldots f(x_n, \theta_1, \theta_2, \theta_3, \ldots) =$$
$$= C \prod_{i=1}^{n} f(x_i, \theta_1, \theta_2, \theta_3, \ldots), \quad \cdots \cdots \cdots \quad (4)$$

wobei das Symbol $\prod_{i=1}^{n}$ folgendermaßen zu lesen ist: „Produkt aller $n$ verschiedenen Wahrscheinlichkeiten vom Typus $f(x_i, \theta_1, \theta_2, \theta_3, \ldots)$, angefangen mit $f(x_1, \theta_1, \theta_2, \theta_3, \ldots)$ und abschließend mit $f(x_n, \theta_1, \theta_2, \theta_3, \ldots)$.“

Die Methode der maximalen „likelihood" besteht nun darin, solche Werte für $\theta_1, \theta_2, \theta_3, \ldots$ zu wählen, welche den Ausdruck (4) zu einem Maximum machen. Das ist gleichbedeutend mit der Annahme, daß unter allen möglichen Gruppierungen zu $n$ Elementen aus $N$, deren Anzahl, wie wir wissen, bei endlichem $N$ durch den Ausdruck $\dfrac{N!}{(N-n)!}$ gegeben ist, gerade jene Gruppierung, die wir tatsächlich erhalten haben, die relativ wahrscheinlichste ist. Diese Annahme ist sehr plausibel, denn besitzen wir z.B. eine Urne mit 5 roten und 5 schwarzen, aber mit 10 weißen Kugeln, so wird es relativ am häufigsten vorkommen, daß wir gerade eine weiße Kugel aus der Urne ziehen, und dieser Fall wird gewöhnlich für uns ein besonderes Interesse besitzen. An Stelle des Maximums für den Ausdruck (4) können wir auch das Maximum seines Logarithmus bestimmen, denn je größer die Zahl, desto größer ist auch ihr Log. Es ist nun

$$\log P = \log C + \sum_{i=1}^{n} \{\log f(x_i, \theta_1, \theta_2, \theta_3, \ldots)\},$$

und da $C$ eine Konstante ist, so folgt, daß man nur das Maximum der Funktion

$$L = \sum_{i=1}^{n} \{\log f(x_i, \theta_1, \theta_2, \theta_3, \ldots)\} \quad \cdots \cdots \quad (5)$$

zu bestimmen hat. Dieses $L$ ist nun eben jene Funktion, die der Fisherschen Methode zugrunde liegt. Das Weitere ist Sache mathematischer Technik, auf die wir hier nicht einzugehen brauchen, die aber einem jeden leicht verständlich sein muß, der mit den Anfangsgründen der Infinitesimalrechnung vertraut ist. Die Vorzüge der Fisherschen Methode bestehen, wie gesagt, darin, daß sie solche Lösungen ergibt, welche die Eigenschaft der „sufficiency" besitzen. Ferner ergibt sie auch eine bequeme Handhabe zur Berechnung der Formel vieler Verteilungsgesetze. Die Idee, den dichtesten Wert und nicht das arithmetische Mittel zum Ausgangspunkt zu nehmen, ist uns bereits nicht ganz fremd, denn wir haben mit derselben Idee bei der Ableitung der Laplaceschen Formel und der Formel von

$\chi^2$ zu tun gehabt. Die Anwendungsmöglichkeiten der Fisherschen Methode, so wie sie jetzt steht, sind durch die Annahme $N \to \infty$ begrenzt, welche Annahme übrigens wahrscheinlich unschwer zu entfernen ist, und ferner noch durch folgende Umstände: nicht für alle Verteilungen sind die ihnen entsprechenden Ausdrücke $f(x_i, \theta_1, \theta_2, \theta_3, \ldots)$ bekannt, und sind sie auch bekannt, so lassen sie nicht immer eine Lösung nach der Likelihood-Methode zu. Ferner besitzen nicht alle Verteilungsgesetze ein ausgesprochenes Maximum: es kann gelegentlich auch vorkommen, daß das Verteilungsgesetz mehrere dichteste Werte aufweist, in welchem Falle das Ergebnis der Methode wenig durchsichtig wird.

Hiermit schließen wir unsere gedrängte Darstellung der Fisherschen Methode. Der Leser, welcher in sie tiefer eindringen will, muß sich zuvor eine gute Schulung in der höheren Mathematik erwerben, doch werden seine Bemühungen späterhin auch reichlich belohnt werden, denn die Möglichkeiten, welche uns die Fisherschen mathematischen Verfahren bieten, scheinen noch lange nicht erschöpft zu sein.[1]

Die Fishersche likelihood steht noch in einer gewissen Beziehung zu einem komplizierten Problem, nämlich zu dem des Vergleiches mehrerer Stichproben und der Feststellung, ob sie noch als zum selben statistischen Kollektiv (höherer Ordnung) gehörig angesehen werden können oder nicht. Diese Frage besitzt eine große praktische Bedeutung insbesondere bei Zeitreihen, denn die Kardinalfrage bei diesen ist: verändert sich die Gesamtheit (bzw. das Kollektiv) höherer Ordnung, der die Stichproben in gewissen Zwischenräumen entnommen werden, in der Zeit oder kann sie als stabil, als konstant angesehen werden. Hierbei sind zwei Einstellungen möglich, auf die Egon Pearson und J. Neyman in einer Reihe von bemerkenswerten Aufsätzen hingewiesen haben[2]: entweder man untersucht, ob die Hypothese, die Gesamtheiten seien identisch, noch aufrecht erhalten werden kann, oder umgekehrt, man stellt fest, ob es noch notwendig ist, diese Gesamtheiten als identisch anzusehen. In einem Falle mißt man die Gefahr, eine falsche Hypothese aufrechtzuerhalten, im anderen die Gefahr, eine richtige zu verwerfen.

Abgesehen von den in diesem Kapitel bereits zitierten Arbeiten, kann der Leser noch folgende Monographien zu Rate ziehen:

Zu § 3. — H. E. Soper: Frequency arrays, illustrating the use of logical symbols in the study of statistical and other distributions. Cambridge 1922. — J. Shohat: Inequalities for moments and frequency functions and for various statistical constants: Biometrika, Vol. XXI, S. 361—370. — Al. A.

---

[1] Abgesehen vom Lehrbuch „Statistical Methods" sind in erster Linie folgende Monographien von Fisher zu studieren: „On the Mathematical Foundation of Theoretical Statistics" (1922) und „Two New Properties of Mathematical Likelihood", Proceedings of the Royal Society, Series A, Vol. 144, No. A. 852 (1934).

[2] Vgl. die in der Anmerkung auf S. 246 aufgezählten Monographien. Überhaupt gebührt diesen beiden Gelehrten das Verdienst, die Frage richtig gestellt und sehr vieles zu ihrer endgültigen Lösung beigetragen zu haben.

266 III. Kap. Der direkte und der umgekehrte Schluß.

Tschuprow: On the asymptotic frequency distribution of the arithmetic means of n correlated observations for very great values of n: Journal of the Royal Statistical Society, Vol. LXXXVIII, S. 91—104, 1925. — E. C. Rhodes: The Precision of Means and Standard Deviations when the Individual Errors are Correlated: Ibidem, Vol. XC, S. 135—143, 1927.

Zu § 4. — Fr. A. Willers: Abschätzung von Verteilungen mit nach oben konkaven Summenkurven: Zeitschrift für angewandte Mathematik und Mechanik, herausgegeben von R. Mises, Band 13, Heft 5, 1933.

Zu § 5. — J. Neyman: On the correlation of the mean and the variance in samples drawn from an "infinite" population: Biometrika, Vol. XVIII, S. 401—413.

Zu § 7. — Ragnar Frisch: On the use of difference equations in the study of frequency distributions: Metron, Vol. X, Nr. 3, S. 35—59, 1932. — L. v. Bortkiewicz: Über eine verschiedenen Fehlergesetzen gemeinsame Eigenschaft: Sitzungsberichte der Berliner Mathematischen Gesellschaft, 1923. — Karl Pearson: On the Mean-Error of Frequency Distributions: Biometrika, Vol. XVI, S. 198—200. — Editorial (K. Pearson), Historical Note on the Distribution of the Standard Deviations of Samples of any Size drawn from an indefinitely large Normal Parent Population: Biometrika, Vol. XXIII, S. 416—418. (Es wird hier vorgeschlagen, eine der Formeln für die $\chi^2$-Verteilung „Helmertsche Gleichung" zu nennen.) — T. Kondo: A theory of the sampling distribution of standard deviations: Biometrika, Vol. XXII, S. 36—64. — J. Neyman and Egon S. Pearson: Further Notes on the $\chi^2$ Distribution: Ibidem, Vol. XXII, S. 298—305. — Karl Pearson: Experimental Discussion of the $(\chi^2, P)$ Test for Goodness of Fit: Ibidem, Vol. XXIV, S. 351—381. — Kazutaro Yasukawa: On the means, standard deviations, correlations, and frequency distributions of functions of variates: Ibidem, Vol. XVII, S. 211—237. — V. Romanovskij: Sur la loi de probabilité de fréquences assujetties aux conditions linéaires et le critérium $\chi^2$ de Pearson: Comptes rendus de l'Académie des Sciences de l'U. R. S. S., S. 83—86, 1929. — R. C. Geary: The frequency distribution of the quotient of two normal variates: Journal of the Royal Statistical Society, Vol. XCIII, S. 442—446, 1930. — „Student": On the "z" Test: Biometrika, Vol. XXIII, S. 407. — Karl Pearson: Further Remarks on the "z" Test: Ibidem, S. 408 bis 415. — „Student": New tables for testing the significance of observations: Metron, Vol. V, Nr. 3, 1925. — R. A. Fisher: Applications of "Student"'s distribution: Ibidem. — Derselbe: Expansion of "Student"'s integral in powers of $n^{-1}$: Ibidem. — Karl Pearson: Some Properties of "Student's" z: Correlation, Regression and Scedasticity of z with the Mean and Standard Deviation of the Sample: Biometrika, Vol. XXIII, S. 1—9. — Egon S. Pearson assisted by N. K. Adyanthāva and others: The Distribution of Frequency Constants in small Samples from non-normal symmetrical and skew Populations: Biometrika, Vol. XXI, S. 259—286. — Paul H. Rider: On the distribution of the ratio of mean to standard deviation in small samples from non-normal universes: Biometrika, Vol. XXI, S. 124—143. — Karl Pearson: Further Contributions to the Theory of small Samples. (Printed from Lecture Notes): Ibidem, Vol. XVII, S. 176—199.

Zu § 8. — R. S. Koshal: Application of the Method of Maximum Likelihood to the Improvement of Curves fitted by the Method of Moments: Journal of the Royal Statistical Society, Vol. XCVI, S. 303—313, 1933. — C. J. Clopper and E. S. Pearson: The Use of Confidence or fiducial limits illustrated in the Case of the Binomial: Biometrika, Vol. XXVI, 1934.

Viertes Kapitel.

# Korrelationstheorie und verwandte Forschungsgebiete.

## 1. Korrelationstheorie.

Wie wir bereits in der Einleitung erwähnt haben, besteht die Hauptaufgabe des vorliegenden Werkes darin, eine Einführung in das Studium der modernen mathematisch-statistischen Forschungsmethoden zu geben und hierbei sich möglichst einfacher mathematischer Verfahren zu bedienen. Wir haben daher die grundlegenden Begriffe der Theorie — statistische Gesamtheit, statistische Wahrscheinlichkeit, mathematische Erwartung usw. — sehr ausführlich behandelt, die auf ihnen aufgebauten Verfahren aber nur insofern dargestellt, als sie sich allein mit Hilfe der elementaren Algebra ableiten lassen. Die Einführung der Methoden der höheren Analyse — dieses sei nochmals festgestellt — bedeutet ja in den meisten Fällen keineswegs den Übergang zu einem neuen wissenschaftlichen Prinzip, sondern bloß einen Behelf, der es erlaubt, die Rechnung schneller und besser durchzuführen oder die komplizierten genauen Formeln durch einfachere Näherungsausdrücke zu ersetzen. Ein großer Teil der Formeln der Korrelationstheorie läßt sich ebenfalls elementar algebraisch ableiten und darstellen, doch werden die verschiedenen Ausdrücke bald so unübersichtlich, daß sie den Anfänger nur verwirren können. Die Theorie der mehrfachen („multiplen") und partiellen Korrelation wird z. B. ohne Anwendung der Determinanten sehr bald zu einem wahren Martyrium für den Leser, dem gegenüber der Formelwald unseres Kap. III, § 3, einfach ein Kinderspiel bedeutet. Außerdem sind die Standpunkte, von denen aus das Korrelationsproblem angefaßt werden kann, und insbesondere die Formeln, die hierbei in Betracht kommen, so zahlreich, daß ihre mehr oder weniger ausführliche Darstellung den Umfang des vorliegenden Werkes mindestens verdoppeln müßte. Wir begnügen uns daher damit, im weiteren nur das Grundproblem der Korrelationsanalyse anzudeuten und bloß kurze Hinweise darauf zu geben, in welchen Richtungen die weitere theoretische Untersuchung sich entwickelt. Ganz ebenso — und aus denselben Gründen — verhalten wir uns auch zur Darstellung jener Gedankengänge, die wir oben in der Einleitung (§ 5, S. 27—28) unter den „Hauptabteilungen" 4, 5 und 6 aufgeführt haben. Wir wollen auch hier den Leser nur insofern vorbereiten, als es notwendig ist, um zum selbständigen Studium der betreffenden Spezialliteratur (die übrigens noch nicht übermäßig umfangreich ist) überzugehen.

Im § 1 des II. Kap. haben wir bereits festgestellt, daß, falls uns die Verteilung zweier oder mehrerer Merkmale interessiert, die die Elemente einer statistischen Gesamtheit gleichzeitig besitzen, wir das Verteilungsgesetz derselben in Form einer sog. Korrelationstabelle oder sogar eines ganzen Systems von Korrelationstabellen darstellen müssen. Auch hier sind selbstverständlich einerseits die Gesamtheit höherer Ordnung und anderseits die aus ihr entstandenen Gesamtheiten niederer Ordnungen scharf zu unterscheiden. Vorläufig interessiert uns nur die erstere.

Um klarer zu sehen, worum es sich eigentlich handelt, betrachten wir vorerst das folgende kleine Beispiel. Eine Gesamtheit höherer Ordnung bestehe aus insgesamt 50 Elementen, von denen jedes die zahlenmäßig ausgedrückten Merkmale $x$ und $y$ besitzt. Man denke etwa an 50 Rekruten, bei welchen $x$ die Höhe in Zentimetern und $y$ das Gewicht in Kilogrammen bedeutet, oder an 50 Ehepaare, bei denen $x$ das Alter des Mannes und $y$ das Alter der Frau darstellt. Die 50 Elemente seien nach zunehmender Größe des Merkmals $x$ geordnet und ergeben das folgende Bild:

| Nummer des Elements | Merkmale | | Nummer des Elements | Merkmale | | Nummer des Elements | Merkmale | | Nummer des Elements | Merkmale | | Nummer des Elements | Merkmale | |
|---|---|---|---|---|---|---|---|---|---|---|---|---|---|---|
| | $x$ | $y$ | | $x$ | $y$ | | $x$ | $y$ | | $x$ | $y$ | | $x$ | $y$ |
| 1 | 2 | 1 | 11 | 3 | 2 | 21 | 4 | 1 | 31 | 5 | 1 | 41 | 6 | 2 |
| 2 | 2 | 1 | 12 | 3 | 2 | 22 | 4 | 1 | 32 | 5 | 3 | 42 | 6 | 3 |
| 3 | 2 | 1 | 13 | 3 | 2 | 23 | 4 | 1 | 33 | 5 | 4 | 43 | 6 | 6 |
| 4 | 2 | 1 | 14 | 3 | 2 | 24 | 4 | 2 | 34 | 5 | 6 | 44 | 6 | 7 |
| 5 | 2 | 1 | 15 | 3 | 2 | 25 | 4 | 2 | 35 | 5 | 6 | 45 | 6 | 7 |
| 6 | 2 | 1 | 16 | 3 | 2 | 26 | 4 | 6 | 36 | 5 | 6 | 46 | 6 | 7 |
| 7 | 2 | 1 | 17 | 3 | 2 | 27 | 4 | 6 | 37 | 5 | 6 | 47 | 6 | 7 |
| 8 | 2 | 2 | 18 | 3 | 4 | 28 | 4 | 7 | 38 | 5 | 6 | 48 | 6 | 7 |
| 9 | 2 | 5 | 19 | 3 | 5 | 29 | 4 | 7 | 39 | 5 | 6 | 49 | 6 | 7 |
| 10 | 2 | 6 | 20 | 3 | 7 | 30 | 4 | 7 | 40 | 5 | 6 | 50 | 6 | 7 |

Dieselben Zahlenpaare können zu folgender Korrelationstabelle verdichtet werden, in der in den einzelnen Zellen die Anzahlen der Elemente mit den entsprechenden Merkmalspaaren angegeben werden.

Merkmal $x$

| Merkmal $y$ | 2 | 3 | 4 | 5 | 6 | Zusammen |
|---|---|---|---|---|---|---|
| 1 | 7 | | 3 | 1 | | 11 |
| 2 | 1 | 7 | 2 | | 1 | 11 |
| 3 | | | | 1 | 1 | 2 |
| 4 | | 1 | | 1 | | 2 |
| 5 | 1 | 1 | | | | 2 |
| 6 | 1 | | 2 | 7 | 1 | 11 |
| 7 | | 1 | 3 | | 7 | 11 |
| Zusammen | 10 | 10 | 10 | 10 | 10 | 50 |

Obwohl, wie wir sehen, die Korrelationstabelle im Vergleich zu der Urtabelle bereits eine beträchtliche „Verdichtung" darstellt, kann letztere, wie schon oben auf S. 133 angedeutet wurde, den Statistiker nur in den seltensten Fällen ganz befriedigen, und meistenteils sieht er sich veranlaßt, noch weitere „Verdichtungen" vorzunehmen. Letztere können wiederum auf die verschiedensten Arten durchgeführt werden. Einen relativ einfachen und gangbaren Weg bietet z. B. die Darstellung des „Gesetzes", welches die Werte des einen Merkmals mit den ihnen entsprechenden arithmetischen Mitteln des anderen Merkmals verbindet. Wie aus Kolumne 1 der obigen Korrelationstabelle ersichtlich, gibt es z. B. in der Gesamtheit im ganzen 10 Elemente, die das Merkmal $x = 2$ besitzen, und ihnen entsprechen bei dem Merkmal $y$ die folgenden Werte: 7 mal 1, 1 mal 2, 1 mal 5 und 1 mal 6, oder im arithmetischen Durchschnitt: $\dfrac{7 \cdot 1 + 2 + 5 + 6}{10} = 2$. Und aus den Kolumnen 2, 3, 4 und 5 erhalten wir die folgenden Resultate:

dem Werte $x = 3$ entspricht für $y$ das arithmetische Mittel $\dfrac{2 \cdot 7 + 4 + 5 + 7}{10} = 3$,

dem Werte $x = 4$ entspricht für $y$ das arithmetische Mittel $\dfrac{3 \cdot 1 + 2 \cdot 2 + 2 \cdot 6 + 3 \cdot 7}{10} = 4$,

dem Werte $x = 5$ entspricht für $y$ das arithmetische Mittel $\dfrac{1 + 3 + 4 + 7 \cdot 6}{10} = 5$,

dem Werte $x = 6$ entspricht für $y$ das arithmetische Mittel $\dfrac{2 + 3 + 6 + 7 \cdot 7}{10} = 6$.

Somit ergibt sich in unserem Falle ein überaus einfaches Verhältnis: den einzelnen Werten von $x$ entsprechen im arithmetischen Durchschnitt die ihnen gleichen Werte von $y$. Und da wir annehmen, daß unsere Gesamtheit eine Gesamtheit höherer Ordnung ist, so können die arithmetischen Mittel der Werte von $y$ für die einzelnen Kolumnen als die bedingten mathematischen Erwartungen der betreffenden $y$ angesehen werden (vgl. oben Kap. II, § 7, S. 177), und wir gewinnen für obige Beziehung den folgenden mathematischen Ausdruck:

$$x_i = E^{(i)}\, y.$$

Es sei aber nochmals darauf hingewiesen, daß die Verbindung von $x_i$ mit $E^{(i)}\, y$ nur einen unter mehreren gangbaren Wegen darstellt und daß aus der einfachen Beziehung, die sich in einem einzelnen Fall für $x_i$ und $E^{(i)}\, y$ ergibt, noch keineswegs folgt, daß auch umgekehrt $y_j$ mit $E^{(j)}\, x$ ebenfalls einfach verbunden sein müsse. So erhalten wir z. B. aus der ersten Zeile unserer Korrelationstabelle folgenden Wert für $E^{(1)}\, x$:

$$y_1 = 1, \quad E^{(1)}\, x = \frac{7 \cdot 2 + 3 \cdot 4 + 5}{11} = \frac{31}{11} = 2\,\frac{9}{11},$$

und desgleichen aus den weiteren Zeilen:

$$y_2 = 2, \quad E^{(2)}\, x = \frac{37}{11} = 3\,\frac{4}{11};$$

$$y_3 = 3, \quad E^{(3)}\, x = \frac{11}{2} = 5\,\frac{1}{2};$$

$$y_4 = 4, \quad E^{(4)} x = \frac{8}{2} = 4;$$

$$y_5 = 5, \quad E^{(5)} x = \frac{5}{2} = 2\frac{1}{2};$$

$$y_6 = 6, \quad E^{(6)} x = \frac{51}{11} = 4\frac{7}{11};$$

$$y_7 = 7, \quad E^{(7)} x = \frac{57}{11} = 5\frac{2}{11};$$

Auf dem Diagramm würde also das Abhängigkeitsgesetz von $y_j$ und $E^{(j)} x$ eine 4mal gebrochene Linie darstellen. Und das bei nur 7 verschiedenen Werten von $y$.

Ehe wir zur Ableitung der allgemeinen algebraischen Formeln schreiten, möchten wir noch einmal unterstreichen, daß diese von der Vorstellung ausgehen, es sei uns eine, und zwar nur eine statistische Gesamtheit höherer Ordnung gegeben, deren Elemente, jedes für sich, die Merkmale $x, y, z$ usw. aufweisen. Vom Standpunkte der Theorie (vgl. oben Kap. II, § 6, S. 167—168) kann jedes von diesen Merkmalen wiederum als eine zufällige Variable angesehen werden, und ihre gegenseitigen Beziehungen werden dann als Korrelation bezeichnet. Sollten hingegen die Merkmale $x, y, z, \ldots$ zu verschiedenen Gesamtheiten gehören oder nicht an denselben Einheiten beobachtet werden, so darf der technische Ausdruck „Korrelation" nicht mehr gebraucht werden, und der Fall gehört bereits in das Bereich der Kovariationstheorie,[1] die wir weiter unten im § 4 noch kurz berühren wollen.

Die Nichtbeachtung des kardinalen Unterschiedes zwischen den Problemstellungen der Korrelation und der Kovariation hat in der statistischen Theorie beträchtliches Unheil angestiftet. Man darf aber anderseits nicht außer acht lassen, daß als einzelnes Element in einer Gesamtheit höherer Ordnung auch Gruppen von Elementen aus anderen Gesamtheiten auftreten können, wie z. B. etwa Ehepaare oder Familien, und sogar ganze Gesamtheiten niederer Ordnungen, wie etwa die von uns so ausgiebig benutzten „Komplexionen" zu $n$ Elementen in einer Gesamtheit vom Umfange $\dfrac{N!}{(N-n)!}$.

Wie auch sonst in diesem Buch, werden wir uns zuerst mit der Analyse der Beziehungen in einer Gesamtheit höherer Ordnung beschäftigen und hierauf zur Frage übergehen, was man an Hand einer Stichprobe aus dieser Gesamtheit über ihre statistischen Parameter aussagen kann.

---

[1] Der Ausdruck „Covariation" wird besonders ausgiebig von französischen Autoren benutzt. Er scheint von J. P. Norton erdacht und von L. March eingeführt worden zu sein; vgl. sein „Essai sur un mode d'exposer les principaux élements de la théorie statistique" (Journ. de la Soc. de Stat., 1911); vgl. ferner G. Darmois: Statistique mathématique, S. 258, Paris, 1928, und insbesondere R. Risser und C. E. Traynard: Les principes de la statistique mathématique, S. 116, Paris, 1933. (Traité du Calcul des Probabilités et de ses Applications par Émile Borel, Tome I, fascicule IV.)

Der Umfang einer gegebenen Gesamtheit höherer Ordnung sei $N$, jedes Element derselben besitze die Merkmale $x$ und $y$, wobei $x$ im ganzen nur $m$ verschiedene Werte: $x_1, x_2, x_3, \ldots x_m$ annehmen kann und $y$ nur $m'$ Werte: $y_1, y_2, y_3, \ldots y_{m'}$.

Wenn man nun durch $n_{ij}$ die Anzahl jener Elemente bezeichnet, die gleichzeitig die Merkmale $x_i$ und $y_j$ besitzen, und berücksichtigt, daß $n_{ij}$ einfach gleich Null zu setzen ist, wenn die angegebene Kombination in der Gesamtheit überhaupt nicht vorkommt, so kann für diese die folgende Korrelationstabelle aufgestellt werden:

Tabelle 8.

| | $x_1$ | $x_2$ | $x_3$ | $x_4 \ldots x_m$ | | Zusammen |
|---|---|---|---|---|---|---|
| $y_1$ | $n_{11}$ | $n_{21}$ | $n_{31}$ | $n_{41} \ldots n_{m1}$ | | $n_{01}$ |
| $y_2$ | $n_{12}$ | $n_{22}$ | $n_{32}$ | $n_{42} \ldots n_{m2}$ | | $n_{02}$ |
| $y_3$ | $n_{13}$ | $n_{23}$ | $n_{33}$ | $n_{43} \ldots n_{m3}$ | | $n_{03}$ |
| $y_4$ | $n_{14}$ | $n_{24}$ | $n_{34}$ | $n_{44} \ldots n_{m4}$ | | $n_{04}$ |
| $\cdot$ | $\cdot$ | $\cdot$ | $\cdot$ | $\cdot \ldots \cdot$ | | |
| $\cdot$ | $\cdot$ | $\cdot$ | $\cdot$ | $\cdot \ldots \cdot$ | | |
| $\cdot$ | $\cdot$ | $\cdot$ | $\cdot$ | $\cdot \ldots \cdot$ | | |
| $y_{m'}$ | $n_{1m'}$ | $n_{2m'}$ | $n_{3m'}$ | $n_{4m'}$ | $n_{mm'}$ | $n_{0m'}$ |
| Zusammen | $n_{10}$ | $n_{20}$ | $n_{30}$ | $n_{40} \ldots n_{m0}$ | | $N$ |

Hierbei ist, wie leicht ersichtlich:

$$\left. \begin{aligned} \sum_{j=1}^{m'} n_{1j} &= n_{10}, \text{ und überhaupt } \sum_{j=1}^{m'} n_{ij} = n_{i0}, \\ \sum_{i=1}^{m} n_{i1} &= n_{01}, \text{ und überhaupt } \sum_{i=1}^{m} n_{ij} = n_{0j}, \end{aligned} \right\} \quad \ldots \quad (1)$$

ferner

$$\sum_{i=1}^{m} n_{i0} = N = \sum_{j=1}^{m'} n_{0j}. \quad \ldots \ldots \quad (2)$$

Die bedingte mathematische Erwartung des Wertes von $y$, welche dem Werte $x_1$ entspricht, kann offenbar aus der ersten Kolumne der Tab. 8 nach der Formel

$$E^{(1)} y = \frac{n_{11} y_1 + n_{12} y_2 + n_{13} y_3 + \ldots + n_{1m'} y_{m'}}{n_{10}} = \frac{1}{n_{10}} \sum_{j=1}^{m'} n_{1j} y_j$$

berechnet werden, und wir können überhaupt für eine beliebige $i$-te Kolumne setzen:

$$E^{(i)} y = \frac{1}{n_{i0}} \sum_{j=1}^{m'} n_{ij} y_j. \quad \ldots \ldots \quad (3)$$

Kehrt man jetzt zu den Bezeichnungen des § 7, Kap. II, Form. (13), S. 176, zurück und bemerkt, daß offenbar

$$\frac{n_{ij}}{n_{i0}} = p_{y_j(x_i)}, \quad \ldots \ldots \ldots \ldots \quad (4)$$

so kann man auch schreiben:

$$E^{(i)} y = \sum_{j=1}^{m'} p_{y_j(x_i)} \, y_j. \quad \ldots \ldots \ldots \quad (5)$$

Anderseits ist für die erste Zeile:

$$E^{(1)} x = \frac{1}{n_{01}} \sum_{i=1}^{m} n_{i1} x_i$$

und überhaupt für die $j$-te Zeile:

$$E^{(j)} x = \frac{1}{n_{0j}} \sum_{i=1}^{m} n_{ij} x_i, \quad \ldots \ldots \ldots \quad (6)$$

oder auch

$$E^{(j)} x = \sum_{i=1}^{m} p_{x_i(y_j)} x_i. \quad \ldots \ldots \ldots \quad (7)$$

Wird jetzt die Hypothese aufgestellt, $E^{(i)} y$ sei mit $x_i$ linear, d. h. durch eine Gleichung ersten Grades:

$$E^{(i)} y = a_1 + b_1 x_i, \; [(i = 1, 2, 3, \ldots m) \quad \ldots \ldots \quad (8)$$

verbunden, wobei $a_1$ und $b_1$ die beiden Konstanten (Parameter) der Gleichung sind, so können diese letzteren unschwer durch gewisse Funktionen von $x$ und $y$ ausgedrückt werden. Man zieht jedoch in der Regel vor, sich von der Konstante $a_1$ ganz zu befreien, indem man die absoluten Größen von $x$ und $y$ durch ihre Abweichungen von ihren mathematischen Erwartungen ersetzt (es ist ja einleuchtend, daß durch diese Substitution keine der Größen $n_{ij}$ in der Tab. 8 verändert wird, wohl aber $a$ infolge der Beziehung $a_1 - E a_1 = 0$ ganz verschwindet). Es ist aber bei uns

$$E x = \frac{1}{N} (n_{10} x_1 + n_{20} x_2 + \ldots + n_{m0} x_m) = \frac{1}{N} \sum_{i=1}^{m} n_{i0} x_i \; . \quad (9)$$

und desgleichen

$$E y = \frac{1}{N} \sum_{j=1}^{m'} n_{0j} y_j. \quad \ldots \ldots \ldots \quad (10)$$

Setzt man noch:

$$\left. \begin{array}{l} x_i - E x = \xi_i, \\ y_j - E y = \psi_j, \end{array} \right\} \quad \ldots \ldots \ldots \quad (11)$$

so kann (8) durch folgende Gleichung ersetzt werden:

$$E^{(i)} \psi = b_1 \xi_i, \; (i = 1, 2, 3, \ldots m). \quad \ldots \ldots \quad (12)$$

Es ist besonders zu beachten, daß (8) nur eine **Hypothese** darstellt, die in einzelnen Fällen, wie etwa in unserem Beispiel auf S. 268, zutrifft, die man aber keineswegs als eine allgemeine und zwingende Regel betrachten darf: die Gleichung (8) ist wohl eine der denkbar einfachsten Hypothesen über die Beziehungen, die zwischen $x_i$ und $E^{(i)} y$ herrschen, aber eben bloß nur **eine** in einer schier unendlichen Reihe von solchen Hypothesen.

Wie dem auch sei, geht man von (8) aus und betrachtet man jene Werte von $\psi$, die einem bestimmten Werte $\xi_i$ entsprechen und deren absolute Häufigkeitszahlen $n_{i1}$, $n_{i2}$, $n_{i3}$ usw. in der $i$-ten Kolumne von Tab. 8 zu finden sind, so kann man die Abweichungen der $\psi$ von ihrer bedingten mathematischen Erwartung $E^{(i)} \psi$ durch die Formeln

$$\psi_j - E^{(i)} \psi = \varepsilon_j^{(i)}$$

oder

$$\psi_j = E^{(i)} \psi + \varepsilon_j^{(i)} \quad \dots \dots \dots \dots \quad (13)$$

ausdrücken. Man vergesse hierbei nicht, daß $E^{(i)} \psi$ das gewogene arithmetische Mittel der betreffenden $\psi$ darstellt. Infolge von (12) kann man (13) auch noch die Form

$$\psi_j = b_1 \xi_i + \varepsilon_j^{(i)} \quad \dots \dots \dots \dots \quad (14)$$

geben. Die (gewogene) Summe aller Produkte $\xi \psi$, die der $i$-ten Kolumne entsprechen, wird offenbar durch den Ausdruck

$$\sum_{j=1}^{m'} n_{ij} \xi_i \psi_j = \sum_{j=1}^{m'} n_{ij} \xi_i (b_1 \xi_i + \varepsilon_j^{(i)}) = b_1 \xi_i^2 \sum_{j=1}^{m'} n_{ij} + \xi_i \sum_{j=1}^{m'} n_{ij} \varepsilon_j^{(i)} \quad (15)$$

dargestellt. Und mit Rücksicht auf (1) und auf den ersten Satz über die arithmetischen Mittel (vgl. § 2, Kap. II, S. 136), laut welchem bei uns

$$\sum_{j=1}^{m'} n_{ij} \varepsilon_j^{(i)} = 0 \quad \dots \dots \dots \dots \dots \quad (16)$$

zu setzen ist, verwandelt sich (15) auch einfach in:

$$\sum_{j=1}^{m'} n_{ij} \xi_i \psi_j = b_1 n_{i\,0} \xi_i^2 \quad \dots \dots \dots \dots \quad (17)$$

oder, mit Rücksicht auf (12), in

$$\sum_{j=1}^{m'} n_{ij} \xi_i \psi_j = n_{i\,0} \xi_i E^{(i)} \psi. \quad \dots \dots \dots \quad (18)$$

Summiert man jetzt die Ausdrücke (17) für alle Kolumnen der Korrelationstabelle 8 und beachtet hierbei, daß diese Summe offenbar die Summe aller $N$ überhaupt möglichen Produkte solcher Merkmale $\xi$ und $\psi$ darstellt, die in der Gesamtheit an einem und demselben Element vorkommen, so erhält man hieraus:

$$\sum_{i=1}^{m}\sum_{j=1}^{m'} n_{ij}\,\xi_i\,\psi_j = \sum_{h=1}^{N}\xi_h\,\psi_h = b_1\sum_{i=1}^{m} n_{i0}\,\xi_i^2. \quad \ldots \ldots \quad (19)$$

[Hier und im folgenden bedeuten $x_i$ und $\xi_i$ in Ausdrücken, in denen die Summation von 1 bis $m$ erstreckt wird, den $i$-ten Wert des Merkmals $x$ bzw. dessen Abweichung von $E\,x$; in solchen Ausdrücken hingegen, in denen die Summation von 1 bis $N$ erstreckt ist, bedeutet $x_h$ (bzw. $\xi_h$) den Wert des Merkmals $x$ (bzw. seine Abweichung von $E\,x$) für das $h$-te Element der Gesamtheit, wobei diese Elemente von 1 bis $N$ durchnumeriert zu denken sind. Analoges gilt für $y$, $\psi$.]

Da aber, wie leicht aus der Korrelationstabelle ersichtlich,

$$\sum_{i=1}^{m} n_{i0}\,\xi_i^2 = \sum_{h=1}^{N}\xi_h^2, \quad \ldots \ldots \ldots \quad (20)$$

so ergibt sich aus (19), nach Division durch $N$:

$$\frac{1}{N}\sum_{h=1}^{N}\xi_h\,\psi_h = b_1\,\frac{1}{N}\sum_{h=1}^{N}\xi_h^2. \quad \ldots \ldots \quad (21)$$

Greift man jetzt auf die Formeln (3a), (4a), (5b) und (6a) des Kap. III, § 3, S. 205—206, zurück und führt die Ausdrücke ein:

$$m_{1/0} = E\,x, \quad m_{0/1} = E\,y, \quad m_{2/0} = E\,x^2, \quad m_{0/2} = E\,y^2, \quad m_{1/1} = E\,x_h\,y_h, \quad (22)$$

$$\mu_{2/0} = \frac{1}{N}\sum_{h=1}^{N}\xi_h^2 = E\,(x_h - E\,x)^2 = m_{2/0} - m_{1/0}^2, \quad \ldots \quad (23)$$

$$\mu_{0/2} = \frac{1}{N}\sum_{h=1}^{N}\psi_h^2 = E\,(y_h - E\,y)^2 = m_{0/2} - m_{0/1}^2, \quad \ldots \quad (24)$$

$$\mu_{1/1} = \frac{1}{N}\sum_{h=1}^{N}\xi_h\,\psi_h = \frac{1}{N}\sum_{h=1}^{N}(x_h - E\,x)\,(y_h - E\,y) =$$
$$= E\,\{(x_h - E\,x)\,(y_h - E\,y)\} = E\,\{x_h\,y_h - y_h\,E\,x - x_h\,E\,y + E\,x\,E\,y\} =$$
$$= E\,x_h\,y_h - E\,y\,E\,x - E\,x\,E\,y + E\,x\,E\,y = E\,x_h\,y_h - E\,x\,E\,y =$$
$$= m_{1/1} - m_{1/0}\,m_{0/1} \cdot \quad \ldots \ldots \ldots \ldots \quad (25)$$

(vgl. § 7, Kap. II, Sätze I bis III), so erhält man aus (21) endgültig:

$$\mu_{1/1} = b_1\,\mu_{2/0} \quad \text{oder} \quad b_1 = \frac{\mu_{1/1}}{\mu_{2/0}}. \quad \ldots \ldots \quad (26)$$

[Man beachte, daß in den Formeln (23) bis (25) die Indices durch ihre Lage links oder rechts vom vertikalen Strich darauf hindeuten, auf welche von den beiden Variablen, $x$ oder $y$, sich das betreffende Moment $\mu$ bezieht. Dies ist die in der Korrelationstheorie übliche Schreibweise. Ferner ist wichtig, daß im § 3 des Kap. III das Moment $\mu_{1,1}$ sich auf eine und dieselbe Variable $x$ bezog, während bei uns in $\mu_{1/1}$ sowohl $x$ als auch $y$ eingehen.]

Die Formel (26) kann übrigens auf noch kürzerem und direkterem Wege abgeleitet werden, wenn man einfach

$$\psi_i = b_1 \xi_i + \varepsilon_i \quad \ldots \ldots \ldots \ldots \quad (27)$$

setzt, und $\varepsilon_i$ den folgenden zwei Bedingungen unterwirft: 1. es sei $E\,\varepsilon_i = 0$, und 2. $\varepsilon_i$ und $\xi_i$ seien voneinander stochastisch unabhängig. Wir überlassen diese Ableitung dem Leser.

Wenn wir jetzt zu unserem Beispiel auf S. 268 zurückkehren, so ist es möglich, auch Formel (26) an Hand jener Zahlen zu verifizieren. Berechnet man nämlich $\mu_{1/1}$ nach der Formel (25), so erhält man

$$\mu_{1/1} = m_{1/1} - m_{1/0}\,m_{0/1} = \frac{900}{50} - 4.4 = 2;$$

und aus Formel (23) ergibt sich

$$\mu_{2/0} = m_{2/0} - m_{1/0}{}^2 = \frac{900}{50} - 16 = 2.$$

Es ist also in der Tat in diesem Falle

$$b_1 = \frac{2}{2} = 1,$$

was vollkommen der Beziehung $x_i = E^{(i)} y$ entspricht.

Wir haben oben auf S. 269 bereits bemerkt, daß aus der Gleichung (26) noch keineswegs folgt, daß auch

$$E^{(j)}\xi = b_2\,\psi_j, \quad (j = 1, 2, 3, \ldots m'). \quad \ldots \ldots \quad (28)$$

Ist dies jedoch ausnahmsweise der Fall, so würde sich aus (28) offenbar auch die Beziehung

$$b_2 = \frac{\mu_{1/1}}{\mu_{0/2}} \quad \ldots \ldots \ldots \ldots \ldots \quad (29)$$

ergeben. Die Parameter $b_1$ und $b_2$ heißen Regressionskoeffizienten.[1] Man könnte ferner die Regressionskoeffizienten $b_1$ und $b_2$ zu einem einzigen Parameter verbinden, etwa indem man ihr geometrisches Mittel

$$r_{1/1} = \sqrt{b_1 b_2} = \sqrt{\frac{\mu_{1/1}}{\mu_{2/0}} \cdot \frac{\mu_{1/1}}{\mu_{0/2}}} = \frac{\mu_{1/1}}{\sqrt{\mu_{2/0} \cdot \mu_{0/2}}} = \frac{\mu_{1/1}}{\mu_{2/0}{}^{1/2}\,\mu_{0/2}{}^{1/2}} \quad (30)$$

bildet. Der Parameter $r_{1/1}$ trägt den Namen „apriorischer Korrelationskoeffizient" und besitzt die bemerkenswerte Eigenschaft, daß sein absoluter Wert nicht größer als 1 sein kann:

$$-1 \leqq r_{1/1} \leqq +1. \quad \ldots \ldots \ldots \ldots \quad (31)$$

---

[1] Dieser Ausdruck stammt noch von Francis Galton, dem Begründer der Korrelationstheorie, und hat mit dem allgemeinen Begriff des Regresses nichts zu schaffen. In U. S. S. R. scheint man jetzt übrigens $b_1$ und $b_2$ in Progressionskoeffizienten umtaufen zu wollen. (Vgl. z. B. Bojarskij im bereits in der Einleitung zitierten kollektiven Lehrbuch der mathematischen Statistik). Die Gründe hiefür sind für einen Außenstehenden wenig einleuchtend.

Diese Eigenschaft hat er mit allen Ausdrücken der Form

$$\frac{\dfrac{1}{N}\sum\limits_{i=1}^{N} x_i\, y_i}{\sqrt{\dfrac{1}{N}\sum\limits_{i=1}^{N} x_i{}^2\,\dfrac{1}{N}\sum\limits_{i=1}^{N} y_i{}^2}} = \frac{\sum\limits_{i=1}^{N} x_i\, y_i}{\sqrt{\sum\limits_{i=1}^{N} x_i{}^2\,\sum\limits_{i=1}^{N} y_i{}^2}} \quad \ldots \quad (32)$$

gemeinsam. Am leichtesten läßt sie sich an Hand der folgenden Überlegungen nachweisen. Der absolute Wert von (32) wird die Zahl 1 nicht übersteigen, wenn das Quadrat des Zählers nicht größer als jenes des Nenners ist:

$$\left(\sum\limits_{i=1}^{N} x_i\, y_i\right)^2 \leqq \sum\limits_{i=1}^{N} x_i{}^2 \cdot \sum\limits_{i=1}^{N} y_i{}^2. \quad \ldots \ldots \quad (33)$$

Um die Rechnungen kürzer zu gestalten, wollen wir annehmen, es sei $N = 3$. Die Verallgemeinerung des Beweises auf $N = 4, 5, \ldots$ usw. kann dann leicht mit Hilfe der sog. „vollständigen Induktion" bewerkstelligt werden.

Betrachten wir die Differenz

$$D = (x_1{}^2 + x_2{}^2 + x_3{}^2)\,(y_1{}^2 + y_2{}^2 + y_3{}^2) - (x_1\, y_1 + x_2\, y_2 + x_3\, y_3)^2,$$

die ja gemäß (33) positiv oder mindestens gleich 0 sein muß, so läßt sie sich sofort mit Hilfe einfacher algebraischer Transformationen auf folgende Gestalt bringen:

$$D = x_2{}^2\, y_1{}^2 + x_1{}^2\, y_2{}^2 - 2\, x_2\, y_1\, x_1\, y_2 + x_3{}^2\, y_1{}^2 + x_1{}^2 y_3{}^2 - 2\, x_3\, y_1\, x_1\, y_3 +$$
$$+ x_3{}^2\, y_2{}^2 + x_2{}^2\, y_3{}^2 - 2\, x_3\, y_2\, x_2\, y_3 =$$
$$= (x_2\, y_1 - x_1\, y_2)^2 + (x_3\, y_1 - x_1\, y_3)^2 + (x_3\, y_2 - x_2\, y_3)^2.$$

Jeder der drei Summanden der rechten Seite ist ein Quadrat und folglich $\geqq 0$; somit ist auch in der Tat $D \geqq 0$. Soll nun $D = 0$ sein, und also der Ausdruck (32) gleich $\pm 1$, so ist hierfür notwendig, daß gleichzeitig die Beziehungen bestehen:

$$\left.\begin{array}{l} x_2\, y_1 = x_1\, y_2 \\ x_3\, y_1 = x_1\, y_3 \\ x_3\, y_2 = x_2\, y_3 \end{array}\right\} \quad \text{oder} \quad \frac{x_1}{y_1} = \frac{x_2}{y_2} = \frac{x_3}{y_3}.$$

Mit anderen Worten: nur dann, wenn die Wertepaare $x_1$ und $y_1$, $x_2$ und $y_2$, $x_3$ und $y_3$ usw. einander direkt proportional sind, wird der absolute Wert von 32 [und folglich auch von (30)] gleich 1 werden; in allen anderen Fällen ist er kleiner als 1. Den Wert 0 erhält der Korrelationskoeffizient offenbar bei $\mu_{1/1} = 0$. Da aber $\mu_{1/1} = \dfrac{1}{N}\sum\limits_{h=1}^{N} \xi_h \psi_h$, wobei $E\xi = E\psi = 0$, so folgt hieraus, daß $\mu_{1/1}$ z. B. verschwindet, wenn $\xi_h$ von $\psi_h$ stochastisch unabhängig ist, denn dann ist bekanntlich

$$E\, \xi_h \psi_h = E\, \xi_h \cdot E\, \psi_h = E\, \xi \cdot E\, \psi = 0.$$

Es sei noch bemerkt, daß ganz abgesehen davon, ob die Bedingung (28) in Wirklichkeit zutrifft oder nicht, der Korrelationskoeffizient (30) mit Rücksicht auf (26) auch in folgender Gestalt geschrieben werden kann

$$r_{1/1} = b_1 \sqrt{\frac{\mu_{2/0}}{\mu_{0/2}}}. \qquad \ldots \ldots \ldots \qquad (34)$$

Wenn wir jetzt zu Formel (14) zurückkehren und mit ihrer Hilfe für $y$ und die $i$-te Kolumne das zweite Moment um die mathematische Erwartung (d. h. die Streuung) bestimmen, so ergibt sich Folgendes:

$$\frac{1}{n_{i0}} \sum_{j=1}^{m'} n_{ij}\,\psi_j{}^2 = \frac{1}{n_{i0}} \sum_{j=1}^{m'} n_{ij}\,[b_1\,\xi_i + \varepsilon_j{}^{(i)}]^2 =$$

$$= \frac{1}{n_{i0}} \left\{ b_1{}^2\,\xi_i{}^2 \sum_{j=1}^{m'} n_{ij} + \sum_{j=1}^{m'} n_{ij}\,[\varepsilon_j{}^{(i)}]^2 + 2\,b_1\,\xi_i \sum_{j=1}^{m'} n_{ij}\,\varepsilon_j{}^{(i)} \right\}.$$

Und mit Rücksicht auf (1) und (16) erhalten wir hieraus einfach:

$$\frac{1}{n_{i0}} \sum_{j=1}^{m'} n_{ij}\,\psi_j{}^2 = b_1{}^2\,\xi_i{}^2 + \frac{1}{n_{i0}} \sum_{j=1}^{m'} n_{ij}\,[\varepsilon_j{}^{(i)}]^2. \qquad \ldots \qquad (35)$$

Multipliziert man (35) mit $n_{i0}$, bildet die Summe dieser Ausdrücke für alle $m$ Kolumnen der Tab. 8 und dividiert das Resultat durch $N$, so kommt man offenbar zu folgendem Ergebnis:

$$\mu_{0/2} = b_1{}^2 \cdot \frac{1}{N} \cdot \sum_{i=1}^{m} n_{i0}\,\xi_i{}^2 + \frac{1}{N} \sum_{i=1}^{m} \sum_{j=1}^{m'} n_{ij}\,[\varepsilon_j{}^{(i)}]^2. \qquad \ldots \quad (36)$$

oder, mit Rücksicht auf (20) und (23), unter Einführung der Bezeichnung

$$\sigma_\varepsilon{}^2 = \frac{1}{N} \sum_{i=1}^{m} \sum_{j=1}^{m'} n_{ij}\,[\varepsilon_j{}^{(i)}]^2 = \frac{1}{N} \sum_{h=1}^{N} \varepsilon_h{}^2 = E\,\varepsilon^2, \qquad \ldots \quad (37)$$

einfach zu:

$$\mu_{0/2} = b_1{}^2\,\mu_{2/0} + \sigma_\varepsilon{}^2. \qquad \ldots \ldots \ldots \qquad (38)$$

Setzt man den Ausdruck (38) in (30) ein, so erhält man:

$$r_{1/1} = \frac{\mu_{1/1}}{\sqrt{\mu_{2/0}\,(b_1{}^2\,\mu_{2/0} + \sigma_\varepsilon{}^2)}},$$

oder mit Rücksicht auf (26):

$$r_{1/1} = \frac{\pm\,\sqrt{b_1{}^2\,\mu_{2/0}}}{\sqrt{b_1{}^2\,\mu_{2/0} + \sigma_\varepsilon{}^2}} \qquad \ldots \ldots \ldots \qquad (39)$$

Diese Formel wirft ein neues Streiflicht auf den Sinn des apriorischen Korrelationskoeffizienten; aus dem Vergleich des Zählers und Nenners von (39) mit dem Ausdrucke für die Streuung $\mu_{0/2}$ der Variablen $y$ in (38) folgt nämlich, daß $b_1{}^2\,\mu_{2/0}$ jenen Teil dieser Streuung darstellt, der direkt von $\xi$ (oder $x$) abhängt: je kleiner dieser Teil im Vergleich zu $\sigma_\varepsilon^2$, desto kleinere absolute Werte nimmt auch $r_{1/1}$ an; ist $b_1 = 0$, so ist auch $r_{1/1} = 0$, und verschwindet anderseits $\sigma_\varepsilon^2$ ganz, so verwandelt sich $|r_{1/1}|$ einfach in 1.

Da man ferner aus (30) sofort die Beziehung

$$\mu_{1/1} = r_{1/1} \sqrt{\mu_{2/0}\,\mu_{0/2}} \qquad (40)$$

ableiten kann, so läßt sich (26) auch als

$$b_1 = r_{1/1} \sqrt{\frac{\mu_{0/2}}{\mu_{2/0}}} \qquad (41)$$

darstellen [diese Formel folgt übrigens direkt aus (34)], und setzt man den Wert von $b_1$ aus (41) in (39) ein, so erhält man nach einigen leichten Umformungen:

$$\sigma_\varepsilon^2 = \mu_{0/2}\,(1 - r_{1/1}^2) \qquad (42)$$

Führt man schließlich die Bezeichnung ein:

$$\frac{\sigma_\varepsilon^2}{\mu_{0/2}} = k^2 \qquad (43)$$

($k^2$ heißt bei den Amerikanern[1] Alienationskoeffizient oder Zweideutigkeitsmaß), so ergibt sich endgültig:

$$k^2 = 1 - r_{1/1}^2 = \frac{\sigma_\varepsilon^2}{\mu_{0/2}}, \qquad (44)$$

oder

$$r_{1/1} = \sqrt{1 - k^2} = \sqrt{1 - \frac{\sigma_\varepsilon^2}{\mu_{0/2}}}. \qquad (45)$$

[Aus Formel (45) erhellt auch ohne weiteres, daß $|r_{1/1}| \leq 1$.]

Diese Formel ist ein Gegenstück zu (39): $\sigma_\varepsilon^2$ ist nämlich die Streuung jenes Teiles von $y$, der von $x$ ganz unabhängig ist, und $k^2$ ergibt das Verhältnis von $\sigma_\varepsilon^2$ zur Gesamtstreuung der Variablen $y$. Besitzt letztere überhaupt keine solche unabhängige Komponente, so ergibt sich für $|r_{1/1}|$ genau der Wert 1.

Unsere bisherigen Ausführungen gingen von der Annahme aus, $x_i$ und $E^{(i)}\,y$, bzw. $\xi_i$ und $E^{(i)}\,\psi$, seien miteinander streng linear verbunden. Es fragt sich nun, was man tun soll, wenn dies tatsächlich nicht der Fall ist, und was für eine Bedeutung dann den verschiedenen Ausdrücken für den

---

[1] Vgl. z. B. Handbuch der mathematischen Statistik von H. L. Rietz, deutsche Ausgabe, herausg. von Dr. F. Baur, Leipzig und Berlin, S. 169, 1930, oder Hans Richter-Altschäffer, Theorie und Technik der Korrelationsanalyse, S. 143, Berlin 1932. Die Formeln, die wir bisher abgeleitet haben, sind mit jenen eng verwandt, die, wie es scheint, zuerst von Sewall Wright, Correlation and Causation (Journal of Agricultural Research, 20 : 557—587, 1921) dargestellt wurden. Vgl. auch Ralph J. Watkins: The Use of coefficients of Net Determination in Testing the Economic Validity of Correlation Results (Journal of the American Statistical Association, Nr. 170, S. 191 bis 197, June 1930).

apriorischen Korrelationskoeffizienten $r_{1/1}$ zukommt. Wir setzen hierbei selbstverständlich voraus, daß die Formeln (26), (29) und (30) für $b_1$, $b_2$ und $r_{1/1}$ dieselbe Gestalt beibehalten[1] und daß z. B. nach wie vor

$$b_1 = \frac{\mu_{1/1}}{\mu_{2/0}} = \frac{\sum\limits_{i=1}^{m}\sum\limits_{j=1}^{m'} n_{ij}\,\xi_i\,\psi_j}{\sum\limits_{i=1}^{m} n_{i0}\,\xi_i^2}. \quad \ldots \ldots \quad (46)$$

Ist jedoch $b_1\,\xi_i \neq E^{(i)}\,\psi$, so kann man

$$E^{(i)}\,\psi = b_1\,\xi_i + d_i, \quad (i=1, 2, 3, \ldots m) \quad \ldots \ldots \quad (47)$$

setzen, wobei $d_i$ eine beliebige positive oder negative Größe ist, und Formel (13) verwandelt sich in

$$\psi_j = b_1\,\xi_i + d_i + \varepsilon_j^{(i)}. \quad \ldots \ldots \ldots \quad (48)$$

Die (gewogene) Summe aller Produkte $\xi\,\psi$, die der $i$-ten Kolumne entsprechen, ergibt sich dann aus (48) als

---

[1] Sie lassen sich nämlich sofort aus der einfachen Annahme ableiten, $b_1$ sei so gewählt, daß die Summe der Quadrate aller Differenzen vom Typus $(\psi_i - b_1\,\xi_i)$ ein Minimum werde:

$$\sum\limits_{i=1}^{N}(\psi_i - b_1\,\xi_i)^2 = \sum\limits_{i=1}^{N}\psi_i^2 - 2\,b_1\sum\limits_{i=1}^{N}\xi_i\,\psi_i + b_1^2\sum\limits_{i=1}^{N}\xi_i^2 = \text{Minimum}.$$

Setzt man die sog. „erste Ableitung" dieser Funktion nach $b_1$ gleich 0, so erhält man sofort:

$$b_1 = \frac{\sum\limits_{i=1}^{N}\xi_i\,\psi_i}{\sum\limits_{i=1}^{N}\xi_i^2} = \frac{\mu_{1/1}}{\mu_{2/0}}.$$

Und da die „zweite Ableitung" nach $b_1$ positiv ist, so folgt hieraus, daß in der Tat bei diesem Werte von $b_1$ der Ausdruck $\sum\limits_{i=1}^{N}(\psi_i - b_1\,\xi_i)^2$ zu einem Minimum wird. Ganz ebenso wird aus der Annahme

$$\sum\limits_{j=1}^{N}(\xi_j - b_2\,\psi_j)^2 = \text{Minimum}$$

für $b_2$ der Ausdruck

$$b_2 = \frac{\mu_{1/1}}{\mu_{0/2}}$$

gewonnen. Die Begriffe „erste Ableitung", „zweite Ableitung" sind den Anfangsgründen der Differentialrechnung entnommen. Ihre Anwendung auf Minima- und Maximabestimmungen dürfte jetzt jedem Primaner geläufig sein.

$$\sum_{j=1}^{m'} n_{ij}\,\xi_i\,\psi_j = \sum_{j=1}^{m'} n_{ij}\,\xi_i\,(b_1\,\xi_i + d_i + \varepsilon_j^{(i)}) =$$

$$= b_1\,n_{i\,0}\,\xi_i{}^2 + n_{i\,0}\,d_i\,\xi_i + \xi_i \sum_{j=1}^{m'} n_{ij}\,\varepsilon_j^{(i)},$$

oder, mit Rücksicht auf (16), welche Beziehung offenbar auch für unseren Fall gilt, einfach als:

$$\sum_{j=1}^{m'} n_{ij}\,\xi_i\,\psi_j = b_1\,n_{i\,0}\,\xi_i{}^2 + n_{i\,0}\,d_i\,\xi_i. \quad\ldots\ldots \quad (49)$$

Summiert man jetzt die Ausdrücke (49) für alle Kolumnen der Korrelationstabelle 8, so erhält man

$$\sum_{i=1}^{m}\sum_{j=1}^{m'} n_{ij}\,\xi_i\,\psi_j = b_1\sum_{i=1}^{m} n_{i\,0}\,\xi_i{}^2 + \sum_{i=1}^{m} n_{i\,0}\,d_i\,\xi_i$$

und hieraus:

$$b_1 = \frac{\displaystyle\sum_{i=1}^{m}\sum_{j=1}^{m'} n_{ij}\,\xi_i\,\psi_j - \sum_{i=1}^{m} n_{i\,0}\,d_i\,\xi_i}{\displaystyle\sum_{i=1}^{m} n_{i\,0}\,\xi_i{}^2}. \quad\ldots\ldots \quad (50)$$

Aus dem Vergleich von (50) mit (46) folgt aber unmittelbar die Gleichung:

$$\sum_{i=1}^{m} n_{i\,0}\,d_i\,\xi_i = 0. \quad\ldots\ldots\ldots \quad (51)$$

Wenn wir jetzt wiederum für $y$ und die $i$-te Kolumne das zweite Moment um die mathematische Erwartung, d. h. die Streuung, bestimmen, so ergibt sich hierfür aus (48) der folgende Ausdruck:

$$\frac{1}{n_{i\,0}} \sum_{j=1}^{m'} n_{ij}\,\psi_j{}^2 = \frac{1}{n_{i\,0}} \sum_{j=1}^{m'} n_{ij}\,[b_1\,\xi_i + d_i + \varepsilon_j^{(i)}]^2 =$$

$$= \frac{1}{n_{i\,0}} \left\{ b_1{}^2\,\xi_i{}^2 \sum_{j=1}^{m'} n_{ij} + d_i{}^2 \sum_{j=1}^{m'} n_{ij} + \sum_{j=1}^{m'} n_{ij}\,[\varepsilon_j^{(i)}]^2 + \right.$$

$$\left. + 2\,b_1\,d_i\,\xi_i \sum_{j=1}^{m'} n_{ij} + 2\,b_1\,\xi_i \sum_{j=1}^{m'} n_{ij}\,\varepsilon_j^{(i)} + 2\,d_i \sum_{j=1}^{m'} n_{ij}\,\varepsilon_j^{(i)} \right\}$$

oder, mit Rücksicht auf (1) und (16), auch einfacher:

$$\frac{1}{n_{i\,0}} \sum_{j=1}^{m'} n_{ij}\,\psi_j{}^2 = b_1{}^2\,\xi_i{}^2 + d_i{}^2 + \frac{1}{n_{i\,0}} \sum_{j=1}^{m'} n_{ij}\,[\varepsilon_j^{(i)}]^2 + 2\,b_1\,d_i\,\xi_i. \quad (52)$$

Multipliziert man (52) mit $n_{i0}$, bildet die Summe dieser Ausdrücke für alle $m$ Kolumnen der Tab. 8 und dividiert das Resultat durch $N$, so kommt man zu folgender Gleichung:

$$\mu_{0/2} = b_1^2 \cdot \frac{1}{N} \sum_{i=1}^{m} n_{i0}\,\xi_i^2 + \frac{1}{N} \sum_{i=1}^{m} n_{i0}\,d_i^2 + \frac{1}{N} \sum_{i=1}^{m} \sum_{j=1}^{m'} n_{ij}\,[\varepsilon_j^{(i)}]^2 +$$
$$+ 2\,b_1 \cdot \frac{1}{N} \sum_{i=1}^{m} n_{i0}\,d_i\,\xi_i. \quad \ldots \quad (53)$$

Führt man noch die Bezeichnung ein

$$\frac{1}{N} \sum_{i=1}^{m} n_{i0}\,d_i^2 = \sigma_d^2, \quad \ldots \ldots \ldots \quad (54)$$

so erhält man aus (53) mit Rücksicht auf (20), (23), (54), (37) und (51) ganz einfach:

$$\mu_{0/2} = b_1^2\,\mu_{2/0} + \sigma_d^2 + \sigma_\varepsilon^2. \quad \ldots \ldots \ldots \quad (55)$$

Auf (41) zurückgreifend, können wir (55) auch in folgender Form schreiben:

$$\mu_{0/2} = r_{1/1}^2\,\mu_{0/2} + \sigma_d^2 + \sigma_\varepsilon^2 \quad \ldots \ldots \ldots \quad (55\,\text{a})$$

und ferner:

$$\sigma_d^2 + \sigma_\varepsilon^2 = \mu_{0/2}\,(1 - r_{1/1}^2),$$

oder

$$r_{1/1} = \sqrt{1 - \frac{\sigma_\varepsilon^2}{\mu_{0/2}} - \frac{\sigma_d^2}{\mu_{0/2}}}, \quad \ldots \ldots \ldots \quad (56)$$

oder endlich, mit Rücksicht auf (43):

$$r_{1/1} = \sqrt{1 - k^2 - \frac{\sigma_d^2}{\mu_{0/2}}}. \quad \ldots \ldots \ldots \quad (56\,\text{a})$$

Vergleicht man (56a) mit (45), so bemerkt man sofort, daß die Annahme, daß

$$E^{(i)}\psi \neq b_1\,\xi_i,$$

den absoluten Wert von $r_{1/1}$ — bei gleichbleibenden übrigen Bedingungen — immer verringert. Und je näher in den einzelnen Kolumnen der Korrelationstabelle $b_1\,\xi_i$ an $E^{(i)}\psi$ herankommt, desto kleiner werden die einzelnen $d_i$ in (48) und desto kleiner wird auch der relative Einfluß von $\frac{\sigma_d^2}{\mu_{0/2}}$ in (56a). Wenn aber alle $d_i$ in (48) und (54) gleich Null werden, so fällt der Ausdruck (56a) einfach mit (45) zusammen.

Führt man schließlich noch die Bezeichnung ein:

$$\eta_{y/x} = \sqrt{1 - \frac{\sigma_\varepsilon^2}{\mu_{0/2}}} = \sqrt{1 - k^2}, \quad \ldots \ldots \quad (57)$$

so verwandelt sich (56a) in

$$r_{1/1} = \sqrt{\eta_{y/x}^2 - \frac{\sigma_d^2}{\mu_{0/2}}}. \quad \ldots \ldots \ldots \quad (58)$$

Der Parameter $\eta_{y/x}$ ist gleichbedeutend mit der apriorischen Form des Pearsonschen „Korrelationsverhältnisses" (correlation ratio)[1]. An und für sich ist $\eta_{y/x}$ eine bessere Maßzahl für die Enge der Korrelation zwischen $x$ und $y$, da sie von der Form des Zusammenhanges zwischen $E^{(i)}\psi$ und $\xi_i$ überhaupt nicht abhängig ist, doch bietet die Technik der Bestimmung der empirischen Annäherung an diese Größe — an Hand der gegebenen Stichprobe — in gewissen Fällen beträchtliche Schwierigkeiten; so ergibt z. B. die empirische Annäherung an $\eta_{y/x}$ immer den Wert 1, wenn jedem gegebenen Wert von $x_i$ nur ein einziger Wert von $y_i$ entspricht.

Ehe wir in unserer Darstellung einen weiteren Schritt tun, möchten wir nur noch die Werte von $r_{1/1}$, $\sigma_\varepsilon^2$ und $k^2$ für unser Zahlenbeispiel auf S. 268 bestimmen. Auf S. 275 wurden hierfür bereits abgeleitet:

$$\mu_{1/1}^{\cdot}=2, \quad \mu_{2/0}=2 \text{ und } b_1=1.$$

Wie leicht aus der Korrelationstabelle auf S. 268 ersichtlich, ergibt sich für $\mu_{0/2}$, z. B. nach Formel (24), der Wert:

$$\mu_{0/2} = \frac{1^2.11 + 2^2.11 + 3^2.2 + 4^2.2 + 5^2.2 + 6^2.11 + 7^2.11}{50} -$$

$$- \left(\frac{1.11 + 2.11 + 3.2 + 4.2 + 5.2 + 6.11 + 7.11}{50}\right)^2 = \frac{1090}{50} - 4^2 = 5{,}8.$$

Setzt man die gewonnenen Werte für $\mu_{1/1}$, $\mu_{2/0}$ und $\mu_{0/2}$ in (30) ein, so erhält man sofort:

$$r_{1/1} = + \frac{2}{\sqrt{2.5{,}8}} = + 0{,}587.$$

Und geht man auf Formel (45) zurück, so ergibt sich aus ihr:

$$r_{1/1}^2 = \frac{2^2}{2.5{,}8} = 1 - k^2 = 1 - \frac{\sigma_\varepsilon^2}{\mu_{0/2}},$$

oder

$$k^2 = \frac{\sigma_\varepsilon^2}{\mu_{0/2}} = 0{,}6552; \quad k = 0{,}809.$$

Und da $\mu_{0/2}=5{,}8$, so ist ferner

$$\sigma_\varepsilon^2 = 3{,}8.$$

Wenn man hingegen $\sigma_\varepsilon^2$ direkt nach der Formel (37) berechnet und berücksichtigt, daß in diesem Falle (vgl. oben S. 273)

$$\varepsilon_j^{(i)} = \psi_j - E^{(i)}\psi = \psi_j - \xi_i = y_j - E\,y - (x_i - E\,x) =$$
$$= y_j - 4 - (x_i - 4) = y_j - x_i,$$

so ersieht man leicht, daß für die erste Kolumne:

$$\sum_{j=1}^{7} n_{1j}\,[\varepsilon_j^{(1)}]^2 = 7\,(1-2)^2 + 2\,(2-2)^2 + 1\,(5-2)^2 + 1\,(6-2)^2 = 32,$$

---

[1] Vgl. K. Pearson: On the general theory of skew correlation and nonlinear regression, S. 10 (Drapers' Company Research Memoirs, Biometric Series, II, 1905); ferner: A. A. Tschuprow: Grundbegriffe und Grundprobleme der Korrelationstheorie, S. 52ff. Leipzig und Berlin, 1925.

und für die weiteren Kolumnen ebenso:

$$\sum_{j=1}^{7} n_{2j}\,[\varepsilon_j^{(2)}]^2 = 7\,(2-3)^2 + 1\,(4-3)^2 + 1\,(5-3)^2 + 1\,(7-3)^2 = 28,$$

$$\sum_{j=1}^{7} n_{3j}\,[\varepsilon_j^{(3)}]^2 = 3\,(1-4)^2 + 2\,(2-4)^2 + 2\,(6-4)^2 + 3\,(7-4)^2 = 70,$$

$$\sum_{j=1}^{7} n_{4j}\,[\varepsilon_j^{(4)}]^2 = 1\,(1-5)^2 + 1\,(3-5)^2 + 1\,(4-5)^2 + 7\,(6-5)^2 = 28,$$

$$\sum_{j=1}^{7} n_{5j}\,[\varepsilon_j^{(5)}]^2 = 1\,(2-6)^2 + 1\,(3-6)^2 + 1\,(6-6)^2 + 7\,(7-6)^2 = 32.$$

erhalten werden. Somit ist in der Tat:

$$\sigma_\varepsilon^2 = \frac{1}{N} \sum_{i=1}^{m} \sum_{j=1}^{m'} n_{ij}\,[\varepsilon_j^{(i)}]^2 = \frac{1}{50}\,(32 + 28 + 70 + 28 + 32) = 3{,}8,$$

und Formel (45) ist durch unser Beispiel verifiziert.

Wir kehren jetzt zu unserer Darstellung zurück. Die Komponente $\dfrac{\sigma_d^2}{\mu_{0/2}}$ in (56a) kann auch dadurch verkleinert werden, daß man an Stelle der Annahme (14):

$$\psi_j = b_1\,\xi_i + \varepsilon_j^{(i)}$$

eine andere einführt, die im allgemeinen Falle symbolisch durch

$$\psi_j = f\,(\xi_i) + \varepsilon_j^{(i)} \quad \ldots \ldots \ldots \ldots \quad (59)$$

ausgedrückt werden könnte, dergestalt, daß die Differenz

$$\delta_i = E^{(i)}\,\psi - f\,(\xi_i)$$

kleiner als $d_i$ in (47) und (48) werde. Die Form der Funktion $f\,(\xi_i)$ müßte folglich so gewählt werden, daß sie für alle $i = 1, 2, 3, \ldots m$ möglichst nahe an $E^{(i)}\,\psi$ herankomme. Verwendet man z. B. für $f\,(\xi_i)$, sukzessive ganze rationale algebraische Funktionen 2ten, 3ten, 4ten usw. Grades:

$$b_1\,\xi_i + b_2\,\xi_i^2,$$
$$b_1\,\xi_i + b_2\,\xi_i^2 + b_3\,\xi_i^3,$$
$$b_1\,\xi_i + b_2\,\xi_i^2 + b_3\,\xi_i^3 + b_4\,\xi_i^4$$

usw., so werden die ihnen entsprechenden Ausdrücke für den Korrelationskoeffizienten nach ihrer absoluten Größe eine zunehmende Folge darstellen und schließlich den Wert $\eta_{y/x}$ erreichen. Dies wird spätestens geschehen, wenn die Funktion $f\,(\xi_i)$ den Grad $(m-1)$ erreicht hat.[1]

---

[1] Der Beweis dafür kann entweder durch Bezugnahme auf ein bekanntes Theorem von Weierstraß oder durch Anwendung der sog. Differenzenmethode (vgl. unten § 3) geführt werden.

Die zugehörigen Berechnungen sind jedoch sehr kompliziert und müssen hier übergangen werden.

Da man die Korrelationstabelle 8 um 90⁰ drehen kann und hierdurch alle Kolumnen zu Zeilen und alle Zeilen zu Kolumnen werden, so ist es ohne weiteres klar, daß durch entsprechenden Austausch der Buchstaben alle unsymmetrisch aufgebauten Formeln, die bisher abgeleitet worden sind, sofort auf den Fall

$$\xi_i = f(\psi_j) + \varepsilon_i^{(j)}$$

adjustiert werden können. Bei $b_2$ in Formel (29) ist dies bereits geschehen.

Zu einer anderen und symmetrischeren Darstellungsform für den Korrelationskoeffizienten gelangt man, wenn man annimmt, daß auch in $\xi_i$ nur ein Teil, sagen wir $\xi'_i$, mit einem gewissen Teil von $\psi_i$ funktional verbunden ist. Man setze also etwa:

$$\xi_i = \xi'_i + \varepsilon'_i \quad \text{und} \quad \psi_i = f(\xi'_i) + \varepsilon_i. \quad \ldots \ldots \quad (59\,\text{a})$$

Die hieraus entstehenden Formeln erhalten gewöhnlich eine noch kompliziertere Gestalt als im vorhergehenden Falle. So ergeben sich z. B. aus der Annahme:

$$\xi_i = \xi'_i + \varepsilon'_i \quad \text{und} \quad \psi_i = b_1 \xi'_i + \varepsilon_i,$$

unter der Voraussetzung, daß

$$E\,\varepsilon'_i = 0 = E\,\varepsilon_i, \quad (i = 1, 2, 3, \ldots N)$$

und daß $\varepsilon_i$, $\varepsilon'_i$ und $\xi'_i$ voneinander stochastisch unabhängig sind, folgende Ausdrücke für $\mu_{1/1}$, $\mu_{2/0}$ und $\mu_{0/2}$:

$$\mu_{1/1} = E\left[(\xi'_i + \varepsilon'_i)(b_1 \xi'_i + \varepsilon_i)\right] = b_1 E\,\xi'^2,$$

$$\mu_{2/0} = E\,(\xi'_i + \varepsilon'_i)^2 = E\,\xi'^2 + E\,\varepsilon'^2,$$

$$\mu_{0/2} = E\,(b_1 \xi'_i + \varepsilon_i)^2 = b_1^2 E\,\xi'^2 + E\,\varepsilon^2.$$

Setzt man diese Werte in (30) ein, so erhält man hieraus:

$$r_{1/1} = \frac{b_1 E\,\xi'^2}{\sqrt{(E\xi'^2 + E\varepsilon'^2)(b_1^2 E\xi'^2 + E\varepsilon^2)}} = \pm \sqrt{\frac{E\,\xi'^2}{E\xi'^2 + E\varepsilon'^2} \cdot \frac{b_1^2 E\,\xi'^2}{b_1^2 E\xi'^2 + E\varepsilon^2}} =$$

$$= \pm \sqrt{\left(1 - \frac{E\,\varepsilon'^2}{E\xi'^2 + E\varepsilon'^2}\right)\left(1 - \frac{E\,\varepsilon^2}{b_1^2 E\,\xi'^2 + E\varepsilon^2}\right)} =$$

$$= \pm \sqrt{\left(1 - \frac{E\varepsilon'^2}{\mu_{2/0}}\right)\left(1 - \frac{E\,\varepsilon^2}{\mu_{0/2}}\right)}. \quad \ldots \ldots \ldots \quad (60)$$

[Ich habe diese Formel in meiner Untersuchung „Ist die Quantitätstheorie statistisch nachweisbar?" (Zeitschrift für Nationalökonomie, Bd. II, H. 4, S. 548—551, Wien 1931) bereits abgeleitet und auf einen konkreten Fall angewandt.]

Die bis jetzt eingeführten 60 Formeln beziehen sich lediglich auf die „verdichtete" Darstellung des postulierten Zusammenhanges (d. h. der „Korrelation") zwischen den einzelnen Werten von $\xi_i$ (bzw. $x_i$) und den ihnen entsprechenden bedingten mathematischen Erwartungen $E^{(i)}\psi$ (bzw. $E^{(i)}y$) oder umgekehrt: zwischen den einzelnen Werten $\psi_j$ (bzw.

$y_j$) und den ihnen entsprechenden bedingten mathematischen Erwartungen $E^{(j)}\xi$ (bzw. $E^{(j)}x$). An und für sich läßt sich das volle Verteilungsgesetz der kombinierten Merkmale $x$ und $y$ weder aus der einen noch aus der anderen Formelgruppe ableiten, da hierzu eine viel größere Anzahl von Daten notwendig ist. Wenn z. B. die erste Variable, $x$, im ganzen $m$ verschiedene Werte annehmen kann und die zweite, $y$, $m'$ verschiedene Werte, so wird die Anzahl aller Unbekannten in der betreffenden Korrelationstabelle gleich $m + m'$ Werten der beiden Variablen und $m \cdot m'$ Werten der Häufigkeiten (bzw. Wahrscheinlichkeiten) aller ihrer Kombinationen. Im ganzen haben wir also hier $m + m' + m m'$ Unbekannte zu bestimmen, denen nur eine einzige Gleichung a priori gegenübersteht: die Summe aller $m m'$ Häufigkeiten ist gleich $N$, bzw. die Summe aller $m m'$ Wahrscheinlichkeiten ist gleich 1. Und ganz ebenso, wie es in bezug auf das Verteilungsgesetz einer Variablen geschieht, kann man auch hier die $(m + m' + m m' - 1)$ verschiedenen Unbekannten aus einer entsprechenden Zahl von Produktmomenten oder von Korrelationskoeffizienten höherer Ordnungen herauszuholen suchen. Als erstere können etwa die Ausdrücke vom Typus

$$\mu_{f/g} = \frac{1}{N} \sum_{h=1}^{N} \xi_h{}^f \psi_h{}^g, \quad (f = 1, 2, 3, \ldots; \ g = 1, 2, 3, \ldots) \quad . \quad (61)$$

dienen, für die zweiten würde der Typus

$$r_{f/g} = \frac{\mu_{f/g}}{\mu_{2/0}{}^{1/2 f} \cdot \mu_{0/2}{}^{1/2 g}} \quad \ldots \ldots \ldots \quad (62)$$

in Betracht kommen.

Dieselbe Rolle, welche beim Verteilungsgesetz einer Variablen der „normalen" Verteilung zukommt, fällt beim Abhängigkeitsgesetz zweier Variablen der sog. normalen Korrelationsfläche zu. In diesem Falle gelten z. B. die folgenden Beziehungen:[1]

$$r_{2/1} = r_{1/2} = 0; \ r_{3/1} = r_{1/3} = 3\,r_{1/1}; \ r_{2/2} = 1 + 2\,r_{1/1}{}^2; \ r_{4/0} = r_{0/4} = 3;$$
$$r_{5/1} = r_{1/5} = 15\,r_{1/1}; \quad r_{4/2} = r_{2/4} = 3\,(1 + 4\,r_{1/1}{}^2); \quad r_{3/3} = 3\,r_{1/1}\,(3 +$$
$$+ 2\,r_{1/1}{}^2); \ r_{6/0} = r_{0/6} = 15 \ \text{usw.} \ldots \ldots \ldots \quad (63)$$

Überhaupt sind dann alle Korrelationskoeffizienten höherer Ordnungen entweder feste Zahlen oder sie können allein mit Hilfe des Wertes von $r_{1/1}$ berechnet werden. Mit anderen Worten: $r_{1/1}$ zusammen mit noch vier anderen Parametern, z. B. mit $m_{1/0}$, $m_{0/1}$, $m_{2/0}$ und $m_{0/2}$, bestimmt dann das gesamte Verteilungsgesetz der Variablen. Bei einem anderen Verteilungsgesetz ist dies selbstverständlich nicht der Fall.

Unsere bisherigen Untersuchungen führen zu dem Ergebnis, daß der einfache apriorische Korrelationskoeffizient $r_{1/1}$ bloß ein einzelnes Glied in einer langen Reihe von ähnlichen Parametern darstellt, die nur in ihrer Gesamtheit das kombinierte Verteilungsgesetz beider Variablen, $x$ und $y$,

---

[1] Vgl. A. Tschuprow: Grundbegriffe und Grundprobleme der Korr., S. 58.

mehr oder weniger umschreiben können. Das meiste, was man vom Korrelationskoeffizienten $r_{1/1}$ sagen kann, wäre, daß er die Rolle eines „primus inter pares" zu spielen berufen ist.[1] Und je mehr $b_1\,\xi_i$ von $E^{(i)}\psi$, bzw. $b_2\,\psi_j$ von $E^{(j)}\xi$ abweicht, desto gefährlicher ist es, sich auf $r_{1/1}$ als ein alleiniges Maß der Korrelation zu verlassen. Es darf ferner nicht vergessen werden, daß der Korrelationskoeffizient, wie auch aus Formel (56) oder (60) erhellt, nicht so sehr die Form des Zusammenhanges zwischen $\xi_i$ und $E^{(i)}\psi$, als vielmehr die Intensität jener Einflüsse charakterisiert, die den Zusammenhang zwischen beiden überdecken, schwächen und verdunkeln.

Wir haben bereits bei Beginn dieses Paragraphen darauf hingewiesen, daß der Korrelationskoeffizient unmittelbar nur auf jene Fälle bezogen werden kann, bei denen wir uns tatsächlich eine statistische Gesamtheit höherer Ordnung denken können, deren Elemente, ein jedes für sich, die zahlenmäßigen Merkmale $x$ und $y$ aufweisen. Es sei hierzu noch bemerkt, daß in solchen Fällen, wo $x$ und $y$ durch eine eindeutige mathematische Funktion miteinander verbunden sind, die Berechnung des Korrelationskoeffizienten keinen logischen Zweck hat, denn der Zusammenhang z. B. zwischen $x$ und $y = \sin x$, $x$ und $y = x^n$ usw. ist nicht weniger stramm als, sagen wir, jener zwischen $x$ und $y = bx$. Und trotzdem ergibt der Korrelationskoeffizient für die natürliche Zahlenreihe 1, 2, 3, .... $N$ und die Quadrate derselben Zahlen: $1^2, 2^2, 3^2, .... N^2$, bei $N \to \infty$ den Wert $+\,0{,}968$, und für dieselbe Zahlenreihe und ihre dritten Potenzen $1^3, 2^3, 3^3, .... N^3$, ebenfalls bei $N \to \infty$, noch weniger: $+\,0{,}9512$.[2] Was vollends den Korrelationskoeffizienten für $x$ und $\sin x$ anbetrifft, so kann er unter Umständen einfach gleich Null werden, und der Korrelations-

---

[1] Vgl. hierzu noch G. Darmois: Analyse et Comparaison des séries statistiques qui se développent dans le temps: Metron, vol. III, 1929, Nr. 1—2; ferner: O. N. Anderson: Corrélation et causalité: Revue trimestrielle de la Direction Générale de la Statistique, II Année, Fasc. III et IV, S. 254—294, Sofia 1930—1931. (Bulgarisch mit einer französischen Übersetzung.)

[2] Wir empfehlen es dem Leser, zu seiner Übung den Korrelationskoeffizienten für 1, 2, 3, .... $N$ und $1^k, 2^k, 3^k, .... N^k$, bei $k = 1, 2, 3, ....$, zu berechnen. Er möge hierbei berücksichtigen, daß ganz allgemein die Beziehung besteht:

$$S_k = 1^k + 2^k + 3^k + \ldots + N^k = \frac{(N+1)^{k+1} - (N+1)}{k+1} - \frac{k}{2!}\,S_{k-1} - \frac{k\,(k-1)}{3!}\,S_{k-2} - \frac{k\,(k-1)\,(k-2)}{4!}\,S_{k-3} - \ldots - S_1,$$

und folglich:

$$S_0 = N, \quad S_1 = \frac{N\,(N+1)}{2}, \quad S_2 = \frac{N\,(2N+1)\,(N+1)}{6},$$

$$S_3 = \left[\frac{N\,(N+1)}{2}\right]^2, \quad S_4 = \frac{N\,(N+1)\,(2N+1)\,(3N^2 + 3N - 1)}{30} \quad \text{usw.}$$

Vgl. z. B. Bojarskij, Stawrowskij, Chotimskij u. Jastremskij: l. c., S. 6.

koeffizient zwischen sin $x$ und sin $y$, wenn sowohl $x$ als auch $y$ arithmetische Reihen durchlaufen, ergibt, bei gleichen Perioden, genau den Kosinus des Phasenunterschiedes.[1] Sehr gefährlich ist ferner die Anwendung des Korrelationskoeffizienten auf Zeitreihen (vgl. unten § 3 und 4).

Trotz alledem können wir uns aber doch nicht dem Urteile M. Fréchet's anschließen, der in seinem Bericht an die Londoner Tagung des Internationalen Statistischen Instituts (1934) „Sur l'usage du soidisant coefficient de corrélation" die Ergebnisse einer etwas ungewöhnlichen Enquete über die „communis opinio doctorum" (die aber manches interessante Material enthält) wiedergibt und vorschlägt, man solle beschließen, daß „le champ de validité de l'emploi du coefficient de corrélation est singulièrement plus étroit que beaucoup ne l'avaient d'abord supposé". Wir sind der Ansicht, daß der Korrelationskoeffizient für seine fehlerhaften und dilettantischen Anwendungen keine Verantwortung trägt und daß ihm bei korrekter und sachgemäßer Handhabung trotz allem eine sehr bedeutende Rolle zukommt. Die vorhergehenden Ausführungen hatten nur den Zweck, den Leser zu größerer Vorsicht zu ermahnen und ihm klarzumachen, daß gerade in der Korrelationsrechnung für den Anfänger große Gefahrenmomente enthalten sind.

Wir hoffen, daß sich der Leser aus unseren Ausführungen bereits eine Vorstellung darüber gebildet hat, ein wie weites und kompliziertes Gebiet allein die Theorie des einfachen apriorischen Korrelationskoeffizienten ist. Das umgekehrte Problem, d. h. die Bestimmung seines plausibelsten Wertes auf Grund einer Stichprobe, bietet weitere enorme Schwierigkeiten. Zunächst wäre da festzustellen, daß es überhaupt keine solche Funktion der Beobachtungsdaten gibt, deren mathematische Erwartung genau dem Werte von $r_{1/1}$ gleich ist; man ist gezwungen, sich damit zu begnügen, nur gewisse Annäherungen an seine stochastische Asymptote zu bestimmen. Viel handlicher sind in dieser Hinsicht die Koeffizienten vom Typus $\mu_{f/g}$, in die ja keine mathematischen Erwartungen von Quotienten zufälliger Variablen eingehen. Durch „Student"[2] angeregt, hat R. A. Fisher das Verteilungsgesetz der Werte des empirischen Korrelationskoeffizienten für den Fall der normalen Korrelation abgeleitet.[3] Er bringt hierfür auch besondere Tabellen, die z. B. in seinen

---

[1] Vgl. O. Anderson: Die Korrelationsrechnung in der Konjunkturforschung, S. 39 und 105.

[2] „Student", Probable error of a correlation coefficient, Biometrika, Vol. VI. Das Geheimnis, daß sich hinter diesem Decknamen der Chemiker W. S. Gosset verbirgt, ist der Öffentlichkeit erst durch H. Hotelling preisgegeben worden (vgl. seine Monographie „British statistics and statisticians to-day"; Journal of the American Statistical Association, New Series, Vol. 25, S. 189, New York 1930).

[3] Vgl. R. A. Fisher: Frequency distribution of the values of the correlation coefficient in samples from indefinitely large population, Biometrika X, 1914; ferner derselbe: On the probable error of a coefficient of correlation deduced from a small sample: Metron, vol. I, 1921.

„Statistical methods“ zu finden sind. Es ist ferner möglich, auch die Markoff-Tschebyscheffschen Ungleichungen auf korrelierte Größen auszudehnen.[1]

Zum Schlusse wäre noch zu bemerken, daß ausführliche Anweisungen für die Technik der Berechnung des empirischen Korrelationskoeffizienten sich bei Yule (Introduction usw.) und ferner in den meisten amerikanischen Lehrbüchern der Statistik vorfinden, wie etwa bei Mills, G. R. Davies und W. F. Crowder oder M. Ezekiel.[2]

Die Ausgangsform für den empirischen Korrelationskoeffizienten ist:

$$r'_{1/1} = \frac{\sum\limits_{i=1}^{n} (\dot{x}_i - \overline{x})\,(\dot{y}_i - \overline{y})}{\sqrt{\sum\limits_{i=1}^{n} (\dot{x}_i - \overline{x})^2 \sum\limits_{i=1}^{n} (\dot{y}_i - \overline{y})^2}} \quad \ldots \ldots \quad (64)$$

Es wäre vielleicht noch erwähnenswert, daß man mit Hilfe jener angenäherten Verfahren zur Bestimmung von Fehlergrenzen, die wir oben im II. Kap., § 2, S. 139—140, angegeben haben, unschwer beweisen kann, daß, wenn die Reihen der Abweichungen der Werte von $x$ und $y$ vom arithmetischen Mittel (bzw. von der mathematischen Erwartung) bis auf die vierte Ziffer (von links nach rechts gerechnet) abgerundet worden sind, der maximale absolute Fehler bei der Bestimmung von $r_{1/1}$ die Grenzen von $\pm 0,02$ nicht übersteigen kann; und wenn man erst die fünfte Ziffer von links abrundet, so beträgt der absolute Fehler weniger als $\pm 0,002$. Diese Regel ist insbesondere bei der Berechnung der sog. Differenzen-Korrelationskoeffizienten anzuwenden (vgl. unten § 3), weil dort die Zahlenreihen unmittelbar Abweichungen von mathematischen Erwartungen oder Funktionen solcher Abweichungen darstellen.

Wenn man jetzt zum Falle mehrerer zufälliger Variabler übergeht, bei welchem der gewöhnliche apriorische Korrelationskoeffizient durch den „mehrfachen“, bzw. den „partiellen“ Korrelationskoeffizienten ersetzt werden muß, so kann man die Feststellung machen, daß hier eigentlich wenig prinzipiell Neues in die Theorie hineinkommt, daß aber die mathematischen Berechnungen unvergleichlich komplizierter und weitschweifiger werden. Wir lassen diese Ausführungen hier aus Raummangel ganz beiseite und möchten nur nebenbei erwähnen, daß unser persönlicher Standpunkt zur Frage in den bereits zitierten Mono-

---

[1] Vgl. V. Romanovsky: Die Verallgemeinerung der Markoffschen Ungleichung und ihre Anwendung in der Korrelationstheorie: Bulletin der Zentralasiatischen Universität, Nr. 8, S. 107—111, Taschkent 1925 (russisch mit einer englischen Zusammenfassung).

[2] F. C. Mills: Statistical Methods Applied to Economics and Business, New York 1924. G. R. Davies and W. F. Crowder: Methods of Statistical Analysis in the Social Sciences, New York 1933. M. Ezekiel: Methods of Correlation Analysis, New York 1930.

graphien „Die Korrelationsrechnung usw."[1] und im Aufsatz „Corrélation et Causalité" dargelegt worden ist.

Aus denselben Gründen übergehen wir auch die Darstellung der vollen Theorie des Korrelationsverhältnisses und seiner Verallgemeinerung auf mehrere Variable,[2] sowie die sehr interessante Theorie der „Mean square contingency" mit ihren verschiedenen Varianten.

Der Leser, der tiefer in die Korrelationstheorie eindringen will, möge zuallererst die beiden diesbezüglichen Werke von Tschuprow durcharbeiten: die bereits mehrmals zitierten „Grundbegriffe und Grundprobleme der Korrelationstheorie" und ferner die posthume Veröffentlichung „The Mathematical Theory of the Statistical Methods Employed in the Study of Correlation in the Case of three Variables" (Transactions of the Cambridge Philosophical Society, Vol. XXIII, Nr. XII, August 1928).

An Stelle der letzteren kann übrigens die mathematisch viel leichtere, modernere, aber wissenschaftlich etwas weniger strenge Arbeit von Hans Richter-Altschäffer treten: „Theorie und Technik der Korrelationsanalyse", Berlin 1932 (Schriftenreihe des Instituts für landwirtschaftliche Marktforschung, H. 5; gute Literaturangaben). Ferner kämen noch folgende deutsche Veröffentlichungen in Betracht: die schon mehrmals zitierten (vgl. S. 90) „Grundzüge der Theorie der Statistik" von H. Westergaard und H. C. Nibølle; die deutsche Übersetzung des Handbuches von H. L. Rietz[3] (mit sehr reichhaltigen Literaturangaben); die „Korrelationsrechnung" von F. Baur (Leipzig und Berlin 1928) und schließlich die ebenfalls bereits zitierten „Elemente der exakten Erblichkeitslehre" von W. Johannsen. Unter den vielen englischen Werken möchten wir dem Leser zuallererst die „Methods of Correlation Analysis" von M. Ezekiel empfehlen, obgleich auch er der amerikanischen Unsitte huldigt, Formeln ohne ihre Ableitung zu geben, dann abermals die „Statistical Methods" von Mills; und ferner T. L. Kelley, Statistical Method, New York 1923, mit umfangreicher Literatur. Reiche Literaturhinweise auf vornehmlich englische Autoren finden sich bei Helen M. Walker, Studies in the History of Statistical Method, with special reference to certain educational problems, Baltimore 1929, und natürlich bei G. U. Yule, An Introduction to the Theory of Statistics.

Unter den französischen Werken sind die bereits zitierten bemerkenswerten Lehrbücher von G. Darmois, Statistique mathématique, und von R. Risser und C. E. Traynard, Les principes de la statistique

---

[1] Ein Fehler, der sich hier in die Formel (134) und (135) auf S. 135 eingeschlichen hat und der darin besteht, daß an Stelle von $E(e_i \bar{x}_i) = 0$ die Größe $E(e_i x_i^{(0)})$ gleich 0 gesetzt wurde, ist in „Corrélation et Causalité" auf S. 270, Anm., bereits berichtigt worden. Der Fehler ist übrigens recht belanglos und bewirkt keine Veränderungen in den übrigen Formeln.

[2] Vgl. hierzu z. B. die Arbeiten von L. Isserlis: „On the partial correlation ratio": Biometrika, Vol. X (1914) und XI (1915).

[3] H. L. Rietz: Handbuch der mathematischen Statistik, herausgegeben von Dr. Franz Baur, Leipzig und Berlin 1930.

mathématique,[1] an erster Stelle zu nennen. Interessante Anregungen ergeben sich auch aus dem originellen Werk des Ungarn Ch. Jordan, Statistique mathématique, Paris 1927. Eine ausgezeichnete Literaturübersicht enthält ferner das bereits zitierte tschechische Buch von St. Kohn: Základy teorie statistické metody. Endlich muß noch erwähnt werden, daß J. O. Irwin bereits das vierte Jahr im „Journal of the Royal Statistical Society" eine ausführliche Darstellung unter dem Titel „Recent Advances in Mathematical Statistics" bringt, der eine außerordentlich gut geführte Liste von Neuerscheinungen in den betreffenden Gebieten beigelegt ist. So enthält z. B. die letzte Übersicht nur für das Jahr 1933 (Journ. of the Roy. Stat. Soc., Vol. XCVIII, S. 83—127, 1935) 117 Nummern und 25 weitere Literaturhinweise.[2]

---

[1] Die Verfasser erweisen mir die Ehre, im Kap. VII einige von mir entwickelte Methoden und hierbei abgeleitete Formeln in extenso anzuführen. Hierin dem Beispiele von Darmois folgend, bleiben sie jedoch bei der Darstellung der von mir bis zum Jahre 1923 vertretenen Ansichten stehen und berücksichtigen die späteren und meines Erachtens technisch und methodologisch bedeutend fortgeschrittenen Untersuchungen der Jahre 1926, 1927 und 1929 nicht mehr [vgl. z. B. Biometrika, Vol. XVIII (1926) und Vol. XIX (1927), ferner die bereits zitierte „Korrelationsrechnung in der Konjunkturforschung"]. Hierdurch kommt es auch, daß sie eine nicht bis zum Ende summierte Formel und, was noch schlimmer ist, eine fehlerhafte Interpretation einer anderen Formel noch sieben Jahre nach deren Berichtigung in ihrem Lehrbuch mitschleppen.

[2] Unter den Monographien, die wichtige Einzelfragen aus dem weiten Gebiete der Korrelationstheorie behandeln, möchten wir in erster Linie noch die folgenden nennen: Karl Pearson: Notes on the History of Correlation, Being a paper read to the Society of Biometricians and Mathematical Statisticians, June 14, 1920: Biometrika, Vol. XIII, S. 25—45; A. A. Tschuprow: The mathematical foundations of the methods to be used in statistical investigation of the dependence between two chance variables: Nordisk Statistisk Tidskrift, Bd. 10, 1931, H. 1—3, S. 61—74 (posthum); V. Romanovsky: Die Verallgemeinerung des Laplaceschen Theorems über die Wahrscheinlichkeitsgrenze auf den Fall von zwei abhängigen Ereignissen: Acta Universitatis Asiae Mediae, Series V a, Mathematica, Fasc. 1, Taschkent 1929 (russisch); H. E. Soper, A. W. Young, B. M. Cave, A. Lee and K. Pearson: On the Distribution of the Correlation Coefficient in Small Samples, Appendix II to the Papers of "Student" and R. A. Fisher: A cooperative study: Biometrika XI, S. 328—413; Paul R. Rider: On the Distribution of the Correlation Coefficient in Small Samples: Biometrika, Vol. XXIV, S. 382—403; Seimatsu Narumi: On the general forms of bivariate frequency distributions which are mathematically possible when regression and variation are subjected to limiting conditions: Biometrika, Vol. XV, S. 77—88, 208—221; Karl Pearson: Notes on skew frequency surfaces: Biometrika, Vol. XV, S. 222—230; derselbe: On nonskew frequency surfaces: ibidem, S. 231—244; St. Kołodziejczyk: Sur l'extremum de la parabole de regression: Revue trimestrielle de Statistique publ. par l'office central de Statistique de la républ. Polonaise, Année 1933, T. X, Fasc. 2—3 (polnisch mit französischer Zusammenfassung); Karl Pearson: On the Correction necessary for the correlation ratio $\eta$: Biometrika,

## 2. Die repräsentative Methode.

Wir haben im § 3 der Einleitung (S. 12f.) bereits festgestellt, daß ein sehr großer Teil der modernen statistischen Daten keinen erschöpfenden Charakter besitzt und mehr oder weniger „repräsentativ" ist, d. h. auf Stichproben oder überhaupt auf Teilerhebungen beruht.[1] Ferner

Vol. XIV, S. 412—417; T. L. Woo: Tables for ascertaining the significance of association measured by the correlation ratio: Biometrika, Vol. XXI, S. 1—66; Harold Hotelling: The Distribution of Correlation Ratios calculated from random data: Proc. of the Nat. Academy of Sciences, Vol. 11, Nr. 10, S. 657—662, 1925; John Wishart: A Note on the Distribution of the Correlation Ratio: Biometrika, Vol. XXIV, S. 441—456; R. C. Geary: Some properties of correlation and regression in a limited universe: Metron, Vol. VII, Nr. 1, S. 83—119, 1927; R. Frisch: Correlation and scatter in statistical variables: Nordic Statistical Journal, Vol. I, S. 36—102; R. A. Fisher: The goodness of fit of regression formulae and the distribution of regression coefficients: Journ. of the Roy. Stat. Soc., Vol. LXXXV, S. 597 bis 612, 1922; V. Romanovsky: On the distribution of the regression coefficient in Samples from normal population: Bull. de l'Acad. des Sciences de l'U. R. S. S., S. 643—648, 1926; derselbe: Sulle regressioni multiple: Giornale dell'Inst. Ital. degli Attuari, Anno II, n. 2, 1931; Karl Pearson: On some Novel Properties of Partial and Multiple Correlation Coefficients in a Universe of Manifold Characteristics: Biometrika, Vol. XI, S. 231—238; John Wishart: The Mean and Second Moment Coefficient of the Multiple Correlation Coefficient, in Samples from a Normal Population: Biometrika, Vol. XXII, S. 353; Appendix hierzu: ibidem, S. 362—367; R. A. Fisher: The General Sampling Distribution of the Multiple Correlation Coefficient: Proc. of the Roy. Soc., A., Vol. 121, 1928; derselbe: The distribution of the partial correlation coefficients: Metron, Vol. III, Nr. 3—4, 1924; Tsutomu Kondo: On the Standard Error of the Mean Square Contingency: Biometrika, Vol. XXI, S. 376—430; Karl Pearson: On the General Theory of Multiple Contingency with Special Reference to Partial Contingency, Biometrika, Vol. XI, S. 145—158; J. F. Steffensen: On Certain Measures of Dependence between Statistical Variables: Biometrika, Vol. XXVI, S. 251—255, 1934; Karl Pearson: Remarks on Prof. Steffensen's Measure of Contingency: Biometrika, Vol. XXVI, S. 255—260; Simon Kuznets: Random Events and cyclical Oscillations: Journ. Amer. Stat. Assoc., Vol. XXIV, S. 258—275, 1929 (mit Berufung auf E. Slutsky); V. Romanovsky: Sur la loi sinusoïdale limite: Rendiconti del Circolo Matematico di Palermo, Tomo LVI, 1932; derselbe: Sur une généralisation de la loi sinusoïdale limite: ibidem, Tomo LVII, 1933.

[1] In meinem Aufsatz „De la méthode représentative et son application à l'élaboration des matériaux obtenus par le recensement des exploitations agricoles effectué le 31. XII. 1926" (bulg. mit französ. Résumé), der in den „Vierteljahrsheften der Generaldirektion der Stat." (1. Jg., H. II—III, S. 109 bis 152, Sofia 1929) erschienen ist, wies ich auf diese Tatsache hin und knüpfte daran einige Ausführungen, die nachweisen sollten, daß nicht selten die repräsentative Methode, obgleich sie nur ein Surrogat der erschöpfenden Beobachtung ist und bleibt, dennoch neben dieser bestehen kann. Zu meinem großen Erstaunen ersehe ich jetzt aus den neuesten Arbeiten von Prof. Dr. R. Meerwarth (vgl. z. B. seine sehr

haben wir auch darauf hingewiesen, daß eine der wichtigsten Aufgaben der statistischen Theorie darin besteht, Mittel anzugeben, wie man von den Charakteristiken der tatsächlich gegebenen Gesamtheiten zu den Charakteristiken der betreffenden Gesamtheiten höherer Ordnung vordringen kann. Diesem **Problem des Rückschlusses** wurde in unserer Darstellung bereits so viel Aufmerksamkeit geschenkt, daß es fast überflüssig erscheint, hier nochmals zu ihm zurückzukehren. Dies geschieht auch nur deshalb, weil wir bisher eine sehr wichtige praktische Frage unberücksichtigt gelassen haben, die Frage nämlich, wie die Technik der Entnahme der Elemente für die Stichprobe gestaltet werden muß, damit das Endresultat mit einem möglichst geringen **Schätzungsfehler** behaftet werde.

Es gibt in dieser Hinsicht bekanntlich zwei Möglichkeiten: 1. entweder man verfährt nach dem Prinzip der zufälligen Auswahl, oder 2. man trifft eine bewußte, überlegte oder systematische Auswahl.

**Im ersten Falle** ordnet man die Stichprobenentnahme so an, daß diese einer Kugelziehung aus geschlossenen und gut durchschüttelten Urnen gleichkommt und also die Anwendung der entsprechenden wahrscheinlichkeitstheoretisch fundierten Formeln direkt zuläßt. Diese Formeln finden sich in reichlicher Auswahl (aber nur für die einfacheren Fälle) im § 11 des I. Kap. und in den §§ 2 bis 8 des III. Kap. Die komplizierteren Probleme und insbesondere die Probleme, zu deren Lösung man den Korrelationskoeffizienten heranziehen muß, können an Hand jener Formeln gemeistert werden, die sich in dem bis heute noch maßgebenden Bericht von Prof. A. L. Bowley an die römische Session des

<hr>

beachtlichen Aufsätze: „Über die repräsentative Methode" im 72. Jg. der Zeitschr. d. Preuß. Stat. Landesamts, S. 352—412, „Von dem Nutzen und den Grenzen der Statistik", daselbst S. 27—78, und schließlich „Beiträge zur repräsent. Methode" in der „Revue de l'Inst. Internat. de Stat.", 2. Année, Livr. 4, S. 374, La Haye 1934), daß er mir geradezu eine „Geringschätzung der Vollerhebungen" vorwirft. Wie es scheint, ist Prof. Meerwarth durch eine schlechte Übersetzung meines bulgarischen Aufsatzes irregeführt worden. Dieselbe Übersetzung hat übrigens auch manchen Fehler in der Doktordissertation von F. Huhle „Erkenntniskritische Untersuchungen über die repräs. Methode", Leipzig 1933, hervorgerufen. Ich möchte Prof. Meerwarth gegenüber nur ganz kurz feststellen, 1. daß ich die Vollerhebungen in den meisten Fällen für viel sicherer und genauer als die besten Teilerhebungen halte und 2. daß ich mich immer mit voller Kraft dafür eingesetzt habe, daß die Stichprobenerhebungen gut organisiert und sehr vorsichtig durchgeführt werden. Freilich gelten hierbei für mich auch die folgenden zwei Axiome: 1. Es hat keinen praktischen Zweck, ein Fuder Heu mit Hilfe einer chemischen Präzisionswaage abwiegen zu wollen, und 2. es hilft nichts, wenn man eine Entfernung zwischen zwei Städten ungefähr in Tausenden von Schritten abschätzt und darauf zum Resultate die Dicke der Stadttore in Millimetern addiert. Zu S. 364 des 1. Aufsatzes von Meerwarth sei noch bemerkt, daß die kurze Darstellung der Rede Tschuprows in der Röm. Tagung des Int. Stat. Inst. erst nach seinem Tode vom Sekretariat derselben verfaßt sein muß.

[2] A. L. Bowley: Measurement of the Precision Attained in Sampling, Bulletin de l'Institut Internat. de Statistique, Vol. XXII, 1ère Livraison.

Internationalen Statistischen Instituts (1925) vorfinden,[2] und ferner an Hand der klassischen Arbeit von Prof. A. A. Tschuprow: „On the Mathematical Expectation of the Moments of Frequency Distribution in the Case of Correlated Observations" („Metron", Vol. II, Nr. 3 und 4, 1923). Es stellt sich heraus, daß es vorteilhaft ist, die Gesamtheit höherer Ordnung in homogenere Teilgesamtheiten zu zerlegen und hierauf die Entnahme der Stichproben aus jeder Teilgesamtheit gesondert vorzunehmen. Sehr beachtenswerte Ideen zu diesem Verfahren enthält das neue Referat von J. Neyman,[1] welches wir ebenfalls schon an anderer Stelle erwähnt haben.

Im zweiten Falle, d. h. bei der bewußten Auswahl, sucht man eine solche Kombination von typischen Elementen aus der Gesamtheit herauszuholen, daß die für sie gebildeten Durchschnitte, Momente, Korrelationskoeffizienten und anderen statistischen Parameter mit den ihnen entsprechenden Maßzahlen der Gesamtheit höherer Ordnung nach Möglichkeit übereinstimmen. Die Aussonderung der typischen Vertreter aus jener Gesamtheit ist kaum von einer gewissen Willkür des Forschers zu trennen, und daher befindet man sich hier stets auf einem etwas unsicheren Boden. Es gibt aber immerhin Fälle, wo das Bedürfnis nach möglichst schnellen und billigen Ergebnissen diese Methode als das kleinere Übel erscheinen läßt, insbesondere wenn man hierbei von jenen „Kontrollen" Gebrauch macht, die im soeben zitierten Bericht von Bowley oder bei Jensen beschrieben werden[2] und die ebenfalls eine Anwendung gewisser wahrscheinlichkeitstheoretischer Formeln zulassen. Die Grundidee ist recht einfach und kann an folgendem kleinen Beispiel erläutert werden. Unsere Aufgabe bestehe darin, die durchschnittliche Länge des rechten Armes bei einer gegebenen größeren Gruppe Menschen, z. B. bei einem Regiment oder bei einem Universitätskollegium, zu bestimmen. Bei einer zufällig auszuwählenden Stichprobe würden die Elemente etwa durch Lose oder durch eine andere ebenso mechanische Methode ausgesondert werden. Sollte es jedoch im voraus bekannt sein, daß das arithmetische Mittel der linken Armlängen für die gegebene Gruppe etwa 70 cm ausmacht, so könnte man auf den Gedanken verfallen, nur solche Personen auszusondern, deren linker Arm ungefähr das angegebene Maß besitzt. Da die Längen beider Arme bei einem normalen Menschen beinahe gleich sind, so erscheint es ganz plausibel, daß die so entstandene Auswahl ein genaueres arithmetisches Mittel für die rechte Armlänge ergeben würde als im Falle

---

(Dieser Band enthält auch zwei weitere bemerkenswerte Beiträge von Jensen.) Kleinere Ungenauigkeiten in einzelnen Bowleyschen Formeln, die davon herrühren, daß die Korrelationskoeffizienten für die Gesamtheiten verschiedener Ordnung nicht immer scharf genug auseinandergehalten werden, fallen bei praktischen Anwendungen kaum ins Gewicht.

[1] J. Neyman: On the two Different Aspects of the Representative Method: The Method of stratified Sampling and the Method of Purposive Selection: Journ. of the Royal Stat. Society, Vol. XCVII, S. 558—625, 1934.

[2] Vgl. Adolph Jensen: Purposive Selection: Journal of the Royal Statistical Society, Vol. XCI, S. 541—547, 1928.

einer rein zufälligen Stichprobe. Es ist ferner einleuchtend, daß das Resultat im Durchschnitt desto besser ausfallen wird, je enger die unbekannte Variable (rechte Armlänge) mit der gegebenen Kontrollvariablen (linke Armlänge) verbunden ist, d. h. einen je höheren Wert der Korrelationskoeffizient für beide annimmt. In der Praxis benutzt man nicht eine, sondern mehrere Kontrollen und verbindet die bewußte Auswahl auch mit einer vorhergehenden Einteilung der Gesamtheit höherer Ordnung in homogenere Teilgesamtheiten. Ein lehrreiches Beispiel für die Anwendung dieser Methode bietet die etwa vor einem Jahr in Bulgarien durchgeführte „Landwirtschaftliche Enquete".[1] Die erste Aufgabe hierbei war, eine gewisse Anzahl aus den vorhandenen 5000 bulgarischen Dörfern derart zu wählen, daß die für die ersteren gewonnenen arithmetischen Durchschnitte jenen der letzteren möglichst nahekämen. Den Ausgangspunkt für die Auswahl bildeten die Ergebnisse der landwirtschaftlichen Betriebszählung vom 1. Januar 1927. Die Erhebung sollte im Laufe von nur einem einzigen Frühlingsmonat durchgeführt werden, wobei für jeden Bauern ein außerordentlich ausführlicher Fragebogen ausgefüllt werden mußte, der auch eine Reihe von Fragen über die Haushaltausgaben des verflossenen landwirtschaftlichen Jahres enthielt. Unter Berücksichtigung der verfügbaren entsprechend geschulten Kräfte, der kurzen Frist, der ungünstigen Jahreszeit und der bescheidenen Geldmittel, die auf die Enquete verwandt werden konnten, ergab es sich, daß die Anzahl der zu bearbeitenden Dörfer die Zahl 100 und die Menge der Betriebe die Zahl 20000 keineswegs übersteigen durfte. Dies war, wie die Rechnung zeigte, für eine zufällige Auswahl viel zu wenig, und man entschloß sich daher, den anderen Weg zu beschreiten, hierbei aber die Auswahl der Dörfer besonders sorgfältig und mit Anwendung verschiedener Kontrollen zu treffen. Es wurde damit begonnen, aus der Gesamtliste solche Dörfer auszuwählen, in welchen eine spezielle Form der Landwirtschaft vorherrschend ist: Tabakbau, Rosenbau, Reisbau, Weinbau, Seidenzucht, Viehzucht usw. Auf diese Weise wurden 13 Gruppen mit insgesamt zirka 1000 Dörfern gebildet. Die übrigen 4000 Dörfer wurden in fünf klimatische Gebiete eingeteilt, wobei in jedem

---

[1] Die Ergebnisse dieser Enquete sollten eigentlich bereits im Herbste 1934 voll vorliegen. Gewisse Umstände, die ganz außerhalb des Bereiches der Enquete und ihrer Organisation lagen, haben es jedoch bewirkt, daß die endgültige Aufarbeitung sehr verzögert wurde. Bis Mitte 1935 konnte nur die erste Hälfte der Tabellen durch die Generaldirektion der Statistik veröffentlicht werden, die zweite (und interessantere) Hälfte wird kaum vor Ende des Jahres 1935 erscheinen. Ein Teil der unveröffentlichten Ergebnisse wird aber bereits als (einzige) Unterlage für verschiedene wirtschaftspolitische Maßnahmen der Regierung ausgenutzt. Trotz allen ganz unvoraussehbaren Hemmungen ist dennoch bisher die Aufarbeitung der repräsentativen Ergebnisse immer unvergleichlich schneller vonstatten gegangen, als es bei Vollzählungen in Bulgarien sonst zu geschehen pflegt. So ist z. B. die Publikation der Vollergebnisse der landwirtschaftlichen Betriebszählung von 1927 noch bis heute nicht abgeschlossen, während ihre repräsentative Aufarbeitung bereits seit sechs Jahren fertig gedruckt vorliegt.

Gebiet noch drei Gruppen je nach der Höhenlage (in den Bergen, am Fuße der Berge und in der Ebene gelegen) unterschieden wurden. Aus jeder der so entstandenen $13 + 15 = 28$ Gruppen wurde dann eine gewisse Anzahl von Dörfern derart ausgewählt, daß sie etwa ein fünfzigstel aller landwirtschaftlichen Betriebe der Gruppe enthielt, wobei letztere in der Auswahl ihrerseits (für das Jahr 1927) ungefähr dieselbe Größenverteilung in 15 Stufen aufwiesen wie jene Teilgesamtheit, aus welcher sie entnommen wurden. Die getroffene Auswahl wurde dann an Hand von Vergleichen geprüft, die die arithmetischen Durchschnitte für alle überhaupt bei der Betriebszählung von 1927 aufgenommenen Merkmalsgruppen betrafen, deren Zahl im ganzen 19 betrug. Nach einer Reihe von Korrektionen, welche außerdem den Zweck verfolgten, die ausgewählten Dörfer möglichst gleichmäßig über das ganze Land zu verteilen, wurde schließlich erreicht, daß zum mindesten in 18 Richtungen von 19 die Übereinstimmung als ganz befriedigend angesehen werden konnte (die einzige Ausnahme betraf die Fläche der künstlichen Wiesen, welche übrigens in der bulgarischen Landwirtschaft eine ganz untergeordnete Rolle spielen). Die Ergebnisse dieser Kontrolluntersuchungen wurden in Nr. 8 des „Bulletin de Statistique" der bulgarischen statistischen Generaldirektion (1934) ziemlich ausführlich dargestellt. Es stellte sich hierbei heraus, daß die mittlere Größe eines landwirtschaftlichen Betriebes für die ausgewählten 100 Dörfer am 1. Januar 1927 6,28 ha ergab, während sie für alle 5000 Dörfer am selben Tage 6,09 ha betrug — ein Unterschied von nur rund 3%.[1]

Die prozentuale Verteilung der Betriebe nach ihrer Größe stellte sich hierbei wie folgt dar (siehe Tabelle S. 296).

Die Übereinstimmung wurde als vollkommen befriedigend angesehen. Jedes der auf diese Weise ausgewählten 100 Dörfer wurde darauf von einer speziellen Enquetekommission besucht, alle Einwohner desselben genau ausgefragt und die betreffenden Fragebögen genau ausgefüllt. Über jede zehnte Bauernwirtschaft wurde außerdem noch eine zusätzliche ausführliche Aufnahme gemacht, die nach Möglichkeit alle Wirtschafts- und Haushaltausgaben im Laufe des verflossenen landwirtschaftlichen Jahres erfassen sollte. Die Daten wurden in einer Art öffentlichen Kreuzverhörs festgestellt — etwa nach dem Vorbilde der alten russischen Zemstwo-Erhebungen.

Hinsichtlich der allgemeinen Organisationslinien der bulgarischen landwirtschaftlichen Enquete entstand zwischen Dr. J. Neyman und mir ein Meinungsaustausch, der vielleicht ein allgemeineres Interesse beanspruchen dürfte. Dr. Neyman formulierte seine Ansicht wie folgt (vgl. l. c., S. 588): „There is only one detail in this enquiry which I am not certain is justifiable. When selecting the villages from single strata special attention was paid to selecting villages which according to the

---

[1] Wäre man nur von einer einzigen Kontrolle ausgegangen und hätte man die gleichmäßige Verteilung der Dörfer nicht angestrebt, so wäre es ein leichtes gewesen, diese Übereinstimmung noch viel genauer zu machen.

| Größe der Betriebe in Hektaren | Prozentuale Verteilung der Betriebe am 1. I. 1927 | | Differenz |
| --- | --- | --- | --- |
| | Nach der Vollzählung | Nach der Stichprobe | |
| 0—1 | 7,3 | 7,5 | — 0,2 |
| 1—2 | 11,8 | 11,6 | + 0,2 |
| 2—3 | 12,3 | 12,6 | — 0,3 |
| 3—4 | 11,6 | 11,8 | — 0,2 |
| 4—5 | 10,4 | 10,8 | — 0,4 |
| 5—6 | 8,7 | 8,4 | + 0,3 |
| 6—7 | 7,2 | 7,3 | — 0,1 |
| 7—8 | 5,8 | 5,7 | + 0,1 |
| 8—9 | 4,8 | 4,6 | + 0,2 |
| 9—10 | 3,8 | 3,6 | + 0,2 |
| 10—15 | 10,3 | 9,8 | + 0,5 |
| 15—20 | 3,5 | 3,5 | 0,0 |
| 20—30 | 1,9 | 2,1 | — 0,2 |
| 30—40 | 0,4 | 0,4 | 0,0 |
| 40—50 | 0,1 | 0,2 | — 0,1 |
| 50—100 | 0,1 | 0,1 | 0,0 |
| 100—200 | 0,0 | 0,0 | 0,0 |
| 200—300 | 0,0 | 0,0 | 0,0 |
| 300—400 | 0,0 | 0,0 | 0,0 |
| 400—500 | 0,0 | 0,0 | 0,0 |
| 500 und mehr | 0,0 | 0,0 | 0,0 |
| Zusammen... | 100,0 | 100,0 | 0,0 |

last General Census in 1926/27 showed a distribution of different characters of farms, similar to that in the whole stratum. I think that the variability of farms and villages is also a character of their population which may be of interest. This character, however, if the efforts of Bulgarian investigators were successfull, would be biassed in the sample." In der hierauf folgenden Diskussion (l. c., S. 621—622) präzisierte Dr. Neyman seinen Standpunkt darin, er könne nicht zugeben, daß „the accuracy of an unbiassed estimate will be increased if we purposely select individuals with the length of the left arm approximately equal to its average" (S. 622). Die Lösung der Frage folge direkt aus zwei Formeln, die bereits in verschiedenen Lehrbüchern (wie etwa bei M. Ezekiel oder R. A. Fisher) dargelegt worden sind und die man auf folgende Gestalt bringen kann:

$$\left.\begin{aligned} Y' &= \overline{y} + a\,(X - \overline{x}), \\ \mu'_2 &= \frac{\sigma_y^2\,(1 - r^2)}{n - 2}\left(1 + \frac{(X - \overline{x})^2}{\sigma_x^2}\right) \quad \text{(ibidem, Anmerkung).} \end{aligned}\right\} \quad (1)$$

Hierbei bedeuten $\overline{x}$ und $\overline{y}$ die arithmetischen Mittel der beiden Variablen in der Stichprobe, $\sigma_x^2$ und $\sigma_y^2$ die zweiten Momente um das arithmetische Mittel ebenfalls für die Stichprobe, $X$ das als gegeben betrachtete arithmetische Mittel für die Kontrollvariable $x$ in der Gesamtheit höherer Ordnung (mit anderen Worten: $E\,x$); $Y'$ unsere Schätzung des arithmetischen Mittels für die andere Variable in der Gesamtheit höherer Ordnung, $\mu'_2$ unsere Schätzung des zweiten Moments der Variablen $y$ um die mathematische Erwartung in der Gesamtheit höherer Ordnung; $a$ den Regressionskoeffizienten von $y$ nach $x$ in der Stichprobe und $r$ den empirischen Korrelationskoeffizienten von $x$ und $y$, ebenfalls in der Stichprobe. Da nun, nach Neyman, die Differenz $X-\overline{x}$ „practically never zero" ist, so wird die Genauigkeit unserer Abschätzung $Y'$ dann am größten, und folglich der Ausdruck $\mu_2'$ dann am kleinsten, wenn $\sigma_x^2$ möglichst groß genommen wird. „In order to do so, it is necessary to include in the sample individuals both with very large values of $x$ and with very small ones", also konkret gesprochen: die Stichprobe sollte aus Personen mit sehr langen und sehr kurzen linken Armen bestehen und nicht aus solchen, deren linke Armlängen möglichst nahe bei ihrem gemeinsamen arithmetischen Mittel liegen. Demgegenüber möchte ich zuallererst bemerken, daß die Neymansche Formel auf den Fall abgestellt ist, wo an Hand einer Stichprobe der Korrelations- oder der Regressionskoeffizient abgeschätzt werden soll. Es ist ohne weiteres zuzugeben, daß für die Bestimmung dieser Maßzahlen die Anwendung gerade des geschilderten Systems der bewußten Auswahl der Stichprobe ganz unangebracht ist. Es genügt, darauf hinzuweisen, daß vom geometrischen Standpunkte aus der Regressionskoeffizient, den wir gewöhnlich mit $b_1$ bezeichnen, in der linearen Gleichung $E^{(i)}\,y=b_1 x_i$ die Tangente des Neigungswinkels darstellt, den die Gerade zur Abszissenachse $x$ bildet: jedermann kann sich leicht vorstellen, daß eine Gerade leichter und genauer durch zwei Punkte gezogen werden kann, die auf dem Papier weit voneinander liegen, und daß daher in die Stichprobe solche $y$ einbezogen werden müssen, deren Werte nicht eng um einen einzigen Punkt $E\,y$ gelagert sind, sondern stark voneinander abweichen. Aber die eingangs gestellte Frage war einzig und allein: die beste Annäherung an das arithmetische Mittel $Y=E\,y$ zu finden, und für diesen Fall bildet die Neymansche Formel nur eine ganz überflüssige Komplikation, um so mehr, als erstens bei einem großen $\sigma_x$ gewöhnlich auch $\overline{x}$ stärker von $X=E\,x$ abweichen wird und es zweitens praktisch sehr wohl möglich ist, durch bewußte Auswahl $\overline{x}$ sehr nahe an $X$ heranzubringen. So finden wir, um ein kleines Beispiel zu geben, auf S. 588 des Neymanschen Vortrages eine Tabelle, die in zwei Kolumnen die folgenden 26 Zahlen enthält:

$$148,\ 199,\ 178,\ 122,\ 82,\ 67,\ 58,\ 49,\ 39,\ 28,\ 18,\ 9,\ 4,$$

$$141,\ 213,\ 176,\ 130,\ 85,\ 69,\ 54,\ 44,\ 34,\ 23,\ 19,\ 7,\ 4.$$

Die Summe dieser 26 Zahlen ist genau gleich 2000, so daß ihr arithmetisches Mittel auf $\dfrac{2000}{26}=76{,}92$ zu stehen kommt. Unsere Aufgabe bestehe nun darin, aus obiger Zahlenreihe eine Stichprobe von zehn Elementen derart zu entnehmen, daß diese 1. möglichst nahe bei 76,92 liegen und 2. ein arithmetisches Mittel ergeben, welches möglichst nahe an 76,92 herankommt. Wir verfahren wie folgt: als erstes greifen wir aus unserer Gesamtheit jene acht Zahlen heraus, welche zu 76,92 am nächsten sind. Dies sind offenbar die Zahlen: 122, 82, 67, 58 in der oberen Reihe, 130, 85, 69 und 54 in der unteren. Ihre Summe beträgt 667, während die Summe aller zehn Elemente der Stichprobe $76,92 \times 10 \sim 769$ ergeben müßte. Es verbleibt also für die Summe der restlichen zwei Zahlen der Stichprobe: $769 - 667 = 102$, während die Summe der nächstliegenden zwei kleineren Zahlen nur $49 + 44 = 93$, oder um 9 weniger beträgt. Somit muß in den bereits gewählten acht Zahlen ein Element durch ein anderes, um zirka 9 größeres, ersetzt werden. Bei Durchsicht der Reihe ergibt sich sofort, daß der beste Weg darin besteht, in der Stichprobe 130 durch 141 zu ersetzen. Und hierdurch kommen wir zu folgender endgültigen Auswahl: 122, 82, 67, 58, 49, 141, 85, 69, 54, 44. Das arithmetische Mittel dieser Stichprobe ist gleich 77,1, während sie 76,92 ergeben müßte. Die Differenz beträgt nur 0,23% der letzteren Zahl, und die ganze Prozedur hat ungefähr zehn Minuten gedauert! Je größer der Umfang der Stichprobe, desto leichter ist es im allgemeinen, durch bewußte Auswahl für die „Kontrolle" das ideale Resultat $\bar{x} = Ex$ nahezu zu erreichen.

Insofern es sich nur darum handelt, aus der Stichprobe eine möglichst gute Annäherung an das betreffende arithmetische Mittel der Gesamtheit höherer Ordnung zu bestimmen, können die Neymanschen Formeln durch ein viel einfacheres System ersetzt werden.

Es sei eine Gesamtheit vom Umfange $N$ gegeben, bei welcher jedes Element die Merkmale $x$ und $y$ besitzt. Es sei ferner, für ein beliebiges $i$, $x_i$ mit $y_i$ durch eine lineare Korrelation verbunden, so daß

$$y_i = b_1 x_i + e_i, \dots \dots \dots \dots \dots \quad (2)$$

wobei $b_1$ eine Konstante und $x_i$ und $e_i$ gegenseitig stochastisch unabhängig sind; hieraus folgt, daß

$$E x_i e_i = Ex \cdot Ee. \dots \dots \dots \dots \quad (3)$$

Der Gesamtheit werden einmal „zufällig" und ein anderes Mal „bewußt" Stichproben vom Umfange $n$ entnommen. Die Frage, welche von beiden Methoden eine bessere Annäherung des arithmetischen Mittels von $y$ an die mathematische Erwartung $Ey$ ergebe, wird dadurch entschieden, in welchem Falle die Streuung des Mittels um $Ey$ kleiner ist. Wenn wir das arithmetische Mittel im Falle einer zufälligen Auswahl, wie gewöhnlich, durch $\bar{y}$ bezeichnen, für die bewußte Auswahl aber das Symbol $\bar{\bar{y}}$ wählen, so wird die betreffende Streuung für den ersten Fall durch

$$E (\bar{y} - E y)^2 \dots \dots \dots \dots \dots \quad (4)$$

gegeben. Der Ausdruck (4) kann mit Rücksicht auf (2) und (3) folgendermaßen umgeformt werden:

$$E (\bar{y} - E y)^2 = E (b_1 \bar{x} + \bar{e} - b_1 E x - E e)^2 = E \left\{ b_1 (\bar{x} - E x) + (\bar{e} - E e) \right\}^2 =$$
$$= b_1{}^2 E (\bar{x} - E x)^2 + E (\bar{e} - E e)^2 + 2 b_1 E (\bar{x} - E x) E (\bar{e} - E e) =$$
$$= b_1{}^2 E (\bar{x} - E x)^2 + E (\bar{e} - E e)^2. \dots \dots \dots \dots \dots \quad (5)$$

Was die bewußte Auswahl anbetrifft, so sei angenommen, daß nur solche Elemente in die Stichprobe genommen werden, für welche das System besteht:

$$E\,x - \eta < \dot{x}_i < E\,x + \eta, \qquad\qquad (6)$$

wobei der Punkt über dem $x$ andeuten soll, daß $\dot{x}_i$ nicht gleich $x_i$ zu sein braucht, und $\eta$ eine kleine positive Zahl ist. Bezeichnet man das arithmetische Mittel der $\dot{x}$ in diesem Falle durch $\bar{\bar{x}}$ und das der $e$ durch $\bar{\bar{e}}$, so folgt aus (6), daß für $\bar{\bar{x}}$ die Ungleichungen bestehen:

$$-\eta < (\bar{\bar{x}} - E\,x) < +\eta. \qquad\qquad (7)$$

Und aus (7) folgt seinerseits, daß

$$0 \leqq (\bar{\bar{x}} - E\,x)^2 < \eta^2. \qquad\qquad (7\,\text{a})$$

Die Streuung von $\bar{\bar{y}}$ ist offenbar durch die Formel

$$\mathfrak{E}\,(\bar{\bar{y}} - E\,y)^2 = \mathfrak{E}\left\{b_1\,(\bar{\bar{x}} - E\,x) + (\bar{\bar{e}} - E\,e)\right\}^2 \qquad (8)$$

gegeben, wobei das Symbol $\mathfrak{E}$ an Stelle von $E$ tritt und andeutet, daß in diesem Falle die Gesamtheit der $\bar{\bar{y}}$, für welche man den Mittelwert bestimmt, nur aus allen jenen $\bar{\bar{y}}$ besteht, die man überhaupt unter Einhaltung der Bedingungen (6) bilden kann. Da aber nach wie vor $\bar{\bar{e}}$ von $\bar{\bar{x}}$ stochastisch unabhängig bleibt und man außerdem

$$\mathfrak{E}\,(\bar{\bar{e}} - E\,e)^h = E\,(\bar{e} - E\,e)^h. \qquad\qquad (9)$$

setzen kann, so folgt aus (8) unmittelbar:

$$\mathfrak{E}\,(\bar{\bar{y}} - E\,y)^2 = b_1^2\,\mathfrak{E}\,(\bar{\bar{x}} - E\,x)^2 + E\,(\bar{e} - E\,e)^2,$$

und mit Rücksicht auf die Ungleichungen (7a) ergibt sich ferner:

$$\mathfrak{E}\,(\bar{\bar{y}} - E\,y)^2 < b_1^2\,\eta^2 + E\,(\bar{e} - E\,e)^2. \qquad\qquad (10)$$

Vergleicht man (10) mit (5), so kommt man sofort zum Schluß, daß, solange die Ungleichung besteht:

$$\eta^2 \leqq E\,(\bar{x} - E\,x)^2, \qquad\qquad (11)$$

auch unbedingt

$$\mathfrak{E}\,(\bar{\bar{y}} - E\,y)^2 < E\,(\bar{y} - E\,y)^2$$

sein muß und folglich die bewußte Auswahl im Durchschnitt eine bessere Annäherung von $\bar{\bar{y}}$ an $E\,y$ ergeben wird als eine zufällige Stichprobe es für die Differenz $\bar{y} - E\,y$ bewirken könnte.

Zum Schlusse sei noch bemerkt, daß, falls man aus der Stichprobe auch Regressions- oder Korrelationskoeffizienten u. dgl. für die Gesamtheit höherer Ordnung errechnen will, nichts daran hindert, unter Beibehaltung der Beziehung

$$\bar{\bar{x}} \sim E\,x$$

solche Elemente in die Stichprobe zu wählen, die ein genügend großes $\sigma_x^2$ in (1) ergeben. Und wenn die Gesamtheit höherer Ordnung in homogenere Teilgesamtheiten zerlegt ist, wie es im bulgarischen Beispiel der Fall war, so ergibt sich dieses Resultat zum Teile von selbst.

Um sich kurz zu fassen: die bewußte Auswahl bleibt bei Stichprobenerhebungen immerhin ein etwas gewagtes Unternehmen, da sie die Willkür des Forschers nicht ganz ausschließt und zu ihrer Durchführung einer außerordentlich sorgfältigen Vorbereitung, gepaart mit gründlicher Orts- und Sachkenntnis, bedarf, doch gibt es ohne Zweifel Fälle, wo sie dennoch geboten ist und sogar zu besseren Resultaten als die zufällige Auswahl führen kann.[1]

## 3. Untersuchung der zeitlichen und räumlichen Stabilität der Gesamtheiten höherer Ordnung.

Bei der Darstellung verschiedener mathematisch-statistischer Methoden — in bezug sowohl auf den direkten als auch auf den umgekehrten Schluß — haben wir bisher durchwegs angenommen, daß den Daten immer nur eine konstant zusammengesetzte Gesamtheit höherer Ordnung zugrunde liegt, der eben verschiedene Stichproben entnommen werden. Nur im § 5 der Einleitung (S. 27) haben wir darauf hingewiesen, daß eine der Aufgaben der statistischen Methodik auch darin bestehen kann, die räumliche und zeitliche Stabilität der Gesamtheiten höherer Ordnungen und ihrer statistischen Parameter zu untersuchen; und zum Schlusse des 3. Kap. wurde außerdem erwähnt, daß in diesem Falle zwei verschiedene Einstellungen möglich sind: entweder man untersucht, ob die Hypothese, die Gesamtheit sei stabil, noch aufrechterhalten werden könne, oder umgekehrt, man stellt fest, ob es noch notwendig ist, die Gesamtheit als stabil anzusehen. In einem Falle mißt man die Gefahr, eine falsche Hypothese aufrechtzuerhalten, im anderen die Gefahr, eine richtige Hypothese zu verwerfen. Diese Fragen besitzen eine große theoretische und praktische Bedeutung.

An der Methodik derartiger Untersuchungen wird gerade in den letzten Jahren viel gearbeitet, wobei die Namen von E. Pearson, J. Neyman und V. Romanovsky[2] an erster Stelle genannt werden müssen. Das

---

[1] Abgesehen von den in diesem Paragraphen bereits zitierten Monographien sollte der Leser noch folgende zwei Werke zu Rate ziehen: J. Neyman: An Outline of the Theory and Practice of the Representative Method, Warszawa 1933 (Institut spraw spolecznych, Nr. 1) (polnisch mit einer englischen Zusammenfassung); und Joseph Pepper: Studies in the Theory of Sampling: Biometrika, Vol. XXI, S. 231—258.

[2] Abgesehen von den oben auf S. 246 aufgezählten Schriften, müßte hier vor allem noch die Monographie von V. Romanovsky: On the criteria that two given samples belong to the same normal population, Metron, Vol. VII, Nr. 3, S. 3—46, 30. VI. 1928, berücksichtigt werden; ferner etwa: Karl Pearson: On the Difference and the doublet Tests for ascertaining whether two samples have been drawn from the same population: Biometrika, Vol. XVI, S. 249—252; Stanisław Kołodziejczyk, La vérification de l'hypothèse sur la constance des probabilités: Annales de la Société Polonaise de Mathématique, T. IX, Cracovie 1930; derselbe, Sur l'erreur de la seconde catégorie dans le problème de M. Student: Comptes rendus des séances de l'Académie des Sciences, T. 197, S. 814—816, 1933; P. C. Maha-

theoretische Rüstzeug, welches hier zur Anwendung gelangt, ist mathematisch recht „hoch" und daher für den Anfänger wenig geeignet, doch sollte gerade der deutsche Leser nicht vergessen, daß letzten Endes die ganze Problematik hier auf jene Gedankengänge zurückgeht, die in den Siebzigerjahren des 19. Jahrhunderts der Göttinger Professor W. Lexis im Kampfe gegen A. Quetelet und seine Schule entwickelte. Die Lexissche „Theorie der Stabilität statistischer Reihen" sowie sein Divergenzkoeffizient $Q$ (oder $Q^2$), welche später von seinen Schülern, Bortkiewicz und Tschuprow, ausgebaut wurden, dürften zurzeit als ziemlich überholt erscheinen, doch das beeinträchtigt keineswegs ihre außerordentlich hohe Bedeutung für die Geschichte der theoretischen Statistik. Auf den Arbeiten von Lexis und Bortkiewicz fußt eine ganze Generation von Statistikern, und ohne die bahnbrechenden methodologischen Untersuchungen dieser beiden Gelehrten wäre die heutige Entwicklung der statistischen Theorie kaum möglich.[1]

Wenn wir uns speziell jenen Gesamtheiten zuwenden, die „in der Zeit" beobachtet werden und sog. Zeitreihen ergeben, so bemerken wir, daß ihre charakteristische Eigenschaft darin besteht, daß die Daten der Beobachtung eine sozusagen eindimensionale Entwicklungslinie ergeben; diese Zahlen folgen in der Zeit eindeutig eine der anderen, und die Reihenanordnung ihrer „Urliste" ist daher durchaus nicht zufällig. An einer anderen Stelle haben wir ihnen gegenüber bereits den Vergleich mit einem kinematographischen Filmband gebraucht, das ohne größeren Verlust an Erkenntnismöglichkeiten nicht in einzelne Bildchen zerschnitten werden kann. Jedes Reihenglied bezieht sich selbstverständlich auf dieselbe bestimmt umgrenzte Gesamtheit (sonst hätte die Reihe ja überhaupt keinen statistischen Sinn!), doch die Gesamtheit selbst erleidet in der Zeit gewisse Änderungen, die auf die Werte ihrer Parameter

---

lanobis, Tables for L Tests: Sankhyā, The Indian Journal of Statistics, Vol. I, Part I, S. 109—122, Calcutta 1933.

[1] Wo die „Theorie der Stabilität statistischer Reihen" am Anfang des 20. Jahrhunderts stand, ist am besten aus den „Abhandlungen" von A. Tschuprow zu ersehen. Wer aber des Russischen nicht mächtig ist, möge zu den „Kritischen Betrachtungen zur theoretischen Statistik" von Bortkiewicz greifen (Jahrbücher für Nationalök. u. Statistik, Bd. LXIII, LXV, LXVI, 1894—96) oder darüber in der Wahrscheinlichkeitsrechnung von Czuber nachlesen.

A. Tschuprow war der erste, der nach dem Kriege dem Divergenzkoeffizienten $Q^2$ den Todesstoß versetzte; vgl. seine Abhandlungen: „Zur Theorie der Stabilität statistischer Reihen" (Skandinavisk Aktuarietidskrift 1918—1919), „Ist die normale Stabilität empirisch nachweisbar? Zur Kritik der Lexisschen Dispersionstheorie" (Nordisk statistisk Tidskrift, Bd. 1, H. 3—4, 1922) und „Über normal stabile Korrelation" (Skandinavisk Aktuarietidskrift, S. 1—17, 1923). Vgl. ferner: O. Anderson: „Über die Anwendung der Differenzenmethode ('Variate Difference Method') bei Reihenausgleichungen, Stabilitätsuntersuchungen und Korrelationsmessungen II" (Biometrika, Vol. XIX, S. 53ff., 1927); und derselbe: „Die Korrelationsrechnung in der Konjunkturforschung" usw., S. 66.

entweder einwirken oder nicht. Theoretisch wäre es sehr wohl denkbar, daß die Gesamtheiten und ihre Parameter sich sprunghaft oder in Zickzacklinie verändern, doch die Erfahrung lehrt, daß in gewöhnlichen Zeiten der bei weitem größte Teil der für den Nationalökonomen interessanten Gesamtheiten einen „glatten" Verlauf aufweist, d. h. sich nur langsam in einer gewissen Richtung entwickelt. Diese Tatsache erklärt sich einfach daraus, daß die Wirtschaftserscheinungen eben bloß Funktionen menschlicher Tätigkeit und des Lebensraumes sind, und die Bevölkerung durch Geburten und Todesfälle sich nur langsam erneuert.

Jede einzelne Zahl in einer statistischen Zeitreihe, von seltenen Ausnahmen abgesehen, kann entweder als eine Stichprobe aus einer Gesamtheit höherer Ordnung oder als ein empirischer Näherungswert eines ihrer statistischen Parameter angesehen werden. Hieraus folgt, daß, wenn man ein gewisses Reihenglied mit $x_i$ bezeichnet, dieses fast immer durch den Ausdruck:

$$x_i = E\,x_i + e_i \ldots \ldots \ldots \ldots (1)$$

dargestellt werden kann. Die Komponente $e_i$ ist sozusagen der Beobachtungsfehler, und $E\,x_i$ bedeutet, wie immer, die mathematische Erwartung von $x_i$. Es wird angenommen, daß die Reihe der $E\,x_i$ in der Regel einen glatteren Verlauf aufweist als jene der $x_i$. (Der Index bei $E\,x_i$ muß hier beibehalten werden, da ja einem jeden Reihengliede seine eigene mathematische Erwartung entsprechen kann.)

Sollte jene Gesamtheit höherer Ordnung, deren Evolution der gegebenen Zeitreihe zugrunde liegt, in gewisse Teilgesamtheiten mit verschiedenen Eigenschaften zerlegt werden können, so kann es wünschenswert erscheinen, auch die mathematische Erwartung $E\,x_i$ in entsprechende Teile zu zerlegen. Aus diesem Grundschema ergeben sich eben (oder können wenigstens hieraus abgeleitet werden) alle jene verschiedenen Reihenzerlegungsmethoden, mit denen zurzeit besonders die amerikanischen statistischen Lehrbücher überfüllt sind: Trend- und Saisonausschaltung, Aussonderung des Konjunkturzyklus, ferner Reihenausgleichung u. dgl. m. Die systematische Darstellung dieser Methoden erfordert viel Raum und muß daher hier übergangen werden. Die persönliche Ansicht des Verfassers ist übrigens in zwei Monographien festgelegt, die in der Schriftenreihe der Veröffentlichungen der Frankfurter Gesellschaft für Konjunkturforschung erschienen sind.[1] Es sei hier nur ganz

---

[1] Heft 1: Zur Problematik der empirisch-statistischen Konjunkturforschung, kritische Betrachtung der Harvard-Methoden. Kurt Schroeder Verl. Bonn 1929. — Heft 4: Die Korrelationsrechnung in der Konjunkturforschung. Ein Beitrag zur Analyse von Zeitreihen. Kurt Schroeder Verl. Bonn 1929. Zur Frage der Trendberechnung sind ferner noch zu konsultieren: L. Isserlis: Note on Chebysheff's Interpolation Formula: Biometrika XIX, S. 87—93; V. Romanovsky: Note on orthogonalising Series of Functions and Interpolation: ibidem, S. 93—99: B. Lagunoff: Zur Praxis der Ausgleichung der statistischen Reihen: Metron, Vol. VI, Nr. 3—4, S. 3—23, 1926; Karl Jordan: Berechnung der Trendlinie auf Grund der Theorie der

kurz erwähnt, daß auch die gesamte „Differenzenmethode" („Variate-Difference-Correlation Method", wie sie K. Pearson getauft hat) aus obiger Gleichung (1) abgeleitet werden kann. Eine ausführliche Darstellung dieser Methode findet sich in der zweiten aus der Reihe der letztgenannten Monographien. Nach dem Dafürhalten des Verfassers könnte seine Methode in weitem Ausmaße an Stelle der üblichen Reihenzerlegungsmethoden und ferner als Ersatz für den Lexisschen Divergenskoeffizienten angewandt werden. Ihr Hauptvorteil besteht darin, daß ihre Axiomatik einfach ist und die Einführung von willkürlichen und unbeweisbaren Grundannahmen nicht erfordert.[1]

## 4. Statistische Verfahren zur Feststellung von Kausalbindungen zwischen den Elementen verschiedener Gesamtheiten.

Das Problem der Anwendung statistischer Methoden auf die Feststellung von Kausalbindungen ist als solches — in seiner ganzen Weite und Schwierigkeit — eigentlich erst in jüngster Zeit, jedenfalls aber erst im 20. Jahrhundert erkannt worden. Den äußeren Anstoß dazu dürfte wohl vor allen Dingen die immer weiter fortschreitende „Statistifizierung" der theoretischen Physik gegeben haben.[2] Die Sozialstatistiker des 19. Jahrhunderts begnügten sich lange Zeit damit, anzunehmen, die statistische Kausalforschung wende einfach die Millschen Induktionsmethoden an, und die weit tiefer schürfenden Ansichten einzelner Theoretiker (wie etwa Tschuprows, der seinerzeit wiederum durch Rümelin, Windelband und Rickert angeregt wurde) konnten sich in der Wissenschaft

kleinsten Quadrate: Mitteilungen der ungar. Landeskommission für Wirtschaftsstatistik und Konjunkturforschung, Studien Nr. 1, Budapest 1930; Paul Lorenz: Der Trend: Sonderheft 21 der Vierteljahrshefte zur Konjunkturforschung, hgg. von Prof. Wagemann, Berlin 1931; derselbe: Das Trendproblem in der Konjunkturforschung: Blätter für Versicherungsmathematik, hgg. vom Deutschen Verein für Versicherungswissenschaft, 2. Bd., 7. Heft, Berlin 1932; derselbe: Über Näherungsparabeln hohen Grades und ihre Aufgabe in der Konjunkturforschung: Metron, Vol. X, Nr. 4, S. 61—78, 1933 (in dieser Monographie anerkennt Lorenz die nahe Verwandtschaft seiner Methode mit den orthogonalen Funktionen von Tschebyscheff); derselbe: Über das Verfahren von Persons zur Berechnung eines Saisonindex: Allgem. Stat. Archiv, 22. Bd., 1932; A. Wald, La nature et le calcul des variations saisonnières (Memor. distr. à l'occasion de la confer. de Dr. O. Morgenstern pron. le 6. V. 935 à l'Inst. Scient. des Rech. Econ. et Soc. — Paris).

[1] Zur Differenzenmethode und verwandten Problemen vergl. ferner: Karl Pearson and Ethel M. Elderton: On the Variate Difference Method: Biometrika, Vol. XIV, 1923; R. A. Fisher: The Influence of rainfall on the yield of wheat at Rothamsted: Philosoph. Transactions of the Royal Society of London, Series B, Vol. 213, S. 89—142, 1924.

[2] Da aber die Physik es gewöhnlich mit unvergleichlich umfangreicheren Gesamtheiten zu tun hat als die Sozialwissenschaft, so kann von einer einfachen Übertragung der neuen physikalischen Methoden auf unser Gebiet überhaupt keine Rede sein.

nur langsam durchsetzen. Die verschiedenen Verfahren des „Reihenvergleichs", auf die man lange Zeit das Problem zurückführen zu können glaubte, blieben äußerst primitiv und unsicher. Als hierauf — durch F. Galton und K. Pearson — der Korrelationskoeffizient in die Wissenschaft eingeführt wurde und insbesondere als man den sog. „mehrfachen" und den „partiellen" Korrelationskoeffizienten ersann, hatte es längere Zeit den Anschein, als ob hierin endlich jenes statistische Instrument gefunden sei, welches dem Problem wirklich adäquat ist. Die Praxis lehrte aber, und zwar an Hand sehr trauriger Erfahrungen, daß in bezug auf Zeitreihen auch der Korrelationskoeffizient häufig versagt und direkt zu „Nonsense-Correlations" führt.[1]

Es ist nicht recht möglich, die schwierige Theorie, in der es noch manche dunkle Punkte gibt, an dieser Stelle ausführlich zu behandeln. Wir begnügen uns daher nur mit einigen kurzen Andeutungen.

Im Bereiche der sozialwissenschaftlichen Forschungen befinden wir uns bekanntlich nur sehr selten in der Lage, ein Experiment im naturwissenschaftlichen Sinne zu organisieren, d. h. die Beobachtung so anzuordnen, daß die störenden Einflüsse, die den Kausalzusammenhang verdunkeln, ganz eliminiert oder wenigstens genau kontrolliert werden. Wir sind daher meistens gezwungen, zu verschiedenen Surrogaten des Experiments zu greifen und müssen uns in der Regel damit begnügen, solche statistische Gesamtheiten zu beobachten, in deren Umfang sich — unter anderen — auch Elemente befinden, die wir uns als durch einen Kausalnexus miteinander verbunden denken (vgl. oben, Einleitung, S. 17—18). Die Ergebnisse solcher statistischen Beobachtungen stellen sich gewöhnlich in der Form von mehreren Zeitreihen dar, die nun „verglichen" werden sollen, etwa:

$$x_1, x_2, x_3, x_4, \ldots x_N;$$
$$y_1, y_2, y_3, y_4, \ldots y_N;$$
$$z_1, z_2, z_3, z_4, \ldots z_N \text{ usw.}$$

Jede von diesen Zeitreihen bezieht sich auf eine andere statistische Gesamtheit höherer Ordnung, und im allgemeinen wird außerdem in jeder Reihe jedes Reihenglied seine eigene mathematische Erwartung besitzen. Wenn z. B. zwischen den beiden Gesamtheiten höherer Ordnung, denen die Reihen der $x$ und der $y$ entsprechen, ein gewisser Kausalnexus besteht, so können beide Reihen symbolisch in folgende Komponenten zerlegt werden:

---

[1] Vgl. z. B. G. U. Yule: Why do we sometimes get Nonsense-Correlations between Time-Series? (Journal of the Royal Stat. Society, Vol. LXXXIX, S. 1, 1926). Im Zusammenhange mit Yules Aufsatz steht die interessante Untersuchung von E. Slutsky: Das Summieren der zufälligen Ursachen als Quelle zyklischer Prozesse: Fragen der Konjunktur, Bd. III, H. 1, Moskau 1927, russisch. — Derselbe: Sur un théorème limite relatif aux séries des quantités éventuelles. Comptes Rendus etc., Bd. 185, S. 169, 1927. — Die diesbezüglichen Arbeiten von Romanovsky und Kuznets sind bereits oben auf S. 291 angeführt worden.

$x_1 = \xi_1 + e_1, \quad x_2 = \xi_2 + e_2, \quad x_3 = \xi_3 + e_3$ usw. einerseits und $y_1 = f(\xi_1) + \varepsilon_1, \quad y_2 = f(\xi_2) + \varepsilon_2, \quad y_3 = f(\xi_3) + \varepsilon_3$ usw. anderseits, wobei $E\,\xi_1 \neq E\,\xi_2 \neq E\,\xi_3 \neq \ldots, \quad E\,e_1 \neq E\,e_2 \neq E\,e_3 \neq \ldots$ und $E\,\varepsilon_1 \neq E\,\varepsilon_2 \neq E\,\varepsilon_3 \neq \ldots$

Wenn alle drei Gesamtheiten stochastisch miteinander verbunden sind, so würde sich für ein beliebiges $z_i$ die Beziehung ergeben:

$$z_i = f(x_i, y_i) + \eta_i,$$

die man noch weiter bedeutend komplizieren müßte, wenn man außerdem zur Annahme gezwungen wäre, daß der Wert von $z_i$ eine Funktion auch der ihm vorhergehenden Werte $z_{i-1}, z_{i-2}, z_{i-3}, \ldots$ sei usw.

Diese symbolischen Formeln besitzen eine augenscheinliche äußere Ähnlichkeit mit den Ausdrücken (59a) des § 1, insbesondere wenn diese auf den Fall mehrerer Variablen verallgemeinert werden, doch darf man niemals vergessen, daß dort alle Variablen nur Merkmale der Elemente einer und derselben statistischen Gesamtheit sind, während hier verschiedene Gesamtheiten auftreten, welche sich außerdem auch in der Zeit verändern. Hieraus folgt, daß äußerlich ganz ähnlich aufgebaute Formeln einen ganz verschiedenen logischen Sinn haben können.

Die Theorie der statistischen Kausalforschung wird gewöhnlich zusammen mit der Korrelationstheorie dargestellt, obgleich zwischen beiden, wie wir sehen, eine breite logische Kluft besteht. Nur die Franzosen unterscheiden konsequent die Kovariation von der Korrelation, wobei übrigens der Sinn der ersteren nicht in allem unserer Auslegung entspricht. Durch unvorsichtige Anwendung der Korrelationsformeln im Bereiche der Kausalforschung läuft man Gefahr, im Stillen und unbewußt gewisse Annahmen über die Natur der Kausalfunktion einzuschmuggeln, die gar nicht den Tatsachen entsprechen. Und insbesondere soll man sich hier vor dem sog. ,,partiellen'' Korrelationskoeffizienten hüten, der häufig genug direkt widersinnige Resultate ergibt.[1]

---

[1] Vgl. hierzu z. B. O. Anderson: Corrélation et Causalité (Revue Trimestrielle de la Direction Générale de la Statistique, II Année, Fasc. III et IV, S. 288—289, Sofia 1930/31). Es seien z. B. zwei zufällige und voneinander stochastisch vollkommen unabhängige Reihen gegeben:

$$x_1, x_2, x_3, \ldots x_N \quad \text{und} \quad y_1, y_2, y_3, \ldots y_N,$$

deren erste und zweite Momente einander gleich seien:

$$E\,x = E\,y, \quad E\,x^2 = E\,y^2.$$

Die dritte Reihe, $z$, sei aus den Summen der gleichnamigen Glieder der beiden ersten Reihen gebildet:

$$z_1 = x_1 + y_1, \quad z_2 = x_2 + y_2, \quad z_3 = x_3 + y_3 \text{ usw.}$$

Dann ergibt sich für den partiellen Korrelationskoeffizienten von $x$ und $y$, die, wie gesagt, voneinander vollkommen unabhängig sind, der ,,unsinnige'' Wert $r_{12,3} = -\dfrac{1}{2}$. Wir haben nämlich hierbei durch Einführung

## 5. Literaturhinweise zum weiteren Studium.

Im Verlaufe unserer Darstellung haben wir dem Leser wiederholt Hinweise dafür gegeben, wo er weitere Informationen über die ihn interessierenden Fragen einholen kann. So reichlich unsere Literaturhinweise auch erscheinen, erschöpfend sind sie bei weitem nicht, und der Spezialist wird auf Schritt und Tritt Autoren und Werke vermissen, die wir aus dem einen oder anderen Grunde übersehen oder auch bewußt übergangen haben. Der Leser möge sich also keineswegs allein auf unsere Hinweise verlassen und etwa annehmen, daß hierin bereits alles Nenneswerte enthalten sei.[1]

Was das weitere Studium der mathematischen Statistik anbetrifft, so glauben wir, daß man von der vorliegenden Einführung am besten direkt zu den „Statistical Methods for Research Workers" von R. A. Fisher übergehen solle, worin ja auch manche wichtige Methoden angegeben werden (wie etwa die „Analysis of Variance"[2]), welche wir überhaupt nicht berühren konnten. Ferner käme noch ein größeres neues englisches oder amerikanisches statistisches Lehrbuch in Betracht, von denen es zurzeit bekanntlich mehrere gibt.[3] Wenn man darauf noch das Bedürfnis nach einer weiteren Vertiefung der Kenntnisse im Bereiche

---

von $z$ eine künstliche Korrelation hineingeschmuggelt: es ist ja $y_i = z_i - x_i$. Diesem Beispiel entspricht der Fall, wo der Preis eines Produktes von den Preisen mehrerer anderer abhängt (etwa weil er aus diesen fabriziert wird). Die partielle Korrelation der Rohmaterialien wird also unter der Berücksichtigung des Preises des Fertigproduktes negativ.

[1] Die wichtigsten Zeitschriften für mathematische Statistik und verwandte Gebiete sind die folgenden: Journal of the Royal Statistical Society (London), Biometrika (ebenfalls), Journal of the American Statistical Association (New York), Metron (Rom), Nordic Statistisk Journal (Stockholm), herausgeg. von Dr. Thor Andersson. Vom Januar d. J. an erscheint in Deutschland ein „Archiv für mathematische Wirtschafts- und Sozialforschung" (Verl. H. Buske, Leipzig). Alle diese Zeitschriften enthalten Anzeigen über Neuerscheinungen auf dem Gebiete der theoretischen Statistik. Es sei noch bemerkt, daß, abgesehen von den bereits zitierten Literaturübersichten von J. O. Irwin (Journal of the Royal Statistical Society), jetzt auch im Journal of the American Statistical Association interessante Übersichten aus der Feder von P. R. Rider unter dem Namen „Recent progress in statistical method" erscheinen: vgl. z. B. Journ. Am. Stat. Ass., Vol. XXX, S. 58—88, 1935.

[2] Vgl. hierzu ferner noch: L. H. C. Tippet: The Methods of Statistics, London 1931; J. O. Irwin: Mathematical Theorems Involved in the Analysis of Variance: Journ. Roy. Stat. Soc., Vol. XCIV, S. 284—300, 1931; Egon S. Pearson: The Analysis of Variance in Cases of Non-normal Variation: Biometrika, Vol. XXIII, S. 114—133; S. S. Wilks: Certain Generalizations in the Analysis of Variance: Biometrika, Vol. XXIV, S. 471—494; A. L. Bailey: The Analysis of Covariance: Journ. Amer. Stat. Assoc., Vol. XXVI, S. 424—435, 1931; George W. Snedecor: Calculation and Interpretation of Analysis of Variance and Covariance, Ames, Jowa, 1934.

[3] Abgesehen von den bereits früher zitierten, wäre hier vielleicht noch das Buch von Raymond Pearl: Introduction to Medical Biometry, 2nd ed., Philadelphia and London, 1930, besonders zu erwähnen.

der einen oder anderen Einzelfrage empfindet, so sollte man die Mühe nicht scheuen und zunächst ein gutes Handbuch der höheren Analysis vornehmen. Es ist durchaus nicht notwendig, den ganzen Lehrgang der mathematischen Fakultät durchzumachen: vollkommen genügend ist es, wenn man sich die Anfangsgründe der analytischen Geometrie und der Infinitesimalrechnung etwa im Umfange der ersten zwei Jahre der technischen Hochschulen zu eigen macht: die meisten mathematisch-statistischen Monographien stellen keine höheren Anforderungen an ihren Leser und werden für ihn vollkommen zugänglich sein. Nötigenfalls kann man ja auch die eine oder andere mathematische Spezialfrage später leicht nachholen.

Der Leser möge ferner nicht vergessen, daß der mathematische Statistiker durchaus kein Mathematiker im strengen Sinne des Wortes ist, und es auch nicht sein soll: die sachliche Einstellung beider ist, wie wir gesehen haben, eine vom Grunde aus verschiedene.

# Namen- und Sachverzeichnis.

Manzsche Buchdruckerei, Wien IX.